தமிழ் மக்கள் வரலாறு

தமிழகத்தில் மனிதர்கள் மற்றும் விலங்கினங்களுடனான தொடர்பு:

அய்ரோப்பியர்களின் விலங்கு அறிவியல் ஆராய்ச்சியும் மருத்துவ - விலங்கியல் வளர்ச்சியும் (1639 - 1857)

எஸ்.ஜெயசீல ஸ்டீபன்

தமிழில்:

புதுவை சீனு.தமிழ்மணி

நியூ செஞ்சுரி புக் ஹவுஸ் (பி) லிட்.,

41-பி, சிட்கோ இண்டஸ்டிரியல் எஸ்டேட்,

அம்பத்தூர், சென்னை - 600 050.

☎: 044 - 26251968, 26258410, 48601884

Language: Tamil
Thamizhagathil Manithargal Mattrum Vilanginangaludanana Thodarpu: Ayroppiyargalin Vilangu Ariviyal Aaraichiyum Maruthuva - Vilangiyal Valarchiyum (1639-1857)

Author : S. Jeyaseela Stephen

Tamil Translator : Puthuvai Seenu. Thamizhmani

First Edition: July, 2023

Copyright: Author

No. of Pages: 280

Publisher:

New Century Book House Pvt. Ltd.,
41-B, SIDCO Industrial Estate,
Ambattur, Chennai - 600 050.
Tamilnadu State, India.
Email: info@ncbh.in | Online: www.ncbhpublisher.in
ISBN. 978-81-2344-477-2

Code No. A4840

₹ 420/-

English Title:
Natural History Knowledge,
Tamil Coast and the Atlantic within Reach 1639-1857

Branches

Ambattur 044 - 26359906 **Spenzer Plaza (Chennai)** 044-28490027
Trichy 0431-2700885 **Pudukkottai** 04322-227773 **Thanjavur** 04362-231371
Tirunelveli 0462-4210990, 2323990 **Madurai** 0452-2344106, 4374106
Dindigul 0451-2432172 **Coimbatore** 0422-2380554 **Erode** 0424-2256667
Salem 0427-2450817 **Hosur** 04344-245726 **Krishnagiri** 04343-234387
Ooty 0423-2441743 **Vellore** 0416-2234495 **Villupuram** 04146-227800
Pondicherry 0413-2280101 **Nagercoil** 04652-234990

தமிழகத்தில் மனிதர்கள் மற்றும் விலங்கினங்களுடனான தொடர்பு:
அய்ரோப்பியர்களின் விலங்கு அறிவியல் ஆராய்ச்சியும்
மருத்துவ - விலங்கியல் வளர்ச்சியும் (1639-1857)

ஆசிரியர் : எஸ்.ஜெயசீல ஸ்டீபன்

தமிழில்: புதுவை சீனு.தமிழ்மணி

முதல் பதிப்பு: ஜூலை, 2023

அச்சிட்டோர்: **பாவை பிரிண்டர்ஸ் (பி) லிட்.,**
16 (142), ஜானி ஜான் கான் சாலை, இராயப்பேட்டை, சென்னை - 14
☎: 044-28482441

All rights reserved. No part of this book may be reprinted or reproduced or utilised in any form or by any electronic, mechanical, or other means, now known or hereafter invented, including photocopying and recording, or in any information storage or retrieval system, without permission in writing from the publishers.

பொருளடக்கம்

	தமிழாக்க அறிமுகவுரை	5
	சொற்குறுக்கங்கள்	7
1.	முன்னுரை: ஐரோப்பியர்களின் வருகைக்கு முன் தமிழ் உலகின் விலங்கினங்கள்	9
2.	தமிழ் நிலப்பரப்பின் வானத்தில்: பறவைத் தொகுதியும் பறவையியலும் 1701-1807	24
3.	பூச்சியியல் மற்றும் ஊர்வனவியல்: வெளிநாட்டிலிருந்து பெறப்பட்ட ஆய்வு 1690-1853	58
4.	தமிழகத்தின் வியப்பிற்குரிய விலங்குகளும் விலங்கியலும் 1639-1857	86
5.	பாம்புவியல் மற்றும் நச்சுயியலைப் பட்டறிவு மூலம் கற்றல் 1701-1853	135
6.	மீனியல் மற்றும் நீர்வாழ் உயிரினங்கள்: கூர்ந்துநோக்கல், அடையாளம் காணல் மற்றும் சான்றுறுதியளிப்பு, 1779-1853	164
7.	முடிவுரை	218
	பின்னிணைப்பு	229
	ஆய்வடங்கல்	232
	ஆசிரியர் குறிப்பு	245
	வரைந்த படங்கள் மற்றும் வண்ண ஓவியங்கள்	247

தமிழாக்க அறிமுகவுரை

இயற்கை வரலாற்றறிவு, தமிழகக் கடற்கரை மற்றும் அட்லாண்டிக் எல்லைக்குள், 1639-1857, என்ற என் ஆங்கில நூல் (9 இயல்கள், 308 பக்கங்கள், 115 ஓவியங்கள்) புதுதில்லி கல்பஸ் வெளியீடு மூலம் 2019இல் வெளியிடப்பட்டது. நவீன கால தொடக்கத்தின் தமிழக நிலப்பரப்பில் வரலாற்று விலங்கியல் ஆய்வின் முதல் புத்தகமான இதைச் சில வாசகர்கள் தமிழில் மொழிபெயர்த்து வர வேண்டும் என விரும்பினர். திரு. புதுவை சீனு. தமிழ்மணி அவர்கள் 7 இயல்களை சிறப்பாய் மொழிபெயர்த்தார். அவருக்கு என் அன்பான நன்றியைத் தெரிவிக்கப் போதுமான சொற்கள் இல்லை. இந்நூலை அச்சிட்ட நியூ செஞ்சுரி புத்தக நிறுவன மேலாண் இயக்குநர் திரு. சண்முகம் சரவணன் அவர்களுக்கு எனது நன்றி. தமிழ் வாசகர்களால் இந்நூல் பெரும் வரவேற்பைப் பெறும் என்று நான் உறுதியாக நம்புகிறேன்.

எஸ். ஜெயசீல ஸ்டீபன்

சொற்குறுக்கங்கள்

AFSt	Archiv der Franckeschen Stiftungen, Halle
BL	British Library, London
BM	British Museum, London
BNFP	Bibliothèque Nationale de France, Paris
BORP	Board of Revenue Proceedings
EI	Epigraphia Indica
HB	Hallesche Berichten
IOL-NHD	Natural History Drawings of the India Office Library
MB	Modi Bundles
MJLS	Madras Journal of Literature and Science
MNB	Museum fur Naturkunde Berlin
MNHNP	Muséum Nationale d'Histoire Naturelle, Paris
MPJA	Madurai Province Jesuit Archives, Shenbaganur
NHB	Neuere Hallesche Berichte
NHML	Natural History Museum, London
NMC	Nationalmuseet, Copenhagen
OIOC	Oriental and India Office Collection
RSL	Royal Society, London
SGR	Surgeon General's Records
SII	South Indian Inscriptions
SMB	Staatliche Museer Zu Berlin
SMLT	Saraswati Mahal Library, Thanjavur
TCR	Tirunelveli Collectorate Records
TDR	Tanjore District Records
TNSA	Tamilnadu State Archives, Chennai
ZMUC	Zoological Museum, University of Copenhagen

இயல் 1

முன்னுரை: ஐரோப்பியர்களின் வருகைக்கு முன் தமிழ் உலகின் விலங்கினங்கள்

இந்நூல் இயற்கை, மாவடைகள் பற்றிய ஆய்வு மற்றும் மனித வரலாறுக்குப் பயிற்சி அளிக்கிறது. காட்டு விலங்குகள் மனிதர்களால் வளர்க்கப்பட்டு பழக்கப்படுத்தப்பட்டன. மனிதர்களின் அருகாமையில் விலங்குகள் இருந்ததாலும், அவர்களின் நடத்தையில் ஏற்படும் மாற்றங்களினாலும், விலங்குகளுக்கும் தங்கள் நடத்தையில் பெரும்பாலும் மாற்றங்கள் ஏற்பட்டன. மனிதர்களுக்கும் விலங்குகளுடன் போதுமான அளவு உறவு உள்ளபடியால், அத்தகைய பழக்கங்களை நாம் காணவும் அறியவும் முடிகிறது.

சங்க இலக்கியம் மற்றும் பண்டைய தமிழ்நாட்டின் விலங்கினங்கள்

ஒரு வட்டாரத்தின் தட்ப வெப்ப நிலையையும் கால நிலையையும், மக்களின் இயல்புகளையும் அன்றாட வாழ்நிலையையும் தீர்மானித்தது என்பது உண்மை. தமிழ்நாட்டின் விலங்கினங்களும் இதற்கு விதிவிலக்கல்ல. அவ்விலங்குகள் வேறுபட்ட தன்மையோடும், பெருமளவில் வெப்பமண்டலப் பகுதிகளிலும் இருந்தன. சங்கத் தமிழ் இலக்கியங்களில் குறிப்பிடப்பட்டுள்ள குறிஞ்சி, முல்லை, மருதம், நெய்தல், பாலை ஆகிய ஐந்து இயற்கை நிலவரைவியல் பகுதிகளும் பல்வேறு வகையான பறவைகளைக் குறிப்பிட்டுள்ளன. மயில் மற்றும் கிளி, குறிஞ்சி நிலத்துக்குரிய பறவைகள் எனக் கூறப்படுகிறது. காட்டுக் கோழி மற்றும் வேட்டைப்பறவை முல்லை நிலத்துக்குரிய பறவைகள். வண்டாளம், மகன்றில், கம்புல் மற்றும் குருகு (நாரை மற்றும் அன்னம்) ஆகிய பறவைகள் மருத நிலத்திற்குச் சிறப்பு சேர்ப்பன. கடல்காக்கை நெய்தல் நிலத்திற்குரியது. புறா, பருந்து மற்றும் கருடன் பாலை நிலத்தைச் சேர்ந்தவை.[1]

இதைப்போலவே, ஐந்து இயற்கை நிலவரைவியல் பகுதிகளும் பல்வேறு வகையான விலங்குகளுடன் தொடர்புடையன. புலி, கரடி மற்றும் யானை, குறிஞ்சி நிலத்துக்குரிய விலங்குகள். முயல் மற்றும் மான், முல்லை நிலத்தைச் சேர்ந்தவை. எருது மற்றும் நீர்நாய் மருத நிலத்திற்குச் சிறப்பு சேர்ப்பன. சுறா மீன் நெய்தல் நிலத்திற்குரியதாக இருந்தது. செந்நாய் பாலை நிலத்தைச் சேர்ந்தது.[2]

தமிழர்கள் விலங்கினங்களின் பேரினம் மற்றும் வகைகளையும், வெவ்வேறு பயன்பாடுகளையும் சொற்களின் வகைகளுடன் கவனமாகக் குறிப்பிட்டுள்ளனர். (அ) முதலை (ஆ) இடங்கர் மற்றும் (இ) கராம் என்று மூன்று வகையான முதலைகள் குறிப்பிடப்பட்டுள்ளன. பெண் முதலை தன் குட்டிகளை உண்டதாக ஐங்குறுநூறு குறிப்பிடுகிறது.[3] கோட்டைகளின் அகழிகளில் முதலைகள் வளர்க்கப்பட்டதாகக் கூறப்படுகிறது. முதலை நீரில்தான் அதிக வலிமையும் செயல்திறனும் கொண்டது எனத் திருவள்ளுவர் குறிப்பிட்டுள்ளார்.[4]

தமிழகக் கடற்கரையில் காணப்படும் கிளிஞ்சல்கள் மற்றும் சங்குகள் மதுரைக்காஞ்சியில் குறிப்பிடப்பட்டுள்ளன.[5] வழலை, பனிலம், வலம்புரி மற்றும் இடம்புரி என்பன தமிழ் இலக்கியச் சான்று களில் பதிவு செய்யப்பட்ட பல்வேறு வகையான சங்குகளாகும்.[6] முத்துக்களைத் தரும் சிப்பி புறநானூறு மற்றும் நற்றிணையிலும் குறிப்பிடப்பட்டுள்ளது.[7] இருவகை நண்டுகள், ஒன்று நிலத்திலும் மற்றொன்று கடலிலும் வாழ்ந்தன என அகநானூறுவில் குறிப்பிடப் பட்டுள்ளது.[8]

பலவகையான புறாக்கள் தமிழர்களுக்குத் தெரியும். மாடப்புறா அகநானூறு மற்றும் பெரும்பாணாற்றுப்படையில் குறிப்பிடப் பட்டுள்ளது.[9] சாம்பல்-புறா, அகநானூறு மற்றும் பதிற்றுப்பத்தில் குறிப்பிடப்பட்டுள்ளது.[10] பச்சைப்-புறா ஐங்குறுநூற்றில் குறிப்பிடப் பட்டுள்ளது.[11] போகில் என்ற ஒரு வகைப் புறாவைப் பற்றியும் அகநானூற்றில் குறிப்பிடப்பட்டுள்ளது.[12] கி.பி. மூன்றாம்/நான்காம் நூற்றாண்டின் தமிழ்க் கவிதை ஒன்று வெள்ளை நாரைகள் இருப்பதைப் பதிவு செய்கிறது.[13]

தமிழ் இலக்கியப் படைப்புகளில் உடும்பு குறிப்பிடப்பட்டுள்ளது.[14] உடும்பை வேட்டையாடி உண்டதாக நற்றிணை குறிப்பிடுகிறது.[15] ஓந்தி அல்லது ஓணான் நற்றிணையிலும் குறுந்தொகையிலும் குறிக்கப் பட்டுள்ளது.[16] புறநானூறு மற்றும் நற்றிணையில் குறிப்பிடப்படும் இரு வகையான ஆமைகளில், ஒன்று நிலத்திலும் (ஆமை) மற்றொன்று கடலிலும் (கடல்-ஆமை) இருந்தது கண்டுபிடிக்கப்பட்டன.[17] குறுந்தொகை, நற்றிணை, ஐங்குறுநூறு ஆகிய நூல்களிலும் தவளை, தேரை, நுணல் என்பன குறிக்கப்பட்டுள்ளன.[18]

பாம்பு (அரவம்) அதன் வகைகளுடன் குறிப்பிடப்பட்டுள்ளது.[19] நீல நாகம் அல்லது அரச (இராஜ) நாகம் என்றழைக்கப்படும் அரசரா கடித்தால் யானை இறந்துவிடும் என்று கூறப்பட்டுள்ளது. மலைப்

பாம்பு மலைபடுகடாத்தில் குறிக்கப்பட்டுள்ளது.[20] சுருட்டைப் பாம்பு பல்லிகளை உண்பதில் விருப்பமுடையது. அகநானூற்றில் கடல்பாம்பும் குறிக்கப்பட்டுள்ளது.[21] இரவில் உணவு தேடி வெளியே பாம்புகள் சென்றதாகத் தமிழ் இலக்கியச் சான்றுகள் பொதுவாகத் தெரிவிக்கின்றன.

விலங்குகளின் நடத்தையைக் கவனமாகக் கவனித்த தமிழர்களால் பல பழமொழிகள் சொல்லப்பட்டன. 'தவளையின் மோசமான எதிரி அதன் சொந்த வாய்' என்ற முதுமொழியுடன் தவளைகளைப் பற்றிய குறிப்புள்ளது. 'புலி பசித்தாலும் புல்லைத் தின்னாது' என்பது மற்றொரு பழமொழி.

விலங்குகள் மற்றும் பறவைகள் மன்னர்களால் அரசச் சின்னமாகப் பயன்படுத்துதல்

பண்டைய மற்றும் இடைக்காலத் தமிழ்நாட்டின் மன்னர்கள் ஒரு குறிப்பிட்ட விலங்கு அல்லது பறவையைத் தங்கள் அரசக் கேடயமாக அல்லது அரசச் சின்னமாகத் தேர்ந்தெடுத்தனர். சங்க காலச் சோழ மன்னர்களின் குலத்தின் அரசக் கேடயமாகப் புலி இருந்தது. இது இலக்கியப் படைப்புகளில் குறிப்பிடப்பட்டுள்ளது. அன்பில் மற்றும் திருவாலங்காடு ஆகிய பகுதிகளிலுள்ள செப்புத் தகடுகளில் இடைக்காலச் சோழ மன்னர்களின் சின்னமாகப் புலியின் உருவம் உள்ளது.[22] இவ்வாறு புலிச் சின்னம் சோழ அரசின் அதிகாரம் சார்ந்த முறையான ஆவணங்களை, நிருவாக நோக்கத்திற்காகப் பயன்படுத்தப்பட்டு, அவற்றின் நம்பகத் தன்மையைக் கொடுக்கும் வகையில் அலங்கரித்தது. சோழர்களின் பல நாணயங்களில் புலி உருவமும் இருந்தது.

சங்க காலப் பாண்டிய மன்னர்கள் மீன் உருவத்தை அரசச் சின்னமாகப் பயன்படுத்தினர். திருவரங்கத்தில் உள்ள அரங்கநாத சுவாமி கோயிலில் கிடைத்த பதின்மூன்றாம் நூற்றாண்டின் முதலாம் சடையவர்மன் சுந்தர பாண்டியனின் கல்வெட்டின் இருபுறமும் இரு மீன்களால் சூழப்பட்டதாகக் காட்டப்பட்டுள்ளதால் இடைக்காலத்திலும் இது தொடர்ந்து பயன்படுத்தப்பட்டது என்பதை நாம் அறிகிறோம்.[23] அதே கல்வெட்டு, மீன் என்பது மன்னர் பதாகையின் சின்னம் என்று கூறுகிறது.[24] தளவாய்புரம் செப்புத்தகடுகளில் இரு கெண்டை மீன்களின் உருவம் உள்ளது.

பல்லவ மன்னர்கள் காளையின் உருவத்தைத் தங்கள் அதிகாரப் பூர்வ சின்னமாகப் பயன்படுத்தினர். இராஜ சிம்ம பல்லவன் (700-728) காளையைத் தன் கொடியில் வைத்திருப்பவர் என விளக்கப்படுகிறார்.[25]

பல்லவர்களின் பல நாணயங்களின் முகப்பிலும் காளைச் சின்னம் காணப்படுகிறது. மானியங்கள் வழங்கும் செப்புத்தகடுகளிலும் சிலவற்றில் சிங்க முத்திரை உள்ளது. இவை பல்லவ மன்னர்களால் போர்க்களங்களில் பெற்ற வெற்றிகளுக்குப் பிறகு வழங்கப்பட்ட நன்கொடைகளைக் குறிக்கும் வகையில் சிறப்பாக வழங்கப்பட்டன.[26]

பதினான்காம் நூற்றாண்டின் முற்பகுதியில் திருவரங்கம், காஞ்சிபுரம், திருவதிகை போன்ற இடங்களில் இருந்து ஆட்சிபுரிந்த இரவிவர்மன் குலசேகரன் கல்வெட்டுகளில் மன்னர் தன் பதாகையில் கருடப் பறவையின் சின்னம் இருந்ததாகக் குறிப்பிடப்படுகிறது.[27] இவ்வாறாக தமிழ்நாட்டின் அனைத்து மன்னர்களும் சில விலங்கு களையும் பறவைகளையும் தங்கள் சின்னங்களாக ஏற்றுக்கொண்டனர்.

தமிழகக் கடற்கரையிலிருந்து சீனா மற்றும் தென்கிழக்கு ஆசியா வரை அரச பரிசுகளாக விலங்குகள் மற்றும் பறவைகள் அனுப்பியது

சீனாவில், ஹான் அரச மரபின் வாங்மாங் (கி.பி.25-221) தென்னிந்தியாவின் மன்னர்களுடன் மிகவும் இணக்கமான உறவைப் பேண விரும்பினார். அதன் விளைவாக அவர் தமிழகக் கடற்கரைப் பகுதிக்கு அரசியல் பேராளரை அனுப்பினார். அவர்கள் சீனாவுக்குக் காண்டாமிருகத்தைப் பரிசாகக் கொண்டுவந்தனர். தென்னிந்தியாவி லிருந்து வந்த காண்டாமிருகம் உட்பட வெளியுலகிலிருந்து பெறப்பட்ட பல விலங்குகளைச் சீனாவில் பேரரசரின் அரசவையில் வைத்திருந்ததாக ஹான் அரச மரபின் புகழ்பெற்ற எழுத்தறிஞர் பான்கு அவர்கள் தன் படைப்பான ‘மேற்குத் தலைநகரில்’ உறுதிப்படுத்தினார்.[28] பல்லவ மன்னன் மூன்றாம் நரசிம்ம வர்மன் (கி.பி.844-866) சீன அரசவைக்குப் பேசும் கிளிகள் மற்றும் சிறுத்தை போன்றவற்றைப் பரிசாகக் கொண்டு தூதர்களை அனுப்பியிருந்தார்.[29] மாறவர்மன் குலசேகர பாண்டியனுக்கும் (கி.பி.1268-1318) சீனப் பேரரசருக்கும் 1283 மற்றும் 1291க்கு இடையில் பல அரசியல் பேராளர்கள் பரிமாற்றம் செய்யப்பட்டனர்.[30] அந்த நேரத்தில் 1287இல் பாண்டியநாட்டு அரசியல் பேராளர்கள் சீனப் பேரரசருக்கு அறிமுகமற்ற விலங்கு அடங்கிய காணிக்கைகளை வழங்கினர். 1289இல் சீனப் பேரரசருக்கு இரு வரிக்குதிரைகள் பரிசளிக்கப்பட்டன. 1291இல் பாண்டிய மன்னன் மீண்டும் அரசப் பேராளர்களை அனுப்பினார். அந்த நேரத்தில் இரு மாடுகள், ஓர் எருமை மற்றும் ஒரு சிறு புலி சீனாவிற்குக் கொண்டுவரப்பட்டன.[31] 1297இல் சீனப் பேரரசர் பாண்டிய மன்னனுக்கு இரு விலையுயர்ந்த கற்களால் செய்யப்பட்ட புலி வடிவச் சின்னத்தைப் பரிசாக வழங்கினார்.[32]

சீனாவிற்கும் தமிழகக் கடற்கரைக்கும் இடையேயான வெளிநாட்டு வணிகம் ஜாவா வழியாக மட்டுமே மேற்கொள்ளப்பட்டது. பதின்மூன்றாம் நூற்றாண்டின் சீனச் சான்று ஒன்று ஸ்ரீவிஜயா துறைமுகங்களில் கடலாமைகளை உள்ளடக்கிய பல்வேறு வகையான சரக்குகள் பரிமாறப்பட்டு கையாளப்பட்டதாகக் குறிப்பிடுகிறது.[33]

ஹம்சதேவா என்ற சமணக் கவிஞரின் எழுத்துகளால் விலங்குகள் மற்றும் பறவைகள் பற்றி பதின்மூன்றாம் நூற்றாண்டில் நன்கு அறியப் பட்டன. இந்து மதமும், புத்த மதமும் மனிதன் இயற்கையின் ஒரு பகுதி என்றும், இயற்கையையும் அப்படியே கருத வேண்டும் என்றும் கருதுகின்றன. ஹம்சதேவா அவர்கள் விலங்குகளில் 21 குழுக்களையும், பறவைகளில் 15 குழுக்களையும் குறிப்பிட்டுள்ளார். இவை முதன்மையான மண்டகா என்ற சிற்றூரைச் சேர்ந்தவை. விலங்கு மற்றும் பறவை வகைகள், அவற்றின் நிறங்கள், தீவிர பாலுணர்ச்சி கொண்ட காலம், பேறுகால நேரம், மனநிலை, அவற்றின் முதன்மையான உணவு மற்றும் அவற்றின் அதிக அளவு அகவை ஆகியவற்றை, ஹம்சதேவா தன் எழுத்துகளில் விரிவாகக் கூறியுள்ளார். உயர்ந்தவை, நடுநிலை யானவை, தாழ்ந்தவை என விலங்குகள் மற்றும் பறவைகளை மூன்று வகைகளாகக் குறிப்பிடுகிறார். அதே நேரத்தில் அனைத்து விலங்குகள் மற்றும் பறவைகளின் மனநிலையையும், இயல்பையும் கூறுவதோடு, அவற்றின் கொடூரம், கோபம், கெட்ட மற்றும் பொதுவான மந்தமான தன்மை, மேலும் அமைதியான குணம் என நான்கு வகைகளைக் குறிப்பிடுகிறார். 100 ஆண்டுகள் வாழ்ந்த யானை போன்ற விலங்குகளின் சில விளக்கங்கள் நம்ப முடியாதவை.[34]

கடந்த காலத்திலும் இடைக்காலத்திலும் விலங்குகளைப் புரிந்து கொள்வதில் மக்கள் கவனம் செலுத்தியதை நாம் காண்கிறோம். மனிதனை ஒரு தனித்தன்மை வாய்ந்த உயிரினம் என்ற வேரூன்றிய எண்ணம், விலங்கு குறித்த ஆய்வுகள் மற்றும் மனிதர்களுடனான அதன் தொடர்பைப் புறக்கணித்து, வரலாற்று ஆய்வுகளின் சரியான பொருளாக மனிதர்கள் (ஹோமோசேபியன்ஸ்) இருக்க வேண்டும் என்ற அனுமானத்தை வளர்த்தது. எனவே, இது நீண்ட காலமாக வரலாற்று எழுத்துகளின் போக்கில் ஆளுமை செலுத்தியது. மற்ற உயிரினங்களிலிருந்து மனித இனத்தின் வேறுபாட்டின் முதன்மையான குறியீடாக மொழி இருந்தது. ஏனெனில், விலங்குகளிடமிருந்தது குறியீடுகள், அழைப்புகள் அல்லது பாடல்கள், மனிதர்கள் உண்மையில் முற்றிலும் மற்றவரின் தொடர்பு முறையை உத்தரவு மூலம் கொண்டிருந்தனர். விலங்குகள் கட்டுக் கதை, உள்ளுறை மொழி அல்லது உருவகம் ஆகியனவற்றின் பொருள்களாகவும்,

வழக்கப்படியும் வாசிக்கப்படுகின்றன. இருப்பினும், ஐரோப்பியர்கள் தமிழகக் கடற்கரைக்கு வந்தபின் நவீன காலத்தின் தொடக்கத்தில் ஒரு மாற்றம் ஏற்பட்டது. மேலும், விலங்குகள், தாவரங்கள் மற்றும் விலங்குகளிடமிருந்து மனிதர்கள் நீண்ட காலமாகப் பிரிக்கப்பட்ட புலத்தினை இணைக்கும் இயற்கைப் பொருட்களின் ஆய்வு ஆகியன வற்றில் கவனம் செலுத்துவதைக் காண்கிறோம். உலகெங்கிலுமுள்ள மனிதப் பண்பாடுகளில் விலங்குகளின் இயல்பு மற்றும் அவற்றின் செயற்பாடுகளைப் புரிந்துகொள்வதற்காக இது ஒரு முதன்மையான பயிற்சியாக இருந்தது. காலப்போக்கில், படம், வண்ண ஓவியங்கள் மற்றும் மாதிரிகள் சேகரிப்பு மற்றும் விளக்கங்கள் மூலம் இயற்கையின் வரலாற்றை மேலும் விளக்கும் நோக்கில் கலையின் அழகியல் ஈடுபாடு வளர்ந்தது. எனவே, இந்நூல் ஐரோப்பியர்களால் நடத்தப்பட்ட விலங்கினங்கள் பற்றிய ஆய்வில் ஈடுபடுவதை நோக்கமாகக் கொண்டுள்ளது. இது உலகளவில் அறிவியல் உருவாக்கத்தில் இயற்கையின் வரலாற்றைச் செயல்படுத்துகிறது.

இந்த நூலின் அமைப்பு

இயல் ஒன்று அறிமுகமானது, நூலின் முதன்மையான இயல் களுக்கு மேடை அமைத்துத் தருகிறது. இது தமிழர்களிடையே இருந்த அறிவியல் உணர்வைக் கையாள்வதுடன் தமிழ் இலக்கியப் படைப்புகள் மூலம் அறியப்பட்ட விளக்கங்களைக் கண்டறிந்துள்ளது. முந்தைய நூற்றாண்டுகளில் தமிழர்களின் சிந்தனைகளை நவீன காலத்தின் தொடக்ககால ஐரோப்பியக் கண்டுபிடிப்புகளுடன் ஒப்பிட்டுப் பார்ப்பது பயனுள்ளதாகவும் தேவையானதாகவும் இருக்கும் வகையில், கடந்த காலத்தை அறிந்துகொள்வது கட்டாயமாகும். எனவே, இந்த இயல் தென்னிந்தியாவிலுள்ள தமிழ்நாட்டின் இயற்கை அறிவியலின் வரலாறு மற்றும் உலகளாவிய வலைப்பின்னல்கள் தொடங்குவதற்கு முன்பு உள்ள தொடர்புகளை ஒரு சிக்கலான திறப்புடன் அளிக்கிறது. சங்க இலக்கியங்களில் காணப்படும் பண்டைய தமிழ்நாட்டின் விலங்கினங்கள், மன்னர்கள் எவ்வாறு பறவைகள் மற்றும் விலங்குகள் அரசச் சின்னங்களாக ஏற்றுக்கொண்டனர், பண்டைய மற்றும் இடைக் காலத்தில் தமிழகக் கடற்கரை, சீனா மற்றும் தென்கிழக்கு ஆசியா இடையே விலங்குகள் மற்றும் பறவைகளின் அரசப் பரிசுகள் எவ்வாறு கொண்டு செல்லப்பட்டன என்பதை இந்த இயல் காட்டுகிறது. இந்து சமயச் சூழல்களில் விலங்குகள் மற்றும் பறவைகள் எவ்வாறு பரவலாகச் சித்திரிக்கப்பட்டன என்பதை இது விளக்குவதோடு, தமிழர்களின் அன்றாட வாழ்க்கையில் விலங்குகளின் பயன்பாட்டையும் கூறும் வகையில் அமைந்துள்ளது.

இயல் இரண்டு, பறவையினத் தொகுதிகள் மற்றும் ஆய்வு மற்றும் ஐரோப்பியர்களால் தமிழகக் கடற்கரையில் அவ்வப்போது வடிவமைத்த பறவைகளின் அறிவைச் சேமித்துவைத்தல், புரிந்துகொள்ளுதல், மாற்றுதல் மற்றும் இணைக்கும் செயல்முறை ஆகியனவற்றை ஆராய்கிறது. இந்த இயல், சென்னையில் உள்ள எட்வர்ட் பக்லியின் பங்கு, மேலும் 1701 மற்றும் 1710இல் பறவைகளைப் பார்த்த முதல் பதிவு, சென்னை புனித ஜார்ஜ் கோட்டைப் பகுதியில் அவர் கண்டு பிடித்த 27 பறவைகளின் பட்டியல் மற்றும் இலண்டனுக்குத் தயாரிக்கப் பட்டு அனுப்பப்பட்ட படங்களின் சிறப்புக்கூறுகளை எடுத்துக் காட்டுகிறது.

மேலும், இந்த இயல் நைட்டிங்கேல் பற்றிய ஆய்வைக் குறிப்பிடுவதோடு பிற பறவைகளான வாத்துகள், மீன்கொத்தி ஆகியன தரங்கம்பாடியிலுள்ள கிறிஸ்டோஃப் தியோடேசியஸ் வால்டர் அவர் களால் அறிவிக்கப்பட்டதோடு பிற பறவைகள் 1729இல் தரங்கம் பாடியில் கிறிஸ்டியன் பிரடெரிக் பிரஸ்சியரால் கவனிக்கப்பட்டதைக் கூறுகிறது. புதுச்சேரி, செஞ்சி மற்றும் தமிழ்நாட்டிலுள்ள பறவைகள் ஐரோப்பியர்களுக்குத் தெரிந்த பறவைகள் (1756-1789), மேலும், நாரைகள், கொக்குகள் மற்றும் பிற பறவைகளை கிறிஸ்டோஃப் சாமுவேல் ஜான் தரங்கம்பாடியில் (1781-1793) கவனித்ததை இந்த இயல் கூறுகிறது. ஐரோப்பாவில் கார்ல் லின்னேயல் அவர்கள் 1735இல் பறவைகள் பற்றிய ஆய்வுக்கு இரு பெயரிட்டு முறையை அறிமுகப் படுத்தினார். இம்முறை இந்தியாவிலும் தாக்கத்தை ஏற்படுத்தியது. இதன் விளைவாக, புதுச்சேரியின் பிரஞ்சுக் குடியேற்றத்தில் பியர் புவார் மற்றும் பியர் சொனெரா ஆகியோரால் பறவைகள் ஆய்வு மேற்கொள்ளப்பட்டது. மேலும், தாமஸ் கேவர்ஹில் ஜெர்டன் என்பவரால் சென்னை, நீலகிரி மற்றும் நெல்லூர் ஆகிய இடங்களில் பறவைகளுக்கு லின்னேயஸ் முறையைப் பின்பற்றி விலங்கியல் பெயர்களைக் கொடுத்தார். இந்த ஆய்வானது 38 பறவைகளைப் பட்டியலிட்டுள்ளது. ஜெர்டனால் தமிழ்ப் பகுதியைச் சேர்ந்த பறவைகள் பற்றிய ஆய்வுக்குப் பின்பற்றப்பட்ட முறைகள் மற்றும் வழிமுறைகள், ஜெர்டனின் பறவைகளின் படங்களைத் தயாரித்தல், மேலும் நெல்லூரைச் சேர்ந்த கலைஞர் கிருஷ்ணராஜீவின் பங்கு, இலண்டனில் உள்ள ரீவ் உடன்பிறப்புகள் நிறுவன உதவி, கல்அச்சு முறையில் அச்சிட ஜெர்டன் உதவி கோரியமை ஆகியனவற்றை இந்த இயல் கூறுகிறது. இறுதியாக, இந்த இயல் பறவைகள் பற்றிய ஐரோப்பிய ஆய்வுக்கு, தமிழ்நாட்டில் காட்டிய ஆர்வத்தைத் தெரிவிக்கிறது.

மேலும், தஞ்சாவூர் அரசர் இரண்டாம் சரபோஜி அவர்கள் பறவைகள் குறித்த ஆர்வத்தை வளர்த்துக்கொண்டமையும், அவர் பறவைகளின் படவிளக்கங்கள் அடங்கிய புத்தகத்தைத் தயாரித்ததோடு மட்டு மல்லாமல் தஞ்சாவூரில் பறவைகளின் சேகரிப்பைத் தொடங்கியமை, மேலும் 1812இல் பறவைகளின் வண்ண ஓவியங்கள் மற்றும் அவை குறித்த விரிவான விளக்கத்தை அளிக்கின்றன. இவ்வாறாக, தமிழகக் கடற்கரையானது உலகளாவிய வலையமைப்பில் அறிவுப் புழக்கத்தில் ஒரு முனையாக உருவானதோடு, சுழற்சியின் ஒரு பகுதியாக, பறவைகள் குறித்த புதிய அறிவியல் அறிவு எவ்வாறு வளர்ந்தது என்பதையும், உள்ளூர் மக்கள் மற்றும் தொலைதூர ஐரோப்பிய ஆர்வலர்களிடையே பல செயற்பாட்டாளர்களிடையே பேச்சுவார்த்தை நடத்தப்பட்ட அறிவின் தொடர்ச்சியான உள்ளூர் இணைப்பில் இது எவ்வாறு கட்டமைக்கப்பட்டது என்பதையும் இந்த இயல் முதன்மையானதாகக் கொண்டுள்ளது.

இயல் மூன்று 1690 மற்றும் 1853க்கு இடையில் தமிழ்நாட்டின் பூச்சிகள் மற்றும் ஊர்வன பற்றிய ஐரோப்பியர்களின் ஆய்வுப் பதிவுகள் குறிக்கின்றன. லூய் லே கோம்தே, அவர் புதுச்சேரியில் கண்டறிந்த மின்மினிப் பூச்சி குறித்து 1690இல் எழுதினார். மார்ட்டின் லிஸ்டர் அவர்கள் நீண்ட புழுவும் அதன் கடியால் ஆங்கிலேயர் ஒருவர் 1695-97இல் பாதிக்கப்பட்டார் எனவும் எழுதினார். ஆங்கிலக் குழும மருத்துவர் சாமுவேல் பிரவுன் அவர்கள், 1700இல் நச்சுப் பூச்சிக் கடிக்கு மருத்துவம் செய்ததைச் சென்னையில் விளக்கினார். தரங்கம்பாடியில் உள்ள ஜோஹன் ஜெரார்டு கோயினிக் அவர்கள் 1770 மற்றும் 1778களில் பதின்மூன்று வகையான பூச்சிகளையும், 1778 மற்றும் 1785களில் சென்னையில் ஐந்து வகையான பூச்சிகளையும் கவனித்தார். மேலும், ஆறு புதுமையான மற்றும் அரிதான பூச்சிகள் சோழமண்டலக் கடற்கரையிலிருந்து டென்மார்க்கிலுள்ள விலங்கியலறிஞர் ஜோஹன் கிறிஸ்டியன் பெப்ரிசியஸ் (ஜே.சி. பெப்ரிசியஸ்) அவர்களுக்கு அறிவிக்கப் பட்டது. வட்டமிடும் ஈக்கள் மற்றும் பிளவுண்ட் காலுள்ள ஈக்கள் பற்றிய ஆய்வு சி.எஸ்.ஜான் என்பவரால் தரங்கம்பாடியில் நடத்தப் பட்டு, அந்த ஆய்வு விளக்கங்கள் 1780 மற்றும் 1805களில் டென்மார்க் மற்றும் நார்வேக்கு தெரிவிக்கப்பட்டது. சென்னையிலிருந்த ஆங்கிலேயர்கள் தென்அமெரிக்காவிலிருந்து தம்பலப்பூச்சியை - இந்திரகோபப் பூச்சியை - இறக்குமதி செய்து சைதாப்பேட்டையில் 1786க்கும் 1812க்கும் இடைப்பட்ட காலத்தில் சாயமிடுவதில் பரிசோதனை நடத்தினார்கள்.

நான்காம் இயல், தமிழ்நாட்டில் பல்வேறு விலங்குகள் பற்றிய ஐரோப்பியர்கள் ஆய்வினை ஆராய்கிறது. 1690இல் பிரஞ்சு ஏசு சபையைச் சேர்ந்த லூய்லே கோம்தே அவர்களும், 1703இல் இத்தாலிய மருத்துவர் ஜியோவானியோ போர்ஹேசி அவர்களும், புதுச்சேரியில் கண்டுபிடித்த பல்வேறு வியப்பிற்குரிய விலங்குகளை விளக்கியுள்ளனர். ஐரோப்பாவிற்கு அனுப்பப்பட்ட விளக்கங்கள் அச்சில் வெளிவந்திருப்பதைக் காண்கிறோம். நீண்ட வால் அணில் ஐரோப்பாவிலுள்ள ஜான் ரே மற்றும் ஜொஹான் பிரடெரிக் க்மெலின் ஆகியோருக்குத் தெரியும். 1733 மற்றும் 1736களில் தரங்கம்பாடியிலுள்ள மதப்பரப்புநரான நிகோலஸ் தால் அவர்கள் காட்டுநரி பற்றி எழுதினார். மீண்டும் காட்டுநரி, குள்ளநரி மற்றும் நரி சென்னையில் ஜோஹன் பிலிப் பெர்ரீசியசின் கவனத்தைக் கவர்ந்தது. அவர் அவற்றைப் பற்றி 1756இல் எழுதினார். 1759இல் இராபர்ட் கிளைவ் என்பவரால் சென்னையிலிருந்து கம்பர்லேண்ட் பிரபுவிற்கு ஒரு காட்டுப்பூனை அனுப்பப்பட்டதோடு, அப்பூனை பற்றிய விளக்கத்தையும் காண்கிறோம். ஐரோப்பிய மதப்பரப்புநர்கள் நாய்களின் வகைகள் மற்றும் வெறிநாய் கடிக்கு அளிக்கப்படும் நாட்டு மருத்துவம் பற்றி எழுதினர். ஜோஹன் கிறிஸ்டியன் வைட்பிராக் மற்றும் ஜொஹான் பல்தசார் கோல்ஹாப் ஆகிய தரங்கம்பாடியில் உள்ள இரு மதப்பரப்புநர்கள் 1763இல் வேட்டை நாய் பற்றி எழுதினார்கள். ஜோஹன் கிறிஸ்டியன் வைட்பிராக் அவர்களால் 1765இல் தரங்கம்பாடியில் உடும்பு பற்றிய அறிக்கை தயாரிக்கப் பட்டது. 1784இல் தரங்கம்பாடியிலுள்ள மற்றொரு மதப்பரப்புநரான கிறிஸ்டியன் போஹ்லே அவர்கள் கீரியைப் பற்றி எழுதினார். கிறிஸ்டோப் சாமுவேல் ஜான் அவர்கள் எலிகள் மற்றும் பெருச்சாளிகளைப் பற்றி ஆய்வு செய்ததோடு 1793இல் ஜெர்மனியிலுள்ள பேராசிரியர் ஜே.ஆர்.ஃபார்ஸ்டர் அவர்களுக்கு விளக்கங்களைத் தெரிவித்தார். 1795இல் ஹாலேவிற்கு அனுப்பிய கடிதமொன்றில் குரங்கின் வகை களையும் அவர் குறிப்பிட்டுள்ளார். தமிழகக் கடற்கரையில் ஐரோப்பியர் களால் செய்யப்பட்ட விலங்கியல் குறித்த தீவிர ஆய்வு தஞ்சாவூரை ஆண்ட இரண்டாம் சரபோஜிக்குத் தாக்கத்தை ஏற்படுத்தியதால், அவர் விலங்குகளைத் தன் விலங்குக் காட்சிச்சாலைக்கு 1805 மற்றும் 1827க்கு இடையில் சேகரிக்கத் தொடங்கினார். மேலும் அவர், விரிவாக விளக்கப்படும் விலங்குகளின் படங்கள் மற்றும் வண்ண ஓவியங்களைக் கொண்ட புத்தகத்தை உருவாக்க கலைஞர்களுக்கு ஆணையிட்டார். டி.சி.ஜெர்டன் மற்றும் வால்டர் எலியட் தமிழ் நாட்டின் பாலூட்டிகளின் ஆய்வில் ஆர்வத்தை வளர்த்துக்கொண்டார். மேலும், குரங்கு போன்ற விலங்கு, பன்றி, கரடி மற்றும் புலி

ஆகியனவற்றின் விளக்கத்தினை 1845 மற்றும் 1848இல் காண்கிறோம். ஜெர்டன் தன் படிப்பைத் தொடர்ந்ததோடு மென்மயிர்க்கீரி, காட்டு ஆடு, காட்டுஎருது, குள்ளநரி மற்றும் அணில் பற்றி எழுதினார். மூன்று வகையான குரங்குகள், நான்கு வகையான பூனைகள், ஐந்து வகையான கீரிகள் மற்றும் உடும்புவை விளக்கினார். டி.சி.ஜெர்டன் சிறு பாலூட்டிகளை ஆய்வு செய்ததோடு நீலகிரியில் இரு வகையான பச்சோந்திகளைக் கண்டுபிடித்ததோடு, சென்னையில் ஒரு வகை, இரு வகையான சுண்டெலிகள் தவிர, ஐந்து வகையான வெளவால்கள் மற்றும் ஐந்து வகையான மூஞ்சூறுகளைத் தமிழ்நாட்டில் கண்டார். இவ்வாறாக ஆய்வு மற்றும் விலங்குகளின் சேகரிப்பு அக்காலத்தில் புகழ் பெற்றது, தமிழகக் கடற்கரை, விலங்கு அறிவியலில் மேம்பட்ட ஆய்வுகளுக்கான நடுவமாக உருவெடுத்தது. இதுபோன்ற விலங்குகளின் சேகரிப்புகளை ஒரு கற்பித்தல் கருவியாகப் பயன் படுத்துவதற்கு அது தலைமைதாங்கிற்று. மேலும் விலங்குகளின் சேகரிப்பு ஐரோப்பாவிலும் விலங்கு அறிவியலைக் கற்பிப்பதில் ஒரு நடுவமாக இருந்தது. தமிழகக் கடற்கரையிலிருந்து அனுப்பப்பட்ட விலங்குகள் இந்தச் சேகரிப்பில் முதன்மையான இடத்தைப் பெற்றன. ஐரோப்பாவிலுள்ள வல்லுநர்கள் தமிழகக் கடற்கரையிலிருந்து அனுப்பப்பட்ட பல்வேறு விலங்குகள் பற்றிய தரவுகளைப் பகுப்பாய்வு செய்து, பல்வேறு மொழிகளில் ஐரோப்பாவில் அச்சிடுவதன் மூலம் பொதுமக்களுக்கு அறிவு திறந்துவிடப்பட்டது. விலங்குகளை அன்பளிப்பாக வழங்கியது, மேலும் ஆராய்ச்சி செய்ய நிதியை வழங்க ஊக்குவித்தது.

ஊர்வனவற்றைப் பொறுத்தவரை தரங்கம்பாடியிலிருந்த மதப் பரப்புநர்கள் 1718இல் ஒரு பூரானைக் கண்டறிந்தனர். மேலும் 1763 மற்றும் 1765களில் நான்கு வகையான தேள்களைக் கண்டறிந்தனர். தரங்கம் பாடியிலிருந்த கிறிஸ்டோப் சாமுவேல் ஜான் அவர்கள் எழுதிய தேள்கள் மற்றும் வண்டும் அவற்றின் கடிகளும் பற்றிய ஆய்வு விளக்கங்கள், 1793இல் ஜெர்மனியிலுள்ள பேராசிரியர் ஜே.ஆர்.ஃபார்ஸ்டருக்குத் தெரிவிக்கப்பட்டது. 1833 மற்றும் 1848களில் புதுச்சேரியில் பிரஞ்சுக் காரர்களால் அட்டைகள் காணப்பட்டு, அவை மொரீஷியஸ் மற்றும் பாரீசுக்கு ஏற்றுமதி செய்யப்பட்டன. தமிழ்நாட்டில் ஏழு வகையான பல்லிகள் காணப்பட்டதாக 1863இல் சென்னையிலுள்ள வால்டர் எலியட் மற்றும் டி.சி.ஜெர்டன் ஆகியோரால் தெரியப்படுத்தப்பட்டன. இவ்வாறாக, பனுவல் அல்லாத பொருட்கள் எவ்வாறு முதன்மை யானதாக உணரப்பட்டன என்பதையும், மதப்பரப்புநர்கள் தமிழகக்

கடற்கரையிலிருந்து ஐரோப்பாவிற்கு அரிதான பூச்சிகள் மற்றும் ஊர்வன பற்றிய செய்திகளை அனுப்பியதையும் இந்த இயல் காட்டுகிறது. இவை மிகவும் மாறுபட்டவை என்பதோடு இயற்கையின் (விலங்கு) பேரரசை எடுத்துரைக்கின்றன. மேலும் இவை முதன்மையாக ஐரோப்பாவில் இயற்கை வரலாற்றுச் சேகரிப்புக்காகவும் மேலதிக ஆய்வுக்காகவும் உதவின.

இயல் ஐந்து, 1701 மற்றும் 1853இல் தமிழகக் கடற்கரையில் ஐரோப்பியர்களால் காணப்பட்ட பாம்புகளின் வகைகள் மற்றும் பாம்புக்கடிகளுக்கான மருத்துவ முறையை ஆராய்கிறது. தரங்கம் பாடியிலுள்ள ஜோஹன் கிறிஸ்டியன் வைட்பிராக் மற்றும் ஜோஹன் பல்தசார் கோல்ஹாப் ஆகியோர் 1764இல் சில பாம்புகளைப் பற்றி ஆய்வு செய்தனர். அதைத் தொடர்ந்து 1785 மற்றும் 1792க்கு இடையே கிறிஸ்டோப் சாமுவேல் ஜான் என்பார் 22 பாம்புகளைப் பற்றிய விரிவான ஆய்வு செய்தார். ஜெர்மனியிலுள்ள பேராசிரியர் ஜோஹன் ரெய்ன்ஹோல்ட் ஃபார்ஸ்டருக்குத் தரங்கம்பாடியிலிருந்து சி.எஸ்.ஜான் இந்த விளக்கங்களைத் தெரிவித்தார். 1793இல் தரங்கம்பாடியிலுள்ள கிறிஸ்டியன் போலே அவர்கள் சில பாம்புகளைப் பற்றி ஆய்வு செய்தார். 1767இல் தரங்கம் பாடியில் உள்ள வில்ஹெம் பிரடெரிக் ஜெரிக் அவர்கள் பாம்புக் கடிக்கான பண்டுவத்தை பற்றி தன் கூர்ந்த கவனிப்பு மூலம் மேற்கொண்டார். காரைக்காலில் உள்ள பியர் சோனெரே 1775 மற்றும் 1780களில் பாம்புக்கடிக்கான பண்டுவத்தைக் கவனித்தார். 1787இல் சென்னையிலுள்ள வில்லியம் பெட்ரீ என்பவர் சென்னையில் பாம்பை அடையாளம் காண்பது குறித்து தன் கருத்தை வெளிப்படுத்தினார். கடல்பாம்பு குறித்த விளக்கத்தினை 1840இல் மயிலாப்பூரில் வால்டர் எலியட் வழங்கினார். 1853இல் டி.சி.ஜெர்டன் சென்னை மற்றும் நீலகிரியில் காணப்படும் 15 பாம்புகள் பற்றிய விரிவான ஆய்வினை மேற்கொண்டார். இருப்பினும், கிறிஸ்டியன் பிரடெரிக் ஸ்வார்ட்ஸ் 1788இல் தஞ்சாவூரில் பாம்புக் கடிக்குப் பயன் படுத்தப்படும் நாட்டு மருத்துவம் குறித்து தன் கூர்ந்த கவனிப்பைச் செலுத்தினார். வில்லியம் போக் 1809இல் பாம்புக்கடிக்கான தமிழ் மருத்துவம் குறித்து தன் கருத்தை வெளிப்படுத்தினார். பாம்புக் கடிக்கான பண்டுவத்தை 1820இல் வில்லியம் மெக்கன்சி சென்னையில் அறிவித்தார். இதனால் உள்ளூர் தமிழ் மருத்துவம் மற்றும் உள்ளூர் பண்பாட்டுக் கூறுகள் ஐரோப்பாவிற்கு அறிமுகப்படுத்தப்பட்டு மேலைநாட்டுக்கான ஆக்கம் சேர்க்கும் வகையில் ஆற்றலையும் தொகுத்தலையும் பெரிதும் திறந்து விட்டது. இவ்வாறு மேலைநாட்டு

மருத்துவ-விலங்கியல் வளர்ந்ததோடு, பகிரப்பட்ட மருத்துவப் புரிதலின் அடிப்படையில் ஒரு உரையாடல் வந்து சேர்ந்தது. இயற்கை வரலாறு சமூக முறைமையில் கூர்ந்து கவனிக்கப்பட்டதாகவும், கூடிக்கலந்து பேசப்பட்டதாகவும் உருவாக்கப்பட்டதாகவும் கருதப்படுகிறது என்பதையும், காலனித்துவ மோதலில் சமச்சீரற்ற அதிகார உறவில், பழங்குடி மக்களாலும் ஐரோப்பியர் களாலும் உருவாக்கப்பட்டு, பல்வேறு நோக்கங்களுக்காக அறிவு பயன்படுத்தப்பட்டது என்பதையும் இந்த இயல் விளக்குகிறது. அதேநேரத்தில் மருத்துவ-விலங்கியல் அறிவின் சுழற்சியானது, அறிவியல் அறிவை உருவாக்கும் செயல் முறையின் நடுப்பகுதியாகக் கருதப்பட வேண்டும். அதன் விளைவாக, இந்தச் செயல்முறையின் தன்மை மற்றும் பண்பாடுகளுக்கு இடையேயான சந்திப்பில் கூடிக் கலந்து பேச எளிதாக்கிய மற்றும் உள்ளடக்கிய பல்வேறு முகவர்கள் மைய நிலைக்கு வந்தனர். இது தொடர்பாக பாம்புவியல் மற்றும் நச்சுவியல் ஆய்வு அமைந்துள்ளது. ஏனெனில், மதப்பரப்புக் குழுவிலுள்ள மத அறிவுரைகள் தமிழ்நாட்டைப் பற்றிய மதச்சார்பு இல்லாத 'ஆர்வமுள்ள' மற்றும் அறிவியல் செய்திகளின் ஆர்வத்துடன் அத்தகைய வளர்ச்சியை இன்றியமையாத தாக்கியது.

ஆறாம் இயல், 1779 மற்றும் 1853க்கு இடையில் ஐரோப்பியர்கள் தமிழ்நாட்டில் நடத்திய மீன் மற்றும் நீர்வாழ் உயிரினங்களின் ஆய்வுக்கு முதன்மையளித்ததை விளக்குகிறது. ஜோஹன் ஜெராட் கோனிக் அவர்கள் 1779இல் மீன் பற்றிய தன் ஆய்வைத் தொடங்கினார். மேலும், அவர் 1785 வரை தன் பணியைத் தொடர்ந்தார். தரங்கம் பாடியில் உள்ள மீன்கள் மற்றும் அதன் வகைகள் பற்றிய ஒரு விரிவான ஆய்வு கிறிஸ்டோப் சாமுவேல் ஜான் என்பவரால் 1779இல் தரங்கம் பாடியில் தொடங்கப்பட்டது. அது 1801 வரை நீண்ட காலம் தொடர்ந்தது. 1789இல் தரங்கம்பாடியில் உள்ள ஜோஹன் காட்ஃபிரைட் கிளீன் அவர்களும் அதே பணியில் சேர்ந்தார். பிறகு 1791இல் தரங்கம்பாடியில் ஜோஹன் பீட்டர் ராட்லர் இந்த முயற்சியைத் தொடர்ந்தார். இந்த 3 மதப்பரப்புநர்களும் ஜெர்மனியில் உள்ள மார்கஸ் எலீசர் பிளாச்சுடன் விரிவான தொடர்புகளைக் கொண்டிருந்தனர். அவர் 1786 முதல் 1795 வரை மீன் சேகரிப்பு பற்றிய ஆய்வைத் தொடங்கினார். 1788 மற்றும் 1805க்கு இடையில் சென்னையில் உள்ள பேட்ரிக் ரஸ்ஸல் என்பார், மீன் வகைகள் குறித்த தன் தனிப்பட்ட ஆய்வை மேற்கொண்டார். அதன்பிறகு 1805 மற்றும் 1821இல் அதிராம்பட்டினத்தில் இருந்து தன்னுடைய மீன் சேகரிப்பை மேற்கொண்ட தஞ்சாவூர் மன்னர் இரண்டாம் சரபோஜியின் இயல்பான தூண்டுதலைக் காண்கிறோம்.

மேலும், சென்னையிலுள்ள ஆங்கிலக் குழும அதிகாரியான தாமஸ் கேவர்ஹில் ஜெர்டன் அவர்கள் காவிரி, பவானி ஆறுகளில் கிடைத்த மீன் வகைகள், கர்நாடகப் பகுதியில் உள்ள குளங்கள், குட்டைகளில் உள்ள நன்னீர் மீன் வகைகள், கோவை, சேலம், ஈரோடு ஆகிய இடங்களில் கிடைத்த மீன் வகைகள், 1837 மற்றும் 1849க்கிடையில் தரங்கம்பாடி, புதுச்சேரி மற்றும் சென்னை ஆகிய கடலோர நகரங்களில் காணப்பட்ட மீன் வகைகள் குறித்தும் ஆய்வு செய்தார். ஐரோப்பியர் களுக்குச் செய்தியாக மீன்களின் தமிழ்ப் பெயர்களை ஜெர்டன் தெரிவிக்கத் தொடங்கியதோடு, ஐரோப்பாவில் பார்வையாளர்களுக்குத் தெரியாத, அரிய மற்றும் புதிய வகை மீன்களையும் சுட்டிக்காட்டினார். மேலும், தமிழகக் கடற்கரையில் முத்துக்குளித்தல், கடல் விலங்குகள் மற்றும் கடல் உயிரினங்கள் குறித்து ஐரோப்பியர்களால் ஆய்வு செய்யும் நிலைக்குத் தூண்டியது. ஜோஹன் ஜெராட் கோனிக் அவர்கள் 1770-71இல் தரங்கம்பாடியில் கிளிஞ்சல்கள் பற்றி ஓர் ஆய்வு நடத்தினார். கிறிஸ்டோப் சாமுவேல் ஜான் அவர்கள், 1779 மற்றும் 1797களில் இராமேஸ்வரம் மற்றும் தூத்துக்குடியில் பல்வேறு வகையான கிளிஞ்சல்கள் மற்றும் சங்குகளை விரிவான அளவில் சேமித்து ஆய்வு செய்தார். கோபன்ஹெகனுக்குப் புதிய செய்தி ஓட்டத்துடன், டென்மார்க்கில் உள்ள ஜோஹன் கிறிஸ்டியன் ஃபெப்ரீசியஸ், தரங்கம்பாடியில் இருந்து சேற்று நண்டுகள், நண்டு மீன் மற்றும் கடல் பெரு நண்டுகள் பற்றிய விரிவான ஆய்வை மேற்கொண்டார். மேலும் அவர் பரந்த அளவில் பார்வையாளர்களை ஈர்க்கும் நோக்கில் அவை குறித்த விளக்கங்களை வெளியிட்டார். தமிழ்நாட்டில் நீரில் வாழும் உயிரினங்கள் பற்றிய ஆய்வு என்பது சில ஐரோப்பியர்களுக்கு ஆர்வமாக இருந்தது. டி.சி.ஜெர்டன் என்ற கிழக்கிந்தியக் குழும உதவி அறுவை மருத்துவ வல்லுநர் அவர்கள், வேலூர் கோட்டையில் காணப்படும் முதலையை ஆய்வு செய்தார். மேலும் அவர் 1853இல் சென்னையில் கண்டுபிடித்த ஆமை மற்றும் கடலாமை போன்றவை களையும் ஆய்வு செய்தார். ஆறு வகையான தவளைகளை டி.சி.ஜெர்டன் மற்றும் வால்டர் எலியட் ஆகியோர் நீலகிரி மற்றும் கர்நாடகப் பகுதியில் 1853இல் கவனித்ததாகப் பதிவாகியுள்ளது. மதப்பரப்புநர்களும் கிழக்கிந்தியக் குழும ஊழியர்களும், அதிகாரிகளும் உலகஅளவில் நீர்வாழ் உயிரின அறிவுப் புழக்கத்தின் முனைகளாகச் செயல்பட்டனர் என்பது தெளிவாகிறது. தமிழகக் கடற்கரையின் மீன் வகைகளைப் பற்றி திரப்பட்ட, திருத்தப்பட்ட மற்றும் மறுபகிர்வு செய்யப்பட்ட அறிவு ஐரோப்பா முழுவதும் பரவியது. தமிழகக் கடற்கரையிலிருந்து செய்திகள் மூலமான தரவு ஓட்டத்தின் மூலம் ஐரோப்பாவிற்கு

சென்றன. இந்த வியப்பான தகவல்கள் ஐரோப்பா முழுவதும் பயணித்தன. ஆர்வமும் பரப்பப்பட்ட அறிவும் ஆராய்ச்சியாளர்களின் ஆதரவைப் பெறுவதற்கும், தமிழ்நாட்டில் பொதுமக்கள், கல்வி யாளர்கள், அறிவொளி சீர்திருத்தக்காரர்கள், பிரபுக்கள் மற்றும் அரச குடியினர் நடுவே பரந்த வாசகர் வலைப்பின்னலில் செயற்பட்டு உதவிய மதப்பரப்புநர்களைப் பேணிக்காப்பதை நோக்கமாகக் கொண்டது.

இயல் ஏழு இறுதியாக, ஆய்வுகளின் முடிவில் சுருக்கமாக வெளிப் படுவது என்ன என்று தெரிவிக்கிறது. தொலை தூர வலையமைப்பில் முனைகளாகச் செயல்பட்ட இயற்கை அறிவியல் ஆய்வின் கருத்துரு, தமிழகக் கடலோரம் பற்றிய பனுவலல்லாத அறிவினைக் குவித்து, திருத்தி மறுபடி வழங்கியது. இந்தியாவில் அரசாட்சிக்கு முன்னதாகச் சமூக மற்றும் அரசியல் நிகழ்ச்சி நிரல்களை மேம்படுத்தியது. சேகரித்த அறிவும் மறுமுனையில் அறிவை பரவலாக்கும் செயல்களும் முக்கிய மானவை. இறுதியாக, சேமிக்கப்பட்ட அறிவும் மறுபகிர்வும் ஐரோப்பா முழுவதும் அச்சிடப்பட்ட இதழ்களில் வெளிவந்தது. மேலும், இது ஆதரவாளர்களைப் பெறுதல் மற்றும் உலகம் முழுவதும் ஆதரவைப் பேணுதல் ஆகிய நோக்கத்துடன் செய்யப்பட்டது. ஒட்டுமொத்தமாகப் பார்த்தால், இயல்கள் அடிப்படையில், புது ஊழியின் (நவீன யுகத்தின்) முற்பகுதியில் விலங்குகளின் பிரதிநிதித்துவம் தொடர்புடைய சிக்கலான உலகத்தைப் பற்றிய ஒரு குறிப்பிடத்தக்க படத்தை வழங்குகின்றன. எனவே, ஐரோப்பிய-தமிழ் உறவுகளில் தொடக்க காலப் புது இயற்கை மெய்யியலில் விலங்குகள் ஆற்றிய முதன்மையான பங்கை வாசகர்கள் வாசிப்பதன் மூலம் பயனடைவர் என நம்புகிறேன்.

அடிக்குறிப்புகள்

1. A. Thirumalai Muthusamy, *Sanga Ilakkiyathil Vilangugazhlum Paravaigazhlum*, Chennai, 1959, p. 7.
2. Ibid.
3. *Kurinchi paatu* (of Kapilar), ed. M. S. Purnalingam Pillai, Madras reprint, 1994, 256-57; *Puranaanuru*, ed. U.V. Swaminatha Aiyar, Madras, 1971, 37, P. L. Samy, *Sanga Noolgazhlil Sila Uyirinangal*, Chennai, 1993, p. 11; P.L. Samy, *Sanga Ilakkiyathil Vilangina Vizhlakkam*, Tirunelveli, 1970.
4. *Thirukural* (Parimelazhagar Urai), ed. M. Virasamy Pillai, Madras, 1849, kural no. 495.
5. P. L. Samy, *Sanga Noolgazhlil Sila Uyirinangal*, pp. 11-2.
6. *Nattrinai*, ed. A. Narayana Samy Aiyar, South India Saiva Siddhanta Pathippu Kazhagam, Tirunelveli, 1976, 172, 331, 25; *Maduraikanchi*, ed. U.V. Swaminatha Aiyar, in *Pathupaatu*, Madras, 1974, 330, 261; *Nedunalvaadai*, ed. U.V. Swaminatha Aiyar, in *Pathupaatu*, Madras, 1974, line 142.
7. *Puranaanuru*, 53, Nattrinai, 87.

8. *Aganaanuru*, eds. N. M. Venkatasamy Nattar and R. Venkatachalam Pillai, 3rd edn., South India Saiva Siddhanta Pathippu Kazhagam, Madras, 1957, 350, 20. It is known that there were two types of crabs while one lived on the land and the other at sea.
9. *Aganaanuru*, 307.
10. *Aganaanuru*, 271; *Pathirtupathu*, ed. Avvai Durai Samy Pillai, 2nd edn., South India Saiva Siddhanta Pathippu Kazhagam, Tirunelveli, 1955, 4: 43.
11. *Ayingurunuru*, ed. U.V. Swaminatha Aiyar, 6th edn., Madras, 1980, 325.
12. *Aganaanuru*, 129.
13. R. Guha, ed., *Nature's Spokesman: M. Krishnan and Indian Wildlife*, 1st edn., New Delhi, 2000. The text runs thus. 'O stork, O stork, O red-legged stork, with coral-red beak, sharp tapered like the split tuber of the sprouting palmyra, should you and your spouse turn northward from sojourning at the southern waters of Kanyakumari'.
14. *Malaipadukadaaam* (of Perumkausiganar), in *Pathupaatu*, Tamil University, Thanjavur, 1985, 507-508; *Nattrinai*, 24, 29; *Puranaanuru*, 152, 325, 326, 333.
15. *Nattirani*, 59.
16. *Nattrinai*, 92, 186, *Kurunthogai*, ed. U.V. Swaminatha Aiyar, 4th edn., South India Saiva Siddhanta Pathippu Kazhagam, Tirunelveli, 1978, 140.
17. *Puranaanuru*, 379, 389; *Nattrinai*, 280.
18. *Kurunthogai*, 148; *Nattrinai*, 347; *Ayingurunuru*, 468, 494.
19. *Puranaanuru*, 309, 329, 382; *Nattrinai*, 75.
20. *Malaipadukadaam*, 261.
21. *Aganaanuru*, 340.
22. *Epigraphia Indica*, vol. I to XXXII, Calcutta/ Delhi, 1892-1978 (hereafter EI), vol. XV, no. 5; *South Indian Inscriptions*, Publications of the Archaeological Survey of India, vol. I to XXVI, New Delhi, 1890-1990 (hereafter SII), vol. III, no. 205.
23. EI, vol. III, no. 2, p. 8.
24. Ibid. vol. XXVII, p. 14.
25. SII, vol. I, no. 29, verse 1, p. 23.
26. C. Minakshi, *The Historical Sculptures of the Vaikuntha Perumal Temple Kanci*, Memoirs of the Archaeological Society of India, New Delhi, 1940, p. 54.
27. EI, vol. IV, no.18, p. 149; EI, vol. IV no. 17, p 147; EI, vol. VIII, no. 2, p. 8.
28. Wei Luling, 'The Silk Road Linking Chennai and China', *Contributions of Tamils to the Composite Culture of Asia, Part II*, Chennai, 2014, pp. 173-198, see p. 190.
29. Haraprasad Ray, *South India during the 15th Century: Studies in Sino-Indian Relations*, UGC Report, Jawaharlal Nehru University, 1996, pp. 18-9; See also, Haraprasad Ray, *Trade and Diplomacy between India and China: A Study of Bengal during the 15th Century*, Delhi, 1993.
30. S. Jeyaseela Stephen, *Expanding Portuguese Empire and the Tamil Economy, Sixteenth-Eighteenth Centuries*, Delhi, 2009, p. 47.
31. W. W. Rockhill, 'Note on the Relation and Trade of China with the Eastern Archipelago and the Coast of the Indian Ocean During the Fourteenth Century', in *Toungpao*, vol. 16, 1914, pp. 419-47; vol. 17, 1915, pp. 61-159.
32. Ibid.
33. F. Hirth and W. W. Rockhill, *Chau-ju-Kua: His Work on the Chinese and Arab Trade in the Twelfth and Thirteenth Centuries Entitled Chu-Fan-chi*, St. Petersburg, 1912, p. 61.
34. Hamsadeva, *Mriga-Pakshi–Sastra*, trs., M. Sundaracharya, P. N. Press, Kalahasti, 1927, p. 134.

இயல் 2

தமிழ் நிலப்பரப்பின் வானத்தில்: பறவைத் தொகுதியும் பறவையியலும் 1701-1807

பதினேழாம் நூற்றாண்டின் தொடக்கத்தில் ஐரோப்பாவின் அறிவியல் பெருமளவில் தாவரங்கள் மற்றும் விலங்குகள் பற்றிய திரட்டுகள் இயல்பாகக் கிடைத்ததன் மூலமாய் புதிய உலகின் பொருட்கள் குறித்த ஆய்விற்கு வழிகோலியது. கிழக்கிந்திய உலகில், இதற்கு மாறாக தொலைவிலுள்ள உடைமைகள் பற்றிய ஆய்வு நடந்தது.

1605இல் இந்தியா வந்த டச்சுக்காரர்கள் பறவைகளின்பால் ஆர்வம் செலுத்தியதோடு, 1625இல் சூரத்தில் டச்சுக் குழுமத்தின் உயர்வணிகரான ஹென்ரிக் ஆரென்ட்ஸ் டச்சுக் குழுமத்திற்காக முகலாயப் பேரரசர் ஜஹாங்கீரின் (1605-1627) ஆதரவைப் பெறவும் நான்கு ஆண்டுகள் பழமையாகிப் போன ஆணையைப் புதுப்பிக்கவும் ஒரு கசுவாரிப் பறவையைப் பரிசாக அளித்தார் என அறிகிறோம்.[1] கசுவாரிப் பறவை இந்தியாவில் ஆர்வமூட்டக்கூடிய ஒன்றாகவும், செராம் தீவில் மட்டுமே காணக்கூடியதாகவும், மொலுக்கசில் எமென்/எம் என்று அழைக்கக் கூடியதாகவும் இருந்தது. அரிதான பறவைகளைச் சேகரிக்க ஆம்ஸ்டர்டாமில் உள்ள டச்சுக் கிழக்கிந்தியக் குழுமம் அதன் இயக்குநர்களைக் கேட்டுக்கொண்டது. இதற்காக இளவரசர் ஆரஞ்சு அவர்களின் ஒரு உத்தரவும் பிறப்பிக்கப்பட்டது. டச்சுக் குழுமப் பணியாளர்கள் ஆர்வமூட்டக்கூடிய சில பறவைகளையும் விலங்குகளையும் பெற நடவடிக்கை மேற்கொண்டனர். முகலாய அரசக் கருவூலத்தின் தலைவரான முகரப்கானிடமிருந்து ஆக்ராவில் பரிசுகளாகப் பெறப்பட்ட நான்கு புறாக்கள் நெதர்லாந்திற்கு அனுப்பப்படுவதற்காக ஜகார்த்தாவிற்கு அனுப்பப்பட்டது.[2]

ஐரோப்பியப் பணிகளும் அந்த விசித்திரமான மற்றும் அழகு நிரம்பிய பறவைகளைக் கண்டு வியப்படைந்தனர். 1628இல் ஆங்கிலேயர் பீட்டர் முண்டி சூரத்தில் முதன்முதலாக மொரீசியஸ் நாட்டு டோடோ பறவையைப் பார்த்தார்.[3] மதகுருமார்களும் கிழக்கிந்தியக் குழுமப் பணியாளர்கள் மற்றும் அதிகாரிகளும்கூட பறவைகள் பற்றிய படிப்பில்

ஆர்வம் காட்டினர். ஏனெனில், இதைப் போன்ற பல பறவைகள் அவர்களுக்குப் புதியதாகவும் ஐரோப்பாவில் இதுநாள் வரை அவர்கள் கண்டதாகவும் இல்லை. எனவே, மேலைநாட்டினர் பறவைகளின் நிறம், அளவு, உணவுப் பழக்கவழக்கங்கள் ஆகியனவற்றைத் தங்கள் கடிதங்களில் விளக்க முற்பட்டனர். இவ்வாறாக, பறவைகளைப் பற்றிய ஆவணங்கள் மற்றும் பறவையியல் வளர்ச்சியின் சகாப்தம் தோன்றியது.

மெட்ராசில் எட்வர்ட் பக்லியும் பறவைகள் பார்த்தல் பற்றிய முதல் பதிவும் (1701-1710)

எட்வர்ட் பக்லி *(1651-1714)* மெட்ராஸ், புனித ஜார்ஜ் கோட்டையில் அறுவை மருத்துவராகவும் பிணவு சாவலதிகாரியாகவும் இருந்தார். அவர் 1692இல் முதன்மை அறுவை மருத்துவராக ஆனார். அவர் குடிமைப்பணிக்காக அவை உறுப்பினராக மாற்றப்படும் வரை அதே பதவியில் 1709 வரை நீடித்தார்.[4] பக்லி ஒளிபொருந்திய வண்ணப் பறவைகள் தவிர வால்கள், அலகுகள், முகடு மற்றும் கால்களையுடைய பலவகையான பறவைகளையும் வண்ணங்குன்றிய பறவைகளையும் பார்த்தார். எனவே, 1701இல் மெட்ராஸ் என்கிற சென்னைப்பட்டினத்தில் பறவைகள் குறித்த ஓர் ஆய்வை நடத்தினார். அங்கு ஆங்கிலக் கிழக்கிந்தியக் குழுமம் ஒரு பண்டகசாலையையும் புனித ஜார்ஜ் கோட்டையையும் கட்டியது. அங்கு தங்கிய எட்வர்ட் பக்லி பலவிதமான பறவைகளைக் கண்டு விளக்கமாக எழுதினார். 1711இல் இலண்டனில் உள்ள ஜேம்ஸ் பெட்டிவெர் என்பவருக்கு இலத்தீன் மொழியில் தயாரிக்கப்பட்ட அறிக்கை அனுப்பப்பட்டது. 1713இல் ஜான் ரே வெளியிட்ட பட்டியலில் 27 பறவைகள் பற்றி விளக்கமாகக் குறிப்பிடப்பட்டுள்ளதை நாம் காண்கின்றோம்.[5]

மெட்ராஸிலிருந்து இலண்டனுக்கு அனுப்பப்பட்ட 21 பறவைகள் மற்றும் ஓவியங்களின் பட்டியல்

1. Himantopus Maderaspatanus
2. The partridge snipe
3. The black and white wag tail
4. The forked wag tail
5. The sea crow
6. The Madras rail-hen
7. The buff jay

8. The yellow jay
9. The motled jay
10. The green jay
11. The small blue jay
12. The Madras jay
13. The pied bird of paradise
14. The broad tailed Madras dove
15. The parrot dove
16. The red jay-dove
17. The small red pied dove
18. The Madras ring-dove
19. The cock saulary
20. The hen saulary
21. The sanguillo
22. The red tooracca with a black head
23. The red and white tooracca
24. The whitish tooracca
25. The black tooracca
26. The magpy tooracca
27. The magpy tooracca with red spots

பறவைகளைக் காட்சி வடிவப்படுத்துவதன் இன்றியமையாமையைப் பக்லி உணர்ந்தார். ஆகவே ஆங்கில நாட்டுப் பார்வையாளர்கள் அவற்றை கவனிக்கவும் அதன் வழி பயனடையவும் முடியும் என நம்பினார். எனவே, அவர் ஒரு தமிழ்க் கலைஞனைக் கொண்டு படங்களை வரையச் செய்தார். மூலப்படியாகவே அனுப்பப்பட்ட பறவைகளின் இந்தப் படங்கள் இலண்டன், பிரித்தானிய நூலகத்தில் காணக்கிடைக்கின்றன.[6] பறவைகளின் வரிசை எண்களைக் கொண்ட பெயர்கள் இந்த வண்ண ஓவியங்களில் காணப்படுகின்றன.[7]

ஒரு பறவைக்கு ஹிமன்டோபஸ் மதராசப்பட்டனஸ் என்று எட்வர்ட் பக்லி தானே பெயரிட்டார். அவரே பிளினியின் விளக்கத்தையும் குறிப்பிட்டார். (அவருடைய நூல் 10, அத்தியாயம் 47). பக்லி அந்தப் பறவையை ஆங்கிலத்தில் சிவப்புக்கால் கொக்கு என்றழைத்தார்.

பறவைகளின் சில தமிழ்ப் பெயர்களையும் பக்லி வழங்கினார். அவர் கூறும் அவிஸ் மதராசப்பட்டனா பெரும்பாலும் தமிழர்களால் கடல் காக்கா என்றழைக்கப்பட்ட பறவை. அதே பறவை சமுத்திரக் காக்கை என்றும் அழைக்கப்பட்டது என்றும் தெரிவிக்கிறார். அவர் கானாங்கோழி என்று பதிவு செய்த பறவையை ஆங்கிலத்தில் மெட்ராஸ் ரெயில் ஹென் என்றழைத்தார்.[8]

மேலும், பக்லி அவர்கள் தெலுங்குப் பெயர்களைக் கொண்ட பறவைகளையும் குறிப்பிடுகிறார். புலம்பெயர்ந்து வந்து மெட்ராசிலேயே தங்கிவிட்ட தெலுங்கர்களிடம் அவர் செய்திகளைத் தொகுத்தார். எட்டு பெயர்கள் கொண்ட அப்பட்டியல் பின்வருமாறு:

ஆங்கிலப் பெயர் - தெலுங்குப் பெயர்

The Buff-Jay - வங்கபாண்டு

The Yellow-Jay - பெத்த வங்கபாண்டு

The Motled-Jay - சுண்டை வங்கபாண்டு

The Green-Jay - பசைக்காயி

The Small Blue-Jay - பீச்காயி

The Pied Bird of Paradise - தெல்லஎக்கு நாரை

Madras Ring Dove - ஊருல பொன்னுகி

Sanguillo - குல்லா கவலா

ஆங்கிலத்துடன் தொடர்புடைய தமிழில் வெவ்வேறு பெயர்களைக் கொண்ட பறவைகளின் அடையாளம் பக்லி வழங்கிய பெயர்களுடன் கீழே விலங்கியல் பெயர்களுடன் வழங்கப்பட்டுள்ளன.

ஆங்கிலப் பெயர் - விலங்கியல் பெயர் - தமிழ்ப் பெயர்

The partridge snipe - Gallinago gallinago - கோரைக் குத்தி

பெயர் இல்லை - Himantopus maderaspatanus - பவழக்கால் உள்ளான்

The black and white wag tail - Motacilla maderaspatensis - குளத்துக் குருவி

The forked wag tail - Motacilla cincrea - கொடிகால் வாலாட்டி

The sea crow - Avis maderaspatensis major - கடல் காக்கா, சமுத்திரக் காக்கை

The Madras rail-hen - Amaurornis phoenicurus - கானாங் கோழி

The buff jay - Ixobrychus sinensis - மணல் நாரை

The yellow jay - Oriolus oriolus - மஞ்சள் குருவி

The motled jay - Motacilla flava - *மஞ்சள் வாலத்தி*

The green jay - Phaenicophoeus virdirostris - *பச்சை வாயன் குயில்*

The small blue jay - Columba livia - *மாடப் புறா*

The Madras jay - Pitta brachyuran - *அருமணைக் குருவி*

The pied bird of paradise - Terpsiphone paradise - வெத்திவால் குருவி

The broad tailed Madras dove - Schoenicola platyunus

The parrot dove - Psittaeula krameri - கிளி

The red jay-dove - Streptopelia senegalensis - *தவிட்டுப் புறா*

The small red pied dove - Streptopelia chinensis - *மணிப் புறா*

The Madras ring-dove - Accipiter badius - வல்லூறு

The cock saulary - Gallus gallus domesticus

The hen saulary - Gallus gallus domesticus

The sanguillo - Passer domesticus

The red tooracca with a black head - Vanellus indicus - *ஆள் காட்டி*

The red and white tooracca

The whitish tooracca - Mesophyx intermedia - வெள்ளைக் கொக்கு

The black tooracca - Dupetor flavicollis - கருங்குரங்கு

The magpy tooracca - Copsychus saularis - வண்ணாத்திக் குருவி

The magpy tooracca with red spots - Saxicoloides fulicata - வண்ணாத்திக் குருவி

தரங்கம்பாடியில் கிறிஸ்டோப் தியோடோசியஸ் வால்தெர் அறிவிக்கை செய்த நைட்டிங்கேல் மற்றும் பிற பறவைகள், 1728–1733

தரங்கம்பாடிக்கு வந்த புராட்டஸ்டென்ட் மதகுருமார்கள் அந்தப் பகுதியின் பறவைகள் பற்றிய ஆய்வில் வெகு ஆர்வம் காட்டினர். அந்தப் பறவைகளைக் கவனித்த பல்வேறு மதகுருமார்கள் டென்மார்க் மற்றும் ஜெர்மனிக்குத் தங்கள் அறிக்கைகளில் விளக்கங்களை அனுப்பினர். கிறிஸ்டோப் தியோடோசியஸ் வால்தெர் (1699-1744) 1725இல் தரங்கம்பாடிக்கு வந்து சேர்ந்தார்.[9] இப்பகுதியில் பறக்கும் பறவைகளைக் கூர்ந்து கவனித்து, அவற்றைப் பற்றிய விளக்கங்களை எழுதினார். 16 அக்டோபர், 1728ஆம் நாளிட்ட தன் அறிக்கையில் செயின்ட் பீட்டர்ஸ்பர்க்கில் தியோபில் சீக்பிரைட் பேயருடன் தொடர்பு கொண்டிருந்ததைக் குறிப்பிட்டுள்ளார்.[10] ஜெர்மனியர்கள் பாரபீஸ் வோகல் என்றழைக்கும் பறவையைத் தமிழர்கள் ஊமக்குருவி

என்றழைத்தனர் என அவர் தெரிவித்தார். அதே பறவையை ஆகாசப்பட்சி என்றும் தமிழர்கள் அழைத்தனர். ஆகாசம் என்ற சொல் வானத்துக்கும் நிலத்துக்கும் இடையிலுள்ள வெற்றிடத்தையும், பட்சி என்ற சொல் பறவை என்பதையும் குறிக்கிறது என அவர் விளக்கினார். தமிழர்களின் கூற்றுப்படி இந்தப் பறவை எப்போதுமே வானில் உயரமாகப் பறந்து கொண்டும், அங்கேயே எப்போதும் இருந்து கொண்டே இருக்கும் என்பதாகும்.[11] ஒரு சிறு பறவை காற்றில் மிக உயரத்தில் பறந்துகொண்டிருந்தது என்பது கவனத்தைக் கவருவதாயிருந்தது. கிறிஸ்டோப் தியோடோசியஸ் வால்தெர் இதைப் போன்றேயுள்ள பறவையுடன் ஒப்பிடுவது மிகவும் பாராட்டத்தக்கது. அந்த மதகுரு பின்னரும் பறவைகள் பற்றிய தன் ஆய்வைத் தொடர்ந்தார். 1733, அக்டோபர் 22ஆம் நாளிட்ட தன் கடிதத்தில் அவர் பறவைகள் பற்றிய விளக்கத்தோடு பறவையின் ஜெர்மன் மற்றும் தமிழ்ப் பெயர்களையும் தந்தார். பறவைகளின் எபிரேய, அரபிய, பாரசீக மற்றும் சமஸ்கிருதப் பெயர்களையும் அவர் சுட்டிக்காட்டினார். பறவைகள் பற்றிய கூடுதல் இலக்கியச் செய்திகளையும், அந்தப் பறவைகளின் முந்தைய குறிப்புகளையும் அவர் தன் கடிதத்தில் குறிப்பிட்டார்.[12]

தரங்கம்பாடியில் கிறிஸ்டியன் பிரடெரிக் பிரஸ்ஸியர் கவனித்த அன்னங்கள், வாத்துகள், மீன்கொத்தி மற்றும் பிற பறவைகள், 1729

பிராட்டஸ்டன்ட் மதகுருவான கிறிஸ்டியன் பிரடெரிக் பிரஸ்ஸியர் *(1697-1738)* 1725இல் தரங்கம்பாடி வந்தடைந்தார்.[13] பறவைகள் பற்றிய ஆய்வில் ஆர்வம் காட்டிய அவர் குறிப்பாக, அன்னங்கள் மற்றும் வாத்துகள் பற்றிய அறிக்கையினை அளித்தார். பிரஸ்ஸியர் தன் கவனிப்பில் வெப்பமண்டலப் பறவையியல் பிரிவில் பெரிய அலகினை உடைய வெப்பமண்டல நீர்வாழ் பறவையும் வண்ணப்பறவையுமான ஒன்றினைத் தரங்கம்பாடியில் கவனித்ததை ஹாலேயில் உள்ள ஜோசிம் சென்ட்ஸ்க்கு விளக்கமாக எழுதினார். தரங்கம்பாடியில் டேனிஷ் குடியிருப்பில் ஏரிகள் மற்றும் குளங்களில் ஒரு பறவை தங்கியிருப்பதாகக் கூறினார். அதன் அலகைக் கடவுள் ஒரு வலையாக அளித்திருக்கிறார். எனவே, அதனால் மீன்களை எளிதில் பிடிக்க முடியும். அதன் அலகு மேற்கையைப் போல நீளமாக இருந்தது.[14] அதன் இரு விரல்கள் அதன் உயிர்மூச்சாக - எல்லாமுமாக - மூல உறுப்பாக இருந்தது. அதன் மேல்பகுதி முழுமையாக எலும்போடும் அதன் கீழ்ப்பகுதி, சற்று எலும்போடும் அவற்றிற்கிடையேயுள்ள மடிப்புகள் வலுவான தோலோடுமாக இருந்தது. அதன் காரணமாக, அப்பறவை தன் கீழ்ப்பகுதி அலகினை

நீட்டலாம். முன்னால் இருந்த அலகின் மேல்பகுதி ஒரு கொக்கி போல வளைந்திருந்தது. அந்தப் பறவை மீனைப் பிடித்தால் நீரில் ஆழமாகச் சென்று தன் அலகைத் திறந்து தோலை நீட்டியது. எனவே, நீரின் அளவு அதிகமாக இருந்தபோதிலும், அதனோடு மீனையும் அது பிடித்தது. நீரும், மீனும் பிறகு சேமிக்கப்பட்டன. பறவை மீனை வைத்துக்கொண்டு நீரை விட்டுவிட்டது. அதன் பாதங்கள் வாத்தின் பாதங்களைப் போல இருந்தன. தமிழில் மீன்கொத்தி என அழைக்கப் படும் மூன்று வகை மீன்கொத்திகள் இருக்கின்றன. வெள்ளை மார்பக மீன்கொத்தி, நீலநிற சிறிய மீன்கொத்தி சிறிதளவிலான பல வண்ணங்களாலான மீன்கொத்தி ஆகியன.

தரங்கம்பாடியிலுள்ள பறவைகள் பல வண்ணங்களையுடையவை என பிரஸ்ஸியர் எழுதினார். மிகவும் அழகான பறவை பாடும் போது மிகவும் மோசமாக இருந்தது என்று அவர் கூறினார். அந்தப் பறவைகள் பறந்துகொண்டும் அங்குமிங்கும் கட்டுப்பாடற்றும் துணிச்சலாகவும் இருந்தன. ஏனெனில், அவற்றை யாரும் கொல்ல வில்லை ஐரோப்பியரைத் தவிர. சான்கோனிஜ் என்ற ஒரு பறவை தரங்கம்பாடியில் இருப்பதாகப் பிரஸ்ஸியர் கூறினார். அது கூட்டாக இருக்க விரும்பும். மக்கள் இருபத்துநான்கு மணி நேரமும் அதனைக் கூண்டிலடைத்து வைத்தனர். அவை மிகவும் அழகானவை. சிவப்பு, கருப்பு, சாம்பல் மற்றும் பிற நிறங்களால் தீட்டப்பட்டதைப் போன்றதாக அப்பறவைகளை அவர்கள் பார்த்தனர். ஆனால், அவை சிட்டுக்குருவிகளைப் போலக்கூட பாடவில்லை.[15] பாடிய அந்தப் பறவை தமிழில் வானம்பாடி என அழைக்கப்பட்டது. அதில் பல்வேறு வகைகள் உள்ளன. அவையாவன. கிழக்கு வானம்பாடி (Eastern Sky-lark), புதர் வானம்பாடி (Jerdon's bush-lark), சாம்பல் தலை வானம்பாடி (Ashy-Crowned Sparrow-lark). இன்னொரு வகையான பறவையும் பாடியது. அது குயில் எனத் தமிழில் அழைக்கப்பட்டது. மேலும், இந்த வகையில் ஆசியக் குயில் மற்றும் Indian Treeple மாங்குயில் எனத் தமிழில் அழைக்கப்படுகிறது.

ஐரோப்பாவில் கார்ல் லின்னேயஸ் மற்றும் பறவைகளுக்கு இரண்டு பெயர்கள் அறிமுகம் (1735 – 1766)

பிரான்சிஸ் வில்லுக்பி (1635-1672) என்பார் ஐரோப்பாவில் பறவைகளின் பழக்கவழக்கங்களைக் கொண்டு அவற்றை வகைப் படுத்தினார். ஜான் ரே (1627-1705) என்பார் உடற்கூற்றியல் மற்றும் பிற வேறுபாடுகளின் மூலம்-தழும்புகள் அல்லது அலகுகள் மற்றும்

நகங்களின் கட்டமைப்பினை வேறுபடுத்துவதன் மூலம் - உயிரினங்களை வேறுபடுத்தும் முறையை விரிவுபடுத்தினார். அவரின் தனிப்பட்ட கண்காணிப்பிலிருந்து பறவைகள் பற்றிய அவர் ஆய்வில் 230-க்கும் மேற்பட்ட பறவை இனங்கள் விளக்கப்பட்டுள்ளன. எட்வர்ட் பக்லே அறிவித்த மெட்ராசில் அறியப்பட்ட பறவை இனங்களின் விளக்கப் படம் மற்றும் விளக்கப் பட்டியல் ஜான் ரே அவர்களால் வெளியிடப் பட்டது.

மேலும், கார்ல் லின்னேயஸ் (1707-1778) பறவைகள் குறித்த பணிகளை விரிவுபடுத்தி எழுதியபோது ஒரு வகையில் அது உதவியது. ஜான் ரே அவர்கள் பறவைகளை நிலத்தில் வாழும் உயிரினங்களாகவும், நீரில் வாழும் உயிரினங்களாகவும் பிரித்திருந்தாலும் லின்னேயஸ் அவர்களின் வகைப் பிரிப்பு வேறுபட்டது என்பதை நாம் அவருடைய சிறந்த படைப்பான 1735இல் வெளிவந்த சிஸ்தேமா நத்யுரே (Systema Naturae)வில் காணலாம். லின்னேயஸ் பின்னர் 1758இல் தன் சிஸ்தேமா நத்யுரேவில் விலங்கின் அரசை ஆறு வகுப்புகளாகப் பிரிப்பதைக் குறிப்பிட்டார். அதில் (அ) பாலூட்டிகள் (ஆ) பறவையினம் (இ) நீர்-நிலவாழி (ஈ) மீன்கள் (உ) பூச்சிகள் மற்றும் (ஊ) புழுக்கள் ஆகியன அடங்கும். அப்போது அறியப்பட்ட பறவைகளின் விளக்கங்களை லின்னேயஸ் சேமித்து வைத்திருந்தார். மேலும், 1758இல் தமிழ்நாட்டில் காணப்பட்ட பல பறவைகளை அவர் குறிப்பிட்டுள்ளார்.

தமிழ்ப்பெயர் - விலங்கியல் பெயர் - ஆங்கிலப் பெயர்

சின்ன கோட்டான் - Charadrius alexandrines - Kentish plover

சோழக் குருவி - Sturnus roseus - Rosy starling

கன்னிக் கொக்கு - Bulbulcus ibis - Cattle Egret

காட்டுக் குருவி / பேய்க் குருவி - Lanius schach - Rufous backed shrike

கோட்டான் - Actitis hypoleucos - Common sandpiper

குயில் - Eudynamya scolopacea - Asian koel

குருவி வல்லூறு - Accipiter nisus - Eurasian sparrow hawk

கொண்டை கொத்தி - Pycnonotus jocosus - Red-whiskered bulbul

கொம்பன் ஆந்தை - Bubo bubo - Eurasian eagle owl

மார்கழியான் - Anas acuta - Northern pintail

மஞ்சள் திருடி - Neophron percnopterus - Egyptian vulture

மயில் - Pavo cristatus - Indian peafowl

மரங்கொத்தி - Dinopium benghalense - Lesser golden-backed wood pecker

மீன்கொத்தி - Alcedo atthis - Small blue kingfisher
மீன்கொத்தி - Ceryle rudis - Lesser pied kingfisher
நாமக் கோழி - Fulica atra - Common coot
நீர்க் கோழி - Porphyrio porphyries - Purple moorhen
நெல்லுக் குருவி - Lochura malabarica - White throated munia
பவழக்கால் உள்ளான் - Himantopus himantopus - Black winged stilt
பனங்காடை - Coracias benghalensis - Indian rover blue jay
பெரிய வெள்ளை கொக்கு - Casmerodius albus - Large Egret
பூநாரை உரியன் - Phoenicopterus ruber - Greater flamingo
சாம்பல் நாரை - Ardea cincerea - Grey horn
சிகப்பு வல்லூறு - Falco kinnunculus - Common kestrel
தண்ணீர்க் கோழி - Gallinula chlorpus - Common moorhen
தோசிக் கொக்கு - Butorides striatus - Little green heron
ஊர்க் குருவி / அடைக்கலான் குருவி - Passer domesticus - House sparrrow
வக்கா - Nycticorax nycticorax - Black crowned night heron

    1766இல் வெளியிடப்பட்ட சிஸ்தேமா நத்யுரேவின் 12ஆம் பதிப்பில் தமிழ்நாட்டைச் சேர்ந்த பறவைகள் தொடர்ந்து மேற்கோள் காட்டப்பட்டிருப்பதைக் காணலாம்.[16] பட்டியலில் மேலும் பல புதிய பறவைகள் இருந்தன.

தமிழ்ப் பெயர் - விலங்கியல் பெயர் - ஆங்கிலப் பெயர்

அன்றில் - Plegadis falcinellus - Glossy Ibis
அருமனைக் குருவி - Pitta brachyuran - Indian pitta
சின்ன மின்சிட்டு - Pericrocothus cinnamomeus - Small minivet
சின்ன வெள்ளைக் கொக்கு - Egretta Garzetta - Little Egret
கடல் காக்கை - Larus ridibundus - Black headed gull
கொண்டைக் குருவி - Pycnonnotus cafer - Red-vented bulbul
மணிப் புறா - Streptopelia chinensis - Spotted dove
நாகணவாய் - Aeridotheres tristis - Common myna
நீர்க் காகம் - Phalocrocorax niger - Little cormorant
செந்நாரை - Ardea Purpurea - Purple horn
தவிட்டுப் புறா - Streptopelia senegalensis - Little brown dove

பாண்டிச்சேரி, செஞ்சி மற்றும் சோழமண்டலக் கடற்கரையில் கண்டறியப்பட்ட பறவைகள் பற்றி ஐரோப்பாவிற்கு அறிவிக்கப்பட்டது (1758-1789)

பியர் புவார் (1719-1786) அவர்கள் 1739இல் பாரிசின் அந்நிய வேதபோதகச் சபையில் சேர்ந்தார். மதப்பரப்புப் பணிக்காக அவர் கம்போடியா மற்றும் சீனாவிற்குப் புறப்பட்டார். பல ஆண்டுகள் பணிக்குப் பிறகு அவர் பிரான்சு திரும்ப விரும்பினார். அவர் திரும்பும் போது அவருடைய கப்பல் பிப்ரவரி 5, 1745இல் பங்கா நீரிணையில் ஆங்கிலேயர்களால் தாக்கப்பட்டது. ஒரு குண்டு அவர் வலது கையை எடுத்துச் சென்றுவிட்டதோடு, கைதியாகவும் அவர் அழைத்துச்செல்லப் பட்டார். பின்னர் அவர் பாண்டிச்சேரிக்கு நாடுகடத்தப்பட்டுச் சிறிது காலம் அங்கிருந்துவிட்டு, பின்னர் அவர் மொரீஷியஸ் வழியாக சூன் 1748இல் பிரான்சு வந்தடைந்தார். புவார் மீண்டும் சூன் 1749இல் பாண்டிச்சேரிக்குத் திரும்பவும் வந்து, பல ஆண்டுகள் தங்கியிருந்தார்.[17] அந்த நேரத்தில் அவர் பறவைகள் குறித்துப் படிப்பதில் ஆர்வம் செலுத்தினார். மீண்டும் அவர் 1751இல் பிரான்சு திரும்பினார். பாண்டிச்சேரியில் அவர் கவனித்த பறவைகள் குறித்து அறிக்கை அளிக்கப்பட்டன.[18] அவை பிரான்சு மற்றும் ஐரோப்பாவில் இயற்கை வரலாற்றியலர்களுக்குத் தெரிவிக்கப்பட்டன. பியர் பொதார் (1730-1795) தன் படைப்பை (Table des planches Enluminieez d'histoire naturelle de, M. D'aubenton: Coloured Plates of Natural History) வண்ணப்படங்கள் அடங்கிய இயற்கை வரலாறு என்ற பெயரில் 1783இல் வெளியிட்டதில் இந்தப் பறவைகளைக் குறிப்பிட்டிருந்தார். 1755 மற்றும் 1780ஆம் ஆண்டுகளில் பாண்டிச்சேரி மற்றும் செஞ்சி ஆகிய இடங்களில் பிரஞ்சுப் பயணியான பியர் சொனெரா கவனித்த பல பறவைகள் பற்றிய குறிப்பையும் நாம் காணமுடிகிறது.[19] இந்தச் சில பறவைகள் சோழமண்டலக் கடற்கரையின் பெயரில் வெறுமனே குறிப்பிடப் பட்டாலும், குறிப்பிட்ட இடம் மட்டுமல்லாமல், கடற்கரை முழுவதும் பரவலாக இருந்தது. பறவைகள் பட்டியல் பின்வருமாறு.[20]

ஆங்கிலப் பெயர் - தமிழ்ப்பெயர் - விலங்கியல் பெயர்

Asian openbill - நத்தை குத்தி நாரை - Anastomus oscitans
Black kite - கல் பருந்து - Milvus migrans
Black Drongo - சோழமண்டலக் கடற்கரை
Blue tailed bee-eater - சோழமண்டலக் கடற்கரை
Cuckoo crested - சோழமண்டலக் கடற்கரை

Common myna - சோழமண்டலக் கடற்கரை
Duck - சோழமண்டலக் கடற்கரை
Flycatcher - சோழமண்டலக் கடற்கரை
Falcon - செஞ்சி
Gallimule - மெட்ராஸ்
Hornbill - செஞ்சி
House crow - சோழமண்டலக் கடற்கரை - Corvus splendens
Herons - சோழமண்டலக் கடற்கரை
Jungle crow - சோழமண்டலக் கடற்கரை
White breasted kingfisher - சோழமண்டலக் கடற்கரை
Kite - கருடன் - Haliastur Indus
Lark - செஞ்சி
Owl - சோழமண்டலக் கடற்கரை
Rose ringed Parakeet - செஞ்சி
Partridge - செஞ்சி
Partridge - பாண்டிச்சேரி
Partridge - சோழமண்டலக் கடற்கரை
Pratincok - மெட்ராஸ்
Pied kingfisher - சோழமண்டலக் கடற்கரை
Red wattled lapwing Vulture - ஆள்காட்டி - Vanellus indicus
Runner Curiosus - சோழமண்டலக் கடற்கரை
Snipe - மெட்ராஸ்
Thrush - செஞ்சி
Titmouse - தமிழ்நாடு
Vulture - பாண்டிச்சேரி
Wabler - சோழமண்டலக் கடற்கரை
Yellow wattled lapwing - ஆள்காட்டி - Vanellus malabaricus

கவனத்தைக் கவருகிற மற்றும் அரிதான சில பறவைகள் மிக நன்றாக விளக்கப்பட்டுள்ளன. பாண்டிச்சேரியில் உள்ள கழுகு மிகவும் அழகு வாய்ந்த ஒன்று என இந்நூலில் குறிப்பிடப்பட்டுள்ளது. இப்பறவையின் அளவு ஜெர்பால்கனுக்குச் (Jerfalcon) சமமாகும்.

அதன் நீளம் ஒரு அடி ஏழு விரற்கிடைகள் (அங்குலங்கள்). அதன் அலகு சாம்பல் நிறமுடையதாகவும், அதன் முனை மஞ்சள் நிறமுடையதாகவும் அதன் அலகுப்பூ நீல நிறமுடையதாகவும் உடலின் நிறம் பழுப்பு நிறக்கொட்டை நிறத்திலும் இருந்தது. ஒவ்வோர் இறகுகளின் தண்டும் கருப்பாகவும் தலை, கழுத்து மற்றும் மார்பகங்கள் வெண்மையாகவும், ஒவ்வோர் இறகுக்கும் நடுவில் நீளமான ஒரு பழுப்புக் கோடுடனும் இருக்கும். நிலைநிறுத்தப்பட்ட முதன்மை இறகுத் தூவியின் இறுதிப் பகுதி கருப்பாகவும், வால் இறகுகள் பழுப்பு நிறக்கொட்டை நிறத்திலும் இருந்தது. நிலை நிறுத்தப்பட்ட நடுத்தர இறகுகளின் நுனி வெளிறிய நிறத்திலிருந்தது. மற்ற மூன்றும் உட்புற வலைகளில் மிகச்சிறிய அளவில் கருப்பு நிறப்பட்டைகளுடனும் கால்கள் திண்ணிய செம்மஞ்சள் நிறத்துடனும் நகங்கள் கருப்பு நிறத்திலும் இருந்தன. பாண்டிச்சேரியில் காணப்படும் இந்தக் கழுகு இனம் ஒரு புனிதப் பறவையாகக் கருதப்பட்டது. மேலும், பூர்வகுடிகள் அதை வணங்கினர்.[21] ஏறக்குறைய பதினோரு விரற்கிடை (அங்குலம்) நீளமுள்ள நீண்ட வாலுடைய மீசைக் கிளி பாண்டிச்சேரியில் காணப்பட்டது. அதன் முன்நெற்றி, ஒரு கண்ணிலிருந்து மற்றொரு கண் வரை கருப்பாகவும், தாடையின் கீழிருந்து ஒவ்வொரு பக்கத்திலும் ஒரு கருப்புப்பட்டையுடனும் அதன் தொண்டையின் பக்கங்களுக்கும் சென்றது. அங்கு அதன் தோற்றத்தைவிட அகலமாக இருந்ததால் மீசை போல் தோற்றமளித்தது. முகத்தின் இடதுபுறம் வெள்ளையாகவும் நீலமாகவும் இருந்தது. பின்புறம் ஆழ்ந்த பச்சை நிறத்திலும், இறக்கை உறைகள் மஞ்சள் நிறத்திலும், அதன் பெரிய சிறகுகள் ஆழ்ந்த பச்சை நிறத்திலும் குறிப்பிடப்பட்டிருந்தன. அதன் மார்பகம் இளஞ்சிவப்பு நிறமாக இருந்தது. அதன் வால் பறவையின் நீளத்தில் பாதியளவும், மேல்பகுதி பச்சையாகவும் கீழ்ப்பகுதி வைக்கோல் நிறத்திலும் இருந்தது.[22]

செஞ்சியில் காணப்பட்ட வல்லூறுவின் மொத்த நீளம் 21 விரற்கிடை. கருஞ்சிவப்பு நிறத்திலும் கண்களைச் சுற்றிக் களங்கமற்ற சிவப்பு நிறத் தோலினைக் கொண்டுமிருந்தது. தழும்புகள் மேலே ஓர் ஆழ்ந்த ஆலிவ் பச்சை நிறமும், வெளிறிய பச்சை நிறத்தின் அடியில் மஞ்சள் கலவையும் இருந்தது. தொண்டை மற்றும் கழுத்தின் சாய்ந்த பகுதியின் முன்பகுதி சாம்பல் நிறமும் உடலருகில் உள்ள இறக்கை உறைகள் மந்தமான சிவப்பு நிறத்திலிருக்க, மற்றவை பச்சை நிறத்தில் இருந்தன. பெரிய சிறகு பச்சையாகவும் விளிம்பு கருப்பாகவும், வால் பதின்மூன்று விரற்கிடையளவாகவும் இரு நடுஇறகுகள் ஒன்பது

விரற்கிடையிலும், இரு வெளிப்பகுதிகளைவிட முக்கால்வாசி நீளமாகவும் இருந்தது. பழுப்பு நிறத் தண்டுகளுடன் பச்சை நிறத்தில் அது இருந்தது. இறக்கைகள் மூடப்பட்டபோது, வால், நீளத்தின் மூன்றில் ஒரு பகுதியை எட்டியது. கால்கள் சிவப்பாகவும் இடுக்கி போன்ற நகங்கள் கருப்பாகவும் இருந்தன.[23]

செந்தலைக்கிளி செஞ்சியில் காணப்பட்டது. பறவையின் மொத்த நீளம் பதினோரு விரற்கிடை. அதன் அலகு சிவப்பு, தலை சிவப்பு, வெளிர் நீல நிறத்தில் இருந்தது. இந்நிறத்தின் பெரும்பகுதி பின் தலையிலிருந்து கன்னம் கருப்பாகவும், குறுகிய வாயின் மூலையிலிருந்து பின் தலை வரை மெல்லிய கோடுடனும், கருநிறத்திற்குக் கீழே இருந்தது. இரண்டும் ஒரு வகையான கழுத்துப்பகுதி மற்றும் மீதமுள்ள தழும்புகள் பச்சை நிறத்திலுமிருந்தன. கீழ்ப்பாகங்கள் மஞ்சள் நிறத்திலிருந்தன. இறக்கை மறைப்புகளில் மந்தமான சிவப்புப் புள்ளி இருந்தது. வால் ஆறு விரற்கிடையும் கால் பங்கு நீளமும் கொண்டிருந்தது. மேலே பச்சையாகவும் உள்விளிம்புகள் மஞ்சளாகவும் இருந்தது. வெளிப்புற இறகு நடுத்தரத்தைவிட நான்கு விரற்கிடைகள் குறைவாக இருந்தது. கால்கள் மற்றும் கூரிய நகங்கள் சாம்பல் நிறத்திலிருந்தன.[24]

தமிழ்நாட்டில் காணப்படும் சிறிய கொம்பு ஆந்தை ஒரு நேர்த்தியான பறவை. இது அதன் இயற்கையான அழகைக் குறிக்கிறது. கருவிழிகள் கருஞ்சிவப்பாக இருந்தன. கொம்புகள் அதன் தோற்றத்தினை, அதனுடைய அலகின் அடிப்பகுதியிலிருந்து எடுத்து, தலையின் பக்கத்தை அதன் உட்பக்கத்தில் காட்டின. அவை வெளிப்புற வெண்ணிறத்தில் மங்கலாக இருந்தன. அதன் அலகு மங்கலாகவும் நீண்ட முட்கள் நிறைந்துமிருந்தது. கண்களைச் சுற்றியுள்ள இறகுகளின் வட்டம், மிகவும் வெளிர் சாம்பல் நிறத்திலும் வெளிப்புற வட்டம் மஞ்சள் கலந்த பழுப்பு நிறத்திலுமிருந்தது. தலை அதிக சாம்பல் நிறத்திலும், பின்புறம் மங்கலான நிறத்திலும், இறக்கைகள் சாம்பல் நிறத்திலும், மிகச்சிறிய கருப்பு நிறக்கோடுகளாலும் குறிக்கப்பட்டிருந்தது. இறகத்தூவிகள் ஒழுங்காகக் கருப்பு மற்றும் வெள்ளை நிறத்தில் பட்டைபட்டையாக இல்லை. இங்கொன்றும் அங்கொன்றுமாக இருந்தது. அதன் கால்கள் சிறகுள்ள பகுதியாகப் பாதியும், பிற பகுதிகள் சிவப்பு மஞ்சள் நிறப் பகுதிகளாகவும் இருந்தன.[25]

உலகிலுள்ள அரிய மற்றும் வியப்பிற்குரிய பறவைகள் மற்றும் விலங்குகள் குறித்து தொகுத்து, இயற்கையின்பால் ஆர்வம் மிகக்

கொண்டு, அவற்றின் வளர்ச்சிக்காகப் பிரான்சில் கபினே து ராய் (Cabinet du Roi - King's Cabinet) எனும் அரசரவை கூடியது, அரசரவையின் முதல் விரிவான கணக்கு என்பது, 1789இல் பிரஞ்சுப் புரட்சியின்போது அமைந்தது. மேலும், இது 480 பறவைகள் மற்றும் 75 பாலூட்டிகள் குறித்து அறிவித்திருந்தது. ஆனால், அவற்றின் அடையாளங்கள் குறிப்பிடப்படவில்லை. பியர் புவர் (1719-1786) அவர்களின் மாதிரிகள் அதில் சேர்க்கப்பட்டுள்ளன. பிறகு தேசிய இயற்கை அறிவியல் அருங்காட்சியகம் (Museum National d'Histoire Naturelle, Paris) பாரிசு 1793இல் நிறுவப்பட்டது. மேலும், அதன் பல்வேறு இயக்குநர்களின் நிர்வாகத்தின் சேகரிப்பு மிகவும் சீராக வளர்ந்தது. பியர் சொனெரா என்ற பயணியின் பறவைகளின் இரண்டாம் பயணத்தொகுப்பு - சீனாவிலிருந்து இந்தியா வரை (1774-1781) மொத்தம் 300 பறவைகள் தொகுப்பாகச் சேர்க்கப்பட்டது. ஆனால் 16 பறவைகள் பாண்டிச்சேரியிலிருந்து வரும் பறவைகள் என ழோர்ழ் லூயி லெகிலேர் தெ புய்போன் (1707-1788) என்பவரால் பியர் சொனேராவிற்கு 1813இல் தேசிய இயற்கை அறிவியல் அருங்காட்சி யகத்திற்கு ஒப்படைக்கப்பட்டன.

ஆங்கிலப் பெயர் - விலங்கியல் பெயர்

Blue-naped Parrot - Tanygnathus lucionensis

Caica Parrot - Pyrilia caica

Dusky Parrot - Pionus fuscus

Great Barbet - Megalaima virens

Great Potoo - Nyctibius grandis

Greater Painted Snipe - Rostratula benghalensis

Green-and-rufous Kingfisher - Chloroceryle inda

Long-tailed Parakeet - Psittacula longicauda

Northern Fulmar - Fulmarus glacialis

Red-bellied Macaw - Orthopsittaca manilatus

Red-footed Falcon - Falco vespertinus

Spot-breasted Woodpecker - Colaptes punctigula

Spotted Puff bird - Nystactes tamatia

White-naped Woodpecker - Chrysocolaptes festivus

Yellow-breasted Crake - Porzana flaviventer

Yellow-shouldered Parrot - Amazona barbadensis

சிஸ்தேமா நத்யுரே (Systema Naturae)வின் 10ஆம் பதிப்பை வெளியிட்ட ஜோஹன் பிரட்ரிக் ஹெம்லின் (1748-1804) அவர்கள் 1789இல் நான்காம் பாகத்தில் தமிழ்நாட்டைச் சேர்ந்த பறவைகளைப் பற்றிக் குறிப்பிட்டுள்ளார்.[26] அதில், அவர் பறவைகளின் பெயர்களைத் தந்ததோடு, மெட்ராஸ் மற்றும் பாண்டிச்சேரியில் எந்தெந்த இடங்களில் காணப்பட்டன என்பதையும் தந்திருக்கிறார். மேலும், இந்துக் கோயில்களில் முதன்மையாகக் காணப்பட்ட பறவைகளையும் அவர் கவனமாகக் குறிப்பிட்டுள்ளார். எனவே, பகோதரம் (Pagodarum) என்ற பதத்தைப் பயன்படுத்தியுள்ளார்.

தமிழ்ப் பெயர் - விலங்கியல் பெயர் - ஆங்கிலப் பெயர்

ஆற்று ஆலா - Gleochelidon nilotica - River tern

கௌதாரி - Francolinus pondicerianus - Grey francolin

குளத்துக் குருவி - Motacilla maderaspatensis - Large pied wag tail

மணல் நாரை - Ixobrychus sinensis - Yellow Bittern

மாடப்புறா - Columba livia - Blue rock pigeon

பாப்பாத்தி நாகணவாய் - Sturnus pagodarum - Brahminy starling

செங்குருகு - Ixobrychus cinnamomeus - Chestnut Bittern

உப்புக்கொத்தி / கோட்டான் - Plurialis fulva - Pacific golden plover

வல்லூறு - Accipiter badius - Shikara

கிறிஸ்தோப் சாமுவேல் ஜான் தரங்கம்பாடியில் கண்ணுற்ற நாரைகள், கொக்குகள் மற்றும் பிற பறவைகள் (1781–1793)

கிறிஸ்தோப் சாமுவேல் ஜான் (1747-1813) என்ற பிராட்டஸ்டன்ட் மதகுரு 1771இல் தரங்கம்பாடி வந்து சேர்ந்தார்.[27] பறவைகள் பற்றிய ஆய்வில் ஆர்வங்காட்டிய அவர் இப்பகுதியில் காணப்பட்ட நாரைகள், கொக்குகள் பற்றி ஜெர்மனியில் உள்ள பேராசிரியர் ஜோஹன் ரெய்ன்ஹோல்ட் ஃபார்ஸ்டருக்கு (1729-1798) எழுதினார். தமிழில் நெல்லுக்குருவி போன்ற வெப்பமண்டலப் பறவைகளான வெள்ளைத்தொண்டைச்சில்லை, புள்ளிச்சில்லை ஆகியன பொறையாறு மற்றும் தரங்கம்பாடியில் காணப்பட்டன. நெல் வயல்களுக்கு வரும் இப்பறவைகள் குளத்துக்குருவி (தமிழில்), கருப்பு வெள்ளை வாலாட்டி - (பொரி வாலாட்டிக் குருவி), வயல் உள்ளான் அல்லது கோட்டான் ஆகியனவற்றில் Wood Sandpiper தவிர தூய நீருள்ள நிலத்திலிருந்து கொணரப்பட்ட பிற மீன்களை மட்டுமே சாப்பிட்டன. இப்பறவைகள்

புதியதாக சாப்பிடக் காணப்பட்ட விதைகளைக் கண்டு நடுங்கின. பாம்புகள், நண்டுகள் அதிகத் தீங்கையும் சேதத்தையும் ஏற்படுத்தின. சிட்டுக்குருவிகள் மற்றும் பிற பறவைகள் தானியங்களை உண்பது வயலுக்குக் குறைவான தீங்கை விளைவித்ததென்றும், அந்த வயலைப் பார்த்துக்கொள்ள பணிக்கமர்த்தப்பட்ட தலையாரி (சிறு சிற்றூர் அதிகாரி) திருடியதைவிட குறைவு என சி.எஸ்.ஜான் சொன்னார். மழைக் காலங்களில் நன்னீர் வந்தபோதுதான், கொக்குகள் தரங்கம்பாடியில் இருந்த பறவைகளை வலசை போகச் செய்வதாகக் கூறினார். அதன் பிறகு மழைக்காலமாய் இருக்கும்போது மலபார் கடற்கரைக்கு அவை பறந்தன.

பொதுவாக கோழிகள் புதுக்கோட்டை, தொண்டைமான் அரசாட்சியில் காணப்பட்டன. அவை முட்புதர்களில் காணப்பட்டன. மேலும், வான்கோழி ஐரோப்பாவைப் போலவே தரங்கம்பாடியிலும் ஓர் உள்நாட்டுப் பறவையைப் போல வளர்க்கப்பட்டது என சி.எஸ்.ஜான் கூறுகிறார். ஒரு சேவலின் விலை ஒரு பகோடா மற்றும் ஒரு கோழி சந்தையில் அரை பகோடா.[28] தமிழில் பெரிய வெள்ளைக் கொக்கு என அழைக்கப்படும் பறவையை சி.எஸ்.ஜான் கவனித்ததோடு, அவர் பார்த்த இந்தப் பறவையின் முட்டை ஒரு தீக்கோழிக்கு ஒத்ததாகவும், நீண்டும் பச்சை நிறத்திலும் இருந்தது என அவர் குறிப்பிட்டார்.[29]

சி.எஸ்.ஜானிடமிருந்து செய்தித் தொடர்பினைப் பெற்ற ஜெர்மானியப் பேராசிரியர் பார்ஸ்டர் தமிழில் புள்ளிமூக்குவாத்து என அடையாளங்காணப்பட்டு அதற்கு அவர் அறிவியலடிப்படையில் Anas Poecllothyncha என 1781இல் வெளியிட்ட Indische Zoologieஇல் பெயரிட்டார். அதன் பண்பு மற்றும் அளவை வைத்து அவர் புள்ளி மூக்குவாத்தை உள்நாட்டு வாத்து என்றார். பெரிய உடலுடன் மஞ்சள் கலந்த பழுப்பும் சாம்பல் நிறமும் மற்றும் அடர் பழுப்பு நிறமுமுள்ள இறகுகள், இறக்கைகள் நிறமாலைக் கருப்பு மற்றும் வெள்ளை விளிம்புடன் பச்சை நிறத்திலிருந்தது. பரந்த வெண்ணிறப்பட்டி அது பறப்பதற்கு மிகவும் முதன்மையானது. கருத்த அலகு மஞ்சள் மற்றும் செந்நிறக் கண் - அலகு இடைப்பகுதியானது அடிப்பகுதியில் காணப் பட்டது. அந்தப் பறவை சிறு சிறு கூட்டங்களாகக் காணப்பட்டன என்று கூறப்பட்டது. ஈரநிலங்கள், நெல் வயல் மற்றும் சதுப்பு நிலங்களில் அவை வசித்தன. காய்கறிகளை மட்டுமே அதற்கு உணவாக அளித்தனர். மேலும், தானியங்களை உணவாக அளித்தனர். இதனால் பறவையியலாளர்களுக்குப் பரிமாறப்பட்ட அறிவானது உலகளவில்

பயனுள்ளதாக இருந்தது. தமிழ்நாட்டில் புராட்டஸ்டன்ட் மதகுருக்களால் உருவாக்கப்பட்ட அளவற்ற ஆர்வத்தை அவர்கள் ஐரோப்பாவில் நிமிட விவரங்களுடன் அறிக்கை செய்தனர் என்பது குறிப்பிடத்தக்கது. எனவே, மதகுருமார்கள் ஜெர்மனி மற்றும் ஐரோப்பாவின் பிற பகுதிகளுக்கும் இயற்கை வரலாற்றறிவை மாற்றும் கருவியாகப் பணியாற்றினர் எனலாம். சி.எஸ்.ஜான் டேனிஷ் மிஷன் பள்ளியின் ஓவிய ஆசிரியரைப் பறவைகள் மற்றும் விலங்குகளின் படங்களை வரையச் செய்து ஹாலேக்கு அனுப்பினார்.[30]

பறவைகள் பற்றி ஐரோப்பிய ஆய்வுக்கு விடை: தஞ்சாவூரில் அரசர் சரபோஜியின் சேகரிப்பு (1803-1821)

பறவை ஆய்வுக்கான உந்துதலென்பது ஐரோப்பியர்களுக்கு மட்டுமே அல்ல. தஞ்சாவூர் அரசர் 2ஆம் சரபோஜியும் (1777-1832) இதில் நிலையான ஆர்வத்தை வளர்த்துக்கொண்டார். பறவைகளை வாங்குவதில் ஆர்வம் காட்டி, நேரத்தையும் உழைப்பையும் தந்த மதகுருக்கள் மற்றும் கிழக்கிந்தியக் குழும அதிகாரிகளுடனான தொடர்பினை அவர் உருவாக்கிக்கொண்டார். ஆகவே, அவருக்கு இதில் ஆர்வமேற்பட்டதால் மேலும் விரிவாகப் படிப்பதைத் தவிர பறவைகளைச் சேகரித்துப் பராமரிக்கவும் தொடங்கினார். சரபோஜி பருந்து போன்ற இரைப்பறவைகளை வாங்கினார். பெஹாரி என்ற பறவையை (தமிழில் கருடன்) வாங்குவதற்காக அண்ணாசாமி என்ற வேட்டைக்காரருக்கு 1803இல் ஐந்து புலிவராகன் வழங்கப்பட்டது.[31] சொர்க்கத்தின் பறவையான பெஷ்வராவை வாங்குவதற்காக ஐந்து புலிவராகன் செலுத்தப்பட்டதை மீண்டும் அறிகின்றோம்.[32] ஒரு டார்டர் (தமிழில் பாம்பு தாரா) உமர்கான் மூலம் வாங்கப்பட்டது.[33] திம்மத்தி தர்மா செட்டி மற்றும் பலரால் காட்டுக் கோழிகள் முயன்று பெறப்பட்டு சேகரிக்கப்பட்டது.[34]

பறவைகள் வாங்குவதில் 2ஆம் சரபோஜியின் ஆர்வத்தை அறிந்த பலர் தொலைதூர இடங்களிலிருந்து எல்லாப் பறவைகளையும் விற்பனை செய்ய தஞ்சாவூர் வந்தனர். ஆவணப் பதிவுகளின்படி மூன்று பேர் வட இந்தியாவிலிருந்து அரசருக்காக வேடிக்கையான பறவையைத் தர வந்திருந்தனர்.[35] பிரிட்டிஷ் குடியிருப்பான ஐதராபாத்திலிருந்து சரபோஜி ஒரு வகையான bauze எனும் பருந்தினை வாங்கியிருந்தார்.[36]

கவர்ச்சியான மற்றும் அரிய பறவைகள் மெட்ராசில் உள்ள சரபோஜியின் வணிக முகவர் அர்புத்நாட் குழுமத்தின் மூலம் வாங்கப்பட்டுள்ளன. 1821இல் சரபோஜி காசி யாத்திரையின்போது சரசக்

கொக்குகளை வாங்கினார்.[37] தஞ்சாவூரில் குடியிருந்த ஆங்கிலேயரான கேப்டன் டிவாடி இதை சுட்டுக் கொன்றார்.[38] அதே அடையாளத்துடன் கூடிய பறவையை வாங்குவதற்காக இந்தக் கொக்கை கல்கத்தாவிலிருந்து பெற அரபுநாட்டு பணம் வழங்கப்பட்டு அவை அரண்மனையில் பாதுகாப்பாக வளர்க்கப்பட்டன.[39] சரபோஜியிடம் பஞ்சவர்ணக் கிளி, ஐந்து வண்ணக்கிளி போன்ற பிற பறவைகளும் இருந்தன.[40] பட்டுச் சிட்டு அல்லது தேன்சிட்டு என்று அழைக்கப்படும் ஒரு வகை நேர்த்தி மிக்கப் பறவையை அவர் குறிப்பிட்டுள்ளார்.[41]

சரபோஜி தன் சொந்த விருப்பின் அடிப்படையில் தனிப்பட்ட சிலருக்குச் சில பறவைகளை நன்கொடையாக அளித்தார்.[42] தஞ்சாவூரில் குடியிருந்த ஆங்கிலேயரான பிளாக்பர்ன் அவர்களுக்கு அவர் அனுப்பிய வியப்பான ஒரு பறவையைப் பற்றியே நாம் இங்கே குறிப்பிடுகிறோம்.[43]

சரபோஜி அவர்களின் பறவைகளின் வண்ணப்படங்களும் விளக்கங்கள் அடங்கிய புத்தகமும் (1812)

பராமரிக்கப்படும் அனைத்து வகையான அழகிய அரிய பறவைகள் தஞ்சாவூரில் உள்ள கலைஞர்களால் வண்ணம் தீட்டப்பட வேண்டும் என்று கேட்டுக்கொள்ளப்பட்டது. பறவைகளின் படங்களை உருவாக்க சரபோஜி அவர்கள் வெங்கடதாஸ் என்ற கலைஞரைச் சிறப்பாக நியமித்திருந்தார். அரசவையில் உள்ள கலைஞர்களில் ஒருவரால் bauzeஇன் உருவப்படம் வரையப்பட்டு அந்த ஓவியம் அரச அரண்மனைக்கு வருகைபுரிந்த அனைவராலும் நன்கு பாராட்டப்பட்டதாகத் தெரிவிக்கப்பட்டது.[44]

பறவைகளைச் சேகரித்த சரபோஜியும் பறவைகளைப் பற்றிய விளக்கத்தை விரிவாக வழங்க ஆர்வமுடனிருந்தார். காஷ்மீர் பகுதியில் மட்டுமே ஷமா என்ற பறவை காணப்படுவதாக அவர் கூறினார். அகுன் மற்றும் கண்டோல் எப்படிப் பாடுமோ அதைப் போல அந்தப் பறவை மெல்லிசையாகப் பாடும் எனக் கூறப்பட்டது. ஷமாப் பறவை ஒரு கரண்டி பட்டாணி மாவுடன் இரு கிராம்பு மற்றும் முட்டையின் மஞ்சள் கருவுடன் கலந்த உணவால் வாழ்வது. இந்தப் பொருட்கள் அனைத்தையும் நெய்யோடு நன்கு வறுத்து உணவாக அளிக்கப் பட்டது.[45] இந்தப் பறவை ஐதராபாத் வழியாகத் தஞ்சாவூரில் உள்ள விலங்குக் காட்சிச் சாலைக்கு வந்தது. இந்தப் பறவை வெட்டுக் கிளிகளை மிகவும் விரும்புவதாகப் பதிவு செய்யப்பட்டுள்ளது.[46]

சரபோஜி இதைப் போல, தோணி கலம்பான் என்ற பறவை பற்றிய விளக்கத்தையும் கொடுத்திருந்தார். இப்பறவை சிறிய பூச்சிகளை உண்டது. சிறிய பருந்துகள் இப்பறவையை இரையாக்கப் பெரிதும் விரும்பின. இப்பறவை வேகமாக ஓட முடியாததால் ஒருவர் இதைக் கொஞ்சங்கூட தொல்லைப்படாமலேயே பிடிக்க முடியும். ஒரு பறவை பிடிபட்டால் இந்தப் பறவைகள் அனைத்தையும் அந்த இடத்திலேயே 20 அல்லது 30 இரக்கத்தினால் விழுந்துவிடும். இந்தப் பறவைகள் தங்கள் உள்ளுணர்வில் பெரிதும் உயிரோட்டத்துடன் இருந்தன. இந்தப் பறவையின் சதை மிகவும் சுவையாக இருப்பதாகவும், அதனால் அவர்கள் அதைச் சாப்பிட விரும்புவதாகவும் முஸ்லிம்கள் கூறினர்.[47]

மொலுக்காசில் உள்ள செராம் தீவில் காணப்பட்ட கசுவாரி என்ற பறவையைச் சரபோஜி விளக்கினார். காலிலிருந்து கழுத்து வரை மூன்று அடி நீளமும் இரண்டரை அங்குலமும் கழுத்து முதல் வால் வரை இரண்டு அடி ஐந்து விரற்கிடை இருந்தது. கழுத்து முதல் அலகு வரை ஓர் அடி முதல் பத்தரை விரற்கிடை வரை இருந்தது. இப்பறவை சில கொய்யாப்பழங்களையும் வாழைப்பழங்களையும் சாப்பிட்டது. அதற்கு உணவாக ஒரு நாளைக்குக் கால் பங்கு அளவு அரிசியுடன் பால் கலந்து வேகவைத்த உணவு வழங்கப்பட்டது. பூண்டு மற்றும் வெங்காயத்தை அது விழுங்கியது. தஞ்சாவூர் அரண்மனைக்கு வந்த பிறகு அது ஒரு முட்டையிட்டது. முட்டையின் நிறம் பப்பாளிப் பழத்தைப் போல மஞ்சள் நிறமாக இருந்தது.[48]

பறவைகள் பற்றிய ஆய்வு மற்றும் தொகுப்பு பாண்டிச்சேரியிலிருந்து பாரிசுக்கு அனுப்பப்பட்டது (1807-1825)

ழான் பப்திஸ்த் லூயி குலோத் தெயோதோர் லெஷெனா தெ லாத்தூர் (1773-1826) அவர்கள், ஒரு தாவரவியல் பூங்காவை நிறுவ பாண்டிச்சேரிக்கு அனுப்பப்பட்டார். அவர் மே 1816இல் இந்தியா வந்து, 1822இல் பிரான்சுக்குத் திரும்பினார். பாண்டிச்சேரியில் தங்கியிருந்த போது அவர் நீலகிரிக்கு வருகை புரிந்தார். அவர் 196 பறவைகளைச் சேகரித்து (அவை வங்காளம் மற்றும் சோழமண்டலக் கரையிலிருந்து) ஏப்ரல், 29, 1819இல் வழங்கினார். அவற்றில் 131 பறவைகள் பாண்டிச்சேரியிலிருந்து வந்தவை. இவை தேசிய இயற்கை அறிவியல் அருங்காட்சியகச் சேகரிப்பில் சேர்க்கப்பட்டன. ஜே.பி.லெஷெனா தெ லாத்தூர் மீண்டும் 5, ஜூன், 1822 அன்று பாண்டிச்சேரியிலிருந்து 17 பறவைகளும் அதன் பின் 556 மாதிரிகள் இலங்கை மற்றும் சோழ மண்டலக் கடற்கரையிலிருந்து 1, ஜூலை 1882 அன்று பிரான்சுக்கு

வந்த பின்னர் வழங்கினார். அவருக்கு லெழியோன் தொனேர் என்ற விருது வழங்கப்பட்டது. ழோர்ழ் குய்வியே அவர்களால் முன்பே விவரிக்கப்பட்ட லெஷெனா தெலெத்தூரின் ஜாவா நாட்டுப் பறவைகள் என்பதைச் சுட்டிக் காட்டலாம். இருப்பினும் பல பறவைகளுக்கு லெஷெனா தெலெத்தூர் அவர்களின் பெயரிடப்பட்டன. அப்பறவை களுக்குள் மணல் நிறப் பெரிய உப்புக் கொத்தி (charadeius leschenaulti) வெள்ளை மகுட, கத்திவால் (Enicurus leschenaulti) சிர்கிர் மல்கோக (Phaenicophaeus leschenaultii) ஆகியன அடங்கும்.

பிரான்சிலுள்ள பொர்தோ நகரிலுள்ள ஜே.ஜே.துய்சுமியே அவர்கள் 1824 சூன் 3 அன்று இந்தியாவிலிருந்து வந்த 28 பறவைகளை வழங்கினார். மீண்டும் அவர் பாண்டிச்சேரியிலிருந்து பெற்ற 9 பறவைகளை 1824 சூலை 17 அன்று கொடுத்தார். 1825இல் அ.துய்வாசெல் என்பவர் இந்தியாவிலிருந்த சில பறவைகளை மீண்டும் நன்கொடையாக வழங்கினார். இவ்வாறாக பாரீசிலுள்ள தேசிய இயற்கை அறிவியல் அருங்காட்சியகம் அவ்வப்போது வளப்படுத்தப்பட்டது. பாண்டிச்சேரியி லிருந்து பாரீசுக்கு அனுப்பப்பட்ட பல்வேறு வகையான பறவை மாதிரிகளைப் புரிந்துகொள்ளப் பலவகைத் தொகுப்புகளைப் பற்றிய விளக்கமான ஆய்வு மிகவும் ஊக்கமாக இருந்தது. வகை பிரித்தல் பற்றிய ஆழமான ஆய்வும் முதன்மையான தேவையாயிருந்தது.

தாமஸ் கேவர்ஹில் ஜெர்டன் மெட்ராஸ், நீலகிரி மற்றும் நெல்லூரில் பறவைகளின் ஆய்வு (1837-1847)

ஆங்கிலக் கிழக்கிந்தியக் குழுமத்தில் உதவி அறுவை மருத்துவரான தாமஸ் கேவர்ஹில் ஜெர்டன் (1811-1872) 1837இல் பறவைகளைப் பற்றிப் படித்துப் பறவைகள் பற்றிய பட்டியலை 1839இல் மெட்ராஸ் ஜர்னல் ஆஃப் லிட்டரேச்சர் அண்ட் சயின்ஸ் இதழில் வெளியிடத் தொடங்கினார்.[49] அந்த ஆண்டு இரு பகுதிகள் வெளியிடப்பட்டன.[50] அடுத்த ஆண்டில் மேலும் நான்கு பகுதிகள் வெற்றிகரமாக வந்தன. ஸ்காட்லாந்திலுள்ள வில்லியம் ஜார்டின் என்பவருக்கு 1842இல் சில பறவை மாதிரிகளை அவர் அனுப்பினார். ஆனால், அவை மிகவும் மோசமாக அந்துப்பூச்சியால் பாதிக்கப்பட்டிருந்ததால் அவை வந்தவுடன் அழிக்கப்பட வேண்டியிருந்தது. மேலும் மாதிரிகள் பின்னர் அனுப்பப்பட்டு அவை இலண்டனில் உள்ள இயற்கை வரலாற்று அருங்காட்சியகத்தின் தொகுப்புகளில் வைக்கப்பட்டுள்ளன.

1842 முதல் 1844 வரை ஜெர்டன் அவர்கள் பறவை மாதிரிகளைக் கல்கத்தாவிலுள்ள ஆசியக் கழக அருங்காட்சியகத்திற்கு வழங்கினார். பிறகு, மேலும் சில இலண்டனிலுள்ள இந்திய அருங்காட்சியகத்திற்கு வழங்கப்பட்டன.[51] 1843இல் நான்கு பகுதிகளில் முதல் பகுதியான ஜெர்டனால் இயற்றப்பட்ட இந்திய பறவையியலின் விளக்கப் படங்கள் (Illustrations of Indian Ornithology) வெளிவந்தது. இரண்டாம் வெளியீடு 1845இல் வந்தது.[52] தொடக்கத்தில் ஜெர்டன் அவர்கள் பிரித்தானிய ஒப்புமைகளை அடிப்படையாகக் கொண்டு அனைத்துப் பறவைகளுக்கும் ஓர் ஆங்கிலப் பெயரை வழங்கினார். பின்னர் அவர் லின்னேயஸ் அமைப்பை ஏற்றுக்கொண்டு இரு பெயர் முறையைப் பயன்படுத்தினார்.

தமிழ் வட்டாரத்திலிருந்த பறவைகள் பற்றிய அறிக்கை

இப்போது கேரளா மற்றும் ஆந்திரப் பிரதேசத்தில் சேர்க்கப் பட்டுள்ள திருவாங்கூர் மற்றும் நெல்லூர் பகுதியையும் சேர்த்து அப்போதைய தமிழ்நாட்டின் நிலவரைவியல் (புவியியல்) எல்லை களை ஜெர்டன் அவர்கள் நன்கறிந்திருந்தார். எனது முந்தைய 18ஆம் நூற்றாண்டு வரலாற்று நிலவரைவியல் ஆய்வில், இந்த வட்டாரங்கள் கல்வெட்டுகள் மற்றும் போர்த்துக்கீசியப் பதிவுகளின் அடிப்படையில் அவை தமிழ்நாட்டிற்குள் அமைந்திருப்பதை நான் கண்டறிந்தேன். அவர் இப்பகுதி உள்ளூர் மக்களுக்குத் தெரிந்த 38 பறவைகளைப் பட்டியலிட்டுச் சில பறவைகளின் பெயர்களைத் தமிழில் கொடுத் திருந்தார். அவர் கேட்டுக்கொண்டபடி அதன் பெயர்கள் மற்றும் விளக்கங்கள் பூர்வீகவாசிகளால் அவருக்கு அறிவிக்கப்பட்டிருக்கலாம்.

1. லார்ஜ் ஹாக் - ஈகிள் (தமிழில் இராஜாளி)
2. பாரடைஸ் பிளைகேட்சர் (தமிழில் வால் கொண்டலாத்தி)
3. பெயிண்ட்டடு ராக் குருஸ் (தமிழில் கல்கௌதாரி)
4. திஷாஹின் எல்லோ (தமிழில் உலூர்)
5. தி பிளாக் பிளோரிகின் (தமிழில் மயில்)

தமிழ்நாட்டின் அனைத்துப் பகுதிகளிலும் பொதுவாகக் காணப்படும் மூன்று பறவைகளை ஜெர்டன் சுட்டிக்காட்டியுள்ளார். 1. ஒயிட் ஹெட்டட் பாப்லர் & வெண்தலைச் சிலம்பன் 2. காமன்கிரின் புல்புல் - பச்சைச் சின்னான் 3. திலக்கர் பால்கன் - கோயம்புத்தூர், பாண்டிச்சேரி, மெட்ராஸ், திருவாங்கூர், நெல்லூர், ஆற்காடு, குன்னூர், நீலகிரி மற்றும் மதுரை ஆகிய பல்வேறு பகுதிகளில் குறிப்பிட்ட பறவைகளைக் கண்டுபிடித்து அவற்றை ஜெர்டன் பின்வருமாறு பட்டியலிட்டார்.

கோயம்புத்தூர்

Zanclostomus viridirostris - Green billed cuckoo

பாண்டிச்சேரி

Francolinus hardwickii - Female painted spur-fowl

மெட்ராஸ்

1. Ardea flavicollis - Yellow necked black heron
2. Scops sunia - Red scops owl

திருவாங்கூர்

1. Brachypus rubineus - Ruby throated bulbul
2. Mirafra erythroptera - Red winged lark
3. Hemicircus cordatus - Heart-spotted woodpecker

நெல்லூர், ஆற்காடு

1. Vinago bicincta - Purple and orange breasted green pigeon
2. Dendrocygna major - Large whistling teal
3. Ceyx tridactyla - Purple three-toed kingfisher
4. Anas caryophyllacea - Pink headed duck
5. Pycnonotus xantholaemus - Yellow throated bulbul

குன்னூர்

1. Accipiter besra - The besra hawk
2. Crateropus delesserti - White breasted babbler
3. Strix candida - long legged grass owl
4. Branchypodius poiocephalus - White eyed bulbul

நீலகிரி

1. Prinia cursitans - Grass wabler
2. Turdus wardii - Pied thrush
3. Scolopax nemoricola - Wood snipe
4. Phaenicornis flammeus - Fiery red bird
5. Muscicapa albicaudata - Neilgheery blue flycatcher

6. Palaornis columboides - Blue winged parakeet
7. Petrocincla pandoo - Indian blue rock thrush
8. Caprimulgus indicus - Large Indian nightjar
9. Bucoo viridis - Green barabet
10. Buteo rufirenter - Rufous buzzard
11. Dicaeum concolor - Olive flower pecker
12. Anthus similis - Mountain titlark
13. Parus nuchalis - White naped titmouse
14. Columba elphinstoni - Neelgherry wood pigeon

பறவைகள் ஆய்வுக்காக ஜெர்டன் ஏற்றுக்கொண்ட முறைகளும் வழிமுறைகளும்

மதுரையில் ஒரு களஞ்சிய ஆந்தையைத் (Common Barn Owl) தான் பிடித்ததாக ஜெர்டன் குறிப்பிட்டுள்ளார். அந்த உரை இவ்வாறு தொடங்குகிறது: அண்மையில் நான் மதுரையிலிருந்தபோது என் அறையின் திறந்த சன்னலில் ஒன்று பறந்து வந்தது. ஓர் எலி ஓடியது. நான் அதை உயிருடன் பாதுகாத்தேன்.[53]

ஜெர்டன் தன் ஆய்வுக்காகப் பறவைகளை அடிக்கடி வாங்கியதாகக் குறிப்பிடப்பட்டுள்ளது. நீலகிரியிலிருந்தபோது தன் ஆய்வுக்காகத் தேன் பருந்து (Pernis cristate) என்ற பறவையை வாங்கியதாகக் குறித்துள்ளார்.[54] கோஷ்வாக் (Goshawk - வாத்துப்பாறு) என்ற பறவை மாதிரிக்காக நீலகிரியில் கொள்முதல் செய்யப்பட்டது.[55] லாலாபேட்டைக்கு அருகிலுள்ள தென் பெண்ணையாறு ஆற்றின் பள்ளத்தாக்கிலிருந்து அழகான பறவையான Pharee tees (Hill Tessa)வை ஓர் ஒற்றை மாதிரியாகப் பெறப்பட்டது.[56] நீலகிரியிலுள்ள குந்தா சரகப்பகுதியில் சுட்டுக்கொல்லப்பட்ட பெண் கோஷ்வாக் பறவையை அவர் கொள்முதல் செய்தார். அப்பறவையின் நீளம் மற்றும் விளக்கங்களை அவர் அளித்தார்.[57] நீலகிரியில் ஓர் ஆந்தையை அவர் வாங்கினார். அதை அவர் நீல்கேரி மர ஆந்தை என அழைத்தார்.[58] குன்னூரில் சிறிய சாம்பல் தலை Wabbler-ஐ வாங்கினார்.[59] மேலும் அவர் Thimalia platyura-வையும் Musicicapa rubriculaவையும் கூடலூரில் கொள்முதல் செய்தார்.[60] Pallus porzana என்ற பறவையை ஏப்ரல் 1844இல் நீலகிரியிலுள்ள சதுப்புநிலப் பகுதியிலிருந்து பெற்றார்.[61]

ஜெர்டன் அவர்கள், பறவைகள் வாங்குவதைத் தவிர அடிக்கடி பயணம் மேற்கொண்டு வேட்டையாடுவதன் மூலம் பறவைகளைப்

பற்றிய ஆய்வைத் தெரிந்துகொண்டார். குந்தாவில் அவரால் சுட்டுக் கொல்லப்பட்ட Colomba badia என்ற பறவையின் பரிமாணங்கள் பற்றி அவர் கொடுத்திருந்தார்.⁶² மேலும் அவர் அந்தப் பறவையைப் பற்றிய செய்திகளை வேட்டைக்காரரான மீர் ஷிகார் என்பவரிடமிருந்து தொகுத்துக் கொண்டதுடன் Spizaetus milvoides என்ற பறவையைப் பற்றிய செய்தியையும் சேகரித்துக்கொண்டார்.⁶³ ஜெர்டன் அவர்கள் வேட்டையாடச் சென்று Buteo longiper என்ற பறவையை வெற்றிகரமாகக் கொன்றதாக அறிவித்தார்.⁶⁴ நீலகிரியிலுள்ள சதுப்பு நிலப்பகுதியில் ஒரு சிறு ஓடைக்கருகில் தரையில் அமர்ந்திருந்த buzzard என்ற பருந்து வகைப் பறவையை மாதிரிக்காகச் சுட்டுக்கொன்றார்.⁶⁵ Black buzzard பறவையை நீலகிரி மலைப்பகுதியின் அடிவாரத்தில் வேட்டையின்போது கொன்றார்.⁶⁶

ஜெர்டன் அவர்கள் தன் பரந்துபட்ட அறிவின் மூலம் தீபகற்ப இந்தியாவின் அனைத்துப் பறவைகளின் பட்டியலையும் உருவாக்கினார். அவர் தன்னுடைய பணியினூடே பறவை இருப்பிடங்களின் பகுதிகளை நான்கு மண்டலங்களாகப் பிரித்தார். (அ) வடக்கு வட்டங்கள் (ஆ) கர்நாடகா (இ) மேற்குக் கடற்கரை மற்றும் (ஈ) மாபெரும் நில நடு அட்டவணை. அவர் குறிப்பிட்டுள்ள தமிழ் வட்டாரத்தின் பறவைகளை மட்டும் பார்ப்போம்.⁶⁷ பறவைகள் மற்றும் இடங்கள் சிறப்பாகப் பதிவு செய்யப்பட்டுள்ளன.⁶⁸

பறவை பெயர் - இடங்கள்

Acceipter fringillarius (Sparrow hawk) - நீலகிரி

Acceipter palumbarius - நீலகிரி, குன்னூர்

Bulcea Sinensis - பாளையங்கோட்டை

Crested honey-buzzard - நீலகிரி

Eagle - நீலகிரி

Eagle buzzard - திருச்சி

Falcon Peregrinus - திருச்சி

Haliaetus Pondicherianus (Garudan in Tamil) - பாண்டிச்சேரி

Indian horned owl - நீலகிரி, குன்னூர்

Little spotted owl - கர்நாடகா

Serpent eagle - தமிழ்நாடு

Strix flammea (White owl) - மதுரை

Strix longimembris - குன்னூர்
Vulture Pondicherinaus (Black Vulture) - பாண்டிச்சேரி
Vulture - நீலகிரி

ஜெர்டன் பறவைகள் பற்றிய தன் சிறப்பான ஆய்வில் பறவைகளின் பெயர்களைப் பெருமளவில் ஆங்கிலத்தில் குறிப்பிட்டுள்ளார். லின்னேயசால் பின்பற்றப்பட்ட அறிவியல் முறையிலான பெயர்களைத் தன்னால் முடிந்த அளவுக்குச் சிறப்பாக அவர் வழங்கியுள்ளார். அந்தப் பறவைகள் கவனிக்கப்பட்ட இடங்களைக் குறிப்பிட அவர் மிக ஆர்வமுடனிருந்தார்.[69]

பறவை பெயர் - இடங்கள்

Ash-coloured wren warbler - குன்னூர்
Alauda gulgula - நீலகிரி
Alauda rufescens - நீலகிரி
Buceros caveats (Large hornbill) - குன்னூர்
Black headed tit - நீலகிரி
Chif-chaff of Europe - நீலகிரி
Crypsirina vagabandula (Indian magpie) - தமிழ்நாடு
Crypsirina sinensis - நீலகிரி
Cryptolopha poidicephala (Grey headed flycatcher) - நீலகிரி
Euplecta philippensis (Weaver bird) - தமிழ்நாடு
Indian black and white wagtail - தமிழ்நாடு
Jungle wren warbler - நீலகிரி
Leucocirca fuscocentris - நீலகிரி
Muscipeta paradisa (Long tailed white flycatcher) - கர்நாடகா
Musicicapa caerulea (Black naped blue flycatcher) - குன்னூர்
Musicicapa pallipes (White billed blue flycatcher) - குன்னூர்
Musicicapa banyuma (Red breasted blue flycatcher) - கர்நாடகா
Musicicapa albi-caudata (Niligiri blue flycatcher) - நீலகிரி
Musicicapa poonensis (Indian Grey flycatcher) - திருச்சி
Musicicapa hirundinaces (Black and white flycatcher) - நீலகிரி
Pastor pagodarum (Brahminy myna) - கர்நாடகா

அய்ரோப்பியர்களின் விலங்கு அறிவியல் ஆராய்ச்சியும்
மருத்துவ - விலங்கியல் வளர்ச்சியும் (1639-1857) / 49

Pastor roseus (Chola kuruvi) - கர்நாடகா
Pastor tirstis (Common myna) - தமிழ்நாடு
Pastor fuscus (Hill myna) - நீலகிரி
Pastor malabaricus (White headed myna) - கர்நாடகா
Small brown finch - தமிழ்நாடு
Spermestes malacca (Black headed finch) - கர்நாடகா
Spermestes nisoria (Chestnut throated finch) - நீலகிரி
Word or jungle wagtail - நீலகிரி
Yellow checked tit - நீலகிரி
Zosterops maderaspatensis - நீலகிரி

பறவைகளுக்கு விலங்கியல் பெயரிடுதல்

1840 வரை நீலகிரியில் அவர் கண்ட பின்வரும் பறவைகளைப் பற்றிக் குறிப்பிட்ட ஜெர்டன் லின்னேயஸ் முறையைப் பின்பற்றத் தொடங்கினார். அவற்றில் பெரும்பாலானவற்றிற்குக் கீழுள்ளவாறு விலங்கியல் பெயர்களைக் கொடுத்தார்.[70]

Palaeornis columboides
Dicaeum conclor
Bucco viridis (Jungle barbet)
Psittaculus vernalsi (Dwarf parrot)
Picus strictus (Scarlet backed woodpecker)
Dendrocopus maharattensis (Red bellied woodpecker)
Malacolophus squamatus (Scally bellied woodpecker)
Brachylophus bengalensis (Orange and black woodpecker)
Dendrophila frontalis (Velvet-fronted blue nuthatch)
Xanclostomus sirkee (Red billed cuckoo)
Common red-ringed parakeet

குன்னூரில் சில பறவைகளை ஜெர்டன் பார்த்தார். மேலும், அவற்றையும் அவர் விலங்கியல் பெயரில் குறித்துள்ளார்.[71]

Chrysonotus tiga (Crimson backed woodpecker)
Xanclostomus viridirostris (Green billed cukoo)

Merops quinicolor (Chestnut headed bee-eater)

Merops cyano-gularis (Blue throated bee-eater)

Cuculus himalayanus (Small bay cuckoo)

ஜெர்டன் அவர்கள் கர்நாடக வட்டாரத்திலும் மெட்ராஸிலும் சில பறவைகளைப் பார்த்தார். அவர் அவற்றை விலங்கியல் பெயர்களுடன் குறிப்பிட்டிருந்தார்.[72]

Oxylophus coronus

Oxylophus edolius (Black and white crested cuckoo)

Cinnyris sola (Honey sucker)

Cinnyris polita

Merops philippensis (Blue tailed bee-eater)

ஜெர்டன் எழுதிய பறவைகளின் படங்கள் கல்அச்சு முறையில்: நெல்லூரின் பூர்வீகக் கலைஞரான கிருஷ்ணராஜுவின் பங்கு

ஜெர்டன் அவர்கள் உள்ளூர் கலைஞர்களால் பறவைகள் வரையப்பட வேண்டுமென விரும்பினார். 1847ஆம் ஆண்டில் விளக்கப் படமான உலோக அச்சு கொண்ட 50 லித்தோகிராப்களின் தேர்வை இல்லஸ்ட்ரேஷன்ஸ் ஆஃப் இந்தியன் ஆர்னித்தாலஜி என்ற தலைப்பில் வெளியிட்டார்.[73] 50 லித்தோகிராப்களில் 21 படங்கள் சி.வி.கிருஷ்ணராஜு என்ற கலைஞரால் வரையப்பட்டு அவை அச்சிடப்பட்டன. சிறப்பாகவும் நம்பிக்கைக்குரியதாகவும் அப்படங்களிருந்ததால் உலகளவில் பாராட்டப்பட்டன.

கிருஷ்ணராஜு அவர்கள் ஜெர்டனின் கண்காணிப்பின் கீழ் வண்ண வார்ப்புருக்கள் அமைத்தல் மற்றும் வண்ணத்தகடுகள் இயக்கல் ஆகிய பணிகளைச் செய்தார். ஜெர்டன் உருவாக்கிய பென்சில் ஓவியங்களில் அவர் பணியாற்றினார் என்பது குறிப்பிடத்தக்கது. பின்னர் இவை கல்லில் வரையப்பட்டு லித்தோகிராப் தாளில் முத்திரைகள் தயாரிக்கப் பயன்படுத்தப்பட்டன. 1827ஆம் ஆண்டிலேயே கல்அச்சகம் வந்து விட்டது. கிருஷ்ணராஜுவின் கல்அச்சுப் படங்கள் அந்த ஆண்டிலேயே வெகுவாகப் பாராட்டப்பட்டது. மென்மையான தூரிகைத் தொடுகை யினாலும் நீர்வண்ணத்தைக் கல்அச்சில் பயன்படுத்திய முறைமை யாலும் அவருடைய கையெழுத்துடன் பின்வரும் இருபத்தியொரு படங்கள் கண்டுபிடிக்கப்பட்டன.

புத்தக அச்சில் பறவை பெயர்கள்	விலங்கியல் பெயர்
1. Nisaetus Strenuus	Aquila fasciata
2. Zanclostomus viridirostris	Phaenicophaeus viridirostris
3. Accipiter besra	Accipiter virgatus
4. Prinia cursitans	Cisticola juncidis
5. Muscipeta paradisea	Terpsiphone paradisi
6. Turdus wardii	Geokichla wardii
7. Scolopax nemoricola	Gallinago nemoricola
8. Pterocles quadricinctus	Pterocles indicus
9. Phænicornis flammeus	Pericrocotus flammeus
10. Falco Shaheen	Falco peregrinus
11. Crateropus delesserti	Garrulax delesserti
12. Muscicapa albicaudata	Eumyias albicaudatus
13. Ardea nigra	Ixobrychus flavicollis
14. Palaeornis columboides	Psittacula columboides
15. Malacocircus griseus	Turdoides affinis
16. Petrocincla manillensis	Monticola solitarius
17. Vinago bicincta	Treron bicinctus
18. Dendrocygna major	Dendrocygna bicolor
19. Caprimulgus indicus	Caprimulgus indicus
20. Ceyx tridactyla	Ceyx erithaca
21. Hemicircus cordatus	Hemicircus canente

இலண்டனிலுள்ள ரீவ் உடன்பிறப்புகளிடம் பறவைகளை அச்சிட உதவி கோரப்பட்டது

கிருஷ்ணராஜுவின் 21 படங்கள் கல் அச்சாகச் செய்யப்பட்டு நெல்லூரில் அச்சிடப்பட்டன. மற்ற மீதமுள்ள 17 படங்கள் இலண்டனிலுள்ள ரீவ் உடன்பிறப்புகள் நிறுவனம் அச்சிட்டது. பறவைகளின் பெயர்கள் பின்வருமாறு:

புத்தக அச்சில் பறவை பெயர்கள்	விலங்கியல் பெயர்
1. Bucco viridis	Psilopogon viridis
2. Buteo rufiventer	Buteo buteo
3. Strix candida	Tyto longimembris

4. Brachypodius poioicephalus	Alcippe poioicephala
5. Otis aurita	Sypheotides indicus
6. Anas caryophyllacea	Rhodonessa caryophyllacea
7. Pycnonotus xantholæmus	Pycnonotus xantholaemus
8. Brachypus rubineus	Pycnonotus melanicterus
9. Mirafra erythroptera	Mirafra erythroptera
10. Dicæum concolor	Dicaeum concolor
11. Scops sunia	Otus sunia
12. Francolinus hardwickii	Galloperdix lunulata
13. Chloropsis jerdoni	Chloropsis jerdoni
14. Falco luggur	Falco jugger
15. Anthus similis	Anthus similis
16. Parus nuchalis	Machlolophus nuchalis
17. Columba elphinstonii	Columba elphinstonii

பறவையியல் புத்தகத்தின் இரண்டாம் பாகத்தை வெளியிடுவதில் காலதாமதம் ஏற்பட்டதால் ஜெர்டன் அவர்கள் மிகவும் பொறுமையிழந்தார். அதற்குக் காரணம் வண்ணந்தீட்டுவோரின் தீவிரமான மந்தநிலையே.[74] ஜெர்டனின் நூல் 1862, 1863 மற்றும் 1864ஆம் ஆண்டுகளில் மறுபதிப்பு செய்யப்பட்டது.[75] பறவைகள் பற்றிய அவருடைய நூல் அந்தக் காலம் வரையிலான அறிவினைப் பெரும்பாலும் பல விளக்கப்படங்களின் வெளியீடுகளின் அடிப்படையிலும் புலம்சார் இயற்கை ஆர்வலர்களைக் கொண்டும் எடுத்தியம்புகிறது. இவ்வாறாக, ஐரோப்பியர்களின் முன்னோடி முயற்சிகளின் மூலம் தமிழ்நாட்டில் பறவைகள் பற்றிய ஆய்வு புதிய உச்சங்களைக் கணிசமாக அளவிட்டுள்ளது.

முடிவாக, ஐரோப்பாவில் நீண்ட காலமாகப் பறவைகள் ஆறு வகைகளாக வகைப்படுத்தப்பட்டுள்ளன. அவையாவன (அ) வேட்டைப் பறவைகள் (Birds of prey (raptoies)) (ஆ) உயர்ந்த இடத்தில் உட்கார்ந்திருக்கும் பறவைகள் (Perching Birds) (இ) புறாக்கள் (Pigeons) (ஈ) விளையாட்டுப் பறவைகள் (Game Birds) (உ) பறக்கும் பறவைகள் (Wading Birds) மற்றும் (ஊ) நீந்தும் பறவைகள் (Swimming Birds). உலகின் பிற பகுதிகளுக்குத் தெரியாத பலவகைப் பறவைகளைத் தமிழ்நாடு கொண்டிருந்தது. எட்வர்ட் பக்லேயால் கண்காணிக்கப்பட்ட புனித ஜார்ஜ் கோட்டையின் மெட்ராஸ் பறவைகளை அச்சிட்டு வெளியிட்ட

முதல் ஐரோப்பியர் ஜான் ரே ஆவார். பின்னர் தரங்கம்பாடியிலுள்ள பல புராட்டடஸ்டன்ட் மத குருமார்கள் பறவையியலாளர்களாக உருவானதுடன் அவர்கள் பல பறவைகள் மற்றும் அதன் வகைகளைப் பற்றியும் அறிக்கையளித்தனர். இருப்பினும் டி.சி.ஜெர்டன் **1839** மற்றும் **1844**க்கு இடையில் மெட்ராஸ் இலக்கியம் மற்றும் அறிவியல் இதழில் தமிழ் வட்டாரத்தின் பறவைகள் குறித்து விரிவாக வெளியிட்டார். உண்மையில் இந்தப் பறவை ஆய்வுகள் ஆழமான ஆராய்ச்சி மற்றும் சிறப்பான அறிவு முறை மற்றும் கட்டமைப்பு விளக்கங்கள் பெரிதும் நிறைந்தவை. ஜெர்டனின் அச்சிடப்பட்ட பறவைகளின் படங்கள் பெரும் வெற்றி பெற்றதோடு, ஐரோப்பிய அறிவியல் சமூகத்தினிடையே பரவலாகப் பரப்பப்பட்ட மாதிரிகள் மற்றும் படங்களின் வலையமைப்பின் முதன்மையான பங்கைக் கொண்டு குறிப்பிடத்தக்க எல்லைக்கல்லை உருவாக்குகின்றன. இறுதியாக, தமிழகக் கடற்கரையிலிருந்து பல்வேறு பறவை மாதிரிகள் இங்கிலாந்து, ஸ்காட்லாந்து, பிரான்சு மற்றும் இந்தியாவிலுள்ள கல்கத்தா அருங்காட்சியகங்களுக்குச் சென்றன.

அடிக்குறிப்புகள்

1. Om Prakash, *The Dutch Factories in India: A Collection of Dutch East India Company Documents Pertaining to India*, Vol. I, (1617-1623) New Delhi, Munshiram, 1984; Vol. II, (1624-1627), New Delhi, Manohar, 2007, see vol. II, p. 142.
2. Ibid.
3. Salim Ali, *Bird Study in India: Its History and its Importance*, Indian Council for Cultural Relations, New Delhi, 1979.
4. S. Jeyaseela Stephen, *A Meeting of the Minds: European and Tamil Encounters in Modern Sciences, 1507-1857*, Delhi, 2016, p. 94.
5. Joannis Raii, *Synopsis Methodica Avium & Piscium, opus posthumum quod vivus recensuit & perfecit ipse insignissimus Author: in quo multas species in ipsius ornithologia & Ichthyologia desideratas adjecit: Methodumque suam Piscium Naturae magis convenientem reddidit cum appendice & Iconibus*, Londini, Impenis Gulielmi Innys, ad Insignia principis in coementerio D. Pauli, MDCCXIII. London, 1713, pp. 193-198. Salim Ali is incorrect in saying that Edward Buckley had given description of 22 birds. In fact we find 27 birds.
6. British Library (hereafter BL), London, Western Manuscripts Collections, Sloane MSS 2346, 3332, 3348, 4066. See particularly on Birds, BL, Additional Manuscripts, 5266, *Icone Avium Maderaspatanarum*.
7. BL, Western Manuscripts Collections, Sloane MSS, 4020, fl.192, see, Edward Bulkley of Fort St. George, *Descriptions of East Indian Birds from His Paintings sent to James Petiver, Apothecary to the Charter House*. It is known that James Petiver left the bulk of his goods to Jane Woodstock, his sister from whom Sloane had purchased them.
8. Joannis Raii, Synopsis Methodica Avium, pp. 193-4.
9. S. Jeyaseela Stephen, A Meeting of the Minds, p. 115.

10. Ibid., p. 702.
11. Gotthilf August Francke, ed., *Der Königl. Dänischen Missionarien aus Ost-Indien eingesandter ausführlichen Berichten, Von dem Werck ihrs Ams unter den Heyden, angerichteten Schulen und Gemeinen, ereigneten Hindernissen und schweren Umstanden; Beschaffenheit des Malabarischen Heydenthums, gepflogenen brieflicher Correspondentz und mundlchen Unterredungen mit selbigen heyden*, Teil 1–9, (Continuationen 1–108) Waiserihaus, Halle, 1710–1772 (hereafter Hallesche Berichten = HB), see, 24th Continuation des Berichts der Königliche – Dänischen Missionarien in Ost Indien, 1729, pp. 1037-8.
12. HB, 38th Continuation des Berichts der Königliche – Dänischen Missionarien in Ost Indien, pp. 221-31.
13. S. Jeyaseela Stephen, A Meeting of the Minds, p.114.
14. HB, 24th Continuation des Berichts der Königliche – Dänischen Missionarien in Ost Indien, 1729, pp. 1054-55.
15. Ibid.
16. Francis Willughby, *The Ornithology*, London, Printed by A.C. for John Martyn, 1678; Carl Linnaeus, *Systema Naturae per Regna Tria Naturae Secundum Classes, Ordines, Genera, Species cum characteribus, differentiis, synonymis, locis*, Tome 1, Stockholm, 1766.
17. S. Jeyaseela Stephen, *Oceanscapes: Tamil Textiles in the Early Modern World*, Delhi, 2014, pp. 543-44.
18. E. Stresemenn, 'On the Birds Collected by Pierre Poivre in Canton, Manila, India and Madagascar, 1751-56', *IBIS*, vol. 94, issue 3, pp. 499-523.
19. Pierre Sonnerat, *Voyages aux Indes Orientles et a la Chine*, Paris, MDCCLXXXII.
20. Pierre Sonnerat, *Voyages aux Indes Orientles et a la Chine*, Paris MDCCLXXXII, vol. II, plates 104, 113, 114, 118, 119, 121, 219; Pieter Boddaert, *Table des Planches Enlumineez*, 239, 416, 872, 892, 910, 932, 949. 950.
21. John Latham, *A General Synopsis of Birds*, London, MDCCLXXXI, vol. I, part I, p. 41.
22. Pieter Boddaert, *Table des Planches Enlumineez d'Histoire Naturelle de M. D'Aubenton*, Utrecht, MDCCLXXXIII, p. 25, see PL.416.E. see also, p. 30, see, PL.517.
23. John Latham, *Index ornithologicus, sive systema ornithologiæ; complectens avium divisionem in classes, ordines, genera, species, ipsarumque varietates: adjectis synonymis, locis, descriptionibus & c. Studie et opera*, London, 1790; John Latham, *Supplementum Indicis ornithologici sive Systematis ornithologiae*, London, 1802; Stuart Cary Welch, *Indian Drawings and Painted Sketches 16th through 19th Centuries*, The Asia Society, New York, 1976, see Gingi Vulture, figure 26, p. 64.
24. John Latham, A General Synopsis of Birds, p. 209.
25. Thomas Pennant, *Indian Zoology*, London, MDCCXC, second edition, p. 34.
26. Johann Friedrich Gmelin, *Systema Naturae, per Regna Tria Naturae Secundum Classes, Ordines, Genera, Species, cum Characteribus, Differentiis, Synonymis, Locis*, 13th edition, Tome 1, Pars I, Lyon/Leipzig, 1788; Johann Friedrich Gmelin, *Systema Naturae, per Regna Tria Naturae Secundum Classes, Ordines, Genera, Species, cum Characteribus, Differentiis, Synonymis, Locis*, 13th edition, Tome 1, Pars II, Lyon/ Leipzig, 1789.
27. S. Jeyaseela Stephen, A Meeting of the Minds, p. 126
28. Georg Christian Knapp et al., eds., *Neuere Geschichte der Evangelischen Missions-Anstalten zu Bekehrung der Heiden in Ostindien aus den eigenhändigen Aufsätzen*

அய்ரோப்பியர்களின் விலங்கு அறிவியல் ஆராய்ச்சியும்
மருத்துவ - விலங்கியல் வளர்ச்சியும் (1639-1857) / 55

und Briefen der Missionarien erausgegeben, Waisenhaus, Teil 1–8 (Stück 1–95), Waiserihaus, Halle, 1770–8/95, 1848 (hereafter NHB), 1793, pp. 660-1.

29. Archiv der Franckeschen Stiftungen (hereafter AFSt), Halle, AFSt/M2 E27:18, Tagebuch von Christoph Samuel John, 12 December 1803 - 31 December 1804, See also, NHB, 6 Bd., 63, s.259.

30. NHB 43. st. 655.

31. Saraswati Mahal Library, Thanjavur (hereafter SMLT), *Modi Bundles* (hereafter MB), 105C/45-1; see also, P. Subramanian, Venkataramaiyaa and Vivekananda Gopal, *Thanjai Maraattiyar Modi Aavana Thamizhaakamum Kurippuraiyum* (Modi Records of the Mahratta Rulers of Tanjore in Tamil Translation), 3 vols, Tamil University, Tanjore, 1989 (hereafter MDT), vol. I, part I, p. 19.

32. K. M. Venkataramaiyaa, *Thanjai Marattiya Mannarkaala Arasiyalum Samudhaaya Vaazhkaiyum* (Administration and Social Life under the Maratha Rulers of Tanjore), Tamil University, Thanjavur, 1984, p. 368.

33. SMLT, MB, 160C/9; see also, MDT, vol. I, part VIII, p. 389.

34. SMLT, MB, 31C/29; see also, MDT, vol. I, part VIII, p. 326.

35. Tamilnadu State Archives (hereafter TNSA), Chennai, *Tanjore District Records* (hereafter TDR), vol. 4353, p. 38, 24 March 1803.

36. TNSA, TDR, vol. 3479, p. 511, 20 April 1804; TDR, vol. 3417, p. 67, 20 April 1804.

37. TNSA, TDR, vol. 4432, pp. 249-50, 20 December 1824.

38. TNSA, TDR, vol. 4455, p.149, 28 March 1828.

39. TNSA, TDR, vol. 4436, pp. 200-1, 3 April 1828.

40. British Library (hereafter BL), London, *Natural History Drawings of the India Office Collections* (hereafter IOL, NHD), 7/1031.

41. Ibid., 7/1033.

42. TNSA, TDR, vol. 3418, see 17 January 1805.

43. TNSA, TDR, vol. 3492, p. 211, 25 May 1807.

44. TNSA, TDR, vol. 3492, p. 51, January 1807.

45. SMLT, MB, 31C/ 44-1-11; see also, MDT, vol. I, part VIII, p. 345.

46. BL, IOL, NHD, 7/1330.

47. Ibid., 7/1032.

48. Ibid., 7/1029.

49. Thomas Caverhill Jerdon, 'Catalogue of the birds of the peninsula of India arranged according to the modern system of classification, with brief notes on their habits and geographical distribution, and descriptions of new, doubtful and imperfectly described species', *Madras Journal of Literature and Science*, 1839 (a), vol. 10 (24), pp. 60-91; T. C. Jerdon, 'Catalogue of the birds of the peninsula of India arranged according to the modern system of classification, with brief notes on their habits and geographical distribution, and descriptions of new, doubtful and imperfectly described species' *Madras Journal of Literature and Science*, 1839 (b), vol. 10 (25), pp. 234-269.

50. Thomas Caverhill Jerdon, 'Catalogue of the birds of the peninsula of India arranged according to the modern system of classification, with brief notes on their habits and geographical distribution, and descriptions of new, doubtful and imperfectly described species', *Madras Journal of Literature and Science*, 1840 (a), vol. 11 (26), pp. 1-38; T. C. Jerdon, 'Catalogue of the birds of the peninsula of India arranged according to the modern system of classification, with brief

notes on their habits and geographical distribution, and descriptions of new, doubtful and imperfectly described specie', *Madras Journal of Literature and Science*, 1840 (b) vol. 11 (27), pp. 207-239; T. C. Jerdon, 'Catalogue of the birds of the peninsula of India arranged according to the modern system of classification, with brief notes on their habits and geographical distribution, and descriptions of new, doubtful and imperfectly described species', *Madras Journal of Literature and Science*, 1840 (c) vol. 12 (28), pp. 1-15; T. C. Jerdon, 'Catalogue of the birds of the peninsula of India arranged according to the modern system of classification, with brief notes on their habits and geographical distribution, and descriptions of new, doubtful and imperfectly described species', *Madras Journal of Literature and Science*, 1840 (d), vol. 12 (29), pp. 193-227; See also, T. C. Jerdon, *Catalogue of the birds of the peninsula of India arranged according to the modern system of classification: with brief notes on their habits and geographical distribution, and descriptions of new, doubtful and imperfectly described species*, 1st ed. Madras, J.B. Pharaoh, 1839, pp. i–xxiv, 1–203.

51. 'The King of Tanjore — Drawings of Birds from Southern India Presented by John Torin, Esq, 1812', and 'A Collection of Birds, Made by the Company's Naturalist at Fort St. George, 1829' in M. Thomas Horsfield & Frederic Moore, *A Catalogue of the Birds in the Museum of the Honourable East-India Company*, WM. H. Allen & Co., London, 1854, p. 3.

52. T. C. Jerdon, *Illustrations of Indian Ornithology*, 1st ed. Madras, J. B. Pharaoh, Vol. I of IV vols, 1843; T. C. Jerdon, 'Supplement to the catalogue of birds of the peninsula of Indi', *Madras Journal of Literature and Science*, 1844, vol. XIII (30), pp. 156–174; Anonymous, 'Jerdon's Illustrations of Indian Ornithology', *Calcutta Journal of Natural History*, 1844, vol. IV (16), pp. 534-536; T. C. Jerdon, Illustrations of Indian Ornithology containing 50 figures of new, unfigured and interesting birds, chiefly from the South of India, Madras, 1845 (a); T. C. Jerdon, 'Second Supplement to the Catalogue of the birds of Southern India', *Madras Journal of Literature and Science*, 1845 (b) vol. 13 (31), pp. 116-144; H. E. Strickland, 'Bibliographical Notices: Illustrations of Indian Ornithology by T.C. Jerdon', *Annual Magazine of Natural History*, 1845, vol. (1) 15, pp. 274-275; T. C. Jerdon, *Illustrations of Indian Ornithology*. Church Street, Vepery, India, R. W. Thorpe, Christian Knowledge Society's Press, Vol. II of IV vols, 1845; T. C. Jerdon, 'Second supplement to the catalogue of the birds of southern India', *Madras Journal of Literature and Science*, 1846 (a), vol. 13 (31), pp. 116–144; T. C. Jerdon, *Illustrations of Indian Ornithology*, Church Street, Vepery, India, Reuben Twigg, Christian Knowledge Society's Press, Vol. III of IV vols. 1846 (b).

53. T. C. Jerdon, 'Catalogue of the birds of the peninsula of India, arranged according to the modern system of classification; with brief notes on their habits and geographical distribution, and description of new, doubtful and imperfectly described species', *Madras Journal of Literature and Science*, 1839, vol. X (24), pp. 60–91.

54. T. C. Jerdon, 'Supplement to the catalogue of birds of the peninsula of Indi', *Madras Journal of Literature and Science*, 1844, vol. XIII (30), pp. 156–174, see p.159.

55. Ibid., p. 162.
56. Ibid., p. 165.
57. Ibid., p. 163.
58. Ibid., pp. 167-8.
59. Ibid., p. 169.
60. Ibid., pp. 170-1.

61. Ibid., p. 174.
62. Ibid., p. 164.
63. Ibid., p. 160.
64. Ibid.
65. Ibid., p. 166.
66. Ibid., pp. 166-7.
67. T. C. Jerdon, 'Catalogue of the birds of the peninsular India arranged according to the modern system of classification with brief notice on their habits and geographical distribution & description of new, doubtful and imperfectly described species', *Madras Journal of Literature and Science*, vol. X, July-December 1839, pp. 60-92, see, p. 61.
68. Ibid., pp. 63-4, 68, 70, 72, 75, 79, 80, 82, 85-8, 91.
69. Catalogue of birds of the peninsular India, *Madras Journal of Literature and Science*, vol. XI, Madras, January-June 1840, pp. 1-38, see pp, 3-4, 6-8,10,12-17, 19- 23, 25-28, 30, 34, 37
70. Catalogue of birds of the peninsular India, *Madras Journal of Literature and Science*, vol. XII, Madras, 1840, pp. 207-238, see pp. 207, 209-214, 217, 218, 223, 227
71. Catalogue of birds of the peninsular India, *Madras Journal of Literature and Science*, vol. XII, Madras, 1840, pp. 207-238, see 216, 220, 223, 227.
72. Catalogue of birds of the peninsular India, *Madras Journal of Literature and Science*, vol. XII, Madras, 1840, pp. 207-238, see pp. 222, 225, 227.
73. T. C. Jerdon, *Illustrations of Indian Ornithology: Containing fifty figures of new, unfigured and interesting species of birds chiefly from the South of India*, printed by P.R. Hunt, American Mission Press, Madras, vol. IV of IV vols, 1847. The author has given the place and date of his work as 3 November 1843. The work contains 47 distinct species of birds in 50 plates. We find 3 birds from the Himalayas and one bird procured by Lord A. Hay from Ceylon. See also, T. C. Jerdon, *The Birds of India being a natural history of all the birds known to inhabit continental India; with descriptions of the species, genera, families, tribes, and orders, and a brief notice of such families as are not found in India, making it a manual of ornithology specially adapted for India*, Calcutta, 1863.
74. T. C. Jerdon, *Illustrations of Indian Ornithology*. Church Street, Vepery, India, R. W. Thorpe, Christian Knowledge Society's Press, Vol. II of IV vols, 1845, See, Notice to subscribers.
75. T. C. Jerdon, *The birds of India being a natural history of all the birds known to inhabit continental India: with descriptions of the species, genera, families, tribes, and orders, and a brief notice of such families as are not found in India, making it a manual of ornithology specially adapted for India*, 1st ed. Calcutta: Published by the author at the Military Orphan Press, 1862, pp. i–xlv, 1–535; T. C. Jerdon, *The birds of India being a natural history of all the birds known to inhabit continental India: with descriptions of the species, genera, families, tribes, and orders, and a brief notice of such families as are not found in India, making it a manual of ornithology specially adapted for India*, 1st ed. Calcutta, Published by the author, Printed by the Military Orphan Press, 1863, vol. II-Part I of 2 vols, pp. 1–439; T. C. Jerdon, T. C., *The birds of India: being a natural history of all the birds known to inhabit continental India; with descriptions of the species, genera, families, tribes, and orders, and a brief notice of such families as are not found in India, making it a manual of ornithology specially adapted for India*, 1st ed. vol. II-Part II of 2 vols, Published by the author, Printed by George Wyman and Co, Calcutta, 1864.

இயல் 3
பூச்சியியல் மற்றும் ஊர்வனவியல்: வெளிநாட்டிலிருந்து பெறப்பட்ட ஆய்வு (1690-1853)

பதினாறாம் நூற்றாண்டில் தமிழகக் கடற்கரைக்கு வந்த போர்த்துக்கீசிய வணிகர்கள் முதன்மையாக ஆசியாவின் வெளி நாட்டு வணிகத்தில் ஆர்வம் காட்டினர். இங்கு வந்த மதகுருமார்கள் இந்துக்களை கத்தோலிக்க மதத்திற்கு மாற்றுவதில் மட்டுமே ஆர்வமாக இருந்தனர். எனவே, தொடக்ககால ஐரோப்பியர்கள் அனைவரும் இயற்கை மற்றும் உயிரினங்களைப் பற்றிய ஆய்வுகளை மேற்கொள்ள எந்த வகையிலும் ஆர்வம் காட்டவில்லை. 1581இல் உரோமில் சேசு சபையின் ஐந்தாம் சபைத்-தலைவராகத் தேர்ந் தெடுக்கப்பட்ட கிளாடியா அக்வாவிவா (1543-1615) அவர்கள், இறையியல் அல்லது மெய்யியலுக்கு முரணான எந்தவொரு கருத்தையும் அல்லது கொள்கையையும் சேசு சபையினர் பாதுகாக்கவோ, படிக்கவோ கூடாது என கோரினார். சேசு சபையினரின் அறிவியலாய்வு ஐரோப்பாவில் குறிப்பிடத்தக்கதாக இருந்தபோதிலும், அறிவியல் அடிப்படையிலான பகுத்தறிவுக்கும் மத நம்பிக்கைக்கும் இடையிலான மோதல்கள் தமிழ்நாட்டில் உள்ள சேசு சபையினர்களுடன் தொடர்ந்து தொந்தரவு தந்ததால் அது சர்ச்சைக்குரியதாகியது.

பதினேழாம் நூற்றாண்டின் முற்பகுதியில் புதிதாக உருவாக்கப்பட்ட டச்சுக் கிழக்கிந்தியக் குழுமம், ஆங்கிலக் கிழக்கிந்தியக் குழுமம் மற்றும் ஐரோப்பாவிலுள்ள டேனிஷ் ஆசிய நிறுவனம் ஆகியவற்றின் ஊழியர்கள் மற்றும் அதிகாரிகளின் வணிகத்தில் முன்னேறும் ஆசை மற்றும் அவர்களுடைய நடவடிக்கைகள் போர்த்துக்கீசிய விரிவாக்கத்திற்கு உண்மையாகவே முற்றிலும் நேர்மாறாக இருந்தன. மேலும், தமிழகக் கடற்கரையில் ஜெர்மன் மற்றும் டேனிஷ்-ஹாலே புராட்டஸ்டன்ட் மதகுருமார்களின் வருகையுடன் ஒரு புதிய ஆர்வம் சேர்க்கப்பட்டதோடு, பதினெட்டாம் நூற்றாண்டுத் தொடக்கத்தில் பூர்வீக மக்களுக்கு நற்செய்தியைக் கூறினர். வட ஐரோப்பியர்கள் விலங்குகள் குறித்த ஆய்வில் ஆர்வம் காட்டியதோடு, கடல் வணிகத்திலும், இந்துக்களை

மதம் மாற்றுவதிலும் சமஅளவில் ஆர்வமாக இருந்தனர். ஐரோப்பாவின் வளர்ச்சியை நன்கு அறிந்திருந்த அவர்கள், உயரிய செய்தியாக நவீன அறிவியல் மற்றும் அதன் வாசிப்பு, எழுதுதல் ஆகியனவற்றில் ஆர்வமாக இருந்தனர். அமெரிக்கா கண்டுபிடிக்கப்பட்ட பின்பு அங்கிருந்து பெறப்பட்ட தகவல்கள் புதியதாக இருந்ததால் அவற்றையும் சேர்த்து அதிக அளவில் ஐரோப்பாவில் ஆய்வுகள் நடந்தன. ஐரோப்பிய இயற்கை வரலாற்றாசிரியர்கள் உலகெங்கிலும் வேகமாக வளர்ந்து வரும் உலகத்தை நோக்கி குறிப்பாக, தமிழகக் கடற்கரையில் தங்கள் பார்வையைத் திருப்பிவிட விரும்பினர். இவ்வாறு விலங்கினங்களைச் சேகரிக்கும் பண்பாடு படிப்படியாக இயற்கை சார்ந்த வரலாற்றுலகில் தன்னை உறுதிப்படுத்திக்கொண்டு வேகத்தினைப் பெற்றது. பல்வேறு வகையான பூச்சிகள் மற்றும் அவற்றின் நச்சுக்கடிகள் அவற்றைச் சரிசெய்யும் மருந்துகள் ஆகியன தமிழகக் கடற்கரைப் பகுதியிலுள்ள ஐரோப்பியர்களுக்குக் கவனத்தைக் கவர்வதாக இருந்தன. எனவே, அவர்கள் படிப்படியாக அந்த விவரங்களைக் கற்றுக்கொண்டு ஐரோப்பாவிற்கு அனுப்பி விவரித்தனர்.

மெட்ராஸிலிருந்து இலண்டனுக்குப் பூச்சிகள் மற்றும் இயற்கையான பொருட்கள் ஆகியனவற்றைச் சேமித்து அனுப்புவதற்கான வழிமுறைகள்

இயற்கையறிவை மேம்படுத்துவதற்காக இலண்டன் இராயல் கழகம் என்ற ஒரு நிறுவனம் 28, நவம்பர் 1660இல் நிறுவப்பட்டது. ஐரோப்பாவிலுள்ள அறிவியலறிஞர்களுக்குத் தத்துவச் செயல்பாடுகள் என்ற இதழ் வெளியிடுவதன் மூலம் ஒருவருக்கொருவர் தொடர்பு கொள்வதற்கான ஒரு மன்றத்தை ஏற்பாடு செய்து கொடுத்தது. உலகின் பல்வேறு பகுதிகளிலிருந்தும் தாவரங்கள் மற்றும் விலங்கினங்களைச் சேகரிப்பது வளர்ந்தது. ஐரோப்பாவிற்கு வெளியே இயற்கை சார்ந்த உலகத்தைப் பட்டியலிடுவதற்கான உந்துதல் வளர்ந்தது. மேலும் இதை இராயல் கழகத்தின் தொடக்ககால முயற்சிகளிலிருந்து அறியலாம். இது, 1665ஆம் ஆண்டின் அறிவுறுத்தல் மற்றும் விசாரணைப் பட்டியல் களுடன் தெளிவாகிறது. இதில் கடற்பயணம் மேற்கொள்பவர்களுக்கான வழிகாட்டு நெறிமுறைகள் இதன் அனுசரணையில் தயாரிக்கப்பட்டது. அடுத்த முப்பது ஆண்டுகளுக்கு 1696 வரை இது தொடர்ந்தது.[1] இலண்டனிலுள்ள ஜேம்ஸ் பெட்டிவர் அவர்கள், அவர் விரும்பிய பொருள், செய்திகள் மற்றும் நீண்ட கடல் பயணத்திற்கான மாதிரி களைப் பாதுகாப்பதற்காகச் சிறந்த வழிகள் குறித்த வழிமுறைகள் ஆகியனவற்றை அனுப்பினார். இந்த கடிதத் தொடர்புகள் ஒரு

கையெழுத்துப் பிரதியால் தப்பிப் பிழைத்தது. 1709இல் இலண்டனில் அவர் வெளியிட்ட ஒருங்கிணைந்த நிலையான கையேட்டில் காணப் படுகின்றன.[2]

ஜேம்ஸ் பெட்டிவர் தனக்காக வெளிநாடுகளில் ஆர்வத்தோடு செயல்படுவோர்களுக்கு வழிகாட்டுதல்களை வழங்கினார். இயற்கை மீதான அனைத்து ஆர்வச் செயல்பாடுகளையும் எளிதில் சேகரிப்பதற்கும் பாதுகாப்பதற்கும் அவர் இதனைச் செய்தார். விலங்கினங்களைப் பொறுத்தவரை அவை அனைத்தும் சிறியவை என்று குறிப்பிட்டார். விலங்குகள், பறவைகள், மீன்கள், பாம்புகள், பல்லிகள் மற்றும் சிதைவடைந்த தசையுடல்கள் என அனைத்து சிறிய விலங்குகளும் நிச்சயமாக, அவை ரம், பிராந்தி அல்லது வேறு எரிசாராயங்களில் மர அடுக்குகளில் பாதுகாக்கப்பட்டன என்று அவர் குறிப்பிட்டார். ஆனால், இவை எளிதில் கிடைக்காத இடங்களில் ஒரு நல்ல ஊறுகாய் அல்லது கடல் நீரைப் பரிமாறலாம். இரண்டு அல்லது மூன்று கையளவு சாதாரண தண்ணீர் அல்லது அதில் எப்போதாவது உப்பு நீரை ஒரு காலன் அளவு சேர்க்க வேண்டும். ஒரு கரண்டி அல்லது இரண்டு கரண்டி படிகாரம் சேர்க்க வேண்டும். இதை பானை, புட்டி, கூஜா ஆகியனவற்றில் அடைத்து மூட வேண்டும். பெரிய வகை மீன் அல்லது ஷார்க் மீன் ஆகியவற்றின் வயிற்று உட்பகுதியில் வேறு பொருட்கள் இருந்தால் அப்படியே பாதுகாக்க வேண்டும். கோழிகள் மற்றும் சிறிய பறவைகளை அப்படியே தலை, கால், இறகு ஆகியவைகளைச் சாராயத்தில் தோய்த்து, உலர்த்தி வைக்க வேண்டும். இறகுப் பகுதியை வெட்டி எடுத்து, அதன் உட்புறத்தை தார்கொண்டு பூச வேண்டும். பின்பு வெயிலில் வைத்து காய்ந்த பின்பு, ஈரப்பசையின்றி மெதுவாக வெப்பம் கொடுத்து பூச்சிகள் ஏதேனும் இருப்பின் சாகடித்துப் பரவாமல் தடுக்க வேண்டும்.[3] இவ்வாறாக அதிசயமாய்க் கண்ட பொருட்களைப் பதப்படுத்தி நீண்டதூரக் கடல் பயணத்திற்கு தயார் செய்ய ஊக்கம் அளிக்கப்பட்டது.

சேமிக்கப்பட்ட பொருட்களை முன்னணி அறிஞர்களுடன் பகிர்ந்து கொள்ளும் உணர்வோடு ஒரு குறிப்பிட்ட காலப் பகுதியில் அது வளர்ந்தது. பூச்சிகள், அந்துப்பூச்சிகள் மற்றும் வண்டுகள், குறிப்பாக இந்தியப் பளிங்குப் பட்டாம்பூச்சி (Indian Marbled Butterfly), மெட்ராஸ் எல்லோ டிரைகலர் (Madras Yellow Tricolor), மெட்ராஸ் பிரிட்டிலரி மற்றும் மெட்ராஸ் ரிங் காபின் ஆகியனவற்றை மெட்ராஸில் உள்ள புனித ஜார்ஜ் கோட்டையிலிருந்து எட்வர்ட் பக்லே இலண்டனிலுள்ள ஜேம்ஸ் பெட்டிவருக்கு அனுப்பினார். இவை பாரீசிலுள்ள பிரஞ்சு

இயற்கை ஆர்வலரான ஜோசப் பித்தோன் தே துர்நேபுர்த் *(1656-1708)* அவர்களுடன் பகிர்ந்துகொள்ளப்பட்டது.[4]

1690இல் லூய் லே கோம்தே பாண்டிச்சேரியில் கண்ட பூச்சிகளின் விளக்கம்

*1690*இல் பாண்டிச்சேரிக்கு வருகை புரிந்த பிரஞ்சு சேசு சபையின் லூய் லே கோம்தே பாரீசில் திரு. அபே ஜீன் போல் பிக்னோ *(1662-1763)* அவர்களுக்கு எழுதிய கடிதத்தில் தீவிரமான சிந்தனைகளுக்கு ஏற்ற பெருமளவிலான பூச்சிகள் இங்கிருப்பதாகக் குறிப்பிட்டுள்ளார். இயற்கையானது அத்தகைய உயிரோட்டமான மஞ்சள் நிறத்துடன் மிகவும் மெருகூட்டப்பட்ட மற்றும் ஒளிரும் வண்ணம் வரையப்பட்ட சில ஈக்கள் அவை எனக் கூறியதோடு, மிகவும் ஆசையைத் தூண்டுகிற அலங்கரிக்கப்பட்ட எதுவும் அதன் அருகில் வர முடியாத அழகு. வேறு சில பூச்சிகள் ஒளியின் புள்ளிகளாக இருந்தன. இரவு முழுதும் எப்போதும் ஒளிரும் மற்றும் உமிழும் கதிர்கள் மற்றும் அவை பறக்கும்போது இலைகள் அல்லது கிளைகளில் அவை ஒளிரும்போது காற்று தீப்பிடித்தது போல் தோன்றியது. மரங்கள் மீது ஒளிரும்போதும் தூரத்திலிருந்து பார்க்கும்போதும் ஒளிக்காக இந்தியாவில் செய்யப்படும் தனித்துவமான பட்டாசுகளைப் போலிருந்தன. இவ்வாறு அவர் தமிழில் மின்மினிப்பூச்சி என்று பளபளப்பான பூச்சியைப் பற்றி எழுதியிருந்தார்.[5]

இலண்டனில் மார்ட்டின் லிஸ்டர் அவர்களால் பெறப்பட்ட மெட்ராஸின் நீண்ட புழு பற்றிய செய்தி (1695-1697)

மார்ட்டின் லிஸ்டர் *(1639-1712)* ஆங்கிலேய இயற்கைவியலாளர் மற்றும் மாட்சிமை பொருந்திய பேரரசியின் தலைமை மருத்துவர்களில் ஒருவர். இலண்டனிலுள்ள மருத்துவர்கள் மெட்ராஸில் உள்ள புனித ஜார்ஜ் கோட்டையில் உள்ள ஆங்கிலேயர்களிடமிருந்து அந்த இடத்தின் விலங்கினங்களைப் பற்றிய செய்திகளைப் பெற்றனர். எனவே, இலண்டனில் உள்ள ஆங்கிலேயப் பார்வையாளர்களின் அறிவுக்குத் தெரியாத நீண்ட புழு பற்றிய விளக்கங்களை அவர் விளக்கினார். அவர் *1695* மே *2*ஆம் நாள் புனித ஜார்ஜ் மெட்ராஸ் கோட்டைக்கு வந்த ஓர் ஆங்கிலேயர், சில நாள்களில் அவருடைய இடது காலின் கீழே சற்று பார்த்தபோது, ஒரு புழு தலையை வெளியே நீட்டியது. பின் அவருக்கு அது மிகவும் தொல்லையைத் தந்தது. இந்தப் புழுக்கள் நீரில் இனப்பெருக்கம் செய்வதாகவும், அவை உடலின் எந்தப் பகுதியிலிருந்தும் வெளியே வந்ததாகவும், அவை மிகவும்

தொந்தரவளிப்பதாகவும் ஆபத்தானதாக இருப்பதாகவும் அவர் அறிந்திருந்ததைக் கூறினார். ஏனென்றால், அந்த நீண்ட புழுக்களுக்காக அவர்கள் படுக்கையை வைத்திருந்தவர்களை அவர் அறிந்திருந்தார். சிலர் ஆறு மாதங்களில், சிலர் பத்து மாதங்களில் தங்கள் கால்களை இழந்தனர். சில சமயங்களில் அப்புழுவால் தங்கள் வாழ்க்கையையே இழந்தனர். இந்தப் புழுக்கள் சில நேரங்களில் ஆறு அல்லது ஏழு கெஜம் நீளத்திற்கு வெளியே வந்தன. அவை முதலில் வெளியே வந்தபோது ஒரு நூல் போலச் சிறியதாக இருந்தன. பின்னர் அவை பெரிதாகவும், வலுவாகவும் வளர்ந்தன. அவற்றைச் சிறிய குச்சி அல்லது பஞ்சின் மீது போர்த்தி, பாலில் வேகவைத்த அரிசி மாவோடு வெங்காயத்தையும் அதன் மீது வைத்தனர். அவை உடையாதபடி முதன்மையான கவனம் செலுத்தப்பட வேண்டும். ஏனெனில், அவை உடைந்தால் நமக்குத் தீங்கு நேரும். இது முதன்முதலில் தோராயமாக நாற்பது அல்லது ஐம்பது நாள்களுக்கு வெளியே வந்தபோது, ஒவ்வொரு நாளும் ஆங்கிலேயருக்கு அதிகத் துன்பத்தைத் தராமல், கொஞ்சங்கொஞ்சமாகத் தந்தது. ஆனால், அது ஒருபுறம், கால்பகுதி அளவில் வெளியே வரும் வரை அது மேலும் கீழும் ஒரு கெஜ அளவு செல்ல முடியும்.

பின்னர், ஒரு நாள் அவர் அதிகமாகக் கிளறிப் புழுவைக் காயப் படுத்தினார். அது சீற்றமடைந்தது. அதனால் அது தன்னை உடைத்துக் கொண்டு உள்ளே சென்று தோல் வெடிக்கத் தயாராகும் வரை, அவருடைய பாதமும் காலும் வீங்கி அவரைத் தூக்கமில்லாமல் ஆக்கியது. அதனால் அவர் காய்ச்சலுக்குள்ளானார். ஆங்கிலேயருக்கு புனித ஜார்ஜ் கோட்டையில் அறுவை மருத்துவர் இருந்தார். ஏறக்குறைய இருபது நாட்கள் அந்தக் காய்ச்சலுக்காகப் படுக்கையில் இருக்கப் போதுமான பொருத்தங்களிருந்தன. அந்தப் புழு துண்டுகளாக உடைக்கப்பட்டு, அவருடைய காலினுடைய பகுதிகளிலிருந்து வெளியே வந்தது. ஆனால், அந்த அறுவை மருத்துவர் மருந்தைப் பயன்படுத்தி அந்தப் புழுவைக் கொன்றார். அறுவை மருத்துவர் அந்த ஆங்கிலேயருடைய காலின் கணுக்கால் மேலேயிருந்து சிறிதும், அவருடைய பாதத்திலிருந்து அனைத்துப் புழுவையும் வெளியே இழுத்தார். அந்த ஆங்கிலேயர் தான் கடவுளின் வாழ்த்துதலால் அந்தத் தொல்லை தந்த உயிரினத்தை முழுவதுமாக நீக்கிவிட்டதாகவும், மெட்ராஸில் உள்ள ஆங்கிலக் குழும அறுவை மருத்துவர் பத்து நாள்களுக்கு மருத்துவம் செய்த பிறகு அவரை விட்டுச் சென்றார் என்றும் கூறினார்.[6]

1700இல் மெட்ராஸில் சாமுவேல் பிரவுன் விளக்கிய நச்சுப்பூச்சி கடித்தலுக்கான மருத்துவம்

சாமுவேல் பிரவுன் என்ற அறுவை மருத்துவர் ஆங்கிலக் கிழக்கிந்தியக் குழுமத்தில் பணியில் சேர்ந்து 1688இல் மெட்ராஸ் வந்தடைந்தார். 1688-1697 வரை புனித ஜார்ஜ் கோட்டையில் முதன்மை அறுவை மருத்துவராக இருந்தார். நச்சுப்பூச்சி கடித்ததால் தமிழர்கள் அளிக்கும் மருத்துவ முறையைக் கவனித்த அவர், 1700இல் விளக்கமாக விரிவாகக் கூறினார். அவரைப் பொறுத்தவரையில் Balsamina aquat Indiae oriental என்ற முழுச் செடியும் நீரிலும், தரையிலும் இருந்தது. இந்தச் செடியை நச்சுக்கடியைக் குணப்படுத்த உடலில் தேய்க்கப் பட்டது. சீரியனின் தூள்பட்டை நச்சுப்பூச்சிகளின் கடிக்கு வெந்நீரில் கலந்து எடுக்கப்பட்டது.[7] கச்சாகைலில்லே (Cachakaillille - தெலுங்கில் gatchki Chittu) என்ற வேரின் தூளானது நீரில் கலந்து குடித்தால் எலிக் கடிக்கும் நச்சுயிரினக் கடிக்கும் நல்ல மருந்தாகும். சேட்டாமுகன் (Chetamucan) என்ற செடியின் முழுப்பகுதியையும் நீரோடு குடித்தால் நச்சுப்பூச்சிக்கடிகளிடமிருந்து குணமடையலாம். நஞ்சு நிறைந்த குதிரை ஈயின் கடியைக் குணப்படுத்தச் சாலா மரத்தின் (Shorea robusta) தூள் பட்டை ஒரு வீசம் எடை அளவு எடுக்கப்பட்டது. இதைத் தமிழர்கள் வண்டுக்கடி என்றழைத்தனர். மற்ற பூச்சிகளின் கடிக்கு எதிராகவும், சிறப்பாகவும் இது இருந்தது.[8]

மெட்ராஸிலிருந்து இலண்டனிலுள்ள ஜேம்ஸ் பெட்டிவர் அவர்களுக்கு எட்வர்ட் பக்லே அனுப்பிய பட்டாம்பூச்சி (1701-1702)

எட்வர்ட் பக்லே (1651-1714) அவர்கள் மெட்ராஸ் புனித ஜார்ஜ் கோட்டையில் 1692இல் முதன்மை அறுவை மருத்துவரானார். பின் 1709 வரை அதே பதவியிலிருந்தார். அவர், இலண்டனிலுள்ள ஜேம்ஸ் பெட்டிவருக்குப் பல பொருள்களைச் சேகரித்து அனுப்பினார். 1702இல் இலண்டனில் அச்சிடப்பட்ட ஒரு வெளியீட்டில் புனித ஜார்ஜ் கோட்டையிலிருந்து அனுப்பப்பட்ட ஓர் ஒற்றைப் பட்டாம்பூச்சியான Papillo Madraspatanus படத்தைக் காண்கிறோம்.[9]

தரங்கம்பாடியில் ஜோஹன் ஜெரார்டு கோயினிக் அவர்களும் பதிமூன்று பூச்சிகளைப் பற்றிய அவருடைய ஆய்வும் (1770-1777)

ஜோஹன் ஜெரார்டு கோயினிக் (1728-1785) அவர்கள் தமிழகக் கடற்கரையிலுள்ள டென்மார்க் குடியேற்றப் பகுதியான தரங்கம்பாடியில் அறுவை மருத்துவராக நியமிக்கப்பட்டார். சாமுவேல் பெஞ்சமின் நோல் அவர்களின் வாரிசாக 1768இல் அவர் அங்கு வந்தார்.[10]

கோயினிக், தரங்கம்பாடியில் பூச்சிகளைப் பற்றிய ஆய்வினை மேற் கொண்டதோடு, அவை குறித்த விளக்கங்களையும் ஐரோப்பாவிற்குத் தெரிவித்தார். 1792இல் ஜோஹன் கிறிஸ்டியன் பெப்ரிசியஸ் (1745-1808) என்ற டென்மார்க் நாட்டு விலங்கியலறிஞர் இதற்காக அவருக்கு நன்றி தெரிவித்தார்.[11] மேலும், அவர் பூச்சிகளைப் பற்றிய ஆய்வுக்கு அளித்த உதவிக்குத் தரங்கம்பாடியிலுள்ள டேனிஷ் கடற்படை அதிகாரியான ஐ.கே.டால்டோர்ஃப் அவர்களுக்கு நன்றி தெரிவித்தார்.[12] ஜே.சி.பெப்ரிசியஸ் ஒரு பூச்சிக்கு Cryptocephalus koenigii என்று கோயினிக் அவர்களின் பெயரினை இட்டதோடு அவருடைய உதவிக்காக அவரைச் சிறப்பித்தார்.[13] Scarabaeus koenigii பூச்சியை மாதிரியாக அனுப்பியதால் ஜோஹன் ஜெரார்டு கோயினிக் பெயரிடப் பட்டது. பூச்சியின் குறிப்பிட்ட தன்மை என்னவென்றால் செதிள் இல்லாமலும், பாதுகாப்பு இல்லாமலும், கருப்பாகவும் இருந்தது. தலைக்கவசம் பல்வரிசை போன்று அமைந்திருந்தது. மார்புப்பகுதி சொரசொரப்பான மேற்பரப்புடையதாயிருந்தது; சிறகுப்பைகள் புள்ளியிட்ட சாம்பல் நிறத்துடனிருந்தது.[14]

Chrysis oculataவைத் தரங்கம்பாடியில் ஜோஹன் ஜெரார்டு கோயினிக் அவர்கள் கண்டுபிடித்தார். அந்தப் பூச்சியின் குறிப்பிட்ட குணமானது பச்சை நிறத்தில் ஒளிர்ந்துகொண்டிருந்ததோடு, அடிவயிற்றின் ஒவ்வொரு பக்கத்திலும் ஒரு பொன்னிற புள்ளியுடன் இருந்தது. வால் நீல நிறமாகவும் ஆறு பற்களை ஆயுதமாகவும் கொண்டிருந்தது. இந்தப் பூச்சி தன் வண்ணங்களின் சிறப்பாக மின்னுகிறதற்கான சான்றாக இருந்தது. ஜே.சி.பெப்ரிசியஸ் 1781இல் இலண்டனில் உள்ள சர் ஜோசப் பேங்ஸ் சேகரிப்பில் கண்டுபிடிக்கப் பட்ட கோயினிக் அனுப்பிய மாதிரியிலிருந்து இந்தப் பூச்சியைப் பற்றி விளக்கியதாகக் கூறினார்.[15]

தரங்கம்பாடியில் ஓர் அசாதாரண, அரிதான குறிப்பிட்ட தன்மையில் Chrysis fasciata என்ற அந்தப் பூச்சியின் மார்புப் பகுதி பச்சை நிறமாகவும், நீலநிறப் பட்டையுடனும், அடிவயிற்றின் முன்புறப்பகுதி நீலநிறத்தோடுகூடிய செந்நீலம் (உதா நிறம்), நடுவே பொன்னிறம், நான்கு பற்களுடன் இருந்தது. பின்புற முனை சிவப்பு நிறம். சர் ஜோசப் பேங்ஸ்ன் இழுப்பறைகள் கொண்ட பெட்டிகளில் மட்டுமே இந்த மாதிரியைக் கண்டறிந்ததாக ஜே.சி. பெப்ரீசியஸ் கூறியிருந்தார்.[16]

ஜோஹன் ஜெரார்டு கோயினிக், தரங்கம்பாடியில் Chrysis splendida என்ற பூச்சியைக் கண்டுபிடித்ததாகப் பதிவு செய்யப்பட்டுள்ளது. பூச்சியின்

குறிப்பிட்ட தன்மை யாதெனில், அது நீலநிறத்தில் ஒளிர்ந்தது. வாலோடு நான்கு பற்கள் கொண்டது. சர் ஜோசப் பேங்ஸின் இழுப்பறைகள் கொண்ட பெட்டிகளில் உள்ள மாதிரிகளிலிருந்து இந்தப் பூச்சியைப் பற்றி விளக்கியதாக ஜே.சி.பெப்ரீசியஸ் கூறியிருந்தார்.[17]

Vespa Clincta என்ற பூச்சி தரங்கம்பாடியில் காணப்பட்டது. அந்தப் பூச்சியின் குறிப்பிட்ட தன்மை என்னவென்றால், கருப்பு நிறம், மார்புப் பகுதியில் தெளிவற்ற புள்ளிகள் மற்றும் அதன் உடல் இரும்புத்துரு நிறப்பட்டையுடன் கருப்பாக இருந்தது.[18]

Chrysomela palliata என்ற பூச்சி தரங்கம்பாடியில் காணப்பட்டது. வெளிறிய மஞ்சள் நிறமாகவும் புறக்கூடுகள் கருநிறமாகவும் இருந்தது.[19]

Chrysomela cinciaவானது தரங்கம்பாடியில் காணப்படும் பூச்சி. இது வெளிறிய நிறத்துடனும் மற்றும் அதன் புறக்கூடுகளின் விளிம்புகளனைத்தும் கரு நிறமாகவும் இருந்தது. ஓர் உணர் கொம்பு, இரண்டாம் இணைக் கொம்பு உருண்டையாக இருந்தது. ஒவ்வொரு புறமும் மூன்று முள்கள் மற்றும் குறுக்கீடுகள் நிறைந்த விளம்புக் கோடுகளுடன் பின்புறத்தில் கருப்பு நிறத்துடன் இருந்தது.[20]

Scarbaeus seniculus பூச்சி தரங்கம்பாடியில் காணப்பட்டது. அதன் முன்பகுதியில் மார்புப் பகுதியும் பின்பகுதியில் இரு கொம்புகள் கவசம் போன்றும் இருந்தன. அதன் புறக்கூடுகள் கருப்பு நிறமாகவும் அடிப்பகுதியில் புள்ளிகளால் ஆன இரு இரும்புத்துரு நிறக்கோடு களுடன் இருந்தன. அதன் கால்கள் குறுகியும் இரும்புத்துரு நிறத்துடனும் இருந்தன.[21]

Scarbaeus pygmaeus பூச்சி தரங்கம்பாடியில் காணப்பட்டது. அதன் மார்பில் இரு பற்களிருந்தன. பித்தளை நிறமும் தோற்கிடுகு பாதுகாப்பின்றியும் அரித்தெடுக்கப்பட்டது போலவும் இருந்தது. புறக்கூடு முழு செங்கல் நிறத்துடன் கரும்புள்ளியுடன் இருந்தது. தோற்கிடுகு வட்டமாகவும் முன்னே அகலமாகவும் பரவியிருந்ததுடன் புறக்கூடுகள் மாற்றாகவும் உடல் கருப்பு நிறத்திலும் இருந்தது.[22]

Scarbaeus dionysius என்ற பூச்சி தரங்கம்பாடியில் காணப்பட்டது. அதன் மார்பு குழிவாகவும் தலைக்கொம்பு பின்முகமாக வளைந்தும் தாழ்ந்துமிருந்தது. நுனிப்பகுதியில் தடிமனாக இருந்ததோடு புறக்கூடுகள் மாற்றாக இருந்தன.[23]

Scarbaeus hircus பூச்சி தரங்கம்பாடியில் காணப்பட்டது. அதன் மார்புப் பகுதி கரடுமுரடானது. குறுக்காகச் செல்லும் தசைநாருடன் தட்டை வடிவிலான கோடுடைய தலை. தோற்கிடுகு இரு பல்வரிசை கொண்டது.[24]

Scarbaeus nanus பூச்சி தரங்கம்பாடியில் காணப்பட்டது. அதன் மார்பு இரு மேற்புடைப்பு கொண்டது. தலைக்கொம்பு நிமிர்ந்தும், தனித்தும் தலை வரை இருந்தது. தோற்கிடுகு வட்டமானது. மார்பானது ஒவ்வொரு பக்கத்திலும் ஈர்க்கப்பட்ட புள்ளிகளுடன் இருந்தது. மேலும், புறக்கூடுகள் அடுக்காக இருந்தன.[25]

மெட்ராஸில் ஜோஹன் ஜெரார்டு கோயினிக் எழுதிய ஐந்து பூச்சிகளின் ஆய்வு, 1778–1785

ஜோஹன் ஜெரார்டு கோயினிக் அவர்கள் 1778இல் மெட்ராஸில் ஆங்கிலக் கிழக்கிந்தியக் குழுமத்தின் இயற்கை வரலாற்றாசிரியரானார். பூச்சிகளைப் பற்றிய தன் ஆய்வை அவர் தொடர்ந்ததோடு, இலண்டனில் உள்ள சர் ஜோசப் பேங்ஸுக்கு விளக்கங்களும் அனுப்பினார். Vespa arcuata என்ற பூச்சியைக் கோயினிக் அவர்கள் மெட்ராஸில் கண்டு பிடித்தார். அதன் குறிப்பிட தன்மை என்னவென்றால், கருப்பு நிறமாகவும் மாறுபட்ட மஞ்சள் நிறமாகவும் அடிவயிற்றில் வளையாத சிறுகாம்பும் நான்கு மஞ்சள் புள்ளிகளும் இருந்தன.[26]

Buprestis sternicornis என்ற பூச்சி மெட்ராசிலிருந்து கொண்டு வரப்பட்டது. அதன் குறிப்பிடத்தக்க குணம் என்னவென்றால், முழுவதும் ஒளிரும் பச்சை நிறத்துடனும் சாம்பல் நிறத்துடன்கூடிய புள்ளிகளுடனும் இருந்தது. அதன் சிறகு உறைகள் மூன்று பற்களில் அரம் போன்றும் இடையில் நிறுத்தப்பட்டும் இருந்தன. ஒரு கூம்பு வடிவிலான கொம்பு அதன் மார்பகத்தில் நீட்டிக்கொண்டிருந்தது.[27]

Cimex uniguttatus மெட்ராஸிலிருந்த அரிய இனம். இதன் சிறப்பென்னவென்றால், அதன் மார்புப் பகுதி கடுமையான முதுகெலும்புகளுடன் இரும்புத்துரு நிறத்திலிருந்தது. செதிள் பொதிந்த ஒரு பெரிய வெள்ளைப் புள்ளிகளுள்ளது.[28]

Papilio idaeus என்ற பட்டாம்பூச்சி மெட்ராஸிலிருந்து இலண்டனுக்குக் கொண்டு வரப்பட்டது. அதன் குறிப்பிட்ட தன்மை கருப்பு நிறத்துடன் அதன் இறக்கைகள் பல்வரிசை போன்று அமைந்துள்ளது. ஒரு குறுகிய மஞ்சள் கோடு முதன் இணையின் முன்புற விளிம்பிலிருந்தது. இரண்டாம் இணை சிவப்பு நிறத்தில் காணப்படுகிறது. ஓர் உள்ளங்கை வடிவிலான அடையாளத்தின் நடுவே மூன்று செம்புள்ளிகள் உண்டு.[29]

Phalaena figura பூச்சி, மெட்ராஸிலிருந்து இலண்டனுக்குக் கொண்டு வரப்பட்டது. அதன் முன்புற இறக்கைகள் வெண்மையாகவும் பழுப்பு மற்றும் கரும்புள்ளிகளாகவும் இருந்தன. நடுவே சிறப்பாகக் கருப்பு நிறம்; பின்புறம் இறக்கைகள் சாம்பல் நிறமுடையன.[30]

சோழமண்டலக் கடற்கரையிலிருந்து டென்மார்க்கிலுள்ள ஜோஹன் கிறிஸ்டியன் பெப்ரீசியஸ் அவர்களுக்கு தெரிவிக்கப்பட்ட ஆறு அரியவகைப் பூச்சிகள்

Vespa Petioiata என்பது தமிழ்நாட்டில் காணப்படும் பூச்சியாகும். அதன் குறிப்பிட்ட தன்மை என்னவென்றால், இரும்புத்துரு நிறத்துடன் மாறுபட்ட மஞ்சள் நிறம் கொண்டது. அடிவயிற்றில் வளையாத சிறு காம்புடன் கருப்புப் பட்டையோடு இரும்புத்துரு நிறத்திலிருந்தது. இது ஜே.சி.பெப்ரீசியஸால் விளக்கப்பட்டது.[31]

Scarbaeus rhadamistus என்ற பூச்சி சோழமண்டலக் கடற்கரையில் காணப்பட்டது. அதன் மார்பு ஆழமான பள்ளமாகக் காணப்பட்டதோடு, முன்னால் பின்புறமாக வளைந்த கொம்புடன் இருந்தது. தலை பாதுகாப்பின்றி இருந்தது. அதன் புறக்கூடுகள் செம்பழுப்பு நிறத்துடன் இரண்டு கரும்புள்ளிகள் கொண்டது. அதன் தோற்கிடுகு வட்டமானது - வெள்ளையாக பளபளப்புடன் தோள் பகுதி நீண்டதாக இருந்தது. அதன் பக்கங்கள் புள்ளிகளைக் கொண்டும் நீண்டும் இருந்தன. அதன் புறக்கூடுகள் அடுக்காக இருந்தன.[32]

Scarbacus sabaus பூச்சி சோழமண்டலக் கடற்கரையில் கண்டு பிடிக்கப்பட்டது. அதன் குறிப்பிட்ட குணமாவது மார்புப் பகுதி இரு மேற்புடைப்புத் தன்மையிலிருந்தது. தலைக்கொம்பு நிமிர்ந்தும், தனித்தும் மார்புப் பகுதி வரை இருந்தது. தோற்கிடுகு வட்டமானது. அரிதாக அரித்தெடுக்கப்பட்டது போன்ற விளிம்பு மார்பு மெருகூட்டப் பட்ட கருப்பு நிறம். ஒவ்வொரு பக்கமும் கிளையுறுப்புகளை நோக்கிச் செல்கிற புள்ளிகள். அதன் புறக்கூடுகள் அடுக்காகவும், கருப்பாகவும், மெருகூட்டப்பட்டுமிருந்தன.[33]

Scarbaeus spinifex சோழமண்டலக் கடற்கரையில் கண்டு பிடிக்கப்பட்ட பூச்சி. அதன் குறிப்பிட்ட தன்மை என்னவெனில் அது செதிலற்றது; மார்பு வட்டமானது. பாதுகாப்பற்றது. தலையின் பின்புறமாக வளைந்த முதுகெலும்புடன் இருந்தது. ஜே.சி.பெப்ரீசியஸ் இலண்டனிலுள்ள சர் ஜோசப் பேங்ஸின் தொகுப்பில் இந்தப் பூச்சி காணப்படுகிறது எனக் குறிப்பிட்டார்.[34]

Buprestis aenea பூச்சி சோழமண்டலக் கடற்கரையில் கண்டு பிடிக்கப்பட்டது. அதன் குறிப்பிட்ட சிறப்பு பளபளப்புடன் வெண்கல நிறத்திலும் அதன் சிறகு உறைகள் நிறுத்தப்பட்டு மூன்று பற்களுடன் இருந்தது. ஜே.சி.பெப்ரீசியஸ் அவர்கள் இலண்டனிலுள்ள சர் ஜோசப் பேங்ஸின் இழுப்பறைகள் கொண்ட பெட்டியிலிருந்து தான் படித்துப் பயன்படுத்தியதாகக் குறிப்பிட்டார்.[35]

Fulgora festiva (அழகான நெருப்பு ஈ) சோழமண்டலக் கடற்கரையில் காணப்பட்டது. பூச்சியின் குறிப்பிட்ட தன்மை என்னவென்றால் அதன் உடற்பகுதி கூம்பு வடிவிலானது; சிறகு உறைகள் பழுப்பு நிறத்திலானது; ஐந்து கரும்புள்ளிகளுடன் முன்புற விளிம்பு பச்சை நிறம்; அரைவட்டமானது; ஆரஞ்சு நிறத்துடன் இறக்கைகள் அடிப்பகுதி சிவப்பு நிறம்.[36]

தரங்கம்பாடியில் கிறிஸ்டோப் சாமுவேல் ஜான் எழுதிய ஹோவர் ஈக்கள் மற்றும் பொய்க்கால் ஈக்கள் பற்றிய ஆய்வு மற்றும் நார்வேக்கு தொடர்புபடுத்தப்பட்டது (1780-1805)

கிறிஸ்டோப் சாமுவேல் ஜான் என்ற புராட்டஸ்டன்ட் மதகுரு 1771இல் தரங்கம்பாடியில் உள்ள டேனிஷ் மிஷனில் ஜோஹன் ஜெரார்ட் கோயினிக்கிற்குப் பின் மருத்துவராக நியமிக்கப்பட்டார்.[37] பலவகையான ஈக்கள் (தமிழர்கள் ஈ என்று அழைப்பர்) மற்றும் ஈ வகைகளை (நாய் ஈ அல்லது தெள்ளுப்பூச்சி என்று அறியப்பட்டது) அவர் கவனித்தார். மேலும், அவர் மகரந்தச் சேர்க்கையில் முதன்மையான பங்கு வகித்த ஹோவர் ஈக்களையும் கண்டார். Platycheirus albimanus (1781), Phytomia errans (1787), Phytomia zunatum (1787), Lathyrophthalmus arvorum (1787), Lathyrophthalmus quinquestrrialtus (1794), Paragus bicolor (1794) மற்றும் Metasyrphus corollae (1794) ஆகியனவற்றின் விளக்கங் களையும் மாதிரிகளையும் டென்மார்க்கிற்கு அனுப்பினார். Paragus serratus மற்றும் Ischidon scutellaris ஆகியனவற்றை 1805இல் டென்மார்க் நாட்டு விலங்கியல் வல்லுநரான ஜோஹன் கிறிஸ்டியன் பெப்ரீசியஸ் (1745-1808) தரங்கம்பாடியிலிருந்து பெற்றார். இவ்வாறு ஜே.சி.பெப்ரீசியஸ் குறித்துள்ளதன் மூலம் ஒன்பது வகைகளை நாம் அறிகிறோம்.[38]

1840இல் தரங்கம்பாடியிலிருந்து பெற்ற Micropezidae (insect, dipteral) பொய்க்கால் ஈக்கள் பற்றி நார்வே நாட்டைச் சேர்ந்த விதுவா வைடேமான் அவர்கள் முதன்முதலில் விவரித்தார்.[39] பூச்சியியல் ஆய்வு ஐரோப்பாவிலும் தரங்கம்பாடியிலும், ஒரு உந்துதலைப் பெற்றதோடு ஒரு முதன்மையான பாத்திரத்தையும் வகித்தது.

தென்அமெரிக்காவிலிருந்து மெட்ராஸுக்கு தம்பலப் பூச்சியின் இறக்குமதி மற்றும் சைதாப்பேட்டையில் சாயமிடுவதற்கான ஆங்கிலேயரின் ஆய்வுகள் (1786-1812)

ஆங்கிலேயர்கள் தமிழகக் கடற்கரையில் இயற்கைச் சாயங்கள் குறித்து ஆய்வுகள் நடத்த விரும்பினர். மேலும், வெளிநாட்டு வம்சா வழியினரிடமும் சாயங்களை இறக்குமதி செய்யத் தொடங்கினர். மெக்சிகோவின் ஸ்பானியக் குடியிருப்பில் காணப்படும் ஒரு பூச்சியான தம்பலப்பூச்சி துணிக்குச் சாயமிடப் பயன்படுத்தப்பட்டது. இந்தப் பூச்சியை ஸ்பெயின் நாடு முழுவுரிமைத்துய்ப்புப் (ஏகபோகப்) பொருளாகக் கொண்டிருந்தது. இது நோப்பல் கற்றாழையின் (nopal cactus) இலைகளில் வளர்க்கப்பட்டது. முப்பத்தைந்து முதல் நாற்பது நாள்களுக்குப் பிறகு பெண்பூச்சி நூற்றுக்கணக்கான முட்டைகளை நோப்பல் செடியிலிட்டுக் குஞ்சு பொரித்தது. ஐந்து மாதங்களுக்குப் பிறகு இளம் பூச்சிகள் சேகரிக்கப்பட்டு சூரிய ஒளிக்குக் கீழே வைக்கப் பட்டன அல்லது குறைவான சூட்டின் மீது சூடேற்ற வைக்கப்பட்டன. பிறகு, அவை சிறந்த கருஞ்சிவப்பு நிறச்சாயத்தை உருவாக்க நசுக்கப் பட்டன. இந்த முறை 1518இல் மெக்சிகோவில் வாழ்ந்த ஸ்பானியர் களால் கண்டுபிடிக்கப்பட்டு, 1523இல் அய்ரோப்பாவிற்குத் தெரியப் படுத்தப்பட்டது. மெக்சிகோவில், ஸ்பானிய வெற்றியாளரான ஹெர்மன் கோர்டஸ் என்பவர் இதை முதலில் கற்றுக்கொண்டவர். அஸ்டெக் மற்றும் மெக்சிக் இந்தியர்களால் தம்பலப்பூச்சி ஒரு சாயப்பட்டறைக்காகப் பயன்படுத்தப்பட்டது. ஆன்ட்வெப் வணிகர்கள் தம்பலப்பூச்சியை மூலப்பொருளாகவோ அல்லது தூள் வடிவிலோ வாங்கத் தொடங்கினர். மேலும், அதைத் துணிக்குச் சாயமிடப் பயன்படுத்தினர். ஒரு பண்ணையை நிறுவுவதற்கான நடவடிக்கையானது ஆங்கிலக் குழுமத்தின் மருத்துவரும், தன்விருப்பத் தாவரவியலாளருமான ஜேம்ஸ் ஆண்டர்சன் அவர்களால் தொடங்கப்பட்டது. இந்தப் பணி முதன்மையாக ஸ்பெயினின் விலையுயர்ந்த தம்பலப்பூச்சிச் சாய உற்பத்தியைப் பலமிழக்கச் செய்வதற்காகச் செய்யப்பட்டது. ஆனால், அம்முயற்சி வெற்றி பெறவில்லை. ஆண்டர்சன் தம்பலப்பூச்சி இனப்பெருக்கம் செய்வதற்காகத் தோட்டங்களில் வளர்க்கப்பட்ட அமெரிக்கக் கற்றாழையை ஆய்வு செய்து, சைதாப்பேட்டையில் நோப்பல் செடி பயிரிட 1786இல் பண்ணை ஒன்றை நிறுவினார்.

பூச்சிகளுக்கு உணவளிப்பதன் மூலம் கார்மினிக் அமிலத்தின் தரம் மற்றும் நிறம் பாதிக்கப்படுவதாக அவர் நம்பியதால், கற்றாழையில் உள்ளூர் தம்பலப்பூச்சிகளுக்கு உணவளிப்பதன் மூலம் தம்பலப்பூச்சி

சாயத்தைப் பெறலாம் என ஆண்டர்சன் நம்பினார். மெட்ராஸ் கடற்கரையில் வளர்ந்திருந்த புற்களில் இருந்து செதிலுள்ள பூச்சிகளைச் சேகரித்து, அந்தப் பூச்சி (எலிக்குஞ்சு புல் தமிழில்) Spinifix littoreus) மாதிரிகளை ஜோசப் பேங்ஸ்க்கு அனுப்பியதோடு, மக்கள் தயாரித்த சாயத்தையும் அனுப்பினார். மெட்ராசில் லின்னேயஸ் மற்றும் ஹான்ஸ் ஸ்லோனே ஆகியோரின் பல்வேறு முந்தைய படைப்புகளில் குறிப்பிடப்பட்ட தம்பலப்பூச்சியின் விளக்கங்களுடன் ஒத்ததாகத் தோன்றியது. எனவே, ஆண்டர்சன் சில ஆராய்ச்சிகளைச் செய்யத் தொடங்கினார். இந்த பல பூச்சிகளை ஒயின் கரைசல் மற்றும் நீரில் மென்மையாக்குவதன் மூலம், அவர் ஒரு நிறத்தினைப் பெற்றார். அந்த நிறம் மெக்சிகன் தம்பலப்பூச்சியைப் போன்றே இருந்தது. மேலும், காலந்தாழ்த்தாமல் அவர் தன் தோட்டத்தில் ஒரு ஒரு மனைப்பகுதியில் பூச்சியை அடைத்து வைத்துப் புல்லினை வளர்த்தார். பின்னர் அவர் ஆயிரக்கணக்கான நாகத்தாளி என்கிற சப்பாத்திக் கள்ளிகளையும் பூச்சியின் மாதிரிகளையும் ஜோசப் பேங்ஸுக்கு அனுப்பினார்.[40]

மெட்ராஸ் அரசாங்கம் ஆண்டர்சனின் ஆய்வுகளை ஆதரித்ததோடு, ஆண்டர்சனின் திட்டம் ஆதரவினைப் பெறுவதாக இலண்டனில் உள்ள இயக்குநர் மன்றத்திற்கு அவர்கள் எழுதிய கடிதத்தில் உறுதியளித்தது. இருப்பினும், இலண்டனுக்கு அனுப்பப்பட்ட மாதிரிகளின் வேதியியல் பகுப்பாய்வு, இத்திட்டம் வணிக அளவில் பயனற்றது என்பதைக் குறிக்கிறது. ஆயினும்கூட ஆண்டர்சன் அவர் முயற்சிகளுக்காகப் பாராட்டப்பட்டதோடு மெட்ராஸில் உள்ள மார்மெலேன் (சைதாப் பேட்டை) தாவரவியல் பூங்காவைப் பேணிக்காக்கும் பொறுப்பு அவருக்கு வழங்கப்பட்டது. அவருடைய மருமகன் ஆண்ட்ரூ பெர்ரி மாண்புமிகு குழுமத்தின் தோட்டக் கண்காணிப்பாளராக நியமிக்கப் பட்டார். தாவரவியல் பூங்காவில் ஆண்டர்சன் அவர்கள் தொடர்ந்து தம்பலப்பூச்சியை வளர்த்து ஆய்வு செய்தார். 1787இல் சோழமண்டலக் கடற்கரையில் கண்டுபிடிக்கப்பட்ட ஒரு புதிய வகைத் தம்பலப்பூச்சியின் மாதிரியை அவர் தன் நண்பருக்கு அனுப்பினார். அது எடின்பர்க் இராயல் சொசைட்டி முன் வைக்கப்பட்டது.[41]

ஆண்டர்சன் ஒரு பூச்சியைக் கண்டுபிடித்தார். இதை ஒரு வகையான தம்பலப்பூச்சி என்று அவர் நம்பினார். இத்துடன் நாரியல் சணல் துணி மற்றும் ஒண்பட்டுத் துணிகள் சாயம் செய்ய இருந்தன. அவர் இலண்டனிலுள்ள இயக்குநர் மன்றத்திற்கு மாதிரிகளை அனுப்பினார். இது பல்வேறு ஆய்வுகளுக்காக உத்தரவிடப்பட்டது. ஆனால், அவை

சாயமிட முற்றிலும் தகுதியற்றவை எனக் கண்டறியப்பட்டது. மே 1787இல் இதே முடிவுகளைப் பெற்ற ஜோசப் பேங்ஸ் இந்தப் பூச்சி, மூட்டுப்பூச்சித் தொடர்புடைய ஒரு பூச்சி இனம் (Coccus) எனக் கருதினார். ஆண்டர்சனின் கண்டுபிடிப்பு தவறான அடையாளத்தின் ஒரு நிகழ்வாகும்.

இருப்பினும் ஜோசப் பேங்ஸ் சோழமண்டலக் கடற்கரையில் உண்மையான தம்பலப்பூச்சியை எளிதில் வளர்க்கலாம் என நம்பினார். ஏனெனில் இதற்கான காலநிலை மேற்கிந்தியத் தீவுகளில் மிகவும் ஏற்றதாக இருந்தது.[42] எனவே, ஆங்கிலேயர்கள் தட்பவெப்பநிலையைக் கண்டறிந்த பின்னர் தமிழகக் கடற்கரையில் தம்பலப்பூச்சியை அறிமுகப்படுத்தத் தொடங்கினர். ஆங்கிலேயர்களின் தேவைகளை ஊக்குவிக்கும் பொருட்டு இது மேற்கொள்ளப்பட்டது. ஏனெனில், தம்பலப்பூச்சிக்கு இங்கிலாந்தில் வணிக மதிப்பு இருந்தது. மெட்ராஸில் உள்ள குழுமம் தமிழகத் துணி உற்பத்தி செய்யும் பகுதியை உலகச் சந்தையில் ஒருங்கிணைக்க முயன்றது. மேலும், தம்பலப்பூச்சியை ஆங்கிலக் குடியேற்றத்திற்கு மாற்றுவது ஒரு சிறந்த முயற்சியாக உணரப்பட்டது.[43]

1788இல் ஆங்கிலக் கிழக்கிந்தியக் குழுமம் பிரேசிலுக்குச் செல்லும் ஒரு கப்பல்-தலைவனுக்குத் தம்பலப்பூச்சி வாங்குவதற்காக முத்திரையிட்ட ஆணைகளை வழங்கியது. அதே ஆண்டு கப்பற்படைத் தலைவர் பிலிப்ஸ் அவர்களின் கவனிப்பில் உள்ள ஒரு கப்பலில், பிரேசிலில் இருந்து பூச்சிகளின் சரக்கு ஒப்படைப்புச் செயல் நடந்து, அது கொண்டுவரப்பட்டு ஆண்டர்சனுக்கு வழங்கப்பட்டது. கடலில் வளர்ந்த தம்பலப்பூச்சியின் கண்காணிப்பு மற்றும் பாதுகாப்பு தொடர்பான குறிப்பிட்ட வழிமுறைகள் வெளிப்படையாக்கப்படுவதை இயக்குநர் மன்றம் விரும்பவில்லையாதலால், இந்த நடவடிக்கை கமுக்கமாகக் கையாளப்பட்டது.[44] ஆண்டர்சன் அவர்கள் ஆங்கில நிறுவனத்தின் பண்ணையில் பயிர் செய்தலில் பலவகையான கற்றாழைகளைக்கொண்டு வந்ததோடு, தம்பலப்பூச்சிக்கும் சிறந்த உணவு அளிக்கப்பட்டது. இம்முயற்சிக்கு அவர் ஆண்ட்ரூ பெர்ரியை உதவிக்கழைத்துக்கொண்டார். கேன்டன், மணிலா, மொரீசியஸ் மற்றும் இலண்டனிலுள்ள கியு தோட்டங்களிலிருந்தும் பெருந்தொல்லைகளுக்கிடையில் கற்றாழைத் தாவரங்கள் பெறப்பட்டன. மூன்று ஆண்டுக் குறுகிய காலத்தில் குழுமத்தின் நோப்பல் தோட்டத்தில் இரண்டாயிரத்திற்கும் மேற்பட்ட சப்பாத்திக் கள்ளிகள் இருந்தன.

ஆண்டர்சன் தன்னால் ஆன பணியை மேற்கொண்டிருந்ததோடு, காம்பெல்லுக்குக் கடிதம் எழுதினார். உயிர்வேலிகளால் தாவரங்களைக் காற்றிலிருந்து காக்கும் ஒரு முறையை அவர் வகுத்தார். கடற்கரையில் பொருத்தமான பல தாவரங்கள் இருப்பதாக அவர் அறிவித்தார். ஆனால் ஒரு தடிமனான புதர்வேலியும் மிர்கோரா மரமும் போதுமானதாக இருக்கும். அதிலிருந்து பிழிந்து எடுக்கப்படும் சாறு கசப்பானது. அது தம்பலப்பூச்சியைத் தவிர எந்தவிதமான பூச்சியையும் பெருகவிடாது எனக் கருதினார்.[45]

1795இல் ஆண்ட்ரூ பெர்ரி அவர்கள் தமிழகக் கடற்கரையில் தம்பலப்பூச்சியை இனப்பெருக்கம் செய்வதில் ஓரளவு உறுதியான நிலையை அடைந்துவிட்டதாகவும், காலநிலையும் இணக்கமாகத் தோன்றியது என்றும், பூச்சிகள் எல்லாச் சூழ்நிலைகளிலும் அடைக்கலமாகவும் வெளிப்பாட்டுடனும், சூரியனின் நேரடிக் கதிர்கள் வரைகூட இருந்ததாகக் கூறினார்.[46]

1807இல் ஆங்கிலேயர்கள் நாகப்பட்டினம் மற்றும் மெட்ராசுப் பகுதிகளில் தம்பலப்பூச்சி வளர்த்தலை ஊக்குவித்தார்கள்.[47] தம்பலப்பூச்சி உற்பத்தியை ஊக்குவிப்பதற்காகக் குழுமம் ஒரு பவுண்டு தம்பலப் பூச்சியை வளர்ப்போருக்கு ஒரு பகோடா (வராகன் - தென்னிந்தியப் பொன் நாணயம்) வழங்கியது. இருப்பினும், இலண்டனில் மெட்ராஸ் தம்பலப்பூச்சியின் விற்பனை விலை அதன் கொள்விலையைவிடச் சற்று அதிகமாக இருந்தது.[48] 1812வாக்கில் அச்சகத்தார்களுக்கான தம்பலப்பூச்சி மற்றும் அவர்களுக்கான வண்ணங்கள் இலண்டனிலிருந்து மெட்ராசுக்கு இறக்குமதி செய்யப்பட்டன.[49] இதனால் தமிழகக் கடற்கரையில் ஆங்கிலேயர்கள் தங்களுடைய வணிகத் தயாரிப்புகளை உருவாக்க முயன்ற தொடக்க முயற்சிகள் தோல்வியடைந்தன. இதனால் வேளாண்மையின் வணிகமயமாக்கலுக்காகக் குழுமம் பின்னர் வேறுபட்ட கொள்கையைப் பின்பற்றியதோடு, அவர்கள் தமிழகக் கடற்கரையை ஆங்கிலேயர்கள் தங்கள் தொழில்களுக்குப் பணி செய்ய மூலப்பொருள்களை உற்பத்தி செய்யும் பகுதியாக மாற்றுவதில் வெற்றி பெற்றனர்.

ஆங்கிலக் குழுமத்தின் நோக்கம் ஐரோப்பிய இயற்கை வரலாற்றுத் தொழில் முனைவகத்தை முற்றிலும் வணிக நோக்கங்களுக்காக இந்தியாவிற்கு மாற்றுவதாகும். மெட்ராசில் பண்ணை மற்றும் தாவரவியல் பூங்கா நிறுவப்பட்டது. பொருளாதாரத் தாவரவியல் ஆராய்ச்சி வகைக்கு எடுத்துக்காட்டாக உள்ள நிகழ்வாக இது இருந்தது. இந்நிகழ்வு 1787இல் கல்கத்தாவுக்கு அருகிலுள்ள சிப்பூர்

எனும் ஊரில், இராயல் தாவரவியல் தோட்டத்தை அமைக்க ஆங்கிலேயர்களைத் தூண்டியது. முதல் ஆணை பெற்ற தாவரவியலாளராக இராபர்ட் கைட் அவர்கள் நியமிக்கப்பட்டார். ஆங்கிலேயர்களின் வணிகம் மற்றும் பண விரிவாக்கத்திற்கு முனைந்த தாவரவியல் பொருட்களைப் பரப்புவதற்கான ஒரு பங்காகும் இது.

ஊர்வன மற்றும் மரவட்டை மதகுருமார்களால் தரங்கம்பாடியில் கவனிக்கப்பட்டது

ஐரோப்பியர்கள் பூச்சியியலில் தொடர்ந்து ஆர்வங்காட்டினர். தமிழ்நாட்டின் அனைத்து இன மரபுவழி வேர்களை உள்ளடக்கிய நிலத்தில் வாழ்கிற முதுகெலும்பிகள் மற்றும் நீர்-நில வாழிகள் ஐரோப்பியர் களுக்கு அவை புதியனவாதலால், அவர்களின் கவனத்தை ஈர்த்தன. எனவே ஐரோப்பாவில் இத்தகைய உயிரினங்களைக் காணாததால், ஊர்வனவற்றின் உடல் சிறப்பியல்புகளை அவர்கள் தெரிவித்தனர். தமிழர்களால் விலங்குகளின் தொடக்க கால வகைப்பாடு என்பது இப்பகுதியிலுள்ள நீர்-நில வாழிகள் மற்றும் ஊர்வன ஆகியனவற்றின் வடிவம், வாழ்க்கைச்சூழல், நிலம், நீர், காற்று ஆகியவைகளைக் கொண்டு ஆற்றலோடு வாழ்வது மற்றும் காட்டில் வாழ்வது வீட்டு விலங்குகளாக வாழ்வது என வகைப்படுத்தப்பட்டது.

1718இல் தரங்கம்பாடியிலுள்ள புராட்டஸ்டண்ட் மதகுருமார்கள் பல ஊர்வனவற்றைக் கவனித்ததோடு இந்த வெப்பமண்டல ஊர்வன பற்றி விளக்கமாக அறிய அவர்கள் ஆர்வமாக இருந்தனர். தமிழில் மரவட்டை என்பது அவர்களைப் பொறுத்தவரை செவிபூரான். இது குழந்தைகளின் காதுகளில் புகுந்து அவர்களுக்கு பெரும் வலியை ஏற்படுத்தியது. இதற்குச் சிறப்பு மருத்துவம் எதுவுமில்லை. தரையில் பாய் மேல் தூங்கும்போது மக்கள் கவனத்துடன் இருக்குமாறு கேட்டுக்கொள்ளப்பட்டனர்.[50]

தரங்கம்பாடியில் ஜோஹன் கிறிஸ்டியன் வைட்பிராக் மற்றும் கோல்ஹாப் ஆகியோரால் குறிப்பிடப்பட்ட நான்கு வகையான தேள்கள் (1763-1765)

ஜோஹன் கிறிஸ்டியன் வைட்பிராக் மற்றும் ஜோஹன் பல்தசார் கோல்ஹாப் ஆகிய இரு புராட்டஸ்டன்ட் மதகுருமார்கள் 1737 ஆகஸ்ட் 19 அன்று தரங்கம்பாடிக்கு வந்து பணியாற்றினார்.[51] 7 செப்டம்பர் 1763இல் தங்கள் அறிக்கையில் கொடிய நச்சு வகைத் தேள்களை அவர்கள் குறித்துள்ளனர். பொதுவாக தமிழில் தேள் என அழைக்கப்பட்ட

மற்றொரு வகைத் தேளான சரமண்டலிக்கு, ஒரு நீண்ட வாலும் அதன் முடிவில் முடிகளும் இருந்தன. வாலில் எட்டு மூட்டுகள் இருந்தன. அவை தமிழர்களால் மணி என்றழைக்கப்பட்டது. இந்த சிறப்புத் தேள், எட்டு கோப்புறைகளைக் கொண்டிருந்தது. பொதுவான தேளுக்கு ஏழு கோப்புறை மட்டுமே இருந்தது. சாமுவேல் பெஞ்சமின் நோல் என்ற தரங்கம்பாடியிலுள்ள டேனிஷ் மருத்துவர், தேள் கடித்த நோயாளிகளுக்கு ஒரு வகை சிறப்பு எண்ணெயுடன்கூடிய மருத்துவம் செய்தார். கடித்த இடத்தில் இது பூசப்பட்டு வலியை நீக்க உதவியது. மேலும் இருவகையான தேள்கள் இருப்பதாக மதகுருமார்கள் தெரிவித்தனர். ஒன்று சீதமண்டலி என அழைக்கப்பட்டது. அதன் முதுகு வெண்மையாக இருந்தது. அடுத்தது ரெத்த மண்டலி என்று அழைக்கப்பட்டது. அது கடித்தால் மக்கள் வியர்வையால் நனைந்து போவார்கள் என்று கூறப்பட்டது. தஞ்சாவூர் டேனிஷ் மதகுருமார்கள் பணியில் பணியாற்றிய ஞானமுத்து என்பவர் சரமண்டலி தேள் கடித்து ஆகஸ்ட் மாதம் 1765இல் இறந்தார் என்று தெரிவித்தனர்.[52]

தரங்கம்பாடியில் கிறிஸ்டோப் சாமுவேல் ஜான் எழுதிய தேள் பற்றிய ஆய்வு ஜெர்மனியில் பேராசிரியர் ஜே.ஆர்.ஃபார்ஸ்டருடன் தொடர்பு கொள்ளப்பட்டது, 1793

கிறிஸ்டோப் சாமுவேல் ஜான் தேள்களைப் பற்றி படிப்பதில் மிகுந்த ஆர்வம் காட்டினார். அவர் தன் அறிக்கையில் விளக்கமாக ஹாலேயில் உள்ள தன்னைப் போன்ற மதகுருமார்களுக்கு எழுதினார். இதைப் படித்த பேராசிரியர் ஜே.ஆர்.ஃபார்ஸ்டர் மேலும் விளக்கங்களை சி.எஸ்.ஜான் அவர்களிடமிருந்து அறிய விரும்பினார். எனவே, சி.எஸ்.ஜான் அவர்களிடம் ஃபார்ஸ்டர் அவர்கள் சில வினாக்களை எழுப்பினார். சி.எஸ்.ஜான் அவருக்குப் பின்வருமாறு விடையளித்தார்.

வினா: தேள்கள் நஞ்சுள்ளவையா? இந்தியாவில் எத்தனை வகைகள் உள்ளன? அவற்றிற்கெதிராக என்ன நச்சு எதிர்ப்பு பயன்படுத்தப்பட்டது?

விடை: சிறிய வெண் மஞ்சள் மற்றும் பழுப்புநிறத் தேள்கடி பல மணி நேரம் கடுமையான வலியை ஏற்படுத்தியது. மேலும், வலியைக் குறைப்பதற்கான சிறந்த வழியாகக் காயத்தில் எண்ணெயில் தேள் கடித்த பகுதியை அழுத்தி வைப்பதாகும். தமிழர்கள் வலியை நீக்கக் கூடிய சில செடிகளை அறிவர். மருத்துவர்கள் சில வெற்றிலைகளைக்

காய்ந்த மிளகுகளுடன் கடித்தனர். அவர்கள் கடிக்கவே, இதன் மூலம் வலி குறைந்தது. ஆனால், பெரிய கருந்தேள் தமிழர்களால் மிகவும் கெட்ட பாம்புகளைவிட நஞ்சாகக் கருதப்பட்டதோடு, அஞ்சவும் செய்தனர். பெரிய கருந்தேள் ஒரு சாண் நீளத்தைவிட பெரியது. கடிக்கும் பகுதியும் அகலமாக இருந்தது.

ஆனால், சி.எஸ்.ஜான் கூறுகையில் பாம்பு கடித்ததைப் போல வலிமையான நஞ்சாகத் தமிழர்கள் எடுத்துக்கொண்டாலும் இந்தக் கடியால் யாரும் இறந்துவிட்டதாகக் கேள்விப்பட்டதில்லை. பெரிய தேள், சிறிய தேள்களைப் போல வீடுகளில் வசிக்கவில்லை. ஆனால் வயல்களிலும், கற்களின் குவியல்களிலும், மரங்களின் வேர்களின் கீழும் அவை வசித்தன. இந்தத் தேள்களுக்குத் தமிழர்கள் வெவ்வேறு பெயர்களைக் கொடுத்துள்ளனர். சிறியது தேள் என்று அழைக்கப் பட்டது. பெரியது நண்டுவக்காலி (நண்டுவாய்க்காலி) என்று அழைக்கப் பட்டது. அது கரு நிறத்தில் இருந்தது.[53] இவ்வாறாக, ஐரோப்பியர்கள் வெப்பமண்டல இனங்களுடன் குறிப்பாக நச்சுத்தன்மை உள்ளவற்றுடன், அதிக நேரத்தைச் செலவிட்டு அவற்றைப் பற்றி அறிந்துகொண்டனர். எல்லா விளைவுகளிலும் இது அந்தந்த மருத்துவப் பரிந்துரைகளை அறியும் நோக்கில் மேற்கொள்ளப்பட்டது. நச்சுக்கடிகளுக்கு எதிராகத் தங்களைக் காப்பாற்றிக் கொள்வதும், தமிழ் மருத்துவத்தை ஐரோப்பாவில் கற்றுக்கொள்வதும் பிற காரணமாகும்.

தரங்கம்பாடியில் கிறிஸ்டோப் சாமுவேல் ஜான் எழுதிய வண்டு மற்றும் அதன் கடிகளைப் பற்றிய ஆய்வும் ஜெர்மனியிலுள்ள பேராசிரியர் ஜே.ஆர்.ஃபார்ஸ்டர் அவர்களுடன் தொடர்பும், 1793

சி.எஸ்.ஜான் அவர்கள் ஊர்வன பற்றிய ஆய்வில் ஆர்வத்தினை வளர்த்துக்கொண்டார். தமிழர்களால் தேனீ என்றழைக்கப்படும் bee-யையும், beetle என்றழைக்கப்படும் வண்டு மற்றும் wasp என்றழைக்கப்படும் குளவிகளையும் அவர் கவனித்தார். சி.எஸ்.ஜான் அவர்கள், தரங்கம்பாடியில் காணப்படும் வண்டுகள் பற்றிய விளக்கங்களை ஜெர்மனியிலுள்ள பேராசிரியர் ஜோஹன் ரெயின் ஹோல்டு ஃபார்ஸ்டர் (1729-1798) அவர்களிடம் தெரிவித்தார். மேலும், பல நச்சுப்பூச்சிகள் இங்கிருப்பதாகவும், அதனால் தமிழர்களுக்கு தடிப்பு ஏற்பட்டதாகவும், அதை ஒரு பூச்சி (பறக்க முடியாத ஆனால், கடிக்கும் அல்லது கொட்டும் புழு/ஒரு பூச்சி), அல்லது வண்டு (இது பறக்க முடியும் மேலும் கடிக்கவும் அல்லது கொட்டவும் செய்யும்) கடித்ததன் மூலம் பெற்றதாகவும் அவர் விளக்கினார். உள்ளூர்வாசிகளால் பல்வேறு

வகையான பூச்சிகளைக் கண்டறிந்து சொல்ல முடியவில்லை. சி.எஸ்.ஜான் அவர்கள் இரவில் ஒரு பூச்சியால் கடிபட்டதாகவும், விரல்கள் மற்றும் கண்களைத் தவிர அவருடைய கை வீங்கியதாகவும், ஆனால் வலி மெதுவாக மறைந்துவிட்டதாகவும் கூறினார். அவர் தரங்கம்பாடிக்குத் திரும்பும்போது தொடையில் ஒரு பூச்சி மீண்டும் கடித்தது. அதனால் கடுமையான எரிச்சல், அரிப்பு மற்றும் வீக்கம் உண்டாகிப் பல விரற்கிடை நீளத்திற்குப் பரவியது. கடிபட்ட இடத்தில் அவர் நல்ல வெள்ளைச் சுண்ணாம்புத்தூளைப் பயன்படுத்தினார். படிப்படியாக அது குணமாகியது. நச்சுப் பாம்புகளின் கடிக்காக சுண்ணாம்புக்கல் பயன்படுத்தப்பட்டது. குறிப்பாக, தண்ணீர்ப் பாம்புக்கடிக்கு அது வெற்றியாக அமைந்தது.[54] நச்சுப்பூச்சி கடித்தல் குறித்த தன் தனிப்பட்ட பட்டறிவுகளை அந்த மதகுருமார் தானாகவே விளக்கினார் என்பது வியப்புக்குரியது.

பாண்டிச்சேரியிலிருந்து மொரீசியஸ் மற்றும் பாரீசுக்கு அட்டைகள் கவனிக்கப்பட்டு ஏற்றுமதி செய்யப்பட்டன (1833-1848)

பிரஞ்சுக்காரர்கள் பாண்டிச்சேரியிலுள்ள அட்டை என்றழைத்ததைக் கவனித்தனர். அட்டைவிடல் (தமிழர்களால் அட்டையின் பயன்பாடு) மற்றும் மருத்துவத்தில் இரத்தக்கசிவு (கெட்ட இரத்தத்தைக் குடிக்க இரத்த மூளையதிர்ச்சியுள்ள பகுதிகளுக்கு அட்டைகளைப் பயன்படுத்துதல், இதனால் வலி தணிந்து வீக்கம் குறைகிறது) பற்றிப் பூர்வீக மக்களுக்கு நன்கு தெரிந்திருந்தது.[55] நோயாளிகளுக்குப் பண்டுவம் (சிகிச்சை) அளிக்கப் பிரெஞ்சுக்காரர்கள் பாண்டிச்சேரியிலிருந்து பிரான்ஸுக்கு அதிக அளவில் அட்டைகளை ஏற்றுமதி செய்தனர். பாரீசிலுள்ள அ.மொக்யுன் டான்டன் பாண்டிச்சேரியில் தமிழ் மருத்துவர்களால் வேலையில் ஈடுபடுத்தப்பட்ட ஹிருடோ கிரானுலோஸ் (Hirudo granulose) என்ற மருத்துவ குணங்கொண்ட அட்டையைப் பெற்றார்.[56] நோயாளிகளை ஆய்வுசெய்தல், நோய்களை வகைப்படுத்துதல் மற்றும் அற்றின் இயற்கையான காரணங்களைக் கவனித்தல் ஆகியன பிரான்ஸில் புகழ்பெற்ற மருத்துவர் பி.சி.ஏ.லூயி அவர்களின் வழிகாட்டுதலின் கீழ், பெரும் முதன்மை நிலையை அடைந்தது. பதிவுருக்களைக் காத்தல் மற்றும் நகரப்பகுப்பாய்வை விரிவாகவும், மேலும் முறையாகவும் அவர் பயன்படுத்தினார். மேலும், நோய்களை வகைப்படுத்துதலின் இன்றியமையாத தன்மையினை வலியுறுத்தினார். 1834இல் பண்டுவத்தின் பல்வேறு முறைகளை மதிப்பிடுவதற்கான வருங்கால ஆய்வுகளை வடிவமைப்பதில் பின்பற்றவேண்டிய

வழிகாட்டுதல் நெறிமுறைகளை அவர் உருவாக்கினார்.[57] லூயி அவர்களின் மிகவும் புகழ்பெற்ற செயல்முறை 1836இல் அவர் வெளியிட்ட இரத்தக்கசிவு நடைமுறையாகும்.[58]

இரத்தம் விடுதல் அல்லது இரத்த வடிப்பு மருத்துவமுறை என்பது பிரஞ்சு மருத்துவத்தில் முதன்மையான ஒன்றாக இருந்ததால், பெருமளவிலான அட்டைகள் பிரஞ்சுக் குழுமத்தால் பாண்டிச்சேரியிலிருந்து மொரீஷியசுக்கு ஏற்றுமதி செய்யப்பட்டன. மொரீஷியசில் உள்ள உள்ளூர் மருந்தாளுநர்கள் மருத்துவ குணங்கொண்ட அட்டைகளுக்கு நீண்ட கால ஈர்ப்பினை வளர்த்து பாண்டிச்சேரியிலிருந்து இறக்குமதி செய்தனர். 1833 மற்றும் 1848இல் லூயி துறைமுகத்தில் பாண்டிச்சேரியிலிருந்து அட்டைகளை விற்பனை செய்வதற்கான விளம்பரங்களை மருந்தாளுநர்கள் வைத்திருந்ததை அறிகிறோம்.[59]

மெட்ராஸ் மற்றும் பாண்டிச்சேரியிலிருந்து மொரீஷியசுக்குக் குடிபெயர்ந்த ஐம்பது இந்தியர்கள் ஏப்ரல் 15, 1833 அன்று அரிசி மற்றும் பிற பொருட்களுடன் வந்தபோது, விற்பனை செய்வதற்காக அட்டைகளையும் கொண்டுவந்தனர். பாண்டிச்சேரியிலிருந்து புறப்பட்ட பல்வேறு கப்பல்கள் 31, மே, 1833, 14 சூன் 1833 மற்றும் 22, பிப்ரவரி 1848 ஆகிய நாள்களில் மொரீஷியசுக்கு அட்டைகளைக் கொண்டுவந்தன. பல ஆண்டுகளாக அட்டைகளின் ஏற்றுமதி தொடர்ந்ததோடு, அட்டைகளின் பயன்பாடு இரத்தத்தை ஏற்கும் ஒரு மென்மையான வடிவமாகக் கருதப்பட்டு இம்முறையானது மொரீஷியசில் சிறப்புற வளர்ந்தது.[60] ஆகவே, தமிழ் மருத்துவர்களின் மருத்துவ நடைமுறைகள் பாண்டிச்சேரியிலிருந்து பிற பிரஞ்சுக் குடியிருப்புகளுக்கும் பரவியிருப்பதைக் காண்கிறோம். பல்வேறு தொழில்கள் மற்றும் வேலைகளில் ஈடுபட்ட பல பூர்வீகவாசிகள் பாண்டிச்சேரியில் தனிப்பட்ட முறையில் மருத்துவத் தொழில் பயிற்சி செய்தனர். மன்னர் பதினாறாம் லூயியின் கடல் மற்றும் இயற்கை ஆர்வலரான ஆணையர் சோனரே அவர்கள் பாண்டிச்சேரியிலுள்ள பெரும்பாலான மருத்துவர்களான சலவையாளர்கள், நெசவாளர்கள், கருமான்கள் ஆகியோர், மருத்துவம் அறிந்ததைப் போல ஏமாற்றுபவர்களாக இருந்ததைக் கவனித்தார். தமிழ்நாட்டில் சாதி அமைப்பு வலுவாக இருந்ததைக் குறிப்பிட வேண்டும். ஒவ்வொரு சாதியைச் சேர்ந்த சில ஆண்கள் தங்கள் தங்கள் சாதியைச் சேர்ந்தவர்களுக்கு உதவுவதற்காக மருத்துவத்தைக் கற்றுக்கொண்டனர். சோனரே அவர்களும் தமிழ் மருத்துவர்களுக்கு உடற்கூறியல் பற்றிய புரிதல் இல்லை எனச் சுட்டிக்காட்டினார்.[61]

தாமஸ் கேவர்ஹில் ஜெர்டன் மற்றும் வால்டர் எலியட் ஆகியோரால் குறிப்பிடப்பட்ட ஏழு வகையான பல்லிகள், 1853

தாமஸ் கேவர்ஹில் ஜெர்டன் (1811-1872) அவர்கள் உதவி அறுவை மருத்துவராக 1835இல் கிழக்கிந்தியக் குழுமப் பணியில் நுழைந்தார். அவர் பிப்ரவரி 21, 1836 அன்று மெட்ராஸுக்கு வந்தார். அவர் மார்ச் 1, 1837 அன்று திருச்சிராப்பள்ளிக்கு இரண்டாம் இலகு குதிரைப்படைக்கு அனுப்பப்பட்டார். சூலை 1841இல் அவர் திருமணத்திற்குப் பின் அவர் நீலகிரி சென்றார். பின் மெட்ராஸில் உள்ள மருந்தகத்தின் பொறுப்பாளராக இருந்தார். 1842 சனவரியில் அவர் நெல்லூரின் குடிமை அறுவை மருத்துவராக நியமிக்கப்பட்டபோது மீண்டும் நெல்லூருக்குச் சென்றார். கன்னிங் கோமகன் அவர்கள் ஜெர்டனுக்கு ஆதரவளித்ததோடு அவருடைய பணிகள் இந்திய இயற்கை வரலாற்றில் முதன்மையான படைப்புகளை உருவாக்குவதற்காகச் சிறப்புக் கடமையாக எடுத்துக் கொள்ளப்பட்டு இந்திய அரசுக்கு மாற்றப்பட்டன. இறுதியாக, ஜெர்டன் இந்தியாவிலிருந்து ஐரோப்பாவிற்கு 1864இல் புறப்பட்டார். ஜெர்டன் அவர்கள் ஊர்வனவற்றைப் படிப்பதில் ஆர்வத்தை வளர்த்துக்கொண்டார்.

ஜெர்டன் கூற்றுப்படி Calotes nemoricola என்ற பல்லியின் முனையின் ஒவ்வொரு பக்கத்திலும் இரண்டு அல்லது மூன்று சிறியனவற்றின் முன்னால் ஒரு பிரிக்கப்பட்ட முதுகெலும்பு இருந்தது. ஒரு மடிப்பான தோல் அதன் தோள்பட்டையிலிருந்தது. பக்கச் செதில்கள் பெரிய அளவில் இருந்தது. அடிப்பாகத்தில் செதில்களில்லை. வயிற்றுப் பகுதி சிறியதாய் இருந்தது. முதுகெலும்பின் முகடு பின்புறத்தில் மூன்றில் ஒரு பங்கை மட்டுமே நீட்டியது. அது பச்சை நிறத்தில் இருந்தது. நீலகிரியிலுள்ள குன்னூர் மலைப்பகுதியின் அடிவாரத்தினருகே இந்தப் பல்லியின் ஒரு மாதிரியை ஜெர்டன் வாங்கியிருந்தார். வெவ்வேறு வண்ணத்துடன் ஒப்பிடும்போது, பெரிய மென்மையான செதில்கள் உடையதே இதன் வேறுபட்ட தன்மையின் மிக முதன்மையான சிறப்பாகும். மேலேயுள்ள வால் அடிப்பகுதியிலுள்ள செதில்கள் அளவில் பெரியவை. அடிப்பக்கம் கூர்மையாய் இருந்தது. செவிப்பறை பெரிதாக இருந்தது. முதுகெலும்பு முகடு நிறுத்தப்பட்ட இடத்தின் உச்சியில் செதில்கள் கூரிய முனைப்புள்ளதாக இருந்தது. அந்த மாதிரி பல்லியின் நீளம் பதினெட்டு விரற்கிடை. அதன் வால் எட்டு விரற்கடை.[௨]

Salea jebdoni என்ற பல்லி நீளமாகவும் நுரையீரல் முகடும் இருந்தன. சுருக்கப்பட்ட செதில்கள் மற்றும் ஒரு கூர்மையான முகடுடன் வால் இருந்தது. இந்த அழகான பல்லியை ஜெர்டன் இலண்டனுக்கு அனுப்பிய மாதிரிகளிலிருந்து அதனை திரு.கிரே

அவர்கள் விளக்கினார். இந்தப் பல்லி நீலகிரியில் மட்டுமே காணப் பட்டது. அங்கு அதனை புதர்கள், புதர்வேலிகள் மற்றும் தோட்டங்களில் அடிக்கடி பார்க்க முடிந்தது. அதன் நிறமானது ஒளி பொருந்திய புல் பச்சை நிறச் சலவைக்கல் நிறத்துடன் பழுப்பு நிறம், தலை மற்றும் பிடரியில் சில சிவப்பு அடையாளங்கள். மேலும் பக்கங்களில் சில வெள்ளைச் செதில்கள் அதன் வண்ணங்களை மாற்றுவதற்கான திறனை அது கொண்டிருக்கவில்லை. ஒரு பல்லியின் நீளம் ஒன்பதரை விரற்கிடை, அதன் வால் ஆறரை விரற்கிடை.[63]

Sitana ponticeriana என்ற பல்லியின் பின்புறத்தில் சாய் செவ்வக வடிவில் கரும்புள்ளிகளோடும் காது முதல் வால் வரை வெளிறிய நீண்ட கோடுகளுடனும் இளமஞ்சள் நிறமானதாகவுமிருந்தது. இது பொதுவான ஒருதலைப் பல்லி. காட்டுப்பகுதியுள்ள மாவட்டங்களில் இது அரிதாகவே இருந்தது. ஆனால், திறந்தவெளிகளிலும் வயல்வெளி களிலும் அடிக்கடி காணப்பட்டது. தீங்கு நெருங்கும்போது அது மிக விரைவாகவும், வாலை நிமிர்த்தித் தரையிலோ அல்லது துளையிலோ அல்லது ஒரு கல் அல்லது புதருக்கு அடியிலோ எந்த விரிசலிலோ அது தன்னை மறைத்துக்கொண்டது. அதன் செயல்பாடு இப்படி இருந்த போதிலும் பூனைப் பருந்துகள், buzzards காட்டுக் காற்பருந்துகள் (hawks) மற்றும் கழுகுகள் (eagles) ஆகியனவற்றிற்கு அது பொதுவான இரையாக இருந்தது. இணை வீழைச்சுப் பருவத்தில் அழகிய அலை தாடியை (கருநீலம் மற்றும் சிவப்பு நிறம்) உண்டாக்கிக் காட்சிப்படுத்தியதை ஜெர்டன் அவர்கள் காணவில்லை. பின்னர் அது முந்தையதைவிட பெரிதாக மாறியது. இப்போது சில நீலநிற அடையாளங்கள் இருந்தன. முனையிலும் பின்புறத்திலும் இப்போது ஒரு வகையான முகடு மிகவும் தெளிவாகத் தெரிகிறது. பொதுவாக வண்ணங்களும் அடர்த்தியாக உள்ளன. மேலும் கால்களின் பின்புறத்திலும், கால்களின் தடைகளிலும் மிகவும் தனித்தன்மை வாய்ந்தவையாகக் காணப்பட்டன. சிதானா (Sitana) என்ற பெயர் குவியர் அவர்களால் பாண்டிச்சேரியில் அறியப்பட்ட பெயர் என்று கூறினார். அது ஷைத்தான் (பிசாசு) என்ற சொல்லின் இலத்தீன் ஆக்கம் என்பது முஸ்லிம்களால் பயன்படுத்தப்பட்டது.[64]

Calosattra lescheisattltii என்ற பல்லியின் முதுகெலும்புச் செதில்கள் சாய்செவ்வக வடிவிலிருந்தன. அடிவயிற்றில் ஆறு வரிசை நீளமான செதில்கள் கூர்மை செய்தன. அதன் நிறம் மேலே செம்பழுப்பு நிறமாகவும், கீழே வெளிறிய மஞ்சள் நிறமாகவும், பக்கங்களில் கரும்பழுப்பு நிறமாகவும், வெளிர் மஞ்சள் நிறப்பட்டைகளுடனும், வால் சிவப்பு நிறத்துடனும் இருந்தது. இந்த அழகான சிறிய தரைப்

பல்லி ஓரளவு உள்நாட்டில் பரவலாகக் காணப்பட்டது. ஜெர்டன் அவர்கள் அதைச் சேலம் மற்றும் கோயம்புத்தூர் பகுதிகளில் மட்டும் பார்த்திருந்தார். குறிப்பாக, காவிரிக் கரைக்கருகே புதர் நிறைந்த தரை, புதர்ச் செடிவேலி மற்றும் கற்றாழைக் கொத்துக்கள் அடியில் அது விரைந்து சென்று மறைந்ததோடு, பாறைகள் இடையிலும் மறைந்துகொண்டது.[65]

Varanus dracaena இனங்கள் பொதுவாக இந்தியா முழுவதும் பரவியிருக்கின்றன. அதன் பழக்கவழக்கங்கள் முதன்மையாக இரவு நேரங்களில் காடுகளில் மட்டுமானதாக இருந்தது. இது எந்த வகையிலும் நீர் சூழ்ந்த பகுதிகளின் எல்லைக்குள் நின்றுவிட்டது. இருப்பினும் அது அத்தகைய இடத்தையே விரும்பியது. தன் வாலால் தாக்குவதன் மூலம் தன்னை அது மிகவும் சிறப்பாகப் பாதுகாத்துக் கொண்டது. இது சுவர்கள் மற்றும் மரங்கள் என இரண்டிலும் நன்றாக ஏறும். மேலும், கட்டடத்திற்குள் நுழைய இதைத் திருடர்கள் பயன் படுத்திக்கொண்டனர் எனப் பரவலாக நம்பப்பட்டது. மிகவும் ஊட்டம் நிறைந்ததோடு, பாலுணர்வைத் தூண்டக் கூடியதாகவும் இருந்த இது பூர்வீக மக்களால் உண்ணப்பட்டது. மேலும் பல ஐரோப்பியர்கள் இதைப் புலால் சாறுக்காகப் (Soup) பயன்படுத்தினர். இது எப்போதும் மெட்ராஸ் அங்காடியில் கிடைக்கும்.[66]

Acanthodyactytus nilgherrensis என்ற அந்தப் பல்லி இந்தியாவிற்கு ஒரு புதிய இனமாகும். அது குன்னூர் அருகே வால்டர் எலியட் என்பவரால் வாங்கப்பட்டது. ஜெர்டன் அவர்கள் அதைப் பார்க்கப் போதுமான நல்வாய்ப்பு கிட்டவில்லை. அவருக்கு அதன் வேட்டையாடுந் திறன் எதுவும் தெரியாது. அதன் வண்ணத்தின் சிறப்பியல்பு வெளிறிய முத்துச்சாம்பல் நிறத்தில் இருந்தன. அதன் பின்புறத்தில் கரும்புள்ளிகள் இருந்தன. அதன் பக்கங்களில் மற்றொரு வரிசை சற்றே பெரியதாகவும் வெள்ளை நிறத்திலும் இருந்தன. அதன் விளிம்பு கருநிறம். காதுகளின் முன்பு விளிம்பு பல் போன்ற செதில் கொண்டது. கழுத்துப்பட்டி குறுக்கு வெட்டுத் தோற்றம். பின்புறச் செதில்கள் முன்னால் இருந்ததைவிட சற்று பெரிதாக இருந்தன. இது தலையோட்டின் பின் எலும்புத் தட்டு.[67]

Mocoa bilineata என்ற சிங்குப் பல்லி இரண்டு பட்டைகளை முன்பக்கம் தனியாகக் கொண்டிருந்தது. காதுகள் வட்டமானவை. நடுத்தரமானவை. முன்னால் இரு தெளிவற்ற நுண்செதில்கள் உள்ளன. செவிப்பறை பள்ளமாக இருந்தது. செதில்கள் ஆறு அல்லது எட்டு வரிசைகள். மெல்லியவை; மென்மையானவை; மேலே ஆலிவ் நிறத்தில் பளப்பளப்பாக இருந்தது. கீழே வெண்ணிறம் மூக்குத்துளை முதல் வாலின் இறுதி வரை ஒவ்வொரு பக்கத்திலும் ஒரு கருத்த நிற

அகன்ற கோடு; கழுத்திலிருந்து வாலின் கடைசி வரை இரு குறுகிய கருத்தக் கோடுகள்; இளம் விலங்குகள் மற்றும் பாதியளவே வளர்ந்த விலங்குகளின் வால் அழகான செந்நீல நிறத்திலிருந்த. நீலகிரியின் உச்சியில் கற்களின் கீழே மட்டுமே இந்தச் சிங்குப் பல்லியை ஜெர்டன் கண்டுபிடித்தார்.[68]

முடிவாக, ஐரோப்பிய மருத்துவர்கள் மற்றும் அறுவை மருத்துவர் களான மெட்ராஸிலுள்ள சாமுவேல் பிரவுன், தரங்கம்பாடியிலுள்ள ஜோஹன் ஜெரார்டு கோயினிக் மற்றும் கிறிஸ்டோப் சாமுவேல் ஜான் ஆகியோர் நச்சுக்கடி மற்றும் மருத்துவப் பண்டுவம் (சிகிச்சை) குறித்து அறிய முதன்மையாகப் பூச்சிகளைப் பற்றிய ஆய்வுகளை மேற் கொண்டனர் எனக் கூறலாம். சோழமண்டலக் கடற்கரையிலிருந்து அறிவிக்கப்பட்ட சிறப்பான, அரிதான பூச்சிகளைப் பற்றிய விளக்கங்களை டென்மார்க்கில் உள்ள ஜோஹன் கிறிஸ்டியன் பெப்ரீசியஸ் போன்ற விலங்கியல் வல்லுநர்களால் பூச்சிகள் பற்றிய ஆய்வில் ஆழமான தாக்கத்தை ஏற்படுத்தின. தரங்கம்பாடியைச் சேர்ந்த சி.எஸ்.ஜான் அவர்கள் எழுதிய மலர் ஈக்கள் மற்றும் குறுக்கான கால்கள் கொண்ட ஈக்கள் பற்றிய செய்திகள் நார்வேயிலுள்ள விதுவா வைடெமன் அவர்களின் ஆய்வுகளை உருவாக்க மேலும் உதவியது. தரங்கம்பாடியில் கிறிஸ்டோப் சாமுவேல் ஜான் எழுதிய தேள்களின் ஆய்வு ஜெர்மனியில் பேராசிரியர் ஜே.ஆர்.ஃபார்ஸ்டருக்குத் தெரிவிக்கப்பட்டது. அவர், வண்டு மற்றும் வண்டு கடித்தல் குறித்தும் ஓர் ஆய்வு மேற்கொண்டார். மேலும் அந்தச் செய்திகள் ஜெர்மனியிலுள்ள பேராசிரியர் ஜே.ஆர்.ஃபார்ஸ்டருக்கு அனுப்பப்பட்டன. பாண்டிச்சேரியில் பிரஞ்சுக்காரர்களால் கண்காணிக்கப் பட்ட அட்டைகள் பாண்டிச்சேரியிலிருந்து மொரீஷியஸ் மற்றும் பாரிசுக்கு மருத்துவப் பயன்பாடு காரணமாக ஏற்றுமதி செய்யப்பட்டன. மெட்ராஸிலுள்ள ஆங்கிலேயர்கள் தென்-அமெரிக்காவிலிருந்து தம்பலப் பூச்சியை இறக்குமதி செய்து சைதாப்பேட்டையில் சாயமிடுவதற்கான ஆய்வுகளை மேற்கொண்டனர். இதனால் விலங்கியல் மற்றும் மருத்துவம் ஆகியனவற்றை உள்ளூர் மற்றும் உலகத்துடன் இணைக்கும் செய்தித் தொடர்புகள் வளர்ந்தன.

அடிக்குறிப்புகள்

1. Robert Boyle, 'General Heads for a Natural History of a Countrey, Great or Small', *Philosophical Transactions*, vol. 1, 1665, pp. 1-22; John Woodward, *Brief Instructions for Making Observations in All Parts of the World as Also, for Collecting, Preserving, and Sending over Natural Things*, London, 1696.
2. British Library (hereafter BL), London, Sloane MS 3332, fols. 1-6, see James Petiver, 'Directions Concerning Plants'; See also, James Petiver, 'Brief Directions for the Easie Making, and Preserving Collections of All Natural Curiosities',

Monthly Miscellany or Memoirs for the Curious, no. 3, London, 1709. In this pamphlet James Petiver had encouraged his correspondents to disseminate copies of his instructions as widely as possible.

3. British Museum (hereafter BM), London, 456. e. 11 (9). This is a single printed sheet in the collection of James Petiver's works in the museum. It is obviously the directions with which Petiver supplied his correspondents who were in the overseas or to those who were setting out on a voyage. A manuscript copy of the above with printer's instructions is also available. See, BL, Additional Manuscripts, 4448, fol. 5.

4. BL, Sloane MS 3333, fols. 181-2; See also, 'An Account of a Book: Musei Petiveriani Centuria Prima', *Philosophical Transactions*, vol. 19, 1697, p. 399; see also, Jacobus Petiver, *Gazophylacii Naturæ & Artis: Decas Prima*, Londini, MDCCII, pp.85-6.

5. Louis Le Comte, *Nouveau Mémoires Sur L'état Présent De La Chine*, Paris, tome II, 1696, pp. 512-13. The text runs thus: Mais comme Dieu n'est pas moins admirable dans les petites choses que dans les grandes, il y a dans les Indes une infinité d'insectes, qui mériteraient les réflexions les plus sérieuses. On y voit des mouches que la nature a peintes d'un jaune si vif, si poli & si éclatant, que la plus belle dorure n'en approche pas; d'autres sont proprement des points de lumière, qui brillent de tous côtés durant la nuit; ainsi, comme elles vont par essaim, tout l'air en paraît enflammé quand elles volent; & quand elles s'arrêtent sur les feuilles ou sur les branches, les arbres ressemblent de loin à ces beaux feux d'artifice, qu'on fait dans les Indes pour les illuminations publiques. See, also, *Memoirs and Observations: Topographical, physical, mathematical, mechanical, natural and ecclesiastical made in a late journey through the empire of China and published in several letters, by Louis Le Comte, Translated from the Paris edition and illustrated with figures*, London, 1697, p. 515.

6. Martin Lister, Part of a Letter from Fort St. George, in the East-Indies, Giving an Account of the Long Worm which is Troublesome to the Inhabitants of Those Parts, Communicated by Dr. Martin Lister, Fellow of College of Physicians and Royal Society, *Philosophical Transactions of the Royal Society of London*, 1683-1775 (hereafter *Philosophical Transactions*, vol. 19 (1695-1697), pp. 417-8.

7. *Philosophical Transactions*, vol. 22, p. 850, 852.

8. Ibid., pp. 702, 714. Brown had recorded with regard to Shevanar calunga that 'this cures, they say, all sort of venomous bites and Vonda guddee: but against that of the Cobree de Capello 'twill do no good, as I have tried'. See, Petiver, 'An Account of Mr Sam. Brown His Sixth Book of East India Plants, with Their Names, Vertues, Description, Etc. To These Are Added Some Animals, Etc.', *Philosophical Transactions*, 1702-1703, vol. 23, pp. 1055-65, see p. 1061.

9. Jacobus Petiver, *Gazophylacii Naturæ & Artis: Decas Prima*, Londini, MDCCII, Tab. IV, see the image item no. 3. The text runs thus: Plan-Orbis INDICA, ex castaneo siboque triaro, N^{o}t Ve umbilico patulo. This was brought from Fort St. George, to my Curiou Friend Dr. Grey; Schænanthus Avenaceus procumbens MADRASPATANUS Beupleuri facie Muf. nost. 577. The heads of this Camelshay are much smaller and shorter than any other Species. I have yet seen, as are its Leaves and its Sheaths; Pápilio MADRASPATĀNUS m^{o}dius, flavedine & fusco mixtus, liturâ cæruleâ infignitus. This singular Butterfly Mr. Edwr. Bulkley sent me from Fort St. George, see, pp. 7-8.

10. S. Jeyaseela Stephen, *A Meeting of the Minds: European and Tamil Encounters in Modern Sciences, 1507-1857*, Delhi, 2016, pp. 120-2.

11. Johann Christian Fabricii, *Entomologia Systematica emendate et aucta secundum classes, ordines, genera, species, adjectis, synonimis, locis, observationibus, descriptionibus* (hereafter Entomologia Systematica), Hafniae, MDCCXCIII, Tome I, p. IV.

12. Ibid., See also, I. K. Daldorf, 'Uddrag af Hr. Daldorfs Dagbog Paaen Reise fra Kiobenhavn til Tranquebar fidst o Aaret 1790 og forst I Aaret 1791', *Skrivter af Naturhistorie Selskaber*, 2 (2), 1793, pp. 147-173.

13. Johann Christian Fabricii, *Species Insectorum Exhibientes Erorum Differentias Specificas Synoynma Auctorum, Loca Natalia, Metamorphosin Adjectis Observationibus Descriptionibus* (hereafter Species Insectorum), 1781, see, Insecta Cryptocephalus koeinigi, 45.

14. E. Donovan, *An epitome of the natural history insects of islands in the Indian seas: Comprising upwards of two hundred and fifty figures and descriptions the most singular and beautiful species, selected chiefly from those recently discovered, and which have not appeared in the works of any preceding author. The figures are accurately drawn, engraved and coloured, from specimens of the insects; the descriptions are arranged according to the system of Linnaeus; with references to the writings of Fabricius, and other systematic authors by E. Donovan, Author of the natural history of the insects of China*, London, 1800, See the illustration no. 3.

15. Johann Christian Fabricii, Species Insectorum, p. 455 SP. 4. J.C. Fabricius had described thus in Latin: Viridis nitens, abdomine utrinque macula ocellari aurea, ano sexdentat coeruleo.

16. Ibid., J.C. Fabricius had described thus in Latin: Thorace viridi fascia cyanea abdomine antice cyaneo-violaceoque faciato; medio aureo, postice rubro quadridentato.

17. Ibid., p. 454, SP. 1.

18. Johann Christian Fabricii, Entomologia Systematica, 1792-1799, Tome 2, p. 253, Sp. 1. J.C. Fabricius had described in Latin thus: Nigra thorace obscure maculato, abdomine atro: fascia ferruginea.

19. Sir Charles Linne, *A General System of Nature: through the three kingdoms of animals, vegetables and minerals systematically divided into their several classes, orders genera, species and varieties*, Swansea, 1800, vol. II, p. 162.

20. Ibid.

21. Sir Charles Linne, *A General System of Nature: through the three kingdoms of animals, vegetables and minerals systematically divided into their several classes, orders genera, species and varieties, vol. II, Animal Kingdom, Insects, Part I*, Swansea, 1806, p. 20.

22. Ibid.

23. Ibid., p. 25.

24. Sir Charles Linne, A General System of Nature, 1800, vol. II, p. 25.

25. Sir Charles Linne, A General System of Nature, 1806, vol. II, Animal Kingdom, Insects, Part I, p. 25.

26. Johann Christian Fabricii, Entomologia Systematica, 1792-1799, Tome 2, p. 276, SP. 83 Fabricius had described in Latin thus: Nigra flavor variegate abdominis petiole incurvo: maculis quatuor flavis.

27. Johann Christian Fabricii, Entomologia Systematica, Tome 3, Part 1, p.194, Sp. 35.

28. E. Donovan, An Epitome of the Natural History, see Cimex uniguttatus.
29. Johann Christian Fabricii, Entomologia Systematica, Tome 1, Part 1, p. 16, Sp. 48.
30. E. Donovan, An Epitome of the Natural History, see Phalaena figura.
31. Johann Christian Fabricii, Entomologia Systematica, 1792-1799, Tome 2, p. 278, Sp. 87. He records in Latin thus: Ferrugineo flavoque varia abdominis petiole incurvo ferrugineo, fascia atra.
32. Sir Charles Linne, A General System of Nature, Swansea, 1800, vol. II, p. 25.
33. Sir Charles Linne, A General System of Nature, Swansea, 1806, vol. II, Animal Kingdom, Insects, Part I, p. 25.
34. Johann Christian Fabricii, Species Insectorum, Tome 1, p. 29, Sp.131.
35. Johann Christian Fabricii, Entomologia Systematica, Tome 3, Part 1, p. 193, Sp.31.
36. Johann Christian Fabricii, Entomologia Systematica, Tome 4, p.5, Sp.17.
37. S. Jeyaseela Stephen, A Meeting of the Minds, pp. 120-21.
38. Johann Christian Fabricii, *Systema Antilabrum Secundus Ordines Genere, Species*, Brusvigae, 1805.
39. Vidua Widemann, *Ausser Europaischez Weiflugelige Insekten Zuseiter Theil Schulz*, Hamm, 1830.
40. Ray Desmond, *The European Discovery of the Indian Flora*, Oxford, 1992, p. 209.
41. British Library (hereafter BL), London, Oriental and India Office Collection (hereafter, OIOC), MSS Eur.85, folio.1. James Anderson wrote to Joseph Banks about the cochineal, but Banks referred to them as imaginary. See the letter of Sir Joseph Banks dated 22 May 1787 to James Anderson in Madras.
42. BL, OIOC, MSS Eur. 85, see Correspondence for the Introduction of Cochineal Insects from America, Madras, 1791.
43. BL, OIOC, E/4/873, *Madras Dispatches,* See the letter dated 21 July 1787; Tamilnadu State Archives (hereafter TNSA), Chennai, *Commercial Department,* Dispatches from England to the President and Council of Fort St. George, 10 May 1788.
44. TNSA, *Public Consultations,* 187A/42, Extract from the minute dated 22 July 1789: TNSA, Commercial Department, Dispatches from England to the President and Council of Fort St. George, 10 May 1788.
45. TNSA, *Public Consultations,* 187A/42, see the letter of James Anderson dated 6 January 1789 to Archibald Campbell.
46. TNSA, *Letters to the Board of Revenue,* see the letter of Andrew Berry dated 26 August 1795 to Lord Hobart, the Governor and Council of Fort St. George.
47. M. Legoux de Flax, *Essai Historique Geographique et Politque sur l' Indoustan avec le Tableaux de Son Commerce,* Paris, 1807, p. 156.
48. Arvind Sinha, 'Implantation of Commercial Crops: Cochineal Culture and the Regional Ecology in the Eighteenth Century Coromandel', in *Coastal Histories: Society and Ecology in Pre-Modern India,* ed. Yogesh Sharma, Delhi, 2010, pp. 1–13, see, p. 10.
49. BL, OIOC, P/174/13; see also, P/339/123 (No pagination).
50. Arno Lehmann, 'Hallesche Mediziner und Medizinen am Anfang Deutesch-Indischer Beziehungen' in *Mathematische–Naturwisssenchaftliche Reihe,* vol. 5 (2) 1955, pp. 11-32, see p. 120.

அய்ரோப்பியர்களின் விலங்கு அறிவியல் ஆராய்ச்சியும்
மருத்துவ - விலங்கியல் வளர்ச்சியும் (1639-1857) / 85

51. Johann Christian Wiedebrock was born at Minden in Westphalia on 9 February 1713, studied at Halle, was ordained and arrived at Tranquebar on 19 August 1737, married on 27 January 1740, and laboured at Tranquebar for nearly 30 years. He died on 7 April 1767 and was buried in the New Jerusalem Churchyard. See, J. Ferd Fenger, *History of the Tranquebar Mission: Worked out from the Original Papers*, tr. Emil Francke, Tranquebar, 1863, p. 314. Johann Balthasar Kohlhoff was born at Neuwarp in Western Pomerania on 15 November 1711, studied at Rostock and Halle, was ordained and arrived at Tranquebar on 19 August 1737, married for the first time on 15 February 1741, and for the second time in September 1760, laboured at Tranquebar for more than 53 years. He died there on 17 December 1790 and was buried in New Jerusalem Churchyard. J. Ferd Fenger, History of the Tranquebar Mission, p. 314.

52. Gotthilf August Francke ed., *Der Königl. Dänischen Missionarien aus Ost-Indien eingesandter ausführlichen Berichten, Von dem Werck ihrs Ams unter den Heyden, angerichteten Schulen und Gemeinen, ereigneten Hindernissen und schweren Umstanden; Beschaffenheit des Malabarischen Heydenthums, gepflogenen brieflicher Correspondentz und mundlchen Unterredungen mit selbigen heyden*, Teil 1–9, (Continuationen 1–108) Waiserihaus, Halle, 1710–1772 (hereafter Hallesche Berichten = HB), see, 100th Continuation des Berichts der Königliche – Dänischen Missionarien in Ost Indien, 1766, p. 419.

53. Georg Christian Knapp, et.al., eds., *Neuere Geschichte der Evangelischen Missions-Anstalten zu Bekehrung der Heiden in Ostindien aus den eigenhändigen Aufsätzen und Briefen der Missionarien erausgegeben*, Waisenhaus, Teil 1–8 (Stück 1–95), Waiserihaus, Halle, 1770-8/95, 1848 (hereafter Neuere Hallesche Berichte = NHB), see, Anstalten in Ostindien aus den eigenhändigen Aufsätzen und Briefen der Missionare, 1793, p. 656.

54. Ibid., p. 657.

55. Attai Vidal was known to Tamils who practiced Ayurveda. It had been described in Sushruta Samhita vide Chapter XIII.

56. A. Moquin-Tandon, *Monographie de la Famille des Hirudirees*, Paris, 1846, p. 361.

57. P. C. A. Louis, *Essay on Clinical Instruction*, Paris, 1834, tr. P. Martin, London; repr. 1910.

58. P. C. A. Louis, *Researches on the Effects of Bloodletting*, Paris, 1836, tr. C.G. Putnam, Boston, 1918.

59. National Archives of Mauritius, DB Complex, Petite Riviere, see, 'Le Cerneen' in *Journal de L' Ile Maurice*, 1833, 1848, 1864 and 1872.

60. Roy T. Sawyer, 'The Trade in Medicinal Leeches in the Southern Indian Ocean in the Nineteenth Century', *Medical History*, vol. 43 (2), 1999, pp. 241–5.

61. Pierre Sonnerat, *Voyages aux Indes Orientles et a la Chine*, Paris, MDCCCVI.

62. Thomas Caverhill Jerdon, 'Catalogue of reptiles inhabiting peninsular India', *Journal of the Asiatic Society of Bengal*, vol. XXII, 1853, pp. 462-79, see p. 471.

63. Ibid., p. 473.

64. Ibid., pp. 473-4.

65. Ibid., p. 476.

66. Ibid., pp. 475-6.

67. Ibid., pp. 476-7.

68. Ibid., p. 477.

இயல் 4

தமிழகத்தின் வியப்பிற்குரிய விலங்குகளும் விலங்கியலும் (1639-1857)

கிரேக்கத்தைச் சேர்ந்த அரிஸ்டாட்டில் (கி.மு 384-322) எழுத்துகள் மூலம் விலங்குகளின் உலகம் அய்ரோப்பாவில் அறியப்பட்டது. அவர் அவற்றின் வாழ்க்கை முறை, செயல்கள், பழக்கங்கள் மற்றும் உடல் பாகங்கள் ஆகியனவற்றின்படி வகைப்படுத்தினார். அவர் விலங்குகளை முதுகெலும்பிலிகள் மற்றும் முதுகெலும்பிகள் என இரண்டாகப் பிரித்தார். பூச்சிகள், மீன், பறவைகள் மற்றும் திமிங்கிலங்கள் மற்றும் வண்டினம், இருசிறகிகள் போன்ற பூச்சி வரிசைகள் அவரால் உருவாக்கப்பட்டன. அவருடைய உயர் தனிச்சிறப்புப் படைப்பு விலங்குகளின் தலைமுறை யுடன் தொடர்புடையது. இது பல வகையான விலங்குகளின் இனப் பெருக்கம் மற்றும் அதன் வளர்ச்சியை விளக்குகிறது. விலங்குகளின் வரலாறு என்ற தன் படைப்பில் கோழிமுட்டையின் வளர்ச்சி குறித்த விளக்கத்தை வழங்கினார். அவர் வெவ்வேறு விலங்குகளின் இனப் பெருக்க முறைகளை ஒப்பிட்டு ஒரு வகைப்பாட்டை வழங்கினார். கோழிமுட்டையின் வளர்ச்சியைக் கவனித்ததன் மூலம் அதன் வளர்ச்சி எப்போதும் எளிய உருவமாற்ற நிலையில் தொடங்கிப் பெரியதாக ஆவது வரையான சிக்கலான அமைப்பு வரை தொடர்கிறது என அவர் முடித்தார். அவருடைய தொடக்க காலப் படைப்புகளில் ஒன்றான 'De Animalibus' என்ற தலைப்பில் 1476இல் வெனிஸ் நகரில் அச்சிடும் வெளிச்சத்தைப் பெற்றது (ஜோஹன் குட்டன்பர்க் அசையும் வகையுடன் அச்சிடுவதைக் கண்டுபிடித்த 20 ஆண்டுகளுக்குப் பிறகு). கிரேக்க மொழியிலிருந்து இலத்தீன் மொழிக்கு இந்தப் புத்தகம் புதிய மொழிபெயர்ப்பாகத் தியோடர் காசா (கி.பி 1400-1475) அவர்களால் செய்யப்பட்டது.[1] வடஅய்ரோப்பாவின் இயற்கை வரலாற்றாசிரியர்கள் அரிஸ்டாட்டிலின் படைப்புகளிலுள்ள முரண்பாடுகள் மற்றும் பிழைகள் பலவற்றைக் கண்டனர். நடுத் தரைக்கடல் பகுதியிலுள்ள விலங்குகளைப் பற்றியே அரிஸ்டாட்டில் அறிந்திருந்தார் என்பதை அவர்கள் உணர்ந்தனர். புதிய உலகத்திற்கும் இந்தியாவிற்குமான பயணங்கள் அய்ரோப்பாவில் முன்னோர்களால் எதிர்பார்த்ததைவிட அதிகமான விலங்குகள் உள்ளன என்பதற்கு அறிஞர்களின் கதைகள் மூலம் திறந்துவிடப்பட்டன.

மேலும், புதிய ஆராய்ச்சி நிகழ்ச்சிநிரல் காலத்தின் தேவை என்பதையும், அதை உடனடியாக மேற்கொள்ள வேண்டும் என்பதையும் அவர்கள் மெய்ப்பித்தனர்.

கான்ராட் செஸ்னெர் *(1515-1565)* என்ற சுவிஸ் நாட்டவர் 1551இல் வெளியிட்ட Historiae Animalium நூல், விலங்கியல் துறையில் வெளி வந்த முதல் நவீன படைப்புகளில் ஒன்றாகும். தனிப்பட்ட கவனத்துடன் வரையப்பட்ட கைவண்ண படக்கட்டை அச்சீடுடன் மிகவும் விளக்கத்துடன் இந்த அழகிய படைப்பு ஜீரிச் நகரில் வெளியிடப் பட்டது. இந்நூல் பண்டைய, இடைக்கால மற்றும் நவீன அறிவியலுக்கு இடையிலான ஒரு பாலமாக இருந்தது. பழைய ஏற்பாடு, அரிஸ்டாட்டில் மற்றும் இடைக்கால விலங்கியல் விளக்க ஏடுகள் போன்ற பழைய மூலங்களிலிருந்து தரவைக் கெஸ்னெர் விளக்குகிறார். மேலும் தன்னுடைய சொந்த கவனிப்புகளையும் சேர்த்து விலங்குகளைப் பற்றிய புதிய, விரிவான விளக்கத்தை அவர் உருவாக்கினார். அரிஸ்டாட்டில் வகைப்பாட்டைத் தொடர்ந்து முதல் தொகுதி குட்டிபோடும் நான்கு கால் விலங்குகள், இரண்டாவது தொகுதி முட்டையிட்டுக் குஞ்சு பொறிக்கிற நான்கு கால் உயிரினங்கள், மூன்றாவது பறவைகள், நான்காவது நீர்வாழ் விலங்குகள், ஒவ்வொரு தொகுதியிலும் இந்த விலங்குகள் அகர வரிசைப்படி வரிசைப்படுத்தப்பட்டன. படக் கட்டைகளின் சேகரிப்புகள் மிகவும் முறையாக குழுவாக Icones animalium *(1553 மற்றும் 1560)* மற்றும் Icones avium *(1550 மற்றும் 1560)* என முறையாக வழங்கப்பட்டது. பாம்புகள் பற்றிய அய்ந்தாவது தொகுதி 1587இல் அவர் இறப்பிற்குப் பின் வெளியிடப்பட்டது.[2] இத்தாலியரான உலிசெஸ் அல்ட்ரோவண்டி *(1522-1603)* அவர்கள் 1599 மற்றும் 1602இல் இயற்கை வரலாறு குறித்த படைப்புகளை வெளியிட்டதோடு அது ஓர் அடையாளமாகவும் இருந்தது.[3] இவ்வாறு பதினாறாம் நூற்றாண்டில் விலங்குகள் மற்றும் உடற்கூறியல் ஆகிய தலைப்புகளில் விளக்கப்படத்துடன்கூடிய அச்சிடப்பட்ட புத்தகங்கள் வெளியிடப்பட்டுள்ளன. இவை இயற்கையின் அறிவார்ந்த மற்றும் அறிவியல் ஆய்வில் குறிப்பிடத்தக்கவை எனலாம். மேலும், போலந்து நாட்டு மருத்துவரும் இயற்கையியலாளருமான ஜேன் ஜோன்ஸ்டன் *(1603-1675)* அவர்கள் 1650 மற்றும் 1653களுக்கு இடையில் Historia Naturalis என்ற நூலை ஏழு தொகுதிகளாக வெளியிட்டார். பறவைகள் (இயற்கை வரலாறு) மீன் மற்றும் கடற்பாலூட்டியினங்கள், நான்கு-கால் விலங்குகள், பூச்சிகள், பாம்புகள், மரம்வாழ் சிறு பல்லி வகை ஆகியன இதில் அடங்கும்.[4] கலைக்களஞ்சியத்தில் உள்ள அனைத்து

விலங்கினங்களும் குருதி நிறமுடையது என்றும், குருதிக் குறைபாடு உடையது என்றும் இரு வகைகளாகப் பிரிக்கப்பட்டுள்ளன. மேலும், இந்தப் பிரிவுகள் துணைப் பிரிவுகளாகப் பிரிக்கப்பட்டன. கொடுக்கப்பட்ட விலங்கின் வாழ்விடம் மற்றும் உணவு ஆகியன வகைப்பாட்டின் அளவுகோல்படி சிறப்பாகச் சுற்றுச்சூழல் தன்மை கொண்டவை. ஜான்ஸ்டனின் வகைப்பாடு என்பது அரிஸ்டாட்டில், கான்ராட் கெய்னர் மற்றும் உலிசஸ் அல்ட்ரோவண்டி ஆகியோரால் முன்மொழியப்பட்ட முந்தைய வகைப்பாட்டை விஞ்சியது.

அய்ரோப்பாவில் அந்த நேரத்தில் ஒரு சிலர் இயற்கையை ஆய்வு செய்யத் தகுதியான ஒரு பொருளாகக் கருதினர். இயற்கை வரலாற்றின் முதல் அருங்காட்சியகம் 1550இல் இத்தாலியில் அமைக்கப்பட்டதுடன் அமெரிக்க புதிய உலகப் பொருட்கள் பெரும் வருகையாக அய்ரோப்பா வந்தன. உலகின் மக்கள்நேயப் பார்வைக்கும் அறிவியலுக்கும் இடையில் மாற்றமேற்பட்டது.

அய்ரோப்பாவில் சேகரிக்கப்பட்ட அரிய மற்றும் புதிய பொருட்கள் மூன்று வகையாக, அதாவது இயற்கையானவை, செயற்கையானவை, அறிவியலானவை என பிரிக்கப்பட்டது. இவை தாவர வகை மற்றும் விலங்கியல் வகை என்றும், மனிதன் மற்றும் விலங்குகள் தொடர்புடையவை என்றும் தரப்படுத்தப்பட்டன. இந்தப் பொருட்கள் உபயோகம் உள்ளவை. கலைப் பண்பாட்டுடன் சார்ந்தவை என தெளிவாகக் குறிக்கப்பட்டன. மேலும் தனி மனிதப் பயன்பாட்டுக்குரியது, பார்வைக்கு மட்டும் சரியானது, பண்பாட்டுக்கு உதவாது என உலக வகைப்படுத்தலில் அறியப்பட்டு அறிவியல் வகைப்பாடு இவ்வாறாக 17ஆம் நூற்றாண்டு வரை நீடித்தது.

அய்ரோப்பிய வணிகத்தை விரிவுபடுத்தும் காலத்தில் தமிழகக் கடற்கரை இயற்கை வரலாற்றின் ஒரு தளமாக உருவெடுத்தது. அய்ரோப்பியர்கள் இயற்கையின் மீது நிலையான ஆர்வத்தினை வளர்த்துக்கொண்டனர். இயற்கையின் மிகச் சிறந்த கமுக்கங்களைப் பற்றிய ஆர்வம் தமிழ் கடற்கரையின் அரிய விலங்கினங்களைப் பற்றிய ஆய்வில் அவர்களை ஈர்த்தது. இயற்கை வரலாறு என்பது விலங்குகளைச் சேகரித்தல், அவற்றைப் பற்றி விளக்குதல் மற்றும் வகைப்படுத்துதல் ஆகியவற்றை உள்ளடக்கியது.

தமிழர்கள் தங்கள் சொந்த நோக்கங்களுக்காகப் பல வீட்டு விலங்குகளை வைத்திருப்பதை அய்ரோப்பியர்கள் அறிந்தனர். மக்கள் பசுவை ஒரு புனித விலங்காகக் கருதினர். தமிழகக் கடற்கரையிலுள்ள

போர்த்துக்கீசியர்கள் இறைச்சிக்காக எருதுகளையும் மாடுகளையும் அறுத்தனர். போர்த்துக்கீசியர்களுக்கு பூர்வீகவாசிகள் இறைச்சிக்காகக் கொல்வதற்கு எருதுகளை விற்பனை செய்வது 1684இல் தஞ்சாவூர் நாயக்க ஆட்சியாளரால் தடைசெய்யப்பட்டது. போர்த்துக்கீசியர்களுக்கு இறைச்சிக்காக விலங்குகளை விற்பனை செய்த நாகப்பட்டினம் மற்றும் தரங்கம்பாடிக் கிறித்தவர்கள் மீது புகார் அளிக்கப்பட்டு அது பதிவு செய்யப்பட்டுள்ளதை நாம் காண்கிறோம்.[5] புதுச்சேரியில் உள்ள பிரஞ்சுக்காரர்கள் பிப்ரவரி 1689இல் எருமைகளை அதிக அளவில் வாங்க உத்தரவிட்டனர். இறைச்சிக்காகக் கொல்லப்பட்டு மேலும் உப்பிடப்பட்டு அவர்களின் கப்பல்களுக்கும் அதைச் சார்ந்த குழுக்களுக்கும் பயன்பாட்டுக்கு வழங்கினார்கள். இதையறிந்த செஞ்சியை ஆண்ட மராட்டிய ஆட்சியாளர் புதுச்சேரியில் மாடு மற்றும் எருமையை இறைச்சிக்காகக் கொல்வது தொடர்பாகக் கடுமையான மறுப்பை வெளியிட்டனர். எனவே, பிரஞ்சுக் குழுமத்தின் முகவரான பிரான்சுவா மர்த்தேன் அவர்கள், வட்டார அதிகாரத்தினை எதிர்க்காமல் இருப்பது பயனளிக்கும் என நினைத்தார்.[6]

தமிழ்நாட்டின் நாயக்க ஆட்சியாளர்கள் கால்நடைகளுக்கு வரி விதித்தனர். நல்எருது, நற்பசு மற்றும் நற்கிடா, நல்ல எருது/காளை, நல்ல மாடு மற்றும் நல்ல செம்மறி ஆடுகளுக்கு வருவாய் விதிமுறைகள்படி வரி தண்டப் பரிந்துரைக்கப்பட்டு அது மாநிலத்திற்கும் வருமானத்தை அதிகரித்துத் தந்தது. வரி விதிப்பு முறைகள் முழுவதும் ஒரே வகையாக இல்லை. ஆனால், வட்டாரத்திற்கு வட்டாரம் மாறு பட்டது. ஸ்ரீமுஷ்ணத்தின் நாயக்க ஆட்சியாளர் 16ஆம் நூற்றாண்டின் முற்பகுதியில் ஒரு மாட்டிற்கு நான்கில் ஒரு பணமும், எருமைக்கு அரைப் பணமும் மற்றும் எட்டு கிடாக்களுக்கு (செம்மறி ஆடு) கால் பணமும், ஆண்டுதோறும் தண்டிச் சேகரித்தார். 1540இல் தமிழகக் கடற்கரையில் வறட்சிக் காலங்களில் பத்து பெரிய கோழிகள் ஒரு பணத்திற்கு விற்கப்பட்டன. 1560இல் நான்கு கோழிகள் மட்டுமே ஒரு பணத்திற்குப் பெறப்பட்டன. போர்த்துக்கீசியர்கள் இப்படி விலை அதிகரித்திருப்பதைத் தங்கள் பதிவேடுகளில் குறிப்பிட்டுள்ளனர்.[7] அய்ரோப்பியர்கள் கப்பலில், பயணத்தின்போது கப்பற்குழுவினர்க்கு இறைச்சி தேவைப்பட்டது. ஆகஸ்ட் 1652இல் சாந்தோம்-மயிலாப்பூர்க்கு, வருகைபுரிந்த ழான்-பப்திஸ்து டவர்னியே அவர்களுக்கு போர்த்துக்கீசிய ஆளுநர் அவர்கள் தன் கப்பல் குழுவினர்க்குத் தேவைப்பட்ட உப்பிட்ட பன்றித் தொடைக்கறி, எருது மற்றும் மீன்கள் ஆகியனவற்றை வழங்கினார்.[8] மெட்ராஸிலிருந்து டிசம்பர் 1673இல் சூரத்திற்குச் சென்றபோது, கோவாவில்

கப்பல் நின்றது. கோவாவிலிருந்த பல படகுகள் கப்பலிலிருந்து விற்பனைக்குத் தயாராக இருந்த பன்றிகள், எருதுகள், செம்மறி ஆடுகள் மற்றும் கோழிகளை நிரப்பிக்கொண்டன என அபே கரே பதிவு செய்துள்ளார்.[9] அய்ரோப்பியர்கள் முதன்மையாக இறைச்சி சாப்பிட செம்மறிஆடு, வெள்ளாடு, மாடு, எருமை மற்றும் கோழிகள் போன்ற விலங்குகளே தேவைப்பட்டன.

இறைச்சிக்காக விலங்குகளை அறுப்பது தோல்களை விற்பனை செய்வதற்கான அமைப்பை மயிலாப்பூரின் சாந்தோமில் எருமை மற்றும் வெள்ளாட்டுத் தோல்கள் பெருமளவில் கிடைத்ததாகவும், போர்த்துக் கீசியர்கள் அவற்றைத் தாய்லாந்திற்கு ஏற்றுமதி செய்ததாகவும் குறிப்பிடப் பட்டுள்ளது. தோலுக்கு ஒரு நல்ல விற்பனை சந்தை இருந்ததால் டச்சு கிழக்கிந்தியக் குழுமமும் இதை ஜப்பானுக்கு ஏற்றுமதி செய்தது. பழவேற்காட்டிலுள்ள டச்சுக்காரர்கள் மயிலாப்பூர் பகுதியில் எருமை மற்றும் ஆட்டுத்தோல்களைப் பெற்று 1635ஆம் ஆண்டில் மட்டும் 1511 தோல் துண்டுகளை ஏற்றுமதி செய்தனர். பூர்வீக வணிகர்கள் ஆட்டின் தோல்களை விரிவான வணிகமாக நடத்திப் பெருமளவில் தாய்லாந்திற்கு ஏற்றுமதி செய்தனர். இந்த வணிகத்தைத் தடுக்க முயன்ற டச்சுக்காரர்கள் நோக்கம் பெரிதும் வெற்றி பெறவில்லை.[10] சோழ மண்டலக் கடற்கரையில் ஆமை ஓடுகள், மான் தோல்கள் மற்றும் புலித் தோல்கள் ஆகியன ஏற்றுமதி செய்யக் கிடைத்தன. டச்சுக் கிழக்கிந்தியக் குழுமத்தின் ஊழியர்கள் 1636ஆம் ஆண்டில் தேவனாம்பட்டினத்திலிருந்து ஜகார்த்தாவுக்கு 8882 ஆமை ஓடுகளை ஏற்றுமதி செய்தனர். 1643இல் பழவேற்காட்டில் உள்ள டச்சுக்காரர்கள் 30,000 முதல் 40,000 வெள்ளாட்டின் தோல்களை மயிலாப்பூரின் சாந்தோமிலிருந்து பெற்று ஜப்பானுக்கு ஏற்றுமதி செய்தனர்.[11] பூர்வீக வணிகர்கள் ஆட்டுத் தோல்களைத் தாய்லாந்திற்குத் தொடர்ந்து ஏற்றுமதி செய்தனர். இது 1654இன் பிற்பகுதியில் ஜப்பானுக்குச் சென்றது.[12]

சிறிய புனுகுப்பூனைகளைக் கடாரத்திலிருந்து புதுச்சேரிக்குக் கொண்டு வந்தது (1639-40)

பூர்வீக வணிகர்கள் அயல்நாட்டு விலங்குகளைப் பெறுவதில் ஆர்வம் காட்டினர். புதுச்சேரி துறைமுகத்தின் வணிகர் மற்றும் வருவாய் வசூலிப்பவராக இருந்த கேசவன் செட்டி அவர்கள், அவருடைய மகன் இலட்சுமணச் செட்டியுடன் சேர்ந்து தென்கிழக்கு ஆசியாவில் வணிகம் நடத்தினார்.[13] அவர் இரண்டு கப்பல்களைச் சொந்தமாக வைத்திருந்தார். இந்தக் கப்பல்கள் 1639இல் கடாரம் மற்றும்

ஆச்சேவுக்குச் சென்றன. கடாரத்திலிருந்து வந்த கப்பல் 1640 மார்ச்சில் 17 சிறிய புனுகுப்பூனைகளுடன் புதுச்சேரிக்குத் திரும்பியது. புனுகுப் பூனைகள் தமிழ்நாட்டில் அதிக மதிப்புடையவை. மேலும் இரு யானைகள் மற்றும் ஒரு குதிரை,[14] மார்ச் 25, 1640 அன்று கடாரத்து சுல்தானின் ஒரு பெரிய கப்பலும், 25 சிறிய புனுகுப் பூனைகளுடன் (மேலும் ஐந்து யானைகள்) புதுச்சேரிக்கு வந்தது.[15] சிறிய மற்றும் ஒல்லியான ஊனுண்ணிப் பாலூட்டியான புனுகுப்பூனை தேவை இருந்ததால், தென்கிழக்கு ஆசியப் பகுதியிலிருந்து தமிழகக் கடற் கரைக்குக் கொண்டுவரப்பட்டது. புனுகுப்பூனைகள் ஏன் இறக்குமதி செய்யப்பட்டன என்பதை விளக்குவது முதன்மையானதும் தேவை யானதுமாகும். புனுகுப்பூனையின் குதச்சுரப்பிகளிலிருந்து பிரித் தெடுக்கப்பட்ட ஒரு நறுமணச் சுரப்பி மிகவும் பயன்படுத்தக்கூடிய நறுமணப்பொருள்களில் ஒன்றாக விலையுயர்ந்ததாகவும் இருந்தது. இது மருத்துவத்துக்கும் அதிகமாகத் தேவைப்பட்டது. துணிகளில் பொதிந்து வாசனை வழங்கவும், கைக்குட்டை மற்றும் இதர உள்ளாடைகளில் வைக்கப்பட்டு நறுமணம் கொடுக்கவும் பயன்பட்டது. இதுவுமன்றி நீலநிற பூச்செண்டுகளுடன் சேர்த்து உணவு பதப்படுத்தும் பொருளாகவும் பயன்படுத்தப்பட்டது. ஐரோப்பாவில் புனுகுப்பூனைக்கு அதிக தேவை இருந்தது. மற்றும் விலைப் புள்ளியும் அதிகமாக இருந்தது. 40 ஷில்லிங்கு (இருபவுண்டுகள்)க்கு ஒரு அவுன்ஸ் குறைந்த அளவான புனுகு, இரண்டு பென்ஸ் பொருள் எடை கொண்டு அளக்கப்பட்டது. மருந்துக் கலவை யாளரின் கையேடுகள் பண்டுவத்தின் (சிகிச்சையின்) ஒப்பீட்டுச் செலவைக் குறிப்பதன் மூலம் தனிப்பட்ட மருந்துக் கலவைகளைத் தயாரிக்கத் தேவையான தானியங்களின் எண்ணிக்கையைப் பட்டியலிடுகின்றன. புனுகு ஒரு தைலமாகவும் பஞ்சராகவும் பயன் படுத்தப்படுகிறது. இது பாலுணர்வு மற்றும் கட்டுறா இயல்பிகந்த உளக்கோளாறுகளுக்கான பண்டுவத்திற்காக காமத்தூண்டியாக மருந்துக் கலவையாளர்களாலும், மருத்துவர்களாலும் பயன்படுத்தப் பட்டது.[16] இங்கிலாந்திலுள்ள ஆங்கிலேயப் பதிவுகள் ஒரு வழங்களவுக்கு, 25 தானியங்கள் (நான்கு வெள்ளி) கொண்ட விறைப்புத்திறன் குறைபாட்டிற்கான பண்டுவத்திற்குப் புனுகு பயன்படுத்தப்பட்டது என்று குறிப்பிடுகிறது.[17] புனுகு, பத்து தானியங்கள் வடிவில் (இரு ஷில்லிங்குகள்) புத்துணர்ச்சியூட்டும் நறுமணப் பிசினாக எடுத்துக் கொள்ளப்பட்டு தீமைகள் தரக்கூடிய நோய்களைக் குணமாக்கப் பலமிழந்த பெண்களுக்கு பெரிதும் உதவியது.[18] இதனால், சூடான, ஈரமான மற்றும் வலியகற்றும் குணங்களுடன் சுறுசுறுப்புடன் உயிர்ப்பிப்பதற்கும், வயிற்றை வெப்பமாக்குவதற்கும் கைக்குழந்தைகளுக்குப் பித்தநீர்

சார்ந்த நோயிலிருந்து விடுவிக்கவும், கொள்ளை நோயிலிருந்து பாதுகாப்பதற்கும் மற்றும் கருப்பை நோய் மூச்சுத் திணறலைத் தடுப்பதற்கும் ஒரு நல்ல மருத்துவரின் சிறந்த பண்டுவமாக (சிகிச்சைக்காக) புனுகு அமைந்தது.

புதுச்சேரியிலிருந்து லூயி லே கோம்தே குறிப்பிட்டுள்ள வியக்கத்தக்க விலங்குகள், 1690

லூயி லே கோம்தே (1655-1728) என்ற பிரஞ்சுக்கார ஏசு சபை துறவி 7, பிப்ரவரி 1688 அன்று சீனா சென்றடைந்தார். அவர் புதுச்சேரி வழியாகப் பயணம்செய்து 1691இல் பிரான்சுக்குத் திரும்பினார். பிரஞ்சுக் குடியேற்றத்தில் அவர் தங்கியிருந்த காலத்தில் பல வியக்கத்தக்க விலங்குகளைக் கவனித்தார். அவை அவருக்கு புதியனவாக இருந்தன. அவர் ஒரு பச்சோந்தியின் வியப்பிற்குரிய கணிப்பைக் கொடுத்தார். இந்த விளக்கம் பின்னர் 1696இல் பாரீசில் அச்சிடப்பட்டது. அந்த நேரத்தில் பிரான்சில் அது அதிக ஆர்வத்தினை வெளிப்படுத்தியது. லூயி லே காம்தேயின் கூற்றுப்படி பச்சோந்தி ஒரு வகையான பல்லி மற்றும் அதன் அளவு எட்டு முதல் பத்து விரற்கிடை நீளம் வரை இருந்தது. அவற்றில் பல பொதுவாக, சோழமண்டலக் கடற்கரையில் காணப்பட்டன. புதுச்சேரியிலுள்ள ஏசு சபையினர் ஆய்வு/சோதனை நோக்கத்திற்காக அவர்களுடைய இல்லத்தில் அவற்றை வளர்த்தனர். சில இயற்கை ஆர்வலர்கள் விளக்கத்தைப் போல் பச்சோந்திகள் காற்றில் மட்டும் வாழவில்லை என்று லே கோம்தே கூறினார். ஏனென்றால் அவை உணவை பெருவிருப்பத்துடன் சாப்பிட்டன. உண்மையாகவே, மிகவும் குளிராகவும், ஈரமான மனநிலையுடனும் இருப்பதால், அவை உணவின்றி பல நாட்கள் கடக்க முடியும். ஆனால், நீண்ட காலத்திற்கு அவைகளுக்கு எந்த உணவும் கொடுக்கப்படவில்லை. அவை படிப் படியாகக் குறைந்து கடைசியில் பசியால் இறந்தன. ஒட்டுமொத்தமாக, பச்சோந்தியில் எல்லாம் மிகவும் வேறுபட்டிருந்தது. அதன் கண்கள், தலை, வயிறு மிகவும் பெரியதாக இருந்தன. அது ஒரு பல்லியைப் போல, நான்கு பாகங்களைக் கொண்டிருந்தது. ஆயினும், அதன் அனைத்து அசைவுகளும் மிகவும் மெதுவாக இருந்தது, நகர்ந்து செல்வதைவிட ஊர்ந்து சென்றது; மேலும், ஒரு குறிப்பிட்ட சூழலில் அதற்கு நாக்கை இயற்கையாகவே வழங்காததால் ஒருபோதும் விலங்குகளை அது பிடிக்கமுடியாது. இதனால் சத்து குறைவு அவைகளில் காணப்பட்டது.

இதன் நாக்கு வட்டமாகவும், தடிமனாகவும் குறைந்தபட்சம் ஓர் அடி நீளமாகவும் இருந்தது. இந்த நாக்கை அதன் வாயிலிருந்து ஏழு

அல்லது எட்டு விரற்கிடைகள் சிறப்பாகப் பறப்பதைப்போல் வெளியேற்றும். இப்போது அதன் பிசுபிசுப்பான பொருளானது ஈக்கள், வெட்டுக்கிளிகள் மற்றும் பிற பூச்சிகள் போன்றவற்றைத் தொடுவதால் பிடித்தது. ஆனால் அதன் முனைப்பகுதி மென்மையாக இருந்தபடியால், எப்போதும் பிடிக்க முடியவில்லை.

அதன் உடல் முழுவதும் மிக நேர்த்தியான தோலால் மூடப் பட்டிருந்தது; ஆனால், அதைத் தூண்டும் பல்வேறு உணர்வுகளின்படி, மாறக்கூடிய நிறத்திலிருந்தது. அது மகிழ்ச்சியாய் இருக்கும்போது, ஒரு மரகதப் பச்சை நிறத்துடன் ஆரஞ்சு நிறமும் கலந்திருந்தது. சிறிதளவு சாம்பல் மற்றும் கருப்பு நிறக் கோடுகள் பொறிக்கப்பட்டிருக்கும். சினம், அதனை இருள் நிறமாகவும் வெளிர் நிறமுடையதாகவும் ஆக்குகிறது. அச்சமோ, வெளிறி மற்றும் மங்கிய மஞ்சள் நிறம் சேர்க்கப் பட்டதாக ஆக்குகிறது; சில நேரங்களில், இந்த நிறங்கள் பல ஒன்றாகக் கலக்கப்பட்டும் மற்றும் சில நேரங்களில் வண்ணச்சாயலோடும் ஒளியின் ஒரு அழகான கூட்டுக் கலவையோடும் உருவாக்கப்பட்டது. சிறந்த வகையான நிழல்கொண்ட தோற்றம் இயற்கையாக அதற்கு இல்லை. அழகான படங்கள், இனிய வகையில் வரையவும் இயலவில்லை.[19]

புதுச்சேரியிலுள்ள ஏசு சபையினர் அய்ரோப்பாவில் மேலும் அறியப்படா இரு விலங்குகளை லூயி லே கோம்டேவுக்குக் காட்சிப் படுத்தினர். நாய், ஓநாய் மற்றும் நரிக்குப் பிறகு கிட்டத்தட்ட, சமமாக எடுக்கப்பட்ட சியன் மரான் (தமிழ்ப் பெயர் கண்டுபிடிக்க முடிய வில்லை) என்று அழைக்கப்பட்டது. இது ஒரு நடுத்தரமான அளவு பெரியதாக இருந்தது. அதன் முடி சாம்பல் மற்றும் சிவப்பு நிறமாக இருந்தது. குறுகிய கறுகலான காதுகள், கூர்மையான மூக்கு, உயரமான கால், நீண்ட வால், மெலிந்த உடலுடன் நல்ல வடிவிலிருந்தது. நாய்களைப் போல் அது குரைக்கவில்லை. ஆனால், கைக்குழந்தைகள் போல் அழுதது. சொல்லப்போனால் அது பெருவேட்கையுள்ளதாக இருந்தது. பசி வயிற்றைக் கிள்ளியபோது அந்த விலங்கு இயற்கையாகவே பெரு வேட்கையுள்ளதாக இருந்தது. அது இரவில் வீடுகளுக்குள் நுழைந்து மக்கள் மேல் விழுந்தது.

அடுத்த விலங்கு கீரிப்பிள்ளை ஆகும். அதன் வெளிப்புற வடிவம், பாலூட்டியான வீசலுக்கு அருகில் வந்தது. தவிர அதன் உடல் நீளமாகவும், பெரிதாகவும் கால்கள் குறுகியும், நீள மூக்கு ஒடுங்கியும், கண் உயிர்ப் பூட்டும்படியும் மற்றும் ஓரளவு குறைவான முரட்டுத்தனத்துடனும் இருந்தது. இந்த விலங்கு மிகவும் தெரிந்த விலங்காக இருந்தது. மேலும், இந்த உயிரினத்தைவிட ஒருவனுடன் மிகவும் கொஞ்சி

விளையாடியது நாய்கூட இல்லை. இருப்பினும், அது சாப்பிடும் போது யாரையும் நம்பாது கோபப்படும். அந்த நேரத்தில் எப்போதும் உறுமிக்கொண்டு தன்னைத் தொந்தரவு தருபவர்கள் மீது ஆவேசமாகவும் கொடூரமாகவும் விழும். அது எல்லாவற்றையும்விட கோழிமுட்டை களைப் பெரிதும் விரும்பியது. ஆனால், அதன் மோவாய் அவற்றைக் கைப்பற்றும் அளவுக்கு அகலமாக இல்லை. அவற்றைத் தூக்கி எறிவதன் மூலமோ அல்லது தரையில் நூறு வழிகளில் உருட்டுவதன் மூலமோ முட்டையை உடைக்க முயன்றது. ஆனால், அதன் வழியில் ஒரு கல் இருக்க வாய்ப்பிருந்தால், அது தன் முகத்தைக் கீழ்நோக்கி வைத்து படுத்துக்கொள்ளும். மற்றும் அதன் தடுப்புக்கால்களால் ஓடியது. அது முட்டையை அதன் முன்கால்களால் எடுத்து அதன் முழு வலிமையையும் அதன் வயிற்றின் கீழ் தள்ளி கல்லுக்கு எதிராக உடைத்தது. அது எலியையும், சுண்டெலிகளையும் மட்டும் வேட்டை யாடவில்லை. ஆனால், பாம்புகளுக்கு கீரிப்பிள்ளை ஒரு எதிரியாக இருந்தது. அது தன் தலையைத் தந்திரமாகக் கையாண்டு, தனக்கு அப்பால் எந்தத் தீங்கும் ஏற்படாமல் பச்சோந்திகளுடன் கீரிப் பிள்ளைக்குக் குறைவான பகை இல்லை. சண்டையின்போது மிகவும் அச்சத்துடனேயே பிடிப்பட்டது. அவை உடனடியாக ஒரு தடுமாற்ற மடைந்து பாதி இறந்தது போல் கீழே விழுந்தன. ஒரு பூனை அல்லது ஒரு நாய், அல்லது வேறு சில கொடிய விலங்குகளின் அணுகு முறையால் அது வீங்கிப்போய் கோவப்பட்டுத் தங்களைத் தற்காத்துக் கொள்ளவோ அல்லது தாக்கவோ தங்களைத் தாங்களே பிடித்துக் கொண்டன.[20]

புதுச்சேரியிலிருந்து ஜியோவான்னியோ போர்கேசியால் குறிப்பிடப் பட்ட அரிய விலங்குகள், 1703

ஜியோவான்னியோ போர்கேசி என்ற இத்தாலிய மருத்துவர் 6, நவம்பர், 1703 அன்று புதுச்சேரி வந்து பிப்ரவரி 1704 வரை இருந்தார். அய்ரோப்பாவில் காணப்படாத பல வகையான புதிய விலங்குகள் புதுச்சேரியில் இருப்பதாக அவர் குறிப்பிட்டார். ஆசியப் பனைப் புனுகுப்பூனை (தமிழில் மரநாய்)யை அவர் ஓநாய் குடும்பத்தைப் போலிருப்பதாகக் கூறினார். அவரைப் பொறுத்தவரை இது ஒரு புதிய விலங்கு. ஆனால், மாறுபட்ட இரண்டாம் வகை நாய். போர்கேசி வரைந்த மரநாயின் படம் 1705இல் ரோம் நகரத்தில் அச்சிட்டு வெளியிடப்பட்டது.[21]

போர்கேசி மிகவும் சிறிய, ஆனால் பெரிய அளவிலான யானையைக் கொல்லக்கூடிய ஒரு அதிசய விலங்கைக் கண்டதாகக் குறிப்பிட்டார்.

இந்த விலங்கு ஒரு பெரிய பல்லியைப் போல தோற்றமளிக்கிறது என்று அவர் கூறினார். தலை மற்றும் வால் தவிர இரு விலங்குகளும் வடிவத்தில் ஒரே வகையாக இருந்தன எனச் சுட்டிக்காட்டினார். இந்த இந்திய அழுங்கு, உடும்பு எனத் தமிழில் அழைக்கப்படுகிறது. போர்கேசி மற்றொரு வியப்பான விலங்கு இரண்டு படை வடிவம் கொண்ட அதிசய விலங்கைப் பார்த்ததாகக் கூறினார். அது நேர்க்கோட்டில் நகர்ந்து சென்றது. எனவே, அவர் இரண்டு பாணியிலும் படங்களை வரைந்தார். மேலும், இந்தப் படங்கள் ரோம் நகரில் 1705இல் அச்சிடப் பட்டன.[22]

அலங்கு, இந்திய - அழுங்கு, இரண்டு பட்டை வடிவ விலங்கு: ஆலந்தில் உள்ள டச்சுக்காரர்களுக்குத் தெரிந்தது (1703-04)

போர்கேசியால் கவனிக்கப்பட்ட மேற்கூறிய இரு விலங்குகளும் ஆலந்தில் உள்ள டச்சுக்காரர்களுக்குத் தெரியவந்தது. மேலும், கூடுதல் செய்திகளையும் ஆர்வத்துடன் நாம் காண்கிறோம். ஆம்ஸ்டர்டாம் நகரத்தின் அனைத்துப் பெருமக்கள், வணிகர்கள் மற்றும் குடிமக்களுக்கும் கிழக்கிந்தியத்திலிருந்து கப்பல்கள் திரும்பி வருவதாகவும் ஒரு கிழக்கிந்தியர் 1702ஆம் ஆண்டு இலங்கைத் தீவில் ஒரு குறிப்பிட்ட விலங்கைப் பிடித்ததாகவும், அது நான்கு கால்களுடனும் அதன் உடல் மிகவும் தடிமனான செதில்களால் மூடப்பட்டிருந்தது என்றும் ஓர் அறிவிப்பு செய்யப்பட்டது. அதற்கு தமிழ் மொழியில் அல்லேகோ (அலங்கு) எனப் பெயர். போர்த்துக்கீசிய மொழியில் பிட்ஜே தெ பென்கோன்ஜே, மற்றும் டச்சு மொழியில் நிகோம்சன் டுவெல். எட்டு நாட்கள் எந்த வகையான உணவு இல்லாமல் அந்த விலங்கை அவர் உள்ளே வைத்திருந்தார். அது எந்த வகையான தொடர்புமில்லாமல் கொல்லப்பட்டது. ஏனெனில், அது தீயதாக இருந்தது. அதன் உடலை இரும்புச் சங்கிலியால் பிணைத்து வைக்கப்பட்டபோது, மேற்கூறிய அவ்விலங்கு இரவில் கல் தரையைத் தோண்டிக் கட்டடத்தின் அடித்தளத்தைக் கணிசமாகப் பாழ்படுத்தியது. அந்த விலங்கு தன் வாலால் மிகப் பெரிய யானைகளையும் கட்டுப்படுத்த முடியும். அது யானையின் தந்தம் மற்றும் பிளவு ஆகியவற்றை உறுதியாகச் சுற்றிக் கொண்டது. எனவே, யானை தன் மாபெரும் வலிமையால்கூட அதை அசைக்க முடியவில்லை. யானை நீருக்குள் செல்லும் வரை, நீரினை அலங்குவால் தாங்க முடியாததால் தானாகவே தளர்ந்துவிடும். அந்த விலங்கு எலும்புகளைத் தவிர வேறெதையும் உண்ணவில்லை. அது காடுகளில் பெருமளவில் இருந்தது. அது அதன் நாக்கைப் பயன்படுத்தி அரை (டச்சு அளவின்படி) விரற்கிடை (அங்குலம்) வரை, தரையில் அகலமாகப் பரவியது.

எறும்புகள் அதன் மீது திரண்டபோது, எறும்புகளை மெதுவாக உள்ளே இழுத்தது. அது வேறு என்ன சாப்பிட்டது எனத் தெரிய வில்லை. அதன் இறைச்சி பன்றியின் இறைச்சியைப் போலிருந்தது. மனித நுகர்வினுக்கு மிகவும் சுவை இருந்ததோடு மருத்துவ குணமும் இருந்தது. பல பூர்வகுடிமக்கள் இதைப் போன்ற அலங்குவால் கொல்லப்பட்டனர். அதன் கடியால் அல்ல. ஏனெனில் அதற்குப் பற்கள் இல்லை. பூர்வ குடிமக்கள் இந்த விலங்கைப் பிடித்துத் தங்கள் தோள்களில் சுமந்தபோது, அது அவர்களுடைய கழுத்தை வாலால் சுற்றிக்கொண்டு மிகவும் இறுக்கமாகக் கழுத்தை வளைத்தது. இதிலிருந்து ஒருவர் தன்னை விடுவிக்க முடியாமல் பிழியப்பட்டு கொல்லப்படுவர். சில பாம்புகளைப் போல கழுத்தைப் பிடித்து இறுக்கிவிடும்.

இந்த விலங்கு அல்லது அதன் வலிமை பற்றி இன்னும் அதிகமாகச் சொல்லத் தெரியவில்லை. ஆனால், சொல்லப்பட்டது எதுவும் உண்மையைத் தவிர வேறில்லை என அறிவிக்கப்பட்டது. எனவே, இந்த விலங்கு ஆம்ஸ்டர்டாமிலும் அய்ரோப்பா முழுவதும் உள்ள மக்களுக்கும் காட்சிப்படுத்தப்பட்டது.[23]

மேலும், ஆலந்து செல்லும் கப்பலில் இரு கீழ்ப்படர்கள் கொண்ட பல்லி என்ற மற்றொரு குறைந்த உயிருள்ள விலங்கு இருந்ததாகவும், அது தமிழில் கம்பர்கூ என்று அழைக்கப்பட்டது என்றும் தெரிவிக்கப் பட்டது. இது முதலைகள் அல்லது தென்னமெரிக்க முதலை வகை போன்ற ஒரே இனத்தைச் சேர்ந்த நான்கு கால்களுடன் இருந்தது. மேற்கூறிய முதலைகளைப் போலவே இந்தியர்களும் அவற்றைத் தங்கள் கடவுள்களாக வணங்கினார்கள். ஆனால், அவை எந்தத் தீங்கும் செய்யவில்லை. இந்த நெடுமூக்கு முதலை, விஷ்ணுக் கடவுளுக்கு அர்ப்பணம் செய்யப்பட்டதால் இந்திய நெடுமூக்கு முதலைகள் புனிதமானதாகக் கருதப்படுகிறது. உண்மை அந்த விலங்கின் முதுகெலும்புவால் பார்ப்பதற்கு முதலையினுடையதைப் போலவே இருந்தது. வட்டமான தலை மற்றும் முட்கரண்டி நாக்குப் புள்ளிகள் ஒரு வரன்ஸீக்கு மட்டுமே உண்டு. வெல்டன் ஆல்பம் எமக்கு உதவுகிறது. இது அருமையான இரு பட்டைகளுடைய பல்லி (இலாரன்ட், 1768) என்பதை அறிய அந்த ஆல்பம் உதவுகிறது. அதன் வாழ்விடம் நீர். இந்திய நெடுமூக்கு முதலையைப் போலவே, இது கிட்டத்தட்ட 3 மீட்டர் (9 அடி) நீளத்தை எட்டும். இந்த இனங்கள் பிடித்து வைக்கப்பட்ட நிலையில் எளிதில் அடக்கப்படுவதாக அறியப்பட்டது. இது தீங்கு விளைவிக்காதது என்ற மேற்கண்ட கூற்றுக்கேற்ப இருந்தது.[24]

நீண்ட வால் கொண்ட அணிலை ஜான் ரே மற்றும் ஜோஹன் பிரடெரிக் கிம்லின் ஆகியோர் அய்ரோப்பாவில் அறிந்தது

1714ஆம் ஆண்டில் தரங்கம்பாடி புராட்டஸ்டன்ட் மிஷனரிகள் தமிழர்களுக்குத் தெரிந்த பல்வேறு வகையான உயிரினங்களை அறிய விரும்பினர். எனவே, அவர்கள் பூர்வீக மக்களிடம் விளக்கமாகக் கேட்டறிந்து பலனளிக்கிற விடைதனைப் பெற்றனர். தமிழர்களின் கூற்றுப்படி, இந்த உலகில் 8,400,000 வகையான உயிரினங்கள் வாழ்ந்தாகவும், அவை ஒன்றுக்கொன்று வேறுபட்டதாகவும், இவை அவற்றின் பேரினம் மற்றும் சிறப்பினங்களைப் பொறுத்துப் பிரிக்கப்பட்டதாகவும் கூறப்படுகிறது. 1,100,000 வகையான ஊர்ந்து செல்லும் புழுக்கள், யானைகள் முதல் எறும்புகள் வரை 3,000,000 வகையான நான்கு கால் விலங்குகள் மற்றும் ஆறுகள், கடல்களில் 900,000 வகையான மீன்கள் இருந்தன.[25] விலங்கினங்களின் எண்ணிக்கை மிக அதிகமாக இருந்தாலும் தமிழகக் கடற்கரையில் உள்ள விலங்கினங்களை ஆழமாக ஆய்வு செய்யவேண்டிய உடனடித் தேவை அவர்களுக்கு ஏற்பட்டது.

1701இல் ஜான் ரே (1627-1705) மற்றும் ஜோவஹன் பிரடெரிக் கிம்லின் (1748-1804) ஆகியோர் தமிழ்நாட்டில் காணப்பட்ட நீண்ட வால் கொண்ட அணில் இனங்கள் பற்றி 1789இல் அறிந்துகொண்டனர். அய்ரோப்பாவுக்குத் திரும்பிய கிழக்கிந்திய நிறுவனங்களின் ஊழியர்களிடமிருந்து அவர்களுக்குச் செய்தி கிடைத்தது. இந்த அணில் மாறுபட்டதென்றும், அது அய்ரோப்பிய அணிலைவிட மூன்று மடங்கு பெரியது என்றும் தெரிவிக்கப்பட்டது. காதுகளில் கருப்பு முடி குஞ்சம் போன்றும், மூக்கின் முடிவில் முடி இளஞ்சிவப்பு நிறத்திலும் இருந்தது. கன்னங்கள், கால்கள் மற்றும் தொப்பை ஆகியன மங்கலான மஞ்சள் நிறத்தில் இருந்தன. மேலும், காதுகளுக்கு இடையில் மஞ்சள் புள்ளி இருந்தது. தலையின் கிரீடம் மற்றும் பின்புறம் கருநிறத்திலிருந்தன. ஒவ்வொரு காதுகளிலிருந்தும் கன்னங்கள் கீழே சுட்டிக்காட்டும். அதே நிறத்தின் ஒரு பிரிக்கப்பட்ட கோடு இருந்தது. கால்களின் மேல் பகுதி கருப்பு முடிகளால் மூடப்பட்டும் கீழ்ப்பகுதி மூடப்படாமலும் சிவப்பு நிறத்திலுமிருந்தது. வால் உடலின் நீளத்தைவிட இருமடங்கு நீளமானது. கருப்பு மற்றும் சாம்பல் கலந்த இலேசான வண்ணம் கொண்டு மிகவும் அடர்த்தியாக இருந்தது.

உடலின் அடுத்த பகுதி முடிகளால் சூழப்பட்டுள்ளது. மேலும் மீதமுள்ள பகுதிகளில் முடிகள் பிரிக்கப்பட்டு, தட்டையாகக் கிடந்தது.[26] இருப்பினும் மலபார் அணில் பின்னர் கவனிக்கப்பட்டு

பர்ட்டன் அவர்களால் வண்ணத்தில் வரையப்பட்டு 1804-05இல் பிரிட்டிஷ் பார்வையாளர்களால் பரவலாக அறியப்பட்டது.[27]

தரங்கம்பாடியில் நிக்கோலஸ் தால் கவனித்த காட்டு நரி, 1733-36

தரங்கம்பாடி புராட்டஸ்டன்ட் மிஷனரியான நிக்கோலஸ் தால் அவர்கள் 17 பிப்ரவரி 1736 அன்று தன் அறிக்கையில் காட்டு நரி பற்றி எழுதியுள்ளார். அவர் மூன்று ஆண்டுகளுக்கு முன்பு (1733இல்) தரங்கம்பாடி சுற்று வட்டாரத்திலுள்ள பொறையாறு சிற்றூரில், தாய் தன் வீட்டின் கதவருகே தொட்டிலிலிட்டு விட்டு, சாப்பிட உள்ளே சென்றபோது ஒரு காட்டுநரி ஐந்து அகவைக் குழந்தையைத் தூக்கிச் சென்று விட்டது. தாய் தன் குழந்தைக்கு என்ன ஆனது என்று தெரியாமல் தவித்தாள். மறுநாள் காலையில் அந்த விலங்கு கொன்று தின்ற குருதித் தடயங்களையும் தன் குழந்தையின் எலும்புகளையும் கண்டாள். சில எலும்புகள் நிலத்தில் மறைத்து வைக்கப்பட்டிருந்தன. மற்றும் தூக்கி எறியப்பட்ட பாத்திரத்தில் சிறிது தசை இருந்தது.[28] காட்டு நரிகள் எவ்வளவு கொடியவை எனவும், மேலும் அப்பகுதி மக்களுக்கு அவை தீங்கு விளைவிப்பதையும் மிஷனரியினர் சுட்டிக் காட்டினார்.

காட்டுநரி, குள்ளநரி மற்றும் நரி ஆகியனவற்றை ஜோஹன் பிலிப் பெப்ரீசியஸ் அவர்கள் சென்னையில் விளக்கியது (1756)

ஜோகன் பிலிப் பெபரீசியஸ் என்ற புராட்டஸ்டன்ட் மிஷனரி 1740இல் தரங்கம்பாடிக்கு வந்தார். ஆனால், இரண்டு ஆண்டுகளுக்குப் பிறகு அவர் ஆங்கிலக் கிழக்கிந்தியக் குழுமத்தின் பணியில் சேர்ந்து, 1743இல் மெட்ராஸுக்குச் சென்றார். அவர், 1756இல் காட்டுநரி குறித்து எழுதினார். அவர் உள்ளூர் மக்களிடமிருந்து கேட்டதாகக் கூறினார். தச்சனொருவன் தனியாக நாகப்பட்டினத்திலிருந்து சில இடங்களுக்குப் பயணமாகச் சென்றபோது திடீரெனக் காட்டுநரிகளால் அவர் சூழப்பட்டார். தச்சன் தன் கோடரியால் சில காட்டுநரிகளைத் தாக்கிக் கொல்லுமளவுக்குத் துணிச்சலாக இருந்தாலும், மற்ற காட்டுநரிகள் தாக்கியதால் அவனால் தப்பிக்க முடியாமல், அவனைத் துண்டு துண்டாகக் கிழித்தன. மறுநாள் காலையில் அப்பகுதி மக்கள் தச்சரின் எலும்புகளைக் கண்டுபிடித்தனர். சாலைப் பயணத்தின்போது காட்டு விலங்குகள் மக்களைத் தாக்கியது தெளிவாகத் தெரிகிறது. இது எப்போதும் பாதுகாப்பானது அல்ல; ஆனால் கடுந்தொல்லை மற்றும் ஆபத்து இருந்தது. மேலும், பெப்ரீசியஸ் நரி மற்றும் குள்ளநரி பற்றியும் எழுதினார். சென்னைப் பகுதியைச் சுற்றி குள்ளநரிகளும் நரிகளும் பொதுவாகக் காணப்படுகின்றன என அவர் அறிவித்தார்.

இரவுகளில் அவை நகரத்தின் சுவர்களைச் சுற்றிப் பெரும் ஓசையை எழுப்பின.[29]

சென்னையிலிருந்து இலண்டனிலுள்ள கோமகன் கம்பர்லேண்டிற்கு இராபர்ட் கிளைவ் காட்டுப் பூனையை அனுப்பியதும் அது குறித்த விளக்கமும் (1759-60)

இலண்டனிலுள்ள ஜேம்ஸ் பார்சன்ஸ் வணக்கத்துக்குரிய டாக்டர் லிட்டில்டன், செயற்படுத்தப் புலத் தலைவர் அவர்களின் வேண்டு கோளின் பேரில் கண்காணிக்கச் சென்றார். 1760இல் மெட்ராஸிலிருந்து இராபர்ட் கிளைவ் அவர்களால் அனுப்பப்பட்டு, தமிழில் வெருகு என அழைக்கப்படும் காட்டுப் பூனையைப் பார்ப்பதற்கு, இலண்டன் கோபுரத்தில் காத்து வைக்கப்பட்டுள்ள அதை, அரச உயர் நிலையிலுள்ள கோமகன் கம்பர்லேண்டுக்கு அனுப்பினார். காட்டுப்பூனை எந்த விலங்கு வகையைச் சேர்ந்தது என்பதைக் கண்டறியும் பொருட்டு, அவர் அதை வரைவதற்காக இலண்டன் இராயல் சொசைட்டி முன் வைத்தார். ஜேம்ஸ் பார்சன்ஸ் அதன் அனைத்து வகையான விழுக்காட்டளவிலும் முடிந்தவரை துல்லியமாக இருக்க முயற்சி செய்ததாகக் கூறினார். ஒரு சிறு செய்தி மிக நீண்டதாக ஆகியதே என அவர் அஞ்சினார். டிசம்பர் 1759 இலண்டன் இதழில் காட்டுப் பூனையின் உருவப்படம் வெளிவந்தது. காதுகளைத் தவிர வேறெந்த ஒற்றுமையும் இல்லை. அதை வரைந்து செதுக்கியவர் இயற்கைக்கு மாறாக, முன்னோக்கித் திரும்பச் செய்தார். இருப்பினும், பின்வரும் விளக்கத்தைச் சரியான கணக்கு என்றே ஜேம்ஸ் பார்சன்ஸ் நம்பினார்.[30]

காட்டுப்பூனை தோள்பட்டையிலிருந்து ஏறக்குறைய பதினைந்து விரற்கிடை உயரம் கொண்ட பெரிய அளவிலான பூனையைவிட உயரமான ஒன்று என்று அவர் கூறினார். அது வலிமையாக இருந்தாலும் மெல்லியதாகவும் ஒளி பொருந்தியதாகவும் இருந்தது. மீதமுள்ள விழுக்காட்டில் தலை சிறியதாகவும், கருத்து மெல்லியதாகவும் இருந்தது. அதனளவில் கடுமையாக எதுவும் இல்லை. ஆனால், தீங்கற்றதாகவும் மேலும் அடக்கமாகவும் இருந்தது. அது சரியான இளமஞ்சள் நிறத்திலிருந்தது. அதன் காதுகள் அவற்றின் வெளிப் புறங்களில் கருப்பு நிறத்திலிருந்தன. மேலும், வெள்ளை முடிகள் வரிசையாகவும் மற்றும் ஒவ்வொரு காது வேரிலும் சில வெண் வட்டங்களிருந்தன. அதன் தொண்டை மற்றும் வயிற்றின் கீழ் வெண்மையாகவும், அதன் மூட்டுகளின் பின்புறம் கொஞ்சம் சிறிதாகவும் இருந்தது. அதன் கண்கள் சிறியவை. அதன் தலை பூனையைப் போன்றது. ஆனால், சற்றே மெலிந்தவை; அதன் கால்கள்

மென்மையாகவும் நேராகவும் இருந்தன. பூனையின் பாதங்களுடன் ஒரு பூனை அல்லது புலி செய்ததைப் போலவே வலுவாக நகங்களால் ஆயுதம் ஏந்திய அதன் கால்விரல்களை விரிவுபடுத்திச் சுருங்கச் செய்யும் ஆற்றலிருந்தது. மேலும் அதன் நடவடிக்கைகள் பூனையைப் போலவே இருந்தன. ஜேம்ஸ் பார்சன்ஸ் உட்கார்ந்து அதன் அசைவு களைப் பார்த்து அது அதன் பாதத்தை நக்குவதைக் கண்டார். மேலும் சரியாக பூனையைப் போலவே அது தன் முகத்தைப் பல முறை தேய்த்தது. அதை அவரிடம் காட்டிய அந்த மனிதர் சொன்னார், அது புண்படுத்தப்பட்டால் கூச்சலிட்டது. ஜேம்ஸ் பார்சன்ஸ் அதன் பற்களை ஆய்வு செய்து பூனையைப் போன்ற அதே எண்ணிக்கையிலும் முறையிலும் இருந்ததைக் கண்டறிந்தார். மேலும், அதன் உணவைப் பொறுத்தவரை அவர்கள் ஒவ்வொரு நாளும் பச்சையான ஆட்டுக் கறியைக் கொடுத்தனர். அது அடிக்கடி நோய்வாய்ப்பட்டிருந்தபோது அதற்கு அவர்கள் உயிருடன் கோழியையோ அல்லது முயலையோ கொடுத்தனர். காட்டுப் பூனை அதை ஆவலுடன் பிடித்துக் கொண்டு சிறிது நேரம் அசையாமல் படுத்துக்கொண்டது. கணிசமான நேரம் எந்த வகையான இயக்கமுமின்றி இரத்தத்தை உறிஞ்சியது. அதனை வரைந்த படத்தில் காணும்போது, அதன் வால் ஒரு பூனையைப் போல காட்சியளித்தது.

ஜேம்ஸ் பார்சன்ஸ் மேலும் கூறுகையில், இயற்கை வரலாற்றாசிரியர்கள் யாரும் இந்த விலங்கைப் பற்றி எந்தக் கணிப்புக் கொண்டிருக்கவில்லை - அவர் பார்த்த வரையில், கற்றறிந்த டாக்டர் வால்டர் சார்லெட்டனைத் தவிர (பெயரளவில் அந்த விலங்கு வித்தியாசமாக சொல்லளவில்) வரையப்பட்ட படம் அதன் அடியில் விலங்கின் பெயர் எழுதப்பட்டு இருந்தது. டாக்டர் ஜான் லாஸ்சன் இந்தப் படம் வரைய செலவு செய்தார். அதன் வால் நரி போன்றும், வேட்டை நாய் போன்றும் இருந்தாலும், சியாஸ்குஸ் என அந்த விலங்கின் பெயர் எழுதப்பட்டு இருந்தது. அவர் அதைப் பூனைகளுக் கிடையே மிகச் சரியாக மதிப்பிட்டார். இதனால் அந்த விலங்கைப் பற்றிய மதிப்பீட்டைக் கொடுத்ததால் அவர் இலண்டன் இராயல் சொசைட்டியின் அறிவிப்புக்குத் தகுதியானவரானார். அதில் ஜேம்ஸ் பார்சன்ஸ் பின்வரும் எடுகுறிப்பை உருவாக்கியிருந்தார்.

காலநிலை வேறுபாடு, வாழ்க்கை முறை மற்றுமுள்ள வேறுபாடு ஆகியவற்றைப் பொறுத்து மாறுபடும் காட்டுப் பூனைகள் மன்னர் இரண்டாம் சார்லஸ் அவர்களின் பூங்காவில் வைக்கப்பட்டதைத் தவிர வேறெதற்கும் அது கவனிக்கத் தகுதியற்றதாகும். சூரத்தின் ஆளுநராக

இருந்த ஆங்கிலேயர் ஒருவரால் மன்னருக்கு அனுப்பப்பட்ட இந்த விலங்கு, பிற பெயர்களினூடே பாரசீகமொழியில் சியாஸ்-குஷ் என அழைக்கப்பட்டது. அதன் கருப்புக் காதை வைத்து, சோழமண்டலக் கடற்கரை முழுவதும் இது அறியப்பட்டிருக்கிறது. ஒரு நரியின் அளவு இது. ஆனால், வடிவத்தில் ஒரு பூனையைப் போலிருந்தது. மேலும் தந்திரமும், சிறுத்தையின் கொடூரமும் பூனையின் முட்டுகளுடனும் இருந்தது. ஆனால், நீண்ட மற்றும் உடலுரமுடைய மிகவும் வலிமையுடைய அது தன் வழியில் வந்த ஒரு வேட்டை நாயை ஒரு நொடியில் கொன்றதை ஜேம்ஸ் பார்சன்ஸ் பார்த்தார். அதன் கால்கள் முடியுடன் தடினமாக இருந்ததோடு, அதன் நகங்கள் அவற்றின் கீழ் மறைந்திருந்தன. அதன் இரையைக் கைப்பற்றியவுடன் அவை ஒருபோதும் நகத்தை நீட்டவில்லை. இது அரிமாக்கள், சிறுத்தைப்புலி மற்றும் வீட்டுப் பூனைகளைப் போலவே பொதுவானது. ஆனாலும் இந்த விலங்குக்கு விந்தையாக இருப்பது என்னவென்றால், அது இறந்திருப்பது போலவோ மகிழ்ச்சியாகவோ அல்லது அந்த உயிரினத்தின் குருதியைக் குடிப்பதற்காகவோ அது தன் இரையின் மேல் குதித்து, உடனே அதன் மேல் படுத்துக்கொண்டு அதை அசையாமலிருக்க வைத்து விட்டுப் பிடித்துக்கொண்டு கடிக்கும். இந்தியாவில் உள்ள மக்கள் அவற்றை அடக்கி வளர்த்தனர். ஏனென்றால் அவர்கள் பறவைகள், முயல்கள், குழிமுயல்கள் போன்றவற்றைப் பிடிப்பதில் திறமையாக இருந்தனர். மேலும் அவர்களுடைய தொழிற்திறன் மற்றும் உக்கிரத்தின் மூலம் ஒரு நரியைக்கூட பிடிப்பார்கள். ஆனால் அவர்களின் பாதுகாவலர்கள், தங்கள் வலிமைக்கு மேல் எதையும் தாக்கித் துன்புறுத்த மாட்டார்கள். எனவே, அவர்கள் நாரை, கொக்குகள், வாத்துகள், முக்குளிப்பான்கள், தாமரைக் கோழிகள், கதுவாலிகள், மயில்கள் ஆகியவற்றில் மட்டுமே அமைத்தனர். அஞ்சி ஓடும் விலங்குகளான முயல், குழிமுயல், ஆடு ஆகியவைகளை மிகவும் எளிதாகப் பிடித்துவிடுவார்கள். அவை உடல்நிலை சரியில்லாமலிருந்தபோது (வயிற்றில் அதிகப்படியான வயிற்று வலியால் அவை அடிக்கடி இருந்தன) அதன் பாதுகாவலர்கள் மனிதச் சிறுநீரில் நனைத்து அவற்றுக்கு உணவாக அளித்தனர். மேலும் வேட்டையாடுவதன் மூலம் காயமடைந்தோ அல்லது சோர்வாகவோ இருந்தால், அவற்றிடம் கொஞ்சம் பதனிடப்பட்ட இறைச்சி உணவாக பிணத்தைத் தந்தனர். அவை குணமடையும் வரை ஒரு கதகதப்பான இடத்தில் ஓய்வெடுக்க வேண்டும். இந்த காட்டுப்பூனையானது, சிங்கம் கொன்றொழித்த விலங்குகளை விட்டுச் சென்றதை உண்பதற்காக, சற்று தூரத்திலிருந்தே பின்தொடர்ந்ததாகக் கூறப்படுகிறது. ஜேம்ஸ் பார்சன்ஸ் அவர்கள் பூனைகளுக்கிடையே காட்டுப்பூனையைத்

தரவரிசைப்படுத்த விரும்புவதாகக் கூறினார். மேலும், கார்ல் லின்னேயஸ் அவர்களுடன் சேர்ந்து அவருடைய ஆர்டோ செகுண்டோ (Ordo Secundo)வில் ஃபெலிஸின் (Felis) அய்ந்தாவது இனத்தைச் சேர்ந்த தாக்கிக்கொண்டு, அது காட்டுப்பூனையின் முதன்மைக் குணங்களுடன் ஒத்துப்போனதாக ஏற்றுக்கொண்டனர்.[31] இதனால் காட்டுப்பூனை போன்ற விந்தையான (அறிமுகமற்ற) விலங்குகள் ஆங்கிலேயர்களால் மெட்ராஸிலிருந்து இலண்டனுக்குக் கொண்டு செல்லப்பட்டன என்பதை அறிய முடிகிறது.

அய்ரோப்பிய மிஷனரிகளால் கவனிக்கப்பட்ட நாய்களின் வகைகளும் மற்றும் வெறிநாய் கடிகளுக்கான உள்ளூர் (பூர்வீக) பண்டுவமும் (சிகிச்சையும்) (1756-1792)

அய்ரோப்பியர்கள் தமிழ்நாட்டில் நாய்கள், காவல்நாய்கள் மற்றும் வேட்டைநாய்கள் ஆகியனவற்றைக் கவனித்தனர். மதுரையிலிருந்து திருச்சிராப்பள்ளிக்குத் தன் தலைநகரை மாற்றிய திருமலை நாயக்கர் அவர்கள் எல்லா நேரங்களிலும் நாய்கள் குரைப்பது அச்சுறுத்தலாக இருக்கிறது எனத் தெரிவித்தார். எனவே, அவர் 1666இல் திருச்சிராப் பள்ளியிலுள்ள அனைத்து நாய்களையும் இரவில் பெருந்தொல்லை தருவதன் காரணமாக அவற்றை கொல்லும்படி உத்தரவிட்டார்.[32] அவர் ஆட்சியில் நாய்களால்கூட நிம்மதியாக வாழ முடியாது என மக்கள் சொல்வதற்கு இது வாய்ப்பளித்தது.

தமிழ்நாட்டில் மிஷனரிகளால் வெறிநாய் கடிக்கு மருத்துவம் பார்க்கப்பட்டது. புதுச்சேரி மருந்துக் கலவையாளராகவிருந்த சேசு சபையினரான மூான்-பப்திஸ்து துசாசல் அவர்கள் நச்சுக்கடிகள் குறித்த தமிழ் மருத்துவம் படித்திருந்தார். அவர் பிரஞ்சு மொழியில் பாதிக்கப் பட்டவர்களுக்கு மருத்துவமளிக்கும் புதிய, நிச்சயமான, குறுகிய மற்றும் எளிதான முறை என்ற தலைப்பில் ஒரு கட்டுரை எழுதி 1756இல் பாரீசில் வெளியிட்டார்.[33] இவ்வாறாக தமிழகக் கடலோரத்தில் உள்ள பிரஞ்சுக்காரர்கள் நச்சுக்கடிக்கு மருத்துவம் அளிப்பதற்கான மருத்துகளைப் பற்றி அறிந்துகொண்டதையும், தமிழர்களின் மரபுவழி மருத்துவத்தைப் பாதுகாப்பதற்கான நடவடிக்கைகள் எடுத்ததையும் அவர்களுடைய அறிவை பிரான்சுக்குப் பரப்பியதையும் காண்கிறோம்.

கிறிஸ்டோஃப் சாமுவேல் ஜான் என்ற பிராட்டஸ்டன்ட் மிஷனரி அவர்கள் தரங்கம்பாடியிலிருந்து ஹாலேயில் உள்ள மிஷனரிகளுக்கு 6 மே, 1792 நாளிட்ட கடிதத்தில் வெறிநாய் கடித்ததற்கு எதிரான மருத்துவக் குறிப்பைக் குறிப்பிடுகிறார். அய்ந்து பொருட்களால் ஆன

பசையொன்றை இறக்கும் நிலையிலுள்ள நாட்பட்ட வெறிநாய்க் கடிக்கு ஆளான நோயாளிக்குக் கொடுக்கப்பட்டது. இது நோயாளியை சாவிலிருந்து காப்பாற்றியது எனத் தெரிவித்தார்.[34]

தரங்கம்பாடியில் ஜோஹன் கிறிஸ்டியன் வைடேபுரூக் மற்றும் ஜோஹன் பல்தசார் கோல்ஹாஃப் ஆகியோர் எழுதிய மரப்பூனை பற்றிய விளக்கம், (1763)

ஜோஹன் கிறிஸ்டியன் வைடேபுரூக் மற்றும் ஜோஹன் பல்தசார் கோல்ஹாஃப் என்ற தரங்கம்பாடியிலிருக்கும் இரு மிஷனரிகள் ஒரு சிறப்பு வகை விலங்கான ஒரு பொதுவான மரப்பூனையைப் பற்றி மெட்ராஸிலுள்ள அய்ரோப்பியர்களால் கத்திப்பூனை என்றழைக்கப்படுகிற மரநாய் என்ற அந்தத் தமிழ்ப் பெயரை மொழிபெயர்த்து டிரி-டாக் என அழைத்தனர். மேலும், 29 சூலை, 1763 நாளிட்ட தங்கள் அறிக்கையில் செர்மன் மொழியில் பாம் ஹன்ட் என்றும் குறிப்பிட்டுள்ளனர். அவை கிட்டத்தட்ட ஒரு நாயைப் போன்ற நடுத்தர அளவுடனும், ஆனால் பூனையைப் போல தோற்றமளிப்பதாகவும் அவர்கள் குறிப்பிட்டனர். வாய் நீளமாகவும், கரும்பழுப்பு நிறத்திலுமிருந்தது. அதன் முதுகில் இரு கருப்புக் கோடுகள் இருந்தன. காதுகள் சிறியதாகவும் கூர்மையாகவும் இருந்தன. அதன் கால்களில் நகங்களிருந்ததால் பூனை போல மரத்தில் ஏறியது. அது தென்னை மரங்களில் ஏறி, கள் இறக்குவதற்காகக் கட்டப் பட்டிருந்த கள் பானைகளிலிருந்த கள்ளையும் குடித்தது. அதைச் செய்ய முயன்றபோது அந்த விலங்கு பானைகளைத் தள்ளி, கீழே விழுந்து உடைந்தது. பனை மரங்களிலிருந்து கள் இறக்கும் தொழில் மரபார்ந்த தொழிலாக இருந்தது என்ற செய்தியைத் தங்கள் அறிக்கையில் மிஷனரிகள் வழங்கினர். இந்த மரங்களின் காய்களுக்கடியில் மண் பானைகளைக் கட்டிச் சில உள்நாட்டுத் தொழில்நுட்பச் செயல்முறை களால் பனஞ்சாற்றை மதுவாக ஆக்கினர் என அவர்கள் சொன்னார்கள். சேமிக்கப்பட்ட கள், சொந்தக் கிராமத்து ஆண்களுக்குக் குடிப்பதற்காக விற்கப்பட்டது. இந்த மரப்பூனைகள் பனம் பழங்களைத் தின்பதற்காக இவ்வளவு உயரமான பனை மரங்களில் ஏறி இந்தக் கள் பானைகளைக் கொட்டி அழித்து, கள் இறக்குபவர்களுக்குப் பெரும் இழப்பை ஏற்படுத்தியது.[35]

தரங்கம்பாடியில் ஜோஹன் கிறிஸ்டியன் வைடேபுரூக் அவர்களின் உடும்பு பற்றிய அறிக்கை (1765-1770)

ஜோஹன் கிறிஸ்டியன் வைடேபுரூக் அவர்கள் 15 அக்டோபர், 1765ஆம் நாளிட்ட மிஷனரி அறிக்கையில் உடும்பு பற்றி எழுதினார்.

அவர், இந்த விலங்கு தரங்கம்பாடியில் காணப்படும் ஒரு சிறப்பு வகை என்றும் மேலும் தமிழர்களால் அலங்கு என்றும் அழைக்கப்படுகிறது என்று அவர் சொன்னார். தரங்கம்பாடி சுற்றுவட்டாரத்திலுள்ள பொறையாறு சிற்றூரில் இந்த அரிய மற்றும் விந்தையான விலங்கு, எண்ணெய் வணிகரொருவரின் வீட்டுச் சுவரில் காணப்பட்டது. மக்கள் அதைப் பெருங்கடினப்பட்டுக் கொன்றனர். மக்கள் அந்த விலங்கை அடித்தபோது, அது வளைந்து தீப்பொறிகளை ஏற்படுத்தியது. அதன் வயிற்றில் ஓர் இரும்புக் கம்பியால் துளைக்கும் வரை அதனைக் கொல்ல முடியாது. ஒரு வியப்பான செய்தி என்னவென்றால், அது யானையைக்கூட கொல்லும் ஆற்றல் கொண்டது. அது யானையைச் சுற்றி வளைத்து யானை இறக்கும் வகையில் அதன் நடுவுடற்பகுதியை அழுத்தியது. உடும்பு ஆழமான பள்ளத்தாக்குகளில் வாழ்ந்ததாகவும் அதனைக் காண்பது மிகவும் அரிது என்றும் வைடேபுரூக் குறிப்பிட்டார். தரங்கம்பாடியிலுள்ள மிகவும் முதியவர்கள்கூட அதை ஒருபோதும் பார்த்ததில்லை என்று தெரிவித்தனர்.[36]

ஜோஹன் கிறிஸ்டியன் வைடேபுரூக், உடும்பு ஒரு பெரிய பல்லியைப் போல தோற்றமளிப்பதாகக் கூறினார். தலை மற்றும் வாலைத் தவிர வடிவத்தில் இரண்டுமே ஒரே மாதிரியாகச் சுட்டிக் காட்டப்பட்டிருந்தாலும், முந்தையது ஒரு அகழெலி போல் இல்லை. அதன் முழு நீளமும் ஒரு ஜெர்மன் எல் (தமிழில் விரற்கிடை/அங்குலம் அளவுக்குச் சமமானது) அளவும் அய்ந்தில் எட்டு நீண்டும், அதன் அகலம் அரை எல் அளவும் ஆகும். வால் அரை எல் நீளமும், அதன் அகலமான பகுதி ஒரு சாண் அளவும் முன் கால்கள் ஒரு எல்லில் கால் பகுதி நீளமும், பின் கால்கள் சிறிது நீளமும் கொண்டவை. அதன் மூஞ்சி எல் நீளத்தில் எட்டில் ஒரு பகுதியாகும். மேலும், அதன் முனை கட்டைவிரல் தடிமண் கொண்டது. வயிறு மற்றும் கால்களின் கீழ்ப்பகுதி தவிர (ஒருவனின் கையின் நீளம் மற்றும் அகலத்திற்கு அது மென்மையாக இருந்தது) முழு உடலும் கடினமான, வலுவான மற்றும் ஒளிபொருந்திய செதில்களால் மூடப்பட்டிருந்தது. இது தசை ஓடு போன்ற வடிவத்திலிருந்தது. அவற்றில் மிகப் பெரியது மூன்று விரல் அளவு நீளமும் அகலமும் கொண்டிருந்தது. அதன் செதிலின் கீழ் பன்றியின் கூர்மயிர் போன்ற இரண்டு அல்லது மூன்று முடிகள் வெளியே வந்தன. அதன் வளைந்த முன்நகங்களில் அய்ந்து வலுவான நீண்ட நகங்கள் இருந்தன. ஆனால், வளைந்த பின் நகங்கள் நான்கு மட்டுமே இருந்தன. பின்தொடர்ந்தபோது அது ஒன்றோடு ஒன்றாக உருண்டது. முதுகு மற்றும் வாலைத் தவிர வேறெதுவும் தெரியவில்லை.

அய்ரோப்பாவில் 1770 அளவில் அறியப்பட்ட இரண்டு இனங்கள் இருந்தன என்பது விலங்கு குறித்த விளக்கவுரையிலிருந்து பெறப்பட்டது. அவற்றிலொன்று முடியால் மூடப்பட்டிருந்தது. மற்றொன்று செதில்களால் மூடப்பட்டிருந்தது. முதலாவது மிர்மிகோபா என்று அழைக்கப்பட்டது. மற்றொன்று மனிஸ் என்று அறியப்பட்டது. லின்னேயஸ் அவர்கள் சிஸ்டமா நேத்துரே (Systema Naturae) 12ஆம் பதிப்பில் குறிப்பிட்டிருந்தார். விலங்கின் முதல் வகை அய்ந்து கால்விரல்கள், மற்றதற்கு நான்கு கால் விரல்கள், இந்த இரண்டு வகைகளுக்கிடையில் தற்போதைய உடும்பு பின்னர் வைக்கப்பட்டது. இந்த விலங்கு எறும்புகளைப் பிடிக்கும் குடும்பத்தைச் சேர்ந்தது. அதற்குப் பற்கள் இல்லை. ஆனால், நீண்ட மற்றும் வட்டமான நாக்கு இருந்தது. அதனால் அந்த எறும்புகளைப் பிடித்தன. இந்த விலங்கின் வால், திரு. டேம் அவர்கள் வலியுறுத்தியதைப் போல் உண்ணப்பட்டதா என்பதை அந்நேரத்தில் உறுதிப்படுத்தவோ கண்டுபிடிக்கவோ முடியவில்லை.[37]

கிறிஸ்டியன் போலோ தரங்கம்பாடியில் கீரி பற்றிய அறிவிப்பு, 1784

தரங்கம்பாடியைச் சேர்ந்த மிஷனரியான கிறிஸ்டியன் போலே அவர்கள் 16 நவம்பர் 1784இல் அவர் கவனித்த கீரிப்பிள்ளை பற்றி எழுதினார். அவர் அடிக்கடி கீரியைப் பற்றிக் கேள்விப்பட்டதாகவும் சில நேரங்களில் காட்டுப் பகுதிக்கு வெளியே பார்த்ததாகவும் கூறினார். அவர் அடக்கமான ஒன்றினை வாங்கியதாகவும், அது நான்கு கால்களைக் கொண்ட ஒரு சிறிய விலங்கு என்றும், அணிலைவிட சற்று பெரியது என்றும் கூறினார். அதன் தலை நரியைப் போலவும், சாம்பல், கருப்பு மற்றும் வெள்ளை முடியுடனும் நீண்ட வாலுடனும் இருந்தது. பகல் நேரத்தில் அது எலிகள், சுண்டெலிகள், பறவைகள், தவளைகள் மற்றும் பாம்புகளைப் பிடித்தது. கீரி, கோழியை விரும்புவதால் கொடிய விலங்கு என்று கூறப்பட்டது. மிஷனரி தன் கீரிக்கு பச்சையான இறைச்சியையும் இனிப்பான பாலையும் கொடுத்ததாகக் கூறினார். கீரி சர்க்கரை இனிப்பையும் விரும்பியது. இந்தக் கீரி நிலத்திற்குள் சிறு துளைகளையுண்டாக்கிப் புழுக்களையும் உண்டது.[38]

கீரி ஒரு பாம்பைச் சாப்பிட முடியுமா என்பதையறிய ஓர் ஆய்வை மேற்கொண்டதாக கிறிஸ்டியன் போலே கூறினார். முதலில் அது பாம்புடன் விளையாட விரும்புவது போல் நடித்தது. ஆனால், பின்னர் அது பாம்பைக் கழுத்தில் பிடித்து மிக வேகமாகக் குலுக்கியதால், பாம்பால் கடிக்க முடியவில்லை. கீரியின் முடி நிமிர்ந்து அது உறுமியது. அதன் அனைத்து அடக்கக் குணமும் போய்விட்டது. கீரி,

பெரிய நச்சுப் பாம்புகளைத் தாக்கியது எனத் தரங்கம்பாடி மக்களால் கூறப்பட்டது. அதைப் பாம்பு கடித்திருந்தால் நஞ்சை எதிர்க்கும் சிறப்பு புல்லினைச் சாப்பிட்டுவிட்டு மீண்டும் பாம்பைத் தாக்கியது. இந்தப் புல் ரகசியமாக இருப்பதாக மக்களால் கூறப்பட்டது. இந்தச் சிறப்புப் புல் மக்களுக்குத் தெரிந்திருந்தால் பாம்புக்கடியைக் குணப்படுத்தப் பயன்படுத்தலாம்.[39]

எலிகள் மற்றும் பெருச்சாளிகள் பற்றி கிறிஸ்டோப் சாமுவேல் ஜானுடைய ஆய்வும், தரங்கம்பாடியிலிருந்து ஜெர்மனியிலுள்ள பேராசிரியர் ஜே.ஆர்.பார்ஸ்டருக்குத் தொடர்பு கொள்ளப்பட்டதும், (1793)

கிறிஸ்டோப் சாமுவேல் ஜான் அவர்கள் எலிகள் மற்றும் பெருச்சாளிகள் பற்றிய தன் கண்காணிப்புகளை ஜெர்மனியிலுள்ள பேராசிரியர் ஜே.ஆர்.பாஸ்டருக்கு எழுதினார். அவருடைய கடிதத்தில் தரங்கம்பாடியிலுள்ள பொதுவான சாதாரண எலிகள் அய்ரோப்பிய இனங்களிலிருந்து வேறுபட்டவை அல்ல என்றும், அவை வயல்கள், தோட்டங்கள் மற்றும் நெற்களஞ்சியங்களில் பெரும் இழப்பை ஏற்படுத்தின என்றும் கூறினார். இங்குள்ள பூனைகள் இறைச்சியைச் சாப்பிடுவதன் மூலம் எலிகளுடன் அதிகம் தொடர்புகொள்கின்றன. அவை அவற்றைப் பிடிப்பதில்லை. பல வீட்டு நாய்கள் எலிகளைப் பிடிப்பதில் சிறந்து விளங்கின. எலி பிடிப்பவர்கள் தமிழில் இருளர்கள் என்று அழைக்கப்படுகிறார்கள். இவர்கள் சிறந்த திறமைகளைப் பெற்றிருந்ததால் அவற்றைப் பெருமளவில் பிடித்தனர். அத்தகைய எலி பிடிப்பவர்கள் இரவு பகலாக எப்போதும் தமிழ்நாட்டில் வாடகைக்கு அமர்த்தப்பட்டனர். எலி பிடிப்பவர், துளைக்கு முன்னால் ஒரு சிறிய விளக்குடன் அமர்ந்து, அந்தத் துளைக்குள் ஒரு உள்ளீடற்ற மூங்கில் குச்சியை வைக்க, அவர் அதைப் பெரிதாக்கினார். அவர் மூங்கில் குச்சியின் குழிக்குள் தூண்டிலாக ஒரு கருவாடு (உலர்ந்த மீன்துண்டு) உடன் ஒரு சிறிய குச்சியை வைத்து, குச்சி நகரும்வரை காத்திருந்து எலியைப் பிடித்தார். ஒரு நாளில் எலி பிடிப்பவர் 160 எலிகளை, மிஷனரிகளின் பண்டகசாலையில் பிடித்தார். எலி பிடிப்பவர் பிடித்த சில எலிகளைத் தனக்கு ஒரு நல்ல உணவைச் செய்ததோடு, பிற எலிகளை மற்றவர்களுக்கு விற்றார். எலிகளில் சில கொடியவையாக, ஆபத்தானவையாக இருந்தன என்றும், அவை கடித்தால் கொடூரமான விளைவுகள் ஏற்பட்டதாகவும் கூறப்படுகிறது.[40] கிறித்தவரொருவர் ஓர் எலி கடித்துப் பல மாதங்களாக மூச்சு வலியால் தொல்லைப்பட்டு இறுதியாக அவர் இறந்தது சி.எஸ்.ஜான் அவர்கள் அதிர்ச்சியடைந்ததாகக் கூறினார். இந்த வகைக் கொடிய எலிகளை,

அவர் தனிப்பட்ட முறையில் பார்க்கவில்லை என்று அந்த மிஷனரி கூறினார். சிதம்பரம் முதல் பழவேற்காடு வரையிலான வட்டாரங்களில் பொதுவான எலிகளைவிட, மூன்று முதல் நான்கு மடங்கு பெரிய அளவிலான எலிகள் இருந்தன. அவை நிறைய இழப்பை ஏற்படுத்தின. அவை தமிழில் பெருச்சாளி என்று அழைக்கப்பட்டன.[41]

தரங்கம்பாடியில் கிறிஸ்டோப் சாமுவேல் ஜான் குறிப்பிட்ட குரங்குகளின் வகைகள், (1795)

சி.எஸ். ஜான் 1755இல் பல்வேறு வகையான குரங்கு பற்றிக் குறிப்பிட்டார். அவர் மாக்குரங்கு ஒரு வகையான குரங்கு என்று விளக்கியதோடு, அதன் உறவினர்களுடன் ஒப்பிடும்போது இது மிகவும் சிறிய பழுப்பு நிறக்கண்களோடு நீண்ட முகத்தையுமுடையதாகும் என்று கூறினார். விரல்களும், நகங்களும் மனிதர்களைப் போலவே இருந்தன. அது தேங்காய் மற்றும் உள்ளூர்ப் பழங்களை உட்கொண்டது.[42] மற்ற குரங்குகளிலிருந்து வேறுபட்ட கருமந்தி (கருப்புக் குரங்கு - பேட்டை இலைக் குரங்கு) என்று மற்றொரு வகை இருப்பதாக அந்த மிஷனரி கூறினார்.[43]

தஞ்சாவூரில் மன்னர் இரண்டாம் சரபோஜி விலங்குகளை சேகரித்தல், மற்றும் அய்ரோப்பியத் தாக்கம் (1805-1827)

தஞ்சாவூர் ஆட்சியாளர் இரண்டாம் சரபோஜி (1777-1832) விலங்குகளை வாங்குவதில் ஆர்வங்காட்டினார். ஆஷ்டன் என்ற ஆங்கிலக் குழும அதிகாரி அரசருக்கு சிறந்த மாதிரி நாய்களை வாங்கினார். எட்டயபுரத்தின் பாளையக்காரரான எட்டப்ப நாயகர் அவர்களிட மிருந்தும் நாய்கள் வாங்கப்பட்டன.[44] 1805இல் சரபோஜிக்கு ஒரு நல்ல வளர்ப்பினத்தின் ஆங்கில நாயொன்று இருந்தது.[45] யானைகளும் குரங்குகளும் இலங்கையிலிருந்து தஞ்சாவூருக்குக் கொண்டு வரப்பட்டன.[46] அய்ரோப்பியக் கப்பல்களில் வந்த வெளிநாட்டு நரி மற்றும் சீனக்கோழி போன்ற விலங்குகளை வாங்குவதற்காக தஞ்சாவூரின் படையலுவலர் நாகோஜி சாஹோஜி மெட்ராஸுக்கு அனுப்பப்பட்டார்.[47]

ஓர் அழகான சிறுத்தை (தமிழில் சிறுத்தைப் புலி) வில்லியம் பிளாக்பான் என்ற பிரித்தானியக் குடியிருப்பாளரால் வழங்கப்பட்டது.[48] ஓர் இளம் சிறுத்தை மற்றொரு பிரித்தானியக் குடியிருப்பாளரான ஃபைஃப் என்பவரால் வழங்கப்பட்டது.[49] தரங்கம்பாடியிலுள்ள சி.எஸ். ஜான் என்ற மிஷனரி ஒரு பெரிய கூட்டுடைய கிளி மற்றும்

ஓர் அழகிய இறகினையுடைய லூரியை அனுப்பினார். தன்னால் பணிக்கு அமர்த்தப்பட்ட தமிழ் ஓவியரான கிருபா சமுத்திரம், சிறப்பாக வரைந்த விலங்கு படங்களைக் கொடுத்தார்.[50] புதுக்கோட்டையின் ஆட்சியாளரான விஜயரகுநாதத் தொண்டைமான் (1789-1807) அவர்கள், சரபோஜிக்கு சாம்பார்-பீரை (தமிழில் கலைமான்)) அன்பளிப்பாக வழங்கினார்.[51] புலிகள், சிறுத்தைகள் மற்றும் கரடிகள் போன்ற காட்டு விலங்குகள் தஞ்சாவூர் காடுகளிலிருந்து பிடித்து வரப்பட்டன. அரசக்காட்டு விலங்குக் காட்சி சாலையில் புலிகள் பெரும் ஈர்ப்பாக இருந்தன.[52] சி.எஸ். ஜான் தன் நாட்குறிப்பேட்டில் அரண்மனைக் காட்டு விலங்குக் காட்சிசாலையில் பிடித்து வைக்கப்பட்ட மறிமான் ஒன்றைக் கண்டறிந்ததைக் குறிப்பிட்டிருந்தார்.[53] இதனால் தஞ்சாவூரில் உள்ள அரண்மனைக் காட்டு விலங்குக் காட்சி சாலை அரிய பறவைகள் மற்றும் விலங்குகளால் நிரம்பியிருந்தது.

மாலே போன்ற தொலைதூர இடங்களிலிருந்து சரபோஜியால் குதிரைகள் வாங்கப்பட்டன.[54] 1811இல் தரங்கம்பாடியிலுள்ள பிராட்டஸ்டன்ட் மிஷனரியான ஆகஸ்ட் ஃபிரடெரிக் கம்மரர் (1767-1837) என்பார் தன் அச்சே குதிரையை 25 பகோடாக்களுக்கு சரபோஜிக்கு விற்றார்.[55] தஞ்சாவூரின் ஆங்கிலக் குடியிருப்பாளர் பெஞ்சமின் டோரின் என்பார் சரபோஜிக்காக அய்ரோப்பாவிலிருந்து ஓர் அழகிய குதிரையை வாங்கினார்.[56] நரசிங்கராவ் 1820இல் சரபோஜிக்கு வடஇந்தியாவிலிருந்து குதிரைகள் மற்றும் ஒட்டகங்களை வாங்கினார்.[57] டாக்டர் நளிக் அவர்களிடமிருந்து 1727இல் ஒரு வெளிநாட்டுக் குதிரை பெருந்தொகையான 3000 பகோடாக்களுக்கு வாங்கப்பட்டது.[58] மெட்ராஸில் உள்ள ஆங்கிலேய ஆளுநர் அய்ரோப்பாவிலிருந்து ஒரு சிறந்த குதிரையையும், அரேபியாவிலிருந்து மற்றொரு மிக உயர்ந்த மற்றும் அரிய வகைக் குதிரையொன்றை 3000 பகோடாக்களுக்கு சரபோஜிக்கு விற்றார்.[59]

விலங்குகளின் படங்கள் மற்றும் ஓவியங்கள் அடங்கிய படத்தொகுப்பும் தஞ்சாவூரில் சரபோஜியால் பணியமர்த்தப்பட்ட கலைஞர்களும்

இரண்டாம் சரபோஜி அவர்களின் ஒரு ஓவியக் கலைஞர் (மூச்சி) பற்றி தரங்கம்பாடியின் மிஷனரியான கிறிஸ்டியன் போலே 1802இல் ஹாலே நகருக்கு எழுதிய கடிதத்தில் குறிப்பிடுகிறார். விலங்குகள் மற்றும் பூச்சிகளை வரைந்த மற்றொரு கலைஞர் குப்பன் சித்தர் பற்றிய குறிப்பும் அதிலிருந்தது. 1810இல் அவர் இறக்கும் வரை அரசரால் வேலையில் அமர்த்தப்பட்டிருந்தார்.[60]

சரபோஜியின் படத்தொகுப்பு சிலந்திகள் மற்றும் தவளைகளின் சிறந்த படங்களைக் கொண்டிருந்தது.[61] அந்தப் படத்தொகுப்பில் பச்சைத் தவளை நன்கு விளக்கப்பட்டிருந்ததோடு அது மருந்தாகச் செய்யப்பட்டது என்று கூறப்பட்டது. சூனியக்காரர்கள் இதைப் பெரிதும் பயன்படுத்தினர். இந்தப் படத்தொகுப்பு நண்டுகள் போன்ற ஓட்டுடலிகளின் - ஓட்டு மீன்களின் - படங்களோடு புலி இறால், கணவாய், இழுது மீன் மற்றும் கடற்புழுக்களையும் கொண்டிருந்தது.[62] பல வகையான கடல் சிப்பிகள் இருந்ததோடு, ஒரு சிப்பி மிகுந்த ஆர்வமுடன் விளக்கப்பட்டுள்ளது.[63] 1807இல் ஆங்கிலக் கிழக்கிந்தியக் குழுமத்திற்குத் தஞ்சாவூரைச் சேர்ந்த ஆங்கிலேயக் குடியிருப்பாளரான பெஞ்சமின் டோரின் அவர்கள் அந்த படங்களைப் பரிசாக வழங்கினார்.[64]

சரபோஜி அவர்களின் படத்தொகுப்பிலுள்ள விலங்குகளின் விளக்கம்

அந்த படத்தொகுப்பில் புலி நன்கு வரையப்பட்டதோடு சிறப்பாக விளக்கப்பட்டிருந்தது. புலி அனைத்து விலங்குகளையும் விட அதிக வலிமை கொண்டது என்றும், சினமூட்டாமலேயே அதன் இயல்பு கடுமையானது மற்றும் கொடூரமானது என்றும் எழுதப் பட்டுள்ளது. இந்த விலங்கிடம் எந்த வகையான கருணையும் எதிர்பார்க்க முடியாது. அதன் கண்மூடித்தனமான சினத்தால், அது சந்தித்த ஒவ்வொரு விலங்கையும் கிழித்துத் துண்டு துண்டாக்கியது. மைசூரில் அல்லது நாட்டின் மேற்குப் பகுதியில் உள்ள புலி, தன் மூக்கிலிருந்து வால் வரை ஒன்பதடி நீளமும் அய்ந்தரையடி உயரமும் இருந்தது. ஆனால், இந்தப் படத்தில் வரையப்பட்டப் புலி, நாட்டின் கிழக்குப் பகுதியில் கிடைத்தது. அதன் அளவு மூக்கிலிருந்து வால் வரை எட்டடி நீளமும் நான்கடி உயரமும் இருந்தது. மேலும், அது இளமையாக இருந்தபோது கொண்டு வரப்பட்டு, தொடர்ந்து ஒரு வலுவான மரக்கூண்டில் அடைக்கப்பட்டிருந்தது.[65] அரண்மனையில் இந்தப் புலியைக் கண்ட தரங்கம்பாடி மிஷனரி சி.எஸ். ஜான், ஜெர்மனிக்கு அனுப்பிய கடிதத்தில் இதனையும் விளக்கியிருந்தார்.[66] எல்லா வகையான விலங்குகள் குறித்த விளக்கங்களிலும் அரசனின் புலியே நீளமாக இருந்தது. இந்த விலங்கு மானைப் பிடித்தது. இந்த விலங்கின் இளம் வகை மிக விரைவாகவும் கடுமையாகவும் துரத்திப் பிடிக்கும். ஆனால் மூத்த விலங்கோ வேட்டையாட இரண்டு ஆண்டுகள் பழக வேண்டும். இந்த வகையில் ஆண் புலியும் பெண் புலியும் வேட்டையில் துல்லியமாக இருந்தன.[67]

சியாஸ்-குஷ் என்றழைக்கப்படும் விலங்கு, வெள்ளை மற்றும் சிவப்பு ஆகிய இரண்டு நிறங்களைக் கொண்டிருந்தது எனக் குறிப்பிடப் பட்டுள்ளது. இது ஒரு நேர்த்தியான, கரடுமுரடான, மேலும் குறுகிய கூந்தலுடன் அளவில் நரியைவிட சற்று பெரியதாக இருந்தது. ஆனால், மிகவும் கடுமையான இந்த விலங்கு, பாஜ் என்றழைக்கப்படும் பறவை போலவும், கட்ச் நாட்டுக் குதிரை போலவும் பல்வேறு எடுத்துக் காட்டுகளுடன் முஸ்லிம்கள் வரலாற்றில் சேவை செய்யத் தகுதி பெற்றது. சியாஸ்-குஷின் இந்தப் பெயர் கூந்தலுடன் கொண்ட நீளமான காதுகள் மூலம் வந்தது. இந்த விலங்கின் உணவு செம்மறியாடு, பறவை ஆகியனவற்றின் தசையும் பாலுமாகும். ஆற்காடு நவாப் இவ்விலங்கை வளர்ப்பதில் ஆர்வங்காட்டினார்.[68]

தமிழில் காட்டெருமை என்று விளக்கமளிக்கப்பட்ட விலங்கு, தஞ்சாவூர் அரசிலுள்ள புட்டிக்கண்டு காட்டில் இருந்து வந்ததாகக் கூறப்படுகிறது. இந்த விலங்கு இயற்கையிலேயே காட்டுத்தனத்துடன் இருந்ததோடு, அவை தங்களை மக்களிடமிருந்து விலக்கி வைப்பதில் மிகவும் கவனமாக இருந்தது. காட்டிலிருந்து அவை எடுத்து வந்த பிறகு நீண்டகாலம் வாழாது. இந்த விலங்கு வேதாரண்யத்திலிருந்து காட்டில் வெகுதொலைவிலில்லை. அது இளமையாகவும் முழுமையாக வளராமலும் இருந்தபோதே காட்டிலிருந்து கொண்டுவரப்பட்டது. மண்டையோட்டின் மேல் அல்லது அதன் கொம்புகளுக்கிடையில் வளர்ந்த சதைப்பற்று 1/2 அடி உயரமும் விலங்கின் உயரம் 5 அடியும் நீளம் 6 அடியுமாகும்.[69]

சென்னையில் தாமஸ் கேவர்ஹில் ஜெர்டனும் வால்டர் எலியட்டும்: தேவாங்கு, பன்றி, கரடி மற்றும் புலி பற்றிய ஆய்வு விளக்கப்பட்டது 1845-48

தாமஸ் கேவர்ஹில், (1811-1872) மெட்ராஸ் நிர்வாகத்தின் ஆங்கிலக் கிழக்கிந்தியக் குழுமத்தின் உதவி அறுவை மருத்துவர் மற்றும் வால்டர் எலியட் ஆகியோர் தமிழ்நாட்டில் காணப்படும் பாலூட்டிகள் பற்றிய ஆய்வில் ஆர்வம் காட்டினார்கள். அவர்கள் இலண்டனிலுள்ள பார்வையாளர்களுக்காக விளக்கங்களை எழுதினர். லெமுர் (தமிழில் தேவாங்கு) என்றழைக்கப்படுகிறது. சற்றே சிவப்பான சாம்பல் நிறத்தில் மேலேயும் கீழேயும் இருந்ததாகக் குறிப்பிடப்பட்டு உள்ளதோடு ஆனால், வெளிறிய நிறத்திலும் இருந்ததாகக் குறிப்பிடப் பட்டுள்ளது. நெற்றியில் ஒரு முக்கோணப் புள்ளியும் அதோடு அதன் மூக்கு வரை குறுகிய மெதுவான, அடர்த்தியான (உரோமம்) முடிகளும், காது வட்டவடிவில் சதைப்பற்று இல்லாமலும் இருந்தது. ஒரு லெமுரின்

நீளம் ஏறக்குறைய 8 விரற்கிடை, கை 5 விரற்கிடை, கால் 5 விரற்கிடை. இந்தப் புதுமையான சிறிய விலங்கு காடுகளில் காணப்பட்டது. ஆனால், அதன் சிறிய அளவு காரணமாக அதைக் கண்டுபிடிக்கக் கடினமாக உள்ளதோடு, அது இரவு நேரப் பழக்கம் கொண்டதாகவும் இருந்தது என ஜெர்டன் கூறினார். பொதுவாக இவ்விலங்கு அய்ரோப்பியப் பயணியர்களின் கண்காணிப்பிலிருந்து தப்பியது. காடுகளில் பெருமளவிலிருந்த லெமுரை அதிக எண்ணிக்கையில் சென்னை சந்தைக்கு உயிருடன் கொண்டு வரப்பட்டது. அதன் கண்கள், நம்முடைய சில கண் நோய்களுக்கு மிகவும் போற்றத்தக்க தீர்வாக இருந்ததாகத் தமிழ் மருத்துவர்களிடையே கூறப்படுகிறது. மேலும் பல லெமுர்களை வாங்கி அவற்றைப் பாதுகாப்பாக வைத்திருந்தார்கள். 1845இல் ஓர் இரவில் செயின்ட் ஜார்ஜ் கோட்டையிலுள்ள அவருடைய வீட்டிலிருந்து, பல லெமுர்கள் தப்பி ஓடின. அக்கம் பக்கத்திலுள்ள சில பொது அலுவலகங்களின் சன்னல்கள், முகப்பு, மாடம் மற்றும் கூரைகளில் அவற்றை அவர் கண்டுபிடித்தார்.[70]

காட்டுப்பன்றி எனத் தமிழில் அறிவிக்கப்பட்ட (தென்னிந்திய முள்ளெலி) அதன் காதுகள் இயல்பான அளவிலிருந்தன. வடிவமோ நீளமானது; வால் மிகவும் குறுகியிருந்ததால் மறைத்து வைக்கப் பட்டது போலிருந்தது. மூஞ்சி உண்மையாகக் கூர்மையாக இருந்தது. பாதங்கள் மற்றும் கை கால்கள் மிகவும் சிறியவை. தலையும் காதுகளும் மூடப்பெறாமல் புகைக்கரி நிறத்திலிருந்தது. மிக மெல்லிய மஞ்சள் நிற முடிகளுடன் அதன் வயிறு போத்தப்பட்டிருந்தது; முதுகெலும்பு வளையங்கள் அடர் பழுப்பு மற்றும் வெண்மை அல்லது வெண்மையாகவும், அகலமான பழுப்பு முனைக்கு கீழாக வளையத்துடன் வெள்ளை முனையைக் கொண்டது. இந்த முள்ளெலி சென்னை மற்றும் நீலகிரியில் கண்டுபிடிக்கப்பட்டது. பல ஆண்டுகளுக்கு முன்பு ஜெர்டன் வால்டர் எலியட்டுக்குக் கொடுத்த உயிருள்ள ஒரு காட்டுப் பன்றியைத் திருச்சிராப்பள்ளியில் வாங்கினார். அதற்கான காரணம் இந்த ஆய்பொருளை எரினாசியஸ் கட்டாரிஸ் என்று முன்பு சென்னையிலிருந்து அனுப்பப்பட்டதாக எலியட்டை நம்ப வைத்து, 1801இல் இலண்டனில் நிறுவப்பட்ட இந்திய அருங்காட்சியகத்தில் வைக்கப்பட்டது. ஜெர்டனால் கர்நாடகத்திலிருந்து இன்னொன்று பெறுவதில் வெற்றி பெற முடியவில்லை. பின்னர் அவர் நீலகிரியிலிருந்து ஒரு முள்ளெலியைப் பெற முடிந்தது.[71]

கரடி என்று தமிழில் (இந்தியக் கருப்புக் கரடி) கூறப்பட்டது கருப்பாகவும், முடி மிக நீண்டும், முரட்டு முடியாகவும் இருந்தது.

அதன் மூஞ்சி மற்றும் கால்களின் நுனி அழுக்கு வெள்ளை அல்லது மஞ்சள் நிறம். மார்பகத்தில் ஒரு வெள்ளைப் பிறை (அல்லது வி வடிவக் குறி) காணப்பட்டது. இந்த விலங்கு, பொதுவாக கன்னியாகுமரியிலிருந்து கங்கைப் பகுதி வரை குறிப்பாக குன்றுகளிலும், காடுகளிலும் காணப்பட்டது. கரடிக்கு மேல்தாடையில் நான்கு வெட்டுப்பற்களுக்கு மேல் இருந்ததில்லை.[72]

தமிழில் புலி எனக் குறிப்பிடப்பட்ட இவ்விலங்கு ஒளிபொருந்திய, காவி கலந்த இள மஞ்சள் நிறத்துடனும், கூடுதலாகவோ அல்லது குறைவாகவோ, சிறிது செம்பழுப்பு நிறமேறிய மற்றும் கருத்த கோடுகளுடனும் இருந்தது. புலியின் தனிச்சிறப்பு, மிக்க கோடிட்ட தோல், மற்ற பூனை இனைத்தைச் சேர்ந்த விலங்குகளிடமிருந்து வேறுபட்டிருந்தது. அதேபோல ஒளிபொருந்திய முரட்டுத்தனத் தீவிரத்தோடு, பெருத்த பருமனான அளவுடன் வெண்மை நிறத்துடன் நேர்த்தியாக வெளிப்பட்டது. சிங்கத்தைத் தவிர எந்த வகை பூனையும் எலியைத் தனது முன்பக்க நகமுள்ள பாதங்களால் வலிமை கொண்டு தாக்க முடியாது. இரண்டு இன வகைகளும் வலிமை கொண்டவை. அதிகமான தோல் மடிப்புடன் வயிறு வரை மொத்தமாக வளர்ந்து இருந்தது. புலியின் மேல் கொண்டுள்ள கோடுகள் இரண்டு வகைப் பட்டது. மற்ற விலங்குகளிலிருந்து வேறுபட்டிருந்தது. உயர்ந்த இமயமலைப் பகுதியிலிருந்து கன்னியாகுமரி வரையிருந்த குன்றுகளில் 6000 அடி உயரத்திலிருந்து 7000 அடி வரை உள்ள இடங்களில் பொதுவாக காணப்பட்டது. காட்டுப் பகுதிகளிலும், திறந்தவெளிகளிலும், பயிர் செய்யும் நிலப்பகுதிகளிலும், ஆற்றங்கரையோரமுள்ள அடர்ந்த புதர்களிலும் காணப்பட்டது.[73]

வெருகு, காட்டு ஆடு மற்றும் காட்டு எருது ஆகியன படைப்பிரிவுத் தலைவர் வால்டர் காம்ப்பெல் மற்றும் டி.சி.ஜெர்டன் ஆகியோரால் கவனிக்கப்பட்டது

இந்திய வெருகு, முழு மேல் பகுதி, மார்பகத்திலிருந்து உடல், கைகால்கள் பளபளப்பான கரும்பழுப்பு நிறத்தைக் கொண்டது. முகவாய்க்கட்டை மற்றும் கீழுதடு வெண்மை. அதிகமாகவோ அல்லது குறைவாகவோ தொண்டையும் மார்பகமும், ஆழ்ந்த மஞ்சள் மற்றும் சிலவற்றில் இன்னரந்த (ஆரஞ்சு) மஞ்சள் அல்லது மஞ்சள் - பழுப்பு நிறமாக இருக்கும். அதன் உடல் சில நேரங்களில் அழுக்குக் கலந்த பழுப்பு அல்லது தவிட்டு நிறக் கொட்டைப் பழுப்பு அல்லது சாம்பல் கலந்த பழுப்பு நிறம், மற்றும் பின்புறத்தின் நடுப்பகுதி சில நேரங்களில் மற்றவற்றைவிட வெளிறியதாக இருந்தது, அல்லது

உடலின் பக்கங்களின் அதே நிறமாக இருந்தது. தலையின் மேற்பகுதி சில இடங்களில் வெளிர்பழுப்பு நிறத்திலிருந்தது. ஆனால், அதன் முனையின் புறவரியானது கருமை நிறமாக இருந்தது. மேலும், பிறவற்றில் முன்கைகளுக்கு இடையில் ஒன்று அல்லது அதற்கு மேற்பட்ட ஒழுங்கற்ற கரும்புள்ளிகள் இருந்தன. உள்ளங்கால் மூடப்பெறாமலிருந்தது. தலை மற்றும் உடலின் நீளம் ஏறக்குறைய 20 விரற்கிடை, வால் முடியுடன் ஏறக்குறைய 12 விரற்கிடை. இந்த வெருகு நீலகிரி மலைகளில் காணப்பட்டது. இது பறவை வளர்ப்புப் பண்ணைக்கு மிகவும் அழிவினைத் தந்தது.[74]

நீலகிரி காட்டு ஆடு, குறிப்பாக முதிரி-வளர்ச்சி அடைந்த - ஆண் விலங்கு அடர் செம்பழுப்பு நிறத்திலிருந்தது. வெளிர் சிவப்பு- பழுப்பு நிற இருமேடுகளுக்கிடையே உள்ள குவடு, அதிகமாகவோ அல்லது குறைவாகவோ குறிக்கப்பட்டு, பக்கங்களிலும் கீழேயும் வெளிர் பழுப்பு நிறத்திலிருந்தது. கால்கள் ஓரளவு நரைமுடி போல் வெண்மையாகவும், முன்புறம் அடர்பழுப்பு நிறத்திலும், பின்புறம் வெளிர் நிறத்திலும் காணப்படும். தலை கருத்தும் மஞ்சள் - பழுப்பு நிறத்தில், நரைத்தும் குறுகியும் மிகவும் வளைந்தும், கிட்டத்தட்ட அடிப்பகுதியில் தொடர்பு கொண்டு படிப்படியாக வேறுபடுகின்றன. பல நெருக்கமான வளையங் களுடன் தலைகீழாக உட்புறம் வலிமையாகவும், வெளிப்புறம் வட்டமாகவும் இருந்தன. முழங்காலின் ஒரு விளிம்புப் பகுதி மயிரால் சூழப்பட்டு ஒரு தடிப்பான புள்ளி போலிருந்தது. மேலும், ஆண் ஆட்டின் கழுத்திலும் முதுகிலும் ஒரு குறுகிய விறைப்பான பிடரிமயிர் இருந்தது. அதன் மயிர் குறுகியதாகவும், அடர்த்தியாகவும், கரடு முரடாகவும் இருந்தது. ஆங்கிலக் குழும அதிகாரியான படைப் பிரிவுத் தலைவர் டபிள்யூ. கேம்ப்பெல் அவர்கள் இது சென்னை வேட்டைக் காரர்களால் மறிமான் என்றழைக்கப்பட்டது என்று கூறினார். மலை ஆடு என்றும் சென்னையில் உள்ள வேட்டைக்காரர்களால் இது அழைக்கப்பட்டது. இந்த விலங்கு பெரும்பாலும் நீலகிரி மற்றும் அதன் அண்டையிலுள்ள மலைப்பகுதிகளில் காணப்பட்டது. அது மேற்குத் தொடர்ச்சி மலையின் தெற்கே கன்னியாகுமரி வரை பரந்திருந்தது.[75] பாறை என்பதற்கான தமிழ்ச் சொல்லை வைத்து அதற்குச் செங்குத்து சரிவுப் பாறை ஆடு என்ற குறிப்பிட்ட ஒரு பெயரை ஆங்கிலக் குழும அதிகாரியான திரு. கிரே அவர்கள் அதற்குக் கொடுத்தார். ஒரு சமயத்தில் ஜெர்டன் அவர்கள், ஒரு மந்தையில் தோராயமாக இருபது காட்டு ஆடுகளைப் பார்த்தார். ஆனால், பொதுவாகவே அவை ஒரு குழுவில் ஆறு அல்லது ஏழுக்கு மேல் செல்லாது. பெரிய மந்தைகளில்

எப்போதும் கிட்டத்தட்ட ஒரு முதிய ஆண் ஒருவரிருந்தார். அவர் ஏறக்குறைய கருப்பு நிறத்தில் கவனத்தை ஈர்க்கும் வகையிலிருந்தார். எச்சரிக்கை கொடுத்தால் அல்லது பின்தொடர்ந்தால் காட்டு ஆடுகள் வேகமாகக் கீழ் நோக்கி ஓடுகின்றன. மேலும், நிலத்தின் மேடு பள்ளங் களுக்கிடையில் சரிவரப் பார்க்க முடியாமல் போய்விட்டாலோ, அல்லது சரிவுகளின் அடிவாரத்திலுள்ள மலைப்பகுதிக்கு நேராகக் கீழே சென்றுவிடும். காட்டு ஆடுகள் அவ்வப்போது காடுகளில் தஞ்சமடைந்தன. அதன் வழி அவை தீங்கின்றிச் சென்றன. காட்டு ஆடுகள் மிகவும் எச்சரிக்கை உணர்வுள்ள விலங்குகள். நீலகிரியின் வரையறுக்கப்பட்ட எல்லைக்குள் அவை பெரிதும் வேட்டையாடப் பட்டன. மதுரையின் மேட்டு நிலப்பகுதிகளிலும் அண்டையிலுள்ள பழனி மலைப்பகுதியிலும் காட்டு ஆடுகள் காணப்பட்டன. நீலகிரி மலை ஆடுகளைப் பற்றி நீண்ட காலத்திற்கு முன்பே கேள்விப் பட்டதாக ஜெர்டன் குறிப்பிட்டுள்ளார். அவை திண்டுக்கல் மற்றும் மதுரை அருகே கொல்லப்பட்டன.[76]

சென்னை வேட்டைக்காரர்களின் காட்டு எருது வெளிறிய மேல் நோக்கி, சற்று பின்னோக்கி, கடைசியாக உள்நோக்கி வளைந்த கருப்பு நுனிகளுடன் வெளிர் பச்சை நிறமுடைய கொம்புகளைக் கொண்டிருந்தது. பொதுவாக அதன் நிறம் அடர் தவிட்டு நிறக் கொட்டைப் பழுப்பு அல்லது காப்பிக் கொட்டைப் பழுப்பு. முழங்காலிலிருந்து கீழ் நோக்கியபடி வெள்ளை. படைப்பிரிவு தலைவர் வால்டர் காம்ப்பெல், சென்னை வேட்டைக்காரர்கள் இந்த விலங்கைக் காட்டுக் காளை என்று அழைத்தனர் என்று கூறினார். காட்டு உளையெருமை என்றல்ல. அதற்காக அவர் அவர்களைக் கண்டித்தார்.[77] உளையெருமை என்று எப்போதுமே ஜெர்டன் கேள்விப்பட்டார். ஆனால், உண்மையில் காட்டுக்காளை என்ற பெயர் அதற்கு மிகவும் சரியானது. இது பழனி மற்றும் திண்டுக்கல் மலைப்பகுதிகள். சேந்தமங்கலம் சரகம் மற்றும் சேர்வராயன் மலைப்பகுதிகளில் காணப்பட்டது. குறிப்பாக, அவரிக்கொடி பூக்கும்போது இவ்விலங்கு அதை விரும்பியது. கிராம மக்களின் எந்த வகையான எதிர்ப்பையும் மீறி அவை பகல் வெளிச்சத்திலேயே அவர்களின் வயல்களை எல்லை மீறி நுழைந்து அழித்தது. மற்றபடி காட்டு எருது மிகவும் பாதிப்பைத் தராத விலங்காக இருந்தது. மந்தையிலிருந்து விரட்டப்பட்ட ஒற்றைக் காளையைத் தவிர, அரிதாகவே அது எதிர்கொள்ளும் எந்த ஒருவரையும் தாக்குகிறது என்று கூறினார்.[78]

குள்ளநரி மற்றும் அணில் பற்றி டி.சி.ஜெர்டன் அவர்களின் விளக்கம்

தமிழில் நரி (குள்ள நரி) ஓர் இருண்ட மஞ்சள் அல்லது சாம்பல் நிற நுண்மயிர்களைக் கொண்டிருந்தது. மயிர்கள் புள்ளிகளுள்ள கருப்பு, சாம்பல் மற்றும் பழுப்பு நிறத்திலிருந்தன. கீழ் நுண்மயிர்கள் பழுப்பு-மஞ்சள் கீழ்ப்பகுதிகள் மஞ்சள்-சாம்பல்; வால் செம்பழுப்பு, ஒரு கருத்த மயிர்க் கற்றையுடன் முடிவடைகிறது. முகவாய் மற்றும் மூட்டுக்களில் கூடுதலாகவோ அல்லது குறைவாகவோ செந்நிற வால் அளவான முடியுடன், தலை முதல் உடல் வரை நீளம் ஏறக்குறைய இருபத்தெட்டு முதல் 30 விரற்கிடைகள். வால் பத்து அல்லது பதினொரு விரற் கிடைகள் மற்றும் உயரம் ஏறக்குறைய பதினாறு அல்லது பதினேழு விரற்கிடைகள். அது பெருநகரங்களின் சுற்றுப்புறத்திலுள்ள அனைத்துக் குப்பைகளையும் அழுகிய பிணங்களையும் அகற்றும் ஒரு சிறந்த பயனுள்ள துப்புரவுப் பணியாளராக இருந்தது. ஆனால், எப்போதாவது கோழி மற்றும் பிற வளர்ப்பு விலங்குகள் இதனால் சூறையாடப் படுகிறது. நோய்வாய்ப்பட்ட செம்மறியாடுகள் மற்றும் வெள்ளாடுகள் பொதுவாகவே குள்ளநரிக்கு இரையாகின்றன. மேலும் காயமடைந்த மறிமான் தொடர்ந்து கண்காணிக்கப்பட்டு வேட்டையாடிக் கொல்லப்படும்.[79]

மலபார் அணில் காதுகள், பிடரி, கழுத்தின் பின்புறம், உடலின் பின்புறம் மற்றும் பக்கங்கள், ஒளிபொருந்திய பழுப்பு கலந்த செந்நிறம்; பின்புறத்தின் பின்புறப் பகுதி, புட்டம்-அதாவது பின்தொடை- மற்றும் கை காலுறுப்புகளின் மேல் பகுதி மற்றும் வால் ஆகியனவற்றின் நிறம் கருப்பு; நெற்றி மற்றும் இடைப்பட்ட பகுதிகள் பழுப்பு நிறம்; மூஞ்சி மற்றும் கன்னங்கள் சாம்பல் நிறம்; கழுத்து, மார்பகம் மற்றும் கீழ்ப்பாகங்கள் மங்கிய மஞ்சள் நிறம்; பாதங்கள் முன்புறம் சாம்பல் நிறம் உட்புறம் மஞ்சள் நிறம்; காதுகள் சிறியவை, வட்டமானவை, மிகவும் முடி உடையவை. தலை முதல் உடல் வரை நீளம் பதினாறு முதல் பதினெட்டு விரற்கிடைகள். வால் இருபது முதல் இருபத்தொன்பது விரற்கிடைகள் முடியுடன் கூடியதாயிருந்தது. இந்த விலங்கு குறிப்பாக நீலகிரியின் சரிவுகளில் காணப்பட்டது.[80]

பதிவாகியுள்ள மூன்று வகையான குரங்குகள்

சென்னை நெடுவாற்குரங்கு, சாம்பல் நிறம், முதுகு முழுதும் மற்றும் தலை முழுதும் வெளிர் சிவப்புச் சாம்பல் நிறம் அல்லது அதிகப்படியான பழுவினிப்பு (சாக்லேட்) நிறம், தலை, கன்னம், தொண்டை மற்றும் கீழ்ப்புறம் வெளிர் மஞ்சள், கைகள் மற்றும்

கால்கள் வெண்மை, முகம், உள்ளங்கைகள் மற்றும் விரல்கள் மேலும் பாதங்கள் மற்றும் கால் விரல்கள் கருப்பு; தலையின் மேற்புரத்தில் அதிகம் சுருக்கப்பட்ட செங்குத்து முடிகள்; முடிகள் அலைஅலையாக இல்லாமல் நீளமாகவும், நேராகவும், பின்புறத்தின் இருள் நிறப் பகுதியின் நிறத்தின் வால் ஒரு வெண்ணிறக் குடுமியில் முடிவடைகிறது. நெல்லூர் மற்றும் திருச்சிராப்பள்ளியருகே உள்ள கிழக்குத்தொடர்ச்சி மலையில் இந்தக் குரங்கை ஜெர்டன் பார்த்தார். இது, காடுகள் மற்றும் பெரிய பள்ளங்களில் காணப்பட்டது. இது பெரும்பாலும் மெட்ராஸ் மற்றும் பல்வேறிடங்களில் வளர்க்கப்பட்டது.[81]

கருங்கலை அல்லது கருங்குரங்கு (நீலகிரி லங்கூர்) தலை மற்றும் பின் கழுத்து தவிர இருள் நிறத்துடன் கூடிய பளபளப்புடன் கருநிறத்திலிருந்தது. ஆனால், தலை முதல் இடுப்பு வரை சிவப்பு மற்றும் சாம்பல் நிறம் கொண்டு முடி நீளமாக இருந்தது. வயதான விலங்கில் கருப்பு நிறப் பட்டை முன்முதுகில் காணப்பட்டது. இந்த விலங்கின் நீளம் தலை முதல் உடல் வரை இருபத்தி ஆறு விரற்கிடை; வால் முப்பது விரற்கிடை; ஆனால் பெரிய அளவில் தனித்தனியாக காணப்பட்டாலும் அது தெய்வீகத்தன்மை அடையவில்லை. இந்த அழகிய குரங்கு நீலகிரி மற்றும் ஆனைமலைப் பகுதிகளில் காணப்பட்டது. அந்த விலங்கு கூச்சமுள்ளதாகவும் எச்சரிக்கையுணர்வுள்ளதாகவும் மேலும் அண்டையிலுள்ளவர்களால் பாதிக்கப்படாமலும் இருந்தது.[82]

சென்னை குரங்கு இருண்ட ஆலிவ்-பழுப்பு நிறத்திலிருந்தது. மேலும், வயிற்றில் வெளிறியும் வெண்மையாகியும் இருந்ததோடு அதன் மூட்டுகளின் வெளிப்புறப் பக்கங்களில் ஓரளவு சாம்பல் நிறமாக விருந்தது. தலையின் உச்சியிலுள்ள முடிகள் ஒளிபொருந்தியிருந்தது. வால் மேலே இருள் பழுப்பு நிறமாகவும் கீழே வெண்மையாகவும் இருந்தது. தலை முதல் உடல் வரை விலங்கின் நீளம் இரு விரற்கிடை யாகவும், வால் பதினைந்து விரற்கிடையாகவும் இருந்தது. இந்தக் குரங்கு பொதுவாக எல்லா இடங்களிலும் காணப்பட்டது. மேலும், அது நகரங்களிலும் வாழ்ந்துகொண்டு வணிகர்களின் கடைகளிலிருந்து பழங்கள் மற்றும் தானியங்களை மிகவும் அமைதியாக எடுத்துச் சென்றது.[83]

நான்கு வகையான பூனைகள் விளக்கப்பட்டது

துரு நிறப்புள்ளிகள் கொண்ட பூனை பசும் சாம்பல் நிறத்திலும் மங்கலான சிவந்த மென்னிறத்துடனுமிருந்தது; கைகால்களின் கீழேயும் உள்ளேயும் வெண்ணிறம்; மூக்கின் பக்கவாட்டில் கண்ணிற்கு

மேல் கோடு; இரு கருமையான முகக்கோடுகள்; தலை மற்றும் நான்கு குறுகலான அடர்-பழுப்பு நிறக்கோடுகள், பின் குறுக்கிடப்பட்டு பின்புறமும் பக்கங்களில் தொடர்ச்சியான துரு நிறப் புள்ளிகள், பின்புறம் ஓரளவு நீளமாகவும் பக்கவாட்டங்களில் வட்டமாகவும் உள்ளது. வால் குட்டை. உடலைவிட சிவப்பானது. ஒரே வகையான நிறத்தில் அல்லது மிகவும் மங்கிய புள்ளிகளுடன் முனைப்பகுதி கருப்பாக இல்லாமல் முட்டுகளின் கீழேயும் உள்ளேயும், பெரிய கரும்பழுப்புப் புள்ளிகள். பாதங்கள் மேற்புறம் செம்பழுப்பு, உள்ளங்கால்கள் கருப்பு; காதுகள் சிறியவை; மீசை மயிர்கள் வெண்ணிறத்துடன் நீளமானது; தடித்த மயிர் குறுகியும் மென்மையாகவும் இருந்தது. விலங்கின் நீளம் தலை முதல் உடல் வரை பதினாறு முதல் பதினெட்டு விரற்கிடைகள். நெல்லூர் மற்றும் சென்னை அருகில் துருநிறப்புள்ளிகள் கொண்ட பூனைகளை மட்டுமே ஜெர்டன் வாங்கினார். பிரஞ்சுக் கிழக்கிந்தியக் குழும அதிகாரி பெலஞ்ஞ்சர் ஒரு துருநிறப்புள்ளிகள் கொண்ட பூனையைப் புதுச்சேரியில் வாங்கினார். இந்த மிக அழகான சிறிய பூனை, தூரிகை மரம், தொட்டிகள் மற்றும் திறந்தவெளிகள், சிற்றூர்களுக்கு அருகிலுள்ள வடிகால்களின் உலர் படுகை, அடிக்கடி புல்லுள்ள பகுதிகளில் காணப்படுகிறது. 1846இல் ஜெர்டன் ஒரு பூனைக்குட்டியை - அது மிகவும் இளமையாக இருந்த போது - கொண்டு வந்தார். அது அடக்கமாக இருந்ததோடு, அதைப் பார்த்த அனைவரும் மகிழ்ச்சியையும் பாராட்டையும் தெரிவித்தனர். அதன் நடவடிக்கைகள் மிகவும் வியப்பானது. மேலும், அதன் அசைவுகளில் அது மிகவும் விளையாட்டுத்தனமாகவும் நேர்த்தி மிக்கதாகவும் இருந்தது. ஏறக்குறைய எட்டு மாதங்கள் ஆனபோது அதை ஓர் அறைக்குள் அறிமுகப்படுத்தினார். நவ்விக்குட்டி (அழகிய சிறு மான் குட்டி வகை) அதைப் பார்த்த கனத்தில் தாவிப் போய் கருத்தின் பின்புறத்தைப் பிடித்தது. அந்தப் பிடியைக் கடினப்பட்டு எடுக்க வேண்டியிருந்தது. இதற்குப் பிறகு ஜெர்டன் அதனை இழந்தார். அது எப்போதாவது வள மனைகளின் உத்திரத்தில் செல்லும் வழியைக் கண்டுபிடித்து, அணில்களை வேட்டையாடும். வால்டர் எலியட் ஐயத்திற்கிடமின்றி உள்நாட்டுப் பூனைகளுக்கிடையே பல கலப்பினங்களைக் கண்டார். இதனைக் கவனித்த ஜெர்டனும் அதே கருத்தை உறுதிப்படுத்தினார்.[84]

தமிழில் புனுகுப்பூனை பழுப்பு நிறச் சாம்பல் அல்லது சாம்பல் பழுப்பு நிறத்துடன் பல நீளமான கோடுகள் அல்லது கீறல்கள் பின்புறம் இருந்தன. பக்கப்புள்ளிகள் வரிசைகளில் அதிகமாகவோ அல்லது

குறைவாகவோ காணப்பட்டது; கழுத்தின் பக்கங்களில் சில குறுக்குப் பட்டைகள் மற்றும் சில தெளிவற்ற கோடுகள்; புள்ளிகளற்ற அடி வயிறு; தலை கருப்பாக காதிலிருந்து தோள்பட்டை வரை கருப்புப் பட்டையுடனிருந்தது; வால் நீளம் எட்டு அல்லது ஒன்பது முழுமையான இருள் நிற வளையங்களுடனிருந்தது. தலை முதல் உடல் வரை விலங்கின் நீளம் இருபத்திரெண்டு அல்லது இருபத்து மூன்று விரற்கிடைகள். வால் பதினாறு அல்லது பதினேழு விரற்கிடைகள். இமயமலையின் அடிவாரத்தில் இருந்து கன்னியாகுமரி வரை இந்தியா முழுவதும் இந்த புனுகுப்பூனை காணப்பட்டது. அது தரையிலுள்ள துளைகளிலோ அல்லது பாதையோர உயர்ந்த வரப்புகளிலோ எப்போதாவது பாறைகளின் கீழோ அல்லது அடர்த்தியான முட்புதர்களிலோ வாழ்ந்தது. இப்போதெல்லாம் வடிகால்கள் மற்றும் புறவீடுகளில் தங்குமிடமாகக் கொண்டிருந்தது. இந்த விலங்குகள் காடுகளிலும் தொடர்பறுபட்ட சிறு காடுகளிலும் அல்லது குறுங்காடு களிலும் வாழ்கின்றன. அங்கு அவை பகல் நேரத்திலும் (எப்போதாவது) இரவு நேரத்திலும் விடுதலையாகத் திறந்த வெளியில் அலைந்து திரிந்தன என ஆங்கிலக் குழும அதிகாரி திரு. ஹாட்ஜ்சன் கூறினார். அவை தனித்தும் ஒற்றையாகவும் அலைந்து திரிபவையாக இருந்தன. இந்த இணைகூட அரிதாகவே ஒன்றாகக் காணப்பட்டது. மேலும் அவை சில பழங்கள் அல்லது வேர்களைத் தவிர சிறிய விலங்குகள், பறவை முட்டைகள், தவளைகள், பூச்சிகள் ஆகியனவற்றை வரை முறையின்றி உண்டன. ஜெர்டனிடம் பல பழக்கப்பட்ட புனுகுப் பூனைகள் இருந்தன. அவை சில சமயங்களில் எலிகள் மற்றும் அணில் களைப் பிடித்தன. மேலும், சிட்டுக்குருவிகள் மற்றும் பிற பறவை களையும் அவை பிடித்தன. தனிமைப்படுத்தப்பட்டிருந்த விலங்கு களிடமிருந்து இந்தப் புனுகுப்பூனை தமிழர்களால் தெரிந்தெடுக்கப் பட்டது.[85]

சிறிய சிறுத்தைப் பூனை, முழுமையாக வளர்ந்த விலங்கின் அளவைக் கொண்டிருந்தது. துரும்பன் பூனையைவிட சிறியது; மேலும் அதன் மேல்பகுதிகளில் தரைசாயலில் சாம்பல் நிறத்தில் வேறு நிறங்கள் இல்லாமல் முழுவதுமாகக் காணப்பட்டது.

ஜெர்டன், முதலில் முழு வளர்ச்சியடைந்த ஒரு ஆண் சிறுத்தைப் பூனையையும் அதன் இனத்தைச் சேர்ந்த பூனைக் குட்டியையும் சென்னையிலுள்ள ஆங்கிலக் குழும அருங்காட்சியகத்தில் கண்டார். பின்னர் இலண்டனிலுள்ள இந்திய அருங்காட்சியகத்தில் முழு வளர்ச்சியடைந்த மாதிரி இருப்பதையும் அவர் அறிந்தார்.[86]

பொதுவான மரப்பூனையின் (சென்னையிலுள்ள அய்ரோப்பியர்கள் கட்பூனை என அறிந்திருந்தனர்) நிறம் கரும்பழுப்பு நிறத்துடன் ஒவ்வொரு பக்கத்திலும் சில மங்கலான கோடுகள் அதிகமாகவோ அல்லது குறைவாகவோ வேறுபடுகின்றன; சில சமயங்களில் கவனிக்கப்படாது. ஒவ்வொரு கண்ணின் மேலேயும் கீழேயும் ஒரு வெண்புள்ளி மேலும் சிலவற்றில் வெண்பட்டையுடன் நெற்றியுடன் இருந்தது. பொதுவாக, ஒரு கருப்புக்கோடு தலையின் ஒரு பகுதியிலிருந்தும் மூக்கின் நடுப்பகுதியிலிருந்தும் காணப்படுகிறது. பல மரப்பூனைகள் நிலத்தின் நிறத்துடன் கருப்புக் கரிக்கோல் நிறத்துடனும் அல்லது முழுக்கலப்புப் பழுப்பு நிறத்துடனும் கருமை நிறத்துடனுமிருந்தது; நீளமான கோடுகள் பிறகு கருநிறத்தைக் காட்டுகின்றன. கை கால்கள் எப்போதும் அடர்-பழுப்பு. சில கிட்டத்தட்ட முழுதும் கருநிறத்தில் காணப்படுகின்றன. இளம் மரப்பூனைகள் ஏறக்குறைய முழுதும் கருநிறத்திலிருப்பதாகக் கூறப்படுகிறது. பிற பூனைகள் பழுப்பு நிறத்துடன் கூடிய கருநிறத்திலும், முகம் கருநிறத்திலும், வால் மிகவும் கருநிறத்திலும் இன்னும் சிலர் அதன் உடலின் பக்கவாட்டில் புள்ளிகளுடன் பார்த்ததாகத் தெரிகிறது. இந்த வேறுபாடுகள் பூனையின் மென்மயிரின் சிராய்ப்பு நிலை காரணமாக இருந்தது. இது அடிப்பகுதியில் மஞ்சள் நிறமாகவும், நுனிப்பகுதியில் கருநிறமாகவும் இருந்தது. ஒரு மரப்பூனை வெளிர் சாம்பல் - பழுப்பு நிறத்தில் நீண்ட கரு முடிகள் கலந்ததாக இருந்தது என விளக்கப்பட்டதோடு, தலை, கழுத்து மற்றும் பின்புறத்தில் மிகவும் பரவலாக உள்ளது. இடுப்பில் மூன்று கரும்பட்டைகள்; தலை பழுப்பு நிறத்துடனும், கண்களுக்கு மேலேயும் கீழேயும் சாம்பல் நிற அடையாளத்துடன் இருந்தது. வால், அய்ந்தாம் முனையுடன் மஞ்சள் நிற வெண்ணிறமாக இருந்தது. வாலின் முனைப் பகுதியுடன் மஞ்சள் - வெள்ளை நிறத்தில் பல தோல்களுடன், அதே சாயலில் முழுப் பின்புறப் பகுதிகளையும் கொண்ட ஒன்று அல்லது இரண்டு மரப் பூனைகளை ஜெர்டன் அவர்கள் வைத்திருந்தார். சில மரப்பூனைகள் வயிற்றில் நீளமான வெண்புள்ளிகளால் அடையாளப்படுத்தப் பட்டுள்ளன. சிலவற்றின் வால் சுருள்சுருளாய் முறுக்கப்பட்டிருக்கிறது. இதனால், முனையின் கீழ் மேற்பரப்பு முதன்மையாக இருக்கும். கர்நாடகாவில் மரப்பூனை மிகவும் அதிகமாக இருந்தது. பனஞ்சாறு மீதுள்ள பெருவிருப்பத்தின் காரணமாக மரப்பூனை, கட்பூனைகள் எனப் புகழுடன் அழைக்கப்பட்டது. இப்பூனை மரங்களில், குறிப்பாக பனை மற்றும் தென்னை மரங்களில் அதிகமாக வாழ்ந்தது. மேலும், பெரும்பாலும் உள்நாட்டு மக்களின் தடிமனான கூரைவேய்ந்த வீடுகளுள் அடிக்கடி தன்னிருப்பிடமாக எடுத்துக்கொண்டது கண்டறியப்பட்டது. இப்பூனை உலர் வடிகால்கள், வெளி வீடுகள் மற்றும் பிற தங்கும்

இடங்களில் எப்போதாவது காணப்படுகிறது. இவ்விலங்கு இருட்டில் வெளிவரும் இரவாடியாக இருந்தது. மேலும் எலிகள், பல்லிகள், சிறிய பறவைகள், கோழி மற்றும் முட்டை ஆகியனவற்றை விரும்பி வாழும் விலங்கு. ஆனால், அது காய்கறி உணவு, பழங்கள் மற்றும் பூச்சிகளைக் கட்டுப்பாடின்றிச் சாப்பிட்டது. அடைத்து வைக்கப் பட்டிருக்கும்போது இவ்விலங்கு வாழைப்பழங்கள், வேகவைத்த அரிசி, ஊத்தப்பம் (ரொட்டி), பால் மற்றும் நெய் ஆகியவற்றை உண்ணும். ஒரு புறாவோ அல்லது கோழியோ இரையாகப் பொறியிலிருந்து அது எடுத்துக்கொள்வதை ஜெர்டன் அடிக்கடி அறிந்திருந்தார். தமிழ்நாட்டில் இவ்விலங்கு பெரும்பாலும் அடக்கத்துடனிருந்ததோடு, வீட்டிற்குரிய விலங்காகவும் அதன் பழக்கவழக்கங்களில்கூட பாசமாகவும் இருந்தது. பல ஆண்டுகளுக்குப் பின், திருச்சிராப்பள்ளியில் மிகப் பெரிய ஒரு மரப்பூனையைக் கண்டார். அது ஒவ்வோரிரவும் அதன் உரிமையாளரின் தலையணைக்குக் கீழ் விளையாடிக்கொண்டு, ஒரு பந்து போல உருண்டு தன் உடலைச் சுற்றி அதன் வால் சுருண்டு, நாளின் கடைசி நேரத்தில் உறங்கச் சென்றது. அது எலிகள், மூஞ்சூறு மற்றும் வீட்டுப் பல்லிகளை வேட்டையாடியது. மரப்பூனைகளின் செயல்பாடு மேலே ஏறுவதில் வெகு சிறப்பாக இருந்தது. மேலும் அவை கட்டடத்தின் மூலையில் வீட்டின்மீது வியப்புறு வகையில் ஏறி இறங்கின.[87]

பதிவு செய்யப்பட்டுள்ள அய்ந்து வகையான கீரிகள்

சென்னை சுக்கீரி மஞ்சள் கலந்த சாம்பல் நிறத்தைக்கொண்டிருந்தது. முடிகள் சிவந்தும் மஞ்சள் நிறத்துடனும் வளையங்கள் போலிருந்தன. பொதுவான முடி, மஞ்சள் நிறம் குறைவாகவும் இரும்பு-சாம்பல் கலந்த இளநிறத்துடனுமிருந்தது. வால் போலவே, அதன் முகவாய் உடல் நிறத்துடன் ஒத்துப்போகிறது. அது கருநிறமில்லை. மேலும், உடலின் நீளத்தில் கிட்டத்தட்ட சம அளவிலிருந்தது. விலங்கின் நிரலளவு (சராசரி) நீளம் தலை முதல் உடல் வரை தோராயமாகப் பதினாறு முதல் பதினேழு விரற்கிடைகள். வால் பதினான்கு விரற்கிடைகள். ஜெர்டன் கீரிக்கும் நாகப்பாம்புக்குமிடையே பல்வேறு சண்டைகளைக் கண்டார். பொதுவாக, கீரி பாம்பைக் கொல்வதில் வெற்றியைப் பெற்றிருந்தாலும், அடிக்கடி அது சண்டையை வேண்டாமென்று மறுத்தது அல்லது ஓரளவு விருப்பமின்றி அதை மேற்கொண்டது. ஜெர்டன் பார்த்த எந்தச் சண்டையிலும் கீரி பாதிக்கப்படவில்லை. ஆனால், பொதுவாகக் கீரி, தன் தீவிர கண்காணிப்பு மற்றும் செயற்பாடுகளால் பாம்புக் கடியினின்று தப்பியது என்பது அவருடைய

நம்பிக்கை, அல்லது அது கடித்திருந்தால் மிகவும் மேலோட்டமாக இருந்திருக்கும். மேலும், ஒருவேளை கீரியின் தோல் மிகவும் அடர்த்தியானதால் நஞ்சு ஒரு குறிப்பிட்ட அளவு எளிதில் பாதிக்கப் படாமல் இருந்திருக்கலாம்.[88]

நீண்ட வால் கீரி பொதுவாக ஓரளவு மஞ்சள் நிறத்துடனும் நீளமான வாலுடனும் பழுப்பு கலந்த செந்நிறம் மற்றும் கரு நிறத்துடனும் முடியுடன்கூடிய அடர்செம்பழுப்புப் பாதங்களுடனும் உள்ளது. முகவாய் இருள் நிறமாக இல்லை. சற்று இளஞ்சிவப்பு நிறத்துடனிருந்தது. நீண்ட வால் கீரி, கீரியைவிடப் பெரியது. வால், தலைக்கும் உடலுக்கும் கிட்டதட்ட சமமாக இருந்தது. நீண்ட வால் கீரியின் நீளம் இருபது விரற்கிடை, முடியுடன்கூடிய வால் பத்தொன்பது விரற்கிடை. இந்த நேர்த்தியான இனம் கீரி அதனுடைய நீளமான, மேலும் இருள்நிற நுனியின் உயர அளவில் வேறுபடுகிறது. ஜெர்டன் இந்த நீண்டவால் கீரியை நெல்லூரிலிருந்து மட்டுமே வாங்கினார்; அங்கு அது மலைகளுக்கிடையே காடுகளில் வசித்து வந்தது.[89]

செந்நிறக் கீரியின் பொதுவான நிறமாக இரும்புத்துரு நிறப் பழுப்பு, சில நரைமயிருடன் பழுப்புச் சிவப்பு நிறத்தில் சாய்வாக இருந்தது. கருநிற முட்டுகளை இணைத்து வாலின் கருப்பு முனை சேர்ந்த இடத்தில் ஒளி பொருந்தியதாக இருந்தது. கால்கள் கருநிறம், முடிகள் கருநிறத்துடன் வெண்ணிற வளையமாக இருந்தன. மேலும் அடர் செந்நிற முனையொன்றிருந்தது. இதின் தோலின் தன்மையும் அளவிலும், தோராயமாக மலக்காவில் உள்ள கீரி போல் இருந்தது. செந்நிறக் கீரியின் தலை முதல் உடல் வரை நீளம் பதின்மூன்று முதல் பதினைந்து விரற்கிடைகள் மற்றும் வால் பன்னிரண்டு முதல் பதின்மூன்று விரற்கிடைகள். இந்தச் செந்நிறக்கீரி சென்னை மற்றும் அதைச் சுற்றியுள்ள காட்டிலிருந்து கொண்டுவரப்பட்டது. ஜெர்டன் அவர்களும் இச்செந்நிறக் கீரியை நீலகிரியின் அடிவாரத்திலுள்ள காட்டிலிருந்து வாங்கினார்.[90]

நீலகிரி பழுப்புக் கீரியின் பொதுவான நிறமாகப் பழுப்பு நிறத்தைக் கொண்டிருந்தது. முடியானது கருப்பு மற்றும் மஞ்சள் வளையமாக இருந்தது. மற்றும் அடிப்பகுதியில் பழுப்பு மஞ்சள் நிறத்திலிருந்தது. கொண்டை கரு மஞ்சள் நிறத்திலிருந்தது. வாலின் நீளம் கிட்டத்தட்ட தலை மற்றும் உடலுக்குச் சமம். தலை முதல் உடல்வரை ஒரு பழுப்புக் கீரியின் நீளம் பதினெட்டு விரற்கிடை மற்றும் முடியுடன் வாலின்

நீளம் பதினேழு விரற்கிடை. ஜெர்டன் அவர்கள் இந்தக் கீரியை ஊட்டியருகே உள்ள அடர்ந்த காட்டிலிருந்து வாங்கியிருந்தார். அதைத் தமிழ்நாட்டின் வேறு எந்தப் பகுதியிலும் பார்த்ததில்லை. ஜெர்டன் 1814இல் நத்தானியல் வாலிக் (1786-1854) அவர்களால் நிறுவப்பட்ட கல்கத்தாவின் ஆசியக் கழகத்தின் அருங்காட்சியகத்திற்கு இறந்த பிறகு இந்த பழுப்புக் கீரியை அனுப்பினார்.[91]

பட்டைக் கழுத்துக் கீரி நரை முடி போன்ற சாம்பல் நிறத்திலிருந்தது, அதிகமாகவோ அல்லது குறைவாகவோ துரு நிற இளஞ்சிவப்பு நிறத்திலிருந்தது. குறிப்பாக, உடல் மற்றும் வாலின் தடுக்கப்பட்ட பகுதி. காதிலிருந்து தோள்பட்டை வரை ஒரு கருங்கோடு காணப் பட்டது. வாலின் (வேட்டையின்போது கொல்லப்பட்டது) தலை முதல் உடல் வரை இருபத்தியொரு விரற்கிடை. மேலும், முடியுடன் வால் பதினைந்து விரற்கிடை. நீலகிரியில் ஜெர்டன் அதனைக் கொன்றார்.[92]

உடும்பின் விளக்கம்

டி.சி.ஜெர்டன் கூற்றின்படி உடும்பின் (இந்திய எறும்புண்ணி, அழுங்கு) வால் உடலைவிடச் சிறியதாக இருந்தது. அடிப்பகுதி மிகவும் அகலமாகவும், ஒவ்வொரு நீளமான கோட்டிலும் பதினாறு அல்லது பதினேழு செதில்கள் இருந்தன. பத்து அல்லது பதினோரு வரிசைகளில் முதுகுப்பக்கத் தொடரில் பதினாறு செதில்கள்; முன் கால்களின் நடுவிலுள்ள நகம், மற்ற யாவற்றையும்விட மிகவும் வலிமை யானது. தடிமனான செதில்கள், அடிப்பகுதியில் வரிக்கோடுகள், வெளிர் மஞ்சள் பழுப்பு அல்லது கொம்புக் களிமண் நிறம், தலை, உடல் மற்றும் பாதங்களின் கீழ்ப்பக்கம் மூடப் பெறாமல் பழுப்பு வெள்ளை நிறம்; சதைப்பற்றுள்ள மூக்கு; உள்ளங்கால்கள் கருப்பு நிறத்தில் உள்ளன; செவிமடல்கள் தெளிவின்றியிருந்தது. ஓர் உடும்பின் நீளம் தலையிலிருந்து உடல் வரை இருபத்தியாறு விரற்கிடைகளும், அதன் வால் பதினெட்டு விரற்கிடைகளுமாகும். இந்த பொதுவான அழுங்கு அல்லது செதிலுள்ள எறும்புண்ணி, இந்தியா முழுதும் காணப்பட்டது. இது கண்டிப்பாக இரவாடி. மேலும், ஏறக்குறைய எறும்புகள் குறிப்பாக வெள்ளை எறும்புகள் (கரையான்கள்) மட்டுமே உணவாகக் கொள்கிறது. அது நடக்கும் முறை மிகவும் விந்தையாயிருந்தது. வளைந்த முதுகு, முன்பாதங்கள் அவற்றின் முன்மேற்பரப்புடன் வளைந்து தரையுடன் தொடர்புகொண்டு, அது மிக மெதுவாக முன்னேறியது.[93]

நீலகிரி மற்றும் சென்னையில் காணப்பட்ட பல்வேறு வகையான பச்சோந்திகள்

பச்சோந்தி (சாமேலியா புமிலஸ்) தமிழர்களால் ஓணான் என்று அழைக்கப்பட்டது. இது தரையில் புடைப்புற்றிருந்தது. முகடு வாலின் மேல் தொடர்ந்தது. சில பெரிய வட்டமான செதில்கள் சிறிய மற்றும் சமமற்ற சொரசொரப்பான ஒன்றுடன் கலந்தன. நீலகிரி, குன்னூரில் எடுக்கப்பட்டதாகக் கூறப்படும் இச்சிறிய பச்சோந்தியின் மாதிரியை ஜெர்டன் வைத்திருந்தார். அதன் நீளம் அய்ந்தரை விரற்கிடை, அதில் வால் இரண்டு விரற்கிடை.[94]

நீலகிரியிலுள்ள மிக உயரமான மலையான தொட்டபெட்டாவின் உச்சியில் சிறிய கெக்கே இனத்தின் ஜிம்னோடாக்டிலஸ் இண்டிகஸ்-ஐ ஜெர்டன் வாங்கியிருந்தார். அது, பகல் நேரங்களில் தன்னைத்தானே கற்களின் கீழே மறைத்துக்கொண்டிருந்தது கண்டுபிடிக்கப்பட்டது. அதன் நிறங்கள் புதியதாக இருக்கும்போது, பல வண்ணப் புள்ளிகளிட்ட பழுப்பு அல்லது பச்சை கலந்த பழுப்பு நிறமாகவும் இன்னரந்த (ஆரஞ்சு) மஞ்சள் நிறப் புள்ளிகள் வரிசையாகவும், பின்புறம் கருமையாகவும், ஒவ்வொரு பக்கத்திலும் ஒரே வகையான நிறப்புள்ளிகளின் வரிசை யாகவும் இருக்கும். வாலின் கீழ்ப்பகுதி தவிர உதடுகள் அதே நிறத்திலிருந்தன. ஜெர்டன் இந்த மாதிரியைச் சென்னையிலிருந்து இலண்டனுக்கு அனுப்பினார்.[95]

ஆப்பிரிக்காவிலிருந்து வேறுபட்ட சமேலியோ ஜீலோனிக்கஸைக் கருத்தில் கொள்வதில் ஜெர்டனுக்கு எந்தத் தயக்கமுமில்லை. அதே போல் இலேசான, ஆனால் நிலையான கட்டமைப்பு வேறுபாடுகளின் காரணமாக (அடிவயிற்றின் மேடு, ஆப்பிரிக்கப் பச்சோந்திக்கு மிகக் குறுகிய மேலும் நெருக்கமாக அமைக்கப்பட்ட முதுகெலும்புகளால் ஆனது). வட்டாரத்திற்கேற்ப வேறுபாடு மற்றும் இரு பச்சோந்திகளின் நிற மாற்றத்தில் பெரும் வேறுபாடு இருந்தது. இந்தியப் பச்சோந்தியிடம் உள்ள ஒரே மாற்றம், பச்சை நிறத்திலிருந்து மற்றொரு நிறத்திற்கு மாற்றம் உருவாவதே. அடங்கிக் கிடக்கையில், இது பொதுவாக வெளிர் பச்சை நிறத்திலும், சில நேரங்களில் அடர் கரும்பச்சை நிறத்திலுமிருக்கும்; ஆனால், மனக்கிளர்ச்சியடையும்போதும், பிற சமயங்களிலும் இருண்ட கருப்பு, பச்சை நிறம் கொண்டு தரையில் படுத்துக்கொள்ளும்.

ஜெர்டன் அவர்கள் எந்த நிலையிலும் தூய மஞ்சள் அல்லது சிவப்பு நிறத்தில் பச்சோந்தியைப் பார்த்ததில்லை. இது காடுகளுள்ள

அனைத்து மாவட்டங்களிலும் காணப்பட்டதோடு, நாட்டு மருத்துவர் களால் மருத்துவத்திற்குப் பயன்படுத்தப்பட்டது. மேலும், பொதுவாக இவை சென்னையிலுள்ள சந்தையில் வாங்கப்பட்டன. ஒரு பச்சோந்தியின் நீளம் பத்து விரற்கிடை. அதில் வால் பாதிக்கும் மேல் இருந்தது.[96]

விளக்கமளிக்கப்பட்ட இரு வகையான சுண்டெலிகள்

தமிழ்நாட்டிலுள்ள வெளவால்கள், மூஞ்சூறுகள், எலிகள் மற்றும் சுண்டெலி போன்ற சின்னஞ்சிறிய பாலூட்டிகளை டி.சி.ஜெர்டன் விரிவாக ஆய்வு செய்தார். காணப்பட்ட பல்வேறு எலிகளின் வகைகளை முழுமையாக விளக்கங்களுடன் அளித்தார். நீலகிரி மரச் சுண்டெலிகள் மேற்புரம் ஒளி பொருந்திய பழுப்பு நிறத்திலிருந்தன. கீழே ஒளிபொருந்திய இள மஞ்சள் நிறத்திலிருந்தது. இவ்விரு நிறங்களுக்கிடையே ஒரு எல்லையை வரையறுத்ததைப் போல ஒரு தெளிவான கோடு இருந்தது. தலை முற்றிலும் நீளமாகவிருந்தது; காதுகள் நீளமாகவும் முட்டை வடிவிலுமிருந்தன; வால் ஓரளவு முடியுடனிருந்தது. உதகமண்டலத்திற்கு அருகிலுள்ள நீலகிரி மலை உச்சியில் உள்ள காடுகளில் இந்த மரச்சுண்டெலியை ஜெர்டன் பல நேரங்களில் கண்டுபிடித்தார்.

முதலாவதாக அவர் கவனித்த ஒரு பூனை அவருடைய வீட்டிற்குக் கொண்டு வரப்பட்டது. அதன் பிறகு இலை மற்றும் தளைகளால், புல் கொண்டு பின்னப்பட்ட ஒரு கூண்டைத் தரைமட்டத்திலிருந்து நான்கு மற்றும் ஆறு அடி உயரம் கொண்டதை ஜெர்டன் கண்டார். வேறு ஒரு சமயத்தில், எட்டு முதல் பத்து வரை வளர்ந்த குட்டி சுண்டெலிகளைக் கண்டார்.[97]

பெரிய கால் கொண்ட சுண்டெலி போன்றிருக்கும், சுண்டெலி தலை மற்றும் உடலைவிட வால் நீளமாக இருந்தது. குறிப்பாக, பாதங்கள் பெரியதாக இருந்தன. மேலும், வால் கரடுமுரடான குறுகிய சிலிர் மயிரால் நன்கு அமைக்கப்பட்டிருந்தது. நீலகிரியில் உள்ள ஒரு வீட்டில் ஜெர்டன் ஓர் எலியின் இரு மாதிரிகளைப் பெற்றார். இது நிச்சயமாக மற்ற இரண்டினின்றும் வேறுபட்டது. இது பெரியதாக இருந்தது. பெரிய தலை, காதுகள் மற்றும் கால்களுடன் காணப்பட்டது.[98]

ஜெர்டன் மற்றும் வால்டர் எலியட் விளக்கிய அய்ந்து வகையான வெளவால்கள்

இலை-வெளவால்கள், நீண்ட வால் கொண்டு தடிமனாகவும், வால் அறுபட்டதாகவும் ஒரு சிறு இலைபோலிருந்தன. உட்செவிமடல்

நீள்வட்டமானதாகவும், கூர்மையமைப்புடையதாகவும் இருந்தது. குழிவான நெற்றி கன்னக்குழிவுடன் அல்லது கீழே நடுவிலே குழாய் போன்ற பகுதி அழகான, மென்மையான நுண்மயிர் கொண்டிருந்தது. முழுவதும் மந்தமான பழுப்பு நிறம்; முகம், பிட்டம் மற்றும் வயிற்றுப் பகுதியின் ஒரு பாகம் மூடப்படாதிருந்தது. பழைய இடிபாடுகள், குகைகள், பாறைகளின் பிளவுகள் ஆகியவற்றில் இதை அடிக்கடி பார்க்க முடிந்தது. 1848இல் சென்னையில் வால்டர் எலியட் மற்றும் ஜெர்டன் ஆகியோரால் தொடர்ச்சியாக மூன்று இரவுகளில் இலை-வௌவால்கள் பல பிடிக்கப்பட்டன. இந்த வௌவால் பொதுவான வகையைச் சார்ந்தது அல்ல. இவை மலைப்பாறைகளிலிருந்து மேற்கு நோக்கி, சென்னை வரை வீசிய வலுவான மேலைக்காற்றால், அவை அங்கே வந்தவை.[99]

நரி-வௌவால் ஒரு பழுப்பு நிற, முழுமையான சாம்பல் அல்லது மங்கலான வெளிர்-சாம்பல் பழுப்பு நிறமாகவும், கீழ்ப்பகுதி வெளிர் நிறமாகவும் இருந்தது. அடிப்பகுதியில் வெண்மையான முடிகளுமிருந்தன. சவ்வுகள் கரும்பழுப்பு. அதன் நுண்மயிர் குறுகியும் போர்த்தியபடியும் இருந்தது. தலையிலிருந்து உடல்வரை நரி-வௌவாலின் நீளம் அய்ந்து முதல் அய்ந்தரை விரற்கிடை மற்றும் அகலம் பதினெட்டு விரற்கிடை. மற்றொரு நரி-வௌவாலின் அளவு நீளம் ஆறு விரற்கிடை. மேலும் அகலம் 20 விரற்கிடை. ஜெர்டன் இந்த இனத்தை சென்னை மற்றும் திருச்சிராப்பள்ளியில் வாங்கினார். அதன் பழக்கவழக்கங்கள் பற்றி எதுவும் அவருக்குத் தெரியாது. புதுச்சேரியில் நரி-வௌவால்கள் கண்டுபிடிக்கப்பட்டு அவை விற்கப்பட்டன எனக் கூறப்பட்டது. சோழ மண்டலக் கடற்கரையிலிருந்து வந்த நரி-வௌவாலின் ஒரு மாதிரி மென்முடி நுண்மயிர் பழுப்பு நிறமாகவும், கழுத்துப் பக்க முடிகள் நீளமாகவும் முன்னோக்கி நகர்த்தப்பட்ட வெண்ணிறக் கழுத்துப் பட்டையைக் கொண்டதாகவும் இருந்தது.[100]

குதிரை-வௌவாலின் காதுகள் பெரியதாகவும், நிமிர்ந்தும், கூர்மையாகவும் அடிப்பகுதியில் வட்டமாகவும், வெளிப்புற விளிம்பில் பிளவுபட்ட நுனியாகவும் இருந்தன. முகச்சவ்வு முநுகலாகத் தோன்றியது. முகவாயும் குறுகியது; தொடைகளுக்கிடையேயுள்ள சவ்வு குறுகிய தாகவும், சதுரமாகவும் மேலும் வால் மூடப்பட்டுமிருந்தது. அதே நேரத்தில் கடைசிப் பாதிமூட்டு தடையற்றிருந்தது. உடல் குறுகியும், தடித்தும் மாறுபடும் வண்ணத்திலுமிருந்தது. சில நேரங்களில் அது வெளிர் சுண்டெலிகளின் நிறத்தினைக் கொண்டிருந்தது. கீழ்ப்பகுதி வெளிறியிருந்தது; சில நேரங்களில் முழுப்பழுப்பு நிறம்; மற்ற

நேரங்களில், ஒளி பொருந்திய சிவந்த இரும்புத்துரு நிறத்துடனோ அல்லது பொன்னிறப் பழுப்பு நிறத்துடனோ இருந்தது. ஜெர்டன் அவர்கள் சென்னை மற்றும் நெல்லூரில் குதிரை வெளவாலை வாங்கினார்.[101]

நீண்ட கைகளுள்ள வெளவால், காதுகள் முட்டை வடிவிலும் பல தனித்துவமான மடிப்புகளுடன் மூடப்படாமலிருந்தது. அடிப் பகுதியைத் தவிர. உட்செவிமடல் கோடாரி வடிவிலானது. நுண்மயிர் தடித்த நெருக்கமான மங்கல் நிறமான கருப்பு அல்லது மேலே மங்கல் நிறமான கரும்பழுப்பு; அடிப்பகுதியில் வெளிறியிருக்கும்-தொண்டையைத் தவிர. முடிகள் வெளிப்படையாக நரைத்திருக்கும். மேல் முடிகள் அனைத்தும் அடிப்பகுதியில் வெண்மையானவை; முகம் தெளிவாகத் தெரிந்தது மற்றும் சவ்வுகள் அடர்பழுப்புக் கருப்பு. நீண்ட கைகளுள்ள வெளவால் சென்னையில் மிகவும் பொதுவாகக் காணப்பட்டது. இருள் சூழ்ந்த வீடுகள், பாதாள அறைகள், தொழுவம் மற்றும் பழமையான கோயில்கள் ஆகிய இடங்களில் இது அடிக்கடி காணப்பட்டது.[102]

சோழமண்டல-வெளவால், காதுகள் மாறாக பெரியதாகவும் அகலமானதாகவும் இருந்தன. உட்செவி மடல் பிறை வடிவுடையதாக இருந்தது. அல்லது சற்று வளைந்து முன்னோக்கியிருந்ததுடன் மழுங்கியும் மற்றும் முனையில் வட்டமாகவும் இருந்தது. மேலே மிகச் சிறிய முதுகெலும்பு வெளியே இருந்து தெரியாமல், பக்கவாட்டில் உட்புறமாக அமைந்துள்ளது. இரு தாழ்வான முதுகெலும்புகள் இருந்தன. ஏறக்குறைய அளவில் சரியான இரு இணை உயர்வான வெட்டுப்பற்கள்; குறுகிய நுண்மயிர்; மேலேயும் கீழேயும் அடர்பழுப்பு நிறம் காணப்பட்டது. இந்த மிகச்சிறிய சோழமண்டல-வெளவால் பொதுவாக, குடியிருப்பு வீடுகளின் கூரைகளிலும், கீற்று ஓலைகளின் கீழும், ஓடுகளின் கீழும் தன்னை மறைத்துக் கொண்டது.[103]

விளக்கமளிக்கப்பட்ட அய்ந்து வகையான மூஞ்சூறு

பொதுவான மான்மத மூஞ்சூறு (கஸ்தூரி, மூஞ்சூறு) அய்ரோப்பியர் களால் மான்மத எலி என அழைக்கப்பட்டது. ஒரே சீரான நீலச் சாம்பல் நிறத்திலோ அல்லது வெளிறிய பழுப்பு நிறத்திலோ இருந்தது. தடை செய்யப்பட்ட பகுதிகள் மிகச் சிறிய அளவில், துரு நிறச் சாயலி லிருந்தன; மூடப்பெறா பகுதிகள் தசை நிறத்திலிருந்தன. அதன் நீளம் தலை முதல் உடல்வரை ஆறு முதல் ஏழரை விரற்கிடை. மேலும் வாலின் நீளம் மூன்றரை விரற்கிடை அல்லது கிட்டத்தட்ட நான்கு விரற்கிடை. இந்தப் பொதுவான மான்மத எலி அடிக்கடி இரவில்

வீடுகளுக்கெல்லாம் சென்று, கரப்பான் பூச்சிகள் அல்லது பிற பூச்சி களுக்காக அறைகளில் சுற்றிச்சுற்றி வேட்டையாடுகிறது. எப்போதாவது கூர்மையான, கூச்சலிடும் அழுகையை அது வெளிப்படுத்துகிறது. எவ்வாறாயினும், இது இறைச்சியை மறுக்காது. ஏனெனில், இது சில நேரங்களில் எலிப் பொறிகளில் தூண்டிலாக வைக்கப்பட்ட இறைச்சியுடன் சிக்கியது.[104]

சிவப்பான-மூஞ்சூறு, இருள் நிறக் கரும்பலகை நிறத்திலிருந்தது. நுண்மயிரின் முனை சற்று சிவப்பு நிறத்துடனிருந்தது. கீழே வெளிறிய மங்கலான சிவந்த சாயல் நிறத்தில் மார்பகம். காதுகள் அளவான பெரியவையாக இருந்தது. கை கால்கள் சிறியவை; மெல்லிய வால்; பற்கள் சிறியவை. இந்த மான்மத (கஸ்தூரி) எலி திருநெல்வேலியில் பொதுவாக நிறைய காணப்பட்டது.[105]

நீலகிரி மர - மூஞ்சூறு, வெளிறிய மங்கலான செஞ்சாயல் நிறத்தில் கரும்பழுப்பு நிறத்திலிருந்தது. அடிவயிறு இருண்ட சாம்பல் நிறம்; வால், உடல் நீளத்திற்குச் சமமாகவும், படிப்படியாக ஒரு முனையில் சுருங்குவதாகவும் இருந்தது, மூஞ்சி மிகவும் வலுவற்றதாக இருந்தது. நீலகிரி மலைகளில் இது சீரான அளவிலிருந்தது. உதகமண்டலத்தில் மரங்களிலும், தோட்டங்களிலும் அடிக்கடி காணப்பட்டது. இதன் இறந்த மாதிரிகள் அடிக்கடி சாலைகளில் காணப்பட்டன. ஜெர்டன் ஒரு பழைய மரத்தின் உட்குழிவுப் பகுதியிலிருந்து வெளியேறிய ஒரு மரமூஞ்சூறுவைப் பார்த்தார். அது மிகவும் மெல்லிய மான்மத (கஸ்தூரி) வாசனையைக் கொண்டிருந்தது.[106]

நீலகிரி குள்ள-மூஞ்சூறுவின் முதுகு ஆழ்ந்த கரும்பழுப்பு நிறத்தைப் பெற்றிருந்தது. அடிவயிறு வெளிறியிருந்தது; கைகால்கள் மற்றும் பாதங்கள் பழுப்பு நிறம்; உள்ளங்கைகள் முடிகளால் மூடப்பட்டிருக்கும்; கவனத்தை ஈர்க்கிற பெரிய காதுகள். நீலகிரியில் பிரஞ்சு இயற்கையியலாளரான ஜார்ஜ் சாமுவேல் பெரோதெத் (1793-1870) என்பவர் இந்தச் சிறிய மூஞ்சூறுவை முதலில் பார்த்தார். சென்னையில் அதே இனத்தைக் கண்டுபிடிப்பதற்காக ஜெர்டன் இந்த இனத்தைத் தனக்காக எடுத்துக்கொண்டார். தென்னிந்தியாவில் வேறு சில மூஞ்சூறுகள் காணப்படலாம் என அவர் தெரிவித்தார்.[107]

சென்னை மர - மூஞ்சூறுவின் மேல்பகுதி வெளிறிய சிறிது சிவப்பு அல்லது செம்பழுப்பு நிறத்திலிருந்தது. முடிகள் நரை கலந்த சிவப்பு மற்றும் பழுப்பு நிறமாக இருந்தது. முகவாய்க்கட்டை, தொண்டை, மார்பகம் மற்றும் கீழ்ப்பகுதிகள் வெண்மஞ்சள் நிறம்; வால் மற்றும்

நகங்களின் அடிப்பகுதியில் கிட்டத்தட்ட சமமாக ஒரு குறுகிய கோட்டில் தொடர்ந்தது. இந்த கவனத்தைக் கவருகிற மர - மூஞ்சூறுவை வால்டர் எலியட் கவனித்தார். அவர் சென்னைக்கு மேற்கே அமைந்துள்ள மலைகளிலிருந்து அதை வாங்கினார்.[108]

முடிவாகக் கூற வேண்டுமானால் வீட்டு வளர்ப்பு விலங்குகளைத் தவிர தமிழகக் கடற்கரையில் அய்ரோப்பியர்கள் அறிமுகமில்லாத காட்டு விலங்குகளைக் கண்டனர். அய்ரோப்பாவில் அவர்கள் பார்க்காத, சந்திக்காத இந்தப் புதிய விலங்குகளை ஆய்வு செய்தனர். அவர்கள் விலங்குகளின் கட்டமைப்பு, உடலியங்கியல், மற்றும் உயிரியல் பண்புகளை ஆராய்ந்தனர். எல்லாவகையான விலங்கு களையும் வகைக்குள் கொண்டுவந்தனர். அய்ரோப்பியர்கள் தாங்கள் படிப்பதற்காக விலங்குகளைத் தங்கள் வீடுகளில் வாங்கி வைத்திருந்தனர் என்பது கவனிக்கத்தக்கது.

தமிழகக் கடற்கரையோரத்திலிருந்த விலங்குகளைப் பற்றி செய்திகளையும் அவர்கள் பெற்றுக்கொண்டனர். அவர்கள் தங்கள் ஆய்விற்காகச் சந்தையிலிருந்து விலங்குகளை வாங்கினர். காடுகளில் வேட்டையாட அவர்கள் வெளியே சென்றனர். துப்பாக்கி, கைத் துப்பாக்கி மற்றும் தொலைநோக்கி ஆகியவற்றைப் பயன்படுத்தியதோடு ஆய்வுக்காக விலங்குகளைப் பெற்றனர். மேலும், எந்தவொரு வெப்ப மண்டல விலங்கியல் மாதிரிகூட அவர்களின் கண்களிலிருந்து தப்பவில்லை. இந்த விலங்குகளுக்காக அய்ரோப்பியர்கள் தமிழகக் கடற்கரையின் துறைமுகங்களிலிருந்து பயணம் செய்யும் கப்பல்களில் பல அறிந்திராத விலங்குகளை ஏற்றுமதி செய்தனர். இறந்த பிறகு சில விலங்குகள் நன்கு பாதுகாக்கப்பட்டு, அவற்றை இலண்டனிலுள்ள இந்திய அருங்காட்சியகம் மற்றும் கல்கத்தா ஆசியவியல் நிறுவன அருங்காட்சியகத்திற்கு அனுப்பினர். சென்னையிலுள்ள ஆங்கிலக் கிழக்கிந்தியக் குழுமம் மூலம் கால்நடை வளர்ப்பு பற்றிய கருத்து படிப்படியாக வளர்ந்தது. வேளாண்மை மற்றும் கால்நடை வளர்ப்பு ஆகியவை தமிழ்நாட்டின் இரண்டு முதன்மையான பொருளியல் நடவடிக்கைகளாகக் கண்டறியப்பட்டு கவனம் பெற்றது. ஆங்கிலேய சென்னை அரசு, மைசூரிலுள்ள கால்நடை வளர்ப்பு நிறுவனமான அமிர்தமகால் மீது கவனம் செலுத்தியதோடு, இறுதியாக 1813இல் ஆங்கில அரசானது படைத்துறைக்காகப் பொதி விலங்குகள் பற்றிய ஆராய்ச்சிக்காக அதனை எடுத்துக்கொண்டது.

அடிக்குறிப்புகள்

1. Stefano Perfetti, *Aristotle's Zoology and its Renaissance Commentators, 1521-1601*, Leuven, Leuven University Press, 2000.
2. Laurent Pinon, 'Conrad Gessner and the Historical Depth of Renaissance Natural History', in *Historia: Empiricism and Erudition in Early Modern Europe*, eds., Gianna Pomata and Nancy Siraisi, Cambridge Massachusetts and London, 2005, pp. 241-67.
3. Ulysse Aldrouando, *Ornithologiae hoc est de Avibus Historiae Libri XII*, Bologna, 1599; Ulysse Aldrouando, *De Animalibus Insectis Libri Septem, cum Singulorum Iconibus as Vivum Expressis*, Bologna, 1602.
4. J. Jonston, *Historiae naturalis*, Libri I – VII, Lesnae – Frankofurti, 1650-1653. These include Theatrum universale de Avibus, Historiae naturalis de Avibus, Historiae naturalis de Exsanguinis aquaticis, Historiae naturalis de Piscibus et Cetis, Historiae naturalis de Quadrupedibus, Historiae naturalis de insectis, Historiae naturalis de Serpentibus, and Historiae naturalis de Insectis, Serpentibus et Draconibus.
5. S. Jeyaseela Stephen, ed., *Letters of the Portuguese Jesuits from Tamil Countryside, 1666-1688*, Pondicherry, 2001, pp. 291-2.
6. Alfred Martineau, ed., *Memoires de François Martin: Fondateur de Pondichéry, 1665-1694*, 3 vols., Paris, 1932-4, vol. III, p. 28.
7. S. Jeyaseela Stephen, *The Coromandel Coast and its Hinterland: Economy, Society and Political System, 1500-1600*, Delhi, 1997, p. 190.
8. Jean-Baptiste Tavernier, *Travels in India by Jean-Baptiste Tavernier*, ed., Ball, repr. Delhi, 2000, vol. I, p. 215.
9. Abbe Carre, *Voyages des Indes Orientales*, Paris, 1906, vol. III, p. 714.
10. Nationaal Archief (hereafter NA), Den Haag, MSS VOC 856, fl. 486, 13 August 1635; VOC 857, fl. 81, 13 February 1636; VOC 861, fl. 118, 28 February 1639; VOC 1124, fl. 668, 19 June 1635; VOC 1123, fl. 200v, 9 May 1638.
11. J.A. Van der Chijs, et al., *Dagregister Gehouden int Casteel Batavia vant Passerende daer te Plaatse als Over Geheel Nederlandts-India, 1628–1682*, 31 vols., The Hague-Batavia, 1887–1928 (hereafter Dagregister), 1636, p. 262.
12. Tapan Raychaudhuri, *Jan Company in Coromandel, 1605–1690: A Study in the Interrelations of European Commerce and Traditional Economies*, The Hague, 1962, p. 177.
13. NA, VOC, 1130, fol. 978; N. Macleod, *De Oost-Indische Compagnie als Zeemogenheid in Azie*, Rijswijk, 1927, vol. II, pp. 13–15, 170–1.
14. NA, VOC 1130, fl. 978.
15. NA, VOC 1133, fls. 435-6.
16. William Salmon and Royal College of Physicians, *Pharmacopœia Londinensis: Or the New London Dispensatory*, London, Nicholson, 1702.
17. John Marten, *A Treatment of the Venereal Disease*, London, 1711.
18. *The Ladies Dispensatory or Every Woman her own Physician*, London, 1740.
19. Louis Le Comte, *Nouveau Mémoires Sur L'état Présent De La Chine*, Paris, tome II, 1696, pp. 506-512. The text runs thus: Le caméléon est encore une autre espèce de lézard de huit à dix pouces de long, qui a servi de matière à nos observations. On en voit à la côte de Coromandel, & nous en nourrissions en notre maison de

Pontichéry; car ils ne vivent pas seulement d'air, comme quelques naturalistes l'ont écrit : ils mangent & même avec avidité. Il est vrai qu'étant d'un tempérament froid & humide, ils peuvent passer plusieurs jours sans nourriture; mais enfin, si on ne leur en donne point du tout, on les voit peu à peu languir, & ensuite mourir de faim. Au reste, tout est singulier dans le caméléon: ses yeux, sa tête, son ventre sont extrêmement gros; & quoiqu'il ait quatre pattes comme le lézard, il est d'une si grande lenteur en tous ses mouvements, qu'il se traîne plutôt qu'il ne marche, & si la nature ne lui avait donné une langue d'une conformation particulière, jamais il n'attraperait les animaux qui sont sa nourriture ordinaire. Cette langue est ronde, épaisse, & longue au moins d'un pied. Il la darde à sept ou huit pouces hors de la bouche avec une adresse merveilleuse: & la substance en est si visqueuse, qu'elle arrête les mouches, les sauterelles & autres semblables insectes pour peu qu'elles les touche de sa pointe. Tout son corps est couvert d'une peau très fine, mais de couleur changeante, selon les différentes passions qui l'agitent. Dans la joie il est d'un vert d'émeraude, mêlé d'oranger & haché de petites bandes grises & noires. La colère le rend obscur & livide; la crainte, pâle & d'un jaune effacé. Quelquefois toutes ces couleurs & plusieurs autres se confondent ensemble; & il se fait alors un si beau mélange d'ombre & de lumière, qu'on ne voit point dans la nature de plus belles nuances; ni dans nos tableaux, des peintures plus vives, plus douces, & mieux assorties. On me fit voir à Pontichéry deux autres espèces d'animaux peu connus dans l'Europe. L'un se nomme chien-marron, qui tient presque également du chien, du loup, & du renard: il est de grandeur médiocre, d'un poil gris & roux. Il a les oreilles courtes & pointues, le museau affilé, les jambes hautes, la queue longue, le corps grêle & déchargé. Il n'aboie point comme le chien, mais il crie à la manière des enfants; au reste, il est très vorace de son naturel, & quand la faim le presse, il entre la nuit dans les maisons & se jette souvent sur les personnes. La seconde espèce est la mangouze, qui pour la forme extérieure, approche assez de la belette, si ce n'est qu'elle a le corps plus gros & plus long, les jambes plus courtes, le museau plus délié, l'œil plus vif, & je ne sais quoi, de moins sauvage. Cet animal est en effet extrêmement familier, & il n'y a point de chien qui joue & qui badine plus agréablement avec les hommes. Cependant il est colère & traître quand il mange; grondant alors presque toujours, & se jetant avec fureur sur ceux qui se mettent en devoir de le troubler. Il aime surtout les œufs de poules, mais comme il n'a pas la gueule assez fendue pour les saisir, il tâche de les rompre en les jetant en l'air, ou en les roulant sur la terre de cent manières différentes. Que si pour lors il trouve une pierre auprès de lui, il lui tourne incontinent le dos, & élargissant les jambes de derrière, il prend l'œuf avec celles de devant & le pousse de toute sa force par dessus le ventre, jusqu'à ce qu'il se soit cassé contre la pierre. Il chasse non seulement aux rats & aux souris, mais encore aux serpents, dont il est le mortel ennemi, & qu'il prend sur la tête fort adroitement, sans en recevoir aucune blessure. Il n'est pas moins contraire aux caméléons, qui, à sa seule vue sont saisis d'une si grande frayeur, qu'ils deviennent tout d'un coup plats comme une feuille, & tombent ordinairement à demi-morts; au lieu qu'aux approches d'un chat d'un chien, ou de quelque autre animal encore plus à craindre, ils s'enflent, se mettent en colère, & prennent le parti de se défendre ou de les attaquer.

20. *Memoirs and Observations: Topographical, physical, mathematical, mechanical, natural and ecclesiastical made in a late journey through the empire of China and published in several letters, by Louis Le Comte, Translated from the Paris edition and illustrated with figures*, London, 1697, pp. 513-514.

21. Giovanni Borghesi, *Lettera Scritta da Pondischeri a 10 di febbraio 1704 dal dottore Giovanni Borghesi medico della missione sepedita alla China dalla santita di N.S. Papa Clemente XI nella quale si contengono, oltre a un pieno raconto del viaggio da Roma fino alle coste dell' Indie oriental, Anatomische, Botanische, naturali e d' altri generi e trasportata del Manuscritto Latin in Lingua Toscana di Gio Mario de' Crescembeni custode d'Arcadia, e Accademico Affrordita*, Roma, 1705, pp. 198-9.

22. Ibid., p. 206.

23. F. F. J. M. Pieters, 'The menagerie of 'the white elephant' in Amsterdam: with some notes on other 17th and 18th century menageries in The Netherlands' eds., H. V. Lothar Dittrich, D. V. Engelhardt & A. RiekeMüller, *Die Kulturgeschichte des Zoos*, Berlin, 2002, pp. 47-66, see, p. 56.

24. Ibid., p. 57.

25. Daniel Jeyaraj and Richard Fox Young, *Hindu–Christian Epistolary Self–Discourses: 'Malabarian Correspondence' between German Pietist Missionaries and South Indian Hindus (1712–1714)*, Harrassowitz Verlag, Wiesbaden, 2013, p. 282.

26. Thomas Pennant, *Indian Zoology*, Second edition, London, MDCCXC, p. 31.

27. Mildred Archer, 'Indian Paintings for British Naturalists', *Geographical Magazine*, 28(5) 1955, pp. 220-30; see also, Mildred Archer, 'India and Natural History: The Role of the East India Company, 1785-1858', *History Today*, 9 (2), 1959, pp. 736-743, see p. 739.

28. Gotthilf August Francke, ed., *Der Königl. Dänischen Missionarien aus Ost-Indien eingesandter ausführlichen Berichten, Von dem Werck ihrs Ams unter den Heyden, angerichteten Schulen und Gemeinen, ereigneten Hindernissen und schweren Umstanden; Beschaffenheit des Malabarischen Heydenthums, gepflogenen brieflicher Correspondentz und mundlchen Unterredungen mit selbigen heyden*, Teil 1–9, (Continuationen 1–108) Waiserihaus, Halle, 1710–1772 (hereafter Hallesche Berichten = HB), see, 59th Continuation des Berichts der Königliche – Dänischen Missionarien in Ost Indien, 1742, p. 840.

29. HB, 85th Continuation des Berichts der Königliche – Dänischen Missionarien in Ost Indien, 1756, p. 1641.

30. General Clive and James Parsons, 'Some Account of the Animal Sent from the East Indies, by General Clive, to His Royal Highness the Duke of Cumberland, Which is now in the Tower of London: In a Letter from James Parsons, M. D. F. R. S. to the Rev. Thomas Birch, D. D. Secretary to the Royal Society', *Philosophical Transactions*, vol. 51 (1759-1760), pp. 648-652. The paper was read on 27 March 1760.

31. Ibid.

32. Archivum Romanum Societatis Iesu, Roma, MSS Goa 54(a), Annual letter of Andres Freyre to Giovanni Paolo Oliva written from Kandalur dated 14 July 1667, in S. Jeyaseela Stephen, Letters of the Portuguese Jesuits, p. 4.

33. Claude du Choiseul, *Nouvelle methode sure, courte et facile pour le traitement de personnes attaques par de la rage*, Paris, 1756. Louis Pasteur the French biologist and chemist later became interested in rabies, and discovered the vaccine for rabies. Pasteur pronounced the foundations of experimental methods in microbiology, highlighted the role of microbes in the propagation of diseases and invented pasteurization. Louis Pasteur also introduced the vaccination for immunity to cholera. He had succeeded in growing the organism thought to cause fowl cholera in culture, and had shown chickens injected with the cultured

bacterium developed cholera. Pasteur administered the first vaccine (in 1885) to a human patient, a young boy who had been bitten repeatedly by a rabid dog. Though Pasteur proved that vaccination worked, he was not aware of the mechanism involved.

34. Archiv der Franckeschen Stiftungen (hereafter AFSt), Halle, AFSt/M2 B1: 5d; AFSt/M2 B2, Berichte aus Zoologie und Botanik.
35. HB, 100th Continuation des Berichts der Königliche – Dänischen Missionarien in Ost Indien, 1766, pp. 408-9.
36. HB, 104th Continuation des Berichts der Königliche – Dänischen Missionarien in Ost Indien, 1768, p. 907.
37. 'An Account of a New Species of the Manis, or Scaly Lizard, extracted from the German Relations of the Danish Royal Missionaries in the East Indies, of the year 1765, published at Halle in Saxony, by Dr. Hampe, F. R. S', *Philosophical Transactions: Giving some account of the present undertakings, Studies, and Labours of the ingenious, in many considerable parts of the world*, vol. LX, 1770. London, MDCCLXXI, pp. 36-38. The paper was read on 6 October 1770.
38. Georg Christian Knapp et al., eds., *Neuere Geschichte der Evangelischen Missions-Anstalten zu Bekehrung der Heiden in Ostindien aus den eigenhändigen Aufsätzen und Briefen der Missionarien erausgegeben*, Waisenhaus, Teil 1–8 (Stück 1–95), Waiserihaus, Halle, 1770–8/95, 1848 (hereafter NHB), 1786, pp. 815-6.
39. Ibid.
40. NHB, 1793, p. 658.
41. Ibid.
42. AFSt/M2 E27:18, Tagebuch von Christoph Samuel John, 12 December 1803 - 31 December 1804, See also, NHB, 6 Bd., 63, s.260.
43. C. S. John, 'Beschreibung einiger Affen aus im nordlichen Bengalen, vom missionaries John zu Trankenbar', *Neue Scriften Gesellschaft Naturforschender Freunde zu Berlin*, 1: 211-218, see pp. 215-216; See also, J.B. Fischer, *Synopsis Mammalium Cotta*, Stuttgart, 1829.
44. Saraswati Mahal Library, Thanjavur (hereafter SMLT), *Modi Bundles* (hereafter MB), 123C/17-9; see also, P. Subramanian, Venkataramaiyaa and Vivekananda Gopal, *Thanjai Maraattiyar Modi Aavana Thamizhaakamum Kurippuraiyum* (Modi Records of the Mahratta Rulers of Tanjore in Tamil Translation), 3 vols, Tamil University, Tanjore, 1989 (hereafter MDT), vol. I, part III, p.140.
45. Tamilnadu State Archives (hereafter TNSA), Chennai, *Tanjore District Records* (hereafter TDR), vol. 3483, p. 299, 13 June 1805.
46. SMLT, MB, 31C/11; MDT, vol. I, part VIII, p. 350; MDT, vol. I, part VIII, p. 400.
47. SMLT, MB, 140C/6; MDT, vol. I, part II, p. 193.
48. TNSA, TDR, vol. 3429, pp. 245-6, 21 November 1821.
49. TNSA, TDR, vol. 4438 (2), p. 421, 5 December 1831.
50. TNSA, TDR, vol. 3487A, p. 47, 18 February 1806.
51. TNSA, TDR, vol. 3419, pp. 42-3, 10 April 1806.
52. TNSA, TDR, vol. 3452, p. 97, 24 June 1800.
53. AFSt/M2 E27:18, Tagebuch von Christoph Samuel John, 12 December 1803 - 31 December 1804, See also, NHB, 6 Bd., 63, s.259.

54. SMLT, MB, 140C/12-7; MDT, vol.1, part II, p. 185.
55. TNSA, TDR, vol. 3503, p. 131, 24 May 1811.
56. TNSA, TDR, vol. 3535, p. 65, 31 January 1819.
57. SMLT, MB, 31C/11; MDT, vol. I, part III, p. 350; MDT, vol. I, part VIII, p. 400.
58. SMLT, MB, 76/5; MDT, vol. I, part V, p. 215.
59. TNSA, TDR, vol. 3539, 2 April 1820.
60. TNSA, TDR, vol. 4429B, p. 200, 8 April 1821.
61. BL, London, *Natural History Drawings of the India Office Collections* (hereafter IOL, NHD), 7/1095; IOL, NHD 7/1112.
62. BL, IOL, NHD 7/1096-97; IOL, NHD 7/1094; IOL,NHD 7/1100; IOL,NHD 7/1101; IOL,NHD 7/1102-1103 and 1115.
63. BL, IOL, NHD 7/1104-1114; IOL, NHD 7/1111.
64. BL, IOL, NHD 7/1001-25.
65. SMLT, MB, 169C/5-6; MDT, vol. I, part II, p. 78.
66. AFSt/M2 E27:18, Tagebuch von Christoph Samuel John, 12 December 1803 - 31 December 1804, See also, NHB, 6 Bd., 63, s.250-60.
67. BL, IOL, NHD 7/1036.
68. BL, IOL, NHD 7/1034.
69. BL, IOL, NHD 7/1039.
70. Thomas Caverhill Jerdon, *The Mammals of India, Natural History of all the Animals Known to Inhabit Continental India*, London, 1874, pp. 15-6.
71. Ibid., p. 63.
72. Ibid., pp. 72-4.
73. Ibid., pp. 92-7.
74. Ibid., pp. 82-3.
75. Colonel Walter Campbell, *My Indian Journal*, Edinburgh, MDCCCLXIV, pp. 368-371.
76. Thomas Caverhill Jerdon, The Mammals of India, pp. 288-90.
77. Colonel Walter Campbell, My Indian Journal, pp. 100-101.
78. Thomas Caverhill Jerdon, The Mammals of India, pp. 302-3.
79. Ibid., pp. 142-4.
80. Ibid., p. 166.
81. Ibid., p. 7.
82. Ibid., p. 9.
83. Ibid., pp. 12-3.
84. Ibid., pp. 108-9.
85. Ibid., pp. 122-3.
86. Ibid., p. 107.
87. Ibid., pp. 125-7.
88. Ibid., pp. 132-4.
89. Ibid., p. 135.

90. Ibid., pp. 135-6.
91. Ibid., pp. 136-7.
92. Ibid., p. 137.
93. Ibid., pp. 314-6.
94. T. C. Jerdon, 'Catalogue of Reptiles Inhabiting Peninsular India', *Journal of the Asiatic Society of Bengal*, vol. XXII, 1853, pp. 462-479, p. 466.
95. Ibid., pp. 468-9.
96. Ibid., p. 466.
97. T. C. Jerdon, The Mammals of India, p. 203.
98. Ibid., pp. 204-5.
99. Ibid., pp. 29-30.
100. Ibid., pp. 19-20.
101. Ibid., pp. 27-8.
102. Ibid., p. 31.
103. Ibid., p. 35.
104. Ibid., pp. 53-4.
105. Ibid., p. 55.
106. Ibid., p. 56.
107. Ibid., p. 58.
108. Ibid., p. 64.

இயல் 5

பாம்புவியல் மற்றும் நச்சுயியலைப் பட்டறிவு மூலம் கற்றல் (1701-1853)

ஊர்வன குறித்த அறிவியலாய்வு குறிப்பாக, தமிழ்நாட்டில் பாம்புகளின் நடத்தை உட்பட அய்ரோப்பிய விரிவாக்கக் காலத்தில் வளர்ச்சி அடைந்தது. அய்ரோப்பியர்கள் தமிழகக் கடற்கரையில் குடியேறித் தங்கள் வணிகத்தைத் தொடங்கியபோது, தமிழ்நாட்டில் பாம்புகள் காணப்பட்டாலும் அதன் பல்வேறு வகைகளைப் பற்றி அறிய அவர்கள் ஆர்வம் காட்டவில்லை. பாம்புக்கடிக்குப் பூர்வகுடி மக்களால் செயற்படுத்தப்படும் மருந்தை அறிய அய்ரோப்பியர்கள் படிப்படியாக பாம்புகள் குறித்த ஆய்விற்கு ஈர்க்கப்பட்டனர். தமிழ்நாட்டின் சிற்றூர்ப் பகுதிகளில் பாம்புகள் பிரச்சினையாக இருந்ததால் நாட்டு மருத்துவர்கள் பாம்புக் கடிக்கு சித்த மருந்தை வழங்கினர். நஞ்சுள்ள பாம்பு, நஞ்சற்ற பாம்பு ஆகியவற்றை வேறு படுத்திப் பார்ப்பது அவர்களுக்கு நன்றாகத் தெரியும். தரங்கம்பாடி, சென்னை மற்றும் தமிழகக் கடற்கரையிலுள்ள பல்வேறு இடங்களில், பாம்புகளைப் பற்றிப் படிப்பதற்கான முன்னோடி முயற்சிகள் சிலவற்றை உருவாக்கிய பல அய்ரோப்பியர்கள் இருந்தனர். இந்த இயலில் அவர்களின் முயற்சிகள் மற்றும் அறிவைப் பரப்புவதிலுள்ள முதன்மைகளை ஆராய்வோம்.

பாம்புகள் மற்றும் பாம்புக்கடிகளுக்கான பண்டுவம் தமிழகக் கடற்கரையில் அய்ரோப்பியர்களால் கவனிக்கப்பட்டது (1701-1738)

சாமுவேல் பிரவுன் என்பவர் சென்னையிலுள்ள புனித ஜார்ஜ் கோட்டையில் முதன்மை அறுவை மருத்துவராக இருந்தார்.[1] அவர் 1701இல் நச்சுப்பாம்புக் கடிக்குத் தமிழர்களால் மாறுபட்ட வகையில் மருத்துவம் வழங்கப்பட்டதாகக் குறிப்பிட்டார். அவரைப் பொறுத்த வரையில் எட்டி (Strynchnos nux-vomica) மரத்தின் பழம், இலைகள் மற்றும் அதன் வேரினைப் பிசைந்து கொதிக்கவைக்கப்பட்டும் கொட்டையிலிருந்து அழுத்தி எடுக்கப்படும் எண்ணெய் வெளிப் புறத்தில் பயன்படுத்தப்பட்டும், நச்சுப் பாம்புகளின் நச்சுக்கடிக்கு எதிரான மிக உயர்ந்த மருந்தாக வாய்வழியாகத் தமிழர்களால்

எடுத்துக்கொள்ளப்பட்டது.[2] சரியான நேரத்தில் எடுத்துக்கொள்ளப்பட்ட புங்க மரச்சாறு (Crotalaria juncea) நச்சுப்பாம்புகளின் கடியைக் குணமாக்கியது என அவர் எழுதினார்.[3]

கஸ்தோன் லொரான் கேர்தூ என்ற சேசு சபையைச் சேர்ந்தவர், 1732இல் பிரான்சிலிருந்து சமயப்பரப்பு பணிக்காக மதுரை வந்தார். முதலில் புதுச்சேரியிலும், 1740இல் காரைக்காலில் சேசு சபை தலைவராகவும் ஆனார். 1745இல் புதுச்சேரியில் மறைபரப்புப் பணிக்காக நியமிக்கப் பட்டார். 1745இல் அவர் சேசு சபை மேலலுவலராக ஆகி, 1751இல் பாதிரியார் லாது அவர்களை இடம் மாற்றினார்.[4] நச்சுயியல், நச்சு முறி மருந்துகள் மற்றும் பல்வேறு வகையான நச்சுப் பாம்புகள் மற்றும் பூச்சிகள் கடித்ததற்கான சில்லரைக் கோவை என்ற தமிழ் மருத்துவத் திரட்டு இருப்பது அவருக்குத் தெரியவந்தது. பிரான்சிலிருந்து இறக்குமதி செய்யப்பட்ட மருந்துகளைவிட தமிழ் மருத்துவத்தின் இந்தத் துறையில் அவர் ஆர்வம் காட்டினார். எனவே, பாதிரியார் கேர்தூ 1738இல் பாதிரியார் சுசியேவிற்குப் பாம்புக்கடிக்கு எதிரான ஒரு சிறந்த நோய் நீக்க மருந்தை ஐரோப்பாவிற்கு அனுப்பினார்.[5]

தரங்கம்பாடியில் ஜோஹன் கிறிஸ்டியன் வைடெப்ராக் மற்றும் ஜோஹன் பல்தசார் கோல்ஹாப் ஆகியோரால் பாம்புகள் பற்றிய ஆய்வு, 1764

ஜோஹன் கிறிஸ்டியன் மற்றும் ஜோஹன் பல்தசார் கோல்ஹாப் ஆகிய இரு பிராட்டஸ்டன்ட் மதகுருமார்கள் ஆகஸ்ட் 1737 முதல் தரங்கம்பாடி டேனிஷ் மறைபரப்பு தளத்தில் பணிபுரிந்தனர்.[6] அவர்கள் தரங்கம்பாடியில் பாம்புகள் பற்றிய ஆய்வில் மிகுந்த ஆர்வத்தை வெளிப்படுத்தினர். 28 செப்டம்பர் 1764 நாளிட்ட அறிக்கையில் ஹாலேவிற்கு விளக்கத்துடன் தெரிவித்தனர். தமிழில் உழந்தை/ உழவன் பாம்பு, (Eryx conicus) மிகவும் அச்சுறுத்துவதாக அவர்களால் குறிப்பிடப்பட்டது. அவர்களின் தோட்டக்காரர்களில் ஒருவரான கிறித்தவரொருவர் இந்தப் பெரிய, இறந்துபோன பாம்பு தோட்டத்தில் கிடந்ததை அவர்களிடம் கொண்டுவந்தார். மதகுருமார்கள் பாம்பைப் பற்றி அறிய விரும்பி பார்ப்பனரொருவரைத் தொடர்புகொண்டு கேட்டறிந்தனர். இந்தப் பாம்பு தமிழில் மலைப்பாம்பு என்று அழைக்கப்படுவதாகவும், இது பொதுவாக மலைகளில் மட்டுமே காணப்படுவதாகவும், அவர்களுக்கு தெரிவிக்கப்பட்டது. இந்தப் பாம்பு பழுப்பு நிறத்திலிருந்தது. மேலும் தலை முதல் வால் வரை கைபோலத் தடிமனாக இருந்தது. அதன் வால் மட்டும் சற்று மெலிதாக இருந்தது. பொதுவாக இந்த வகை பாம்புகள் ஆடு, கன்று, நரி போன்ற

விலங்குகளைத் தாக்கி, கடுமையாக அழுத்திக் கொன்றுவிடும். மற்றொரு வகைப் பாம்பான மலைப்பாம்பு என்பது விஷமற்றது என்றும் தெரிவிக்கப்பட்டது.[7]

தரங்கம்பாடியில் 22 பாம்புகள் பற்றிய கிறிஸ்டோப் சாமுவேல் ஜான் அவர்களின் விரிவான ஆய்வு (1785-92)

கிறிஸ்டோப் சாமுவேல் ஜான் (1747-1813) என்ற புராட்டஸ்டன்ட் மருத்துவர் 1771இல் தரங்கம்பாடியிலுள்ள டேனிஷ் மறைபரப்புப் பணியில் அமர்த்தப்பட்டார். தன் வருமானம் குறைவாக இருப்பதையறிந்த அவர், மேலும் கூடுதல் தொகையினைப் பெற பல இடங்களுக்குச் சென்று வியப்பிற்குரிய பொருட்களை சேமித்து அய்ரோப்பியச் சேமிப்பாளர் களுக்கு அதனை விற்றார். இந்த வகையில் அவர் சீரான அளவில் தொகையினைப் பெற்று அவர் வாழ உதவியது.[8] தன் வருமானத்தை மேலும் நிரப்புவதற்காகத் தொடர்ச்சியாக ஒரு வழியைக் கண்டு பிடித்து, ஆங்கிலோ-இந்தியருக்கான தனியார் பள்ளியை நடத்தினார். அய்ரோப்பியத் தந்தைமார்களான அரைச்சாதியினக் குழந்தைகள், நன்றாகப் படிப்பதைப் பார்க்க ஆர்வமாக இருந்தனர். இந்த மாணவர்கள் அவருடைய பணிக்கு உதவியாளர்களாக இருந்தனர். பிற்பகல், பள்ளி நேரம் முடிந்ததும், அவர் குழந்தைகளைத் தோட்டத்திற்கு அழைத்துச் சென்று, தோட்ட வேலைகளில் ஈடுபடுத்தியதோடு, நிகை, திணைகள் (தாவரம்) மற்றும் பூச்சிகளைச் சேமிப்பதில் ஈடுபடுத்தினார்.[9]

சி.எஸ்.ஜான் பாம்புகள் பற்றிய விரிவான மற்றும் ஆழமான ஆய்வு நடத்தினார். இருபத்தியிரண்டு வகையான பாம்புகள் மற்றும் அவற்றின் நஞ்சின் அளவைத் தவிர, அவற்றின் இயல்பு குறித்தும் எழுதினார். தரங்கம்பாடியிலிருந்து ஹாலேவிற்கு 1785இல் அவர் அனுப்பிய அறிக்கையில் வியப்பிற்குரிய செய்திகளை நாம் காண்கிறோம். அவரைப் பொறுத்தவரை உதிர விரியன் ஒரு குருதிப் பாம்பு என்றும், அதன் கடியால் பாதிக்கப்பட்டவரின் மூக்கு, காது மற்றும் வாயிலிருந்து குருதி வழியும். மேலும், நஞ்சு உடலின் துளைகளில் காணப்படலாம். மற்றும் குருதியின் நிறத்தில் மாறுபாடு அடைவதை உடல் முழுவதும் காணப்பட்டது. பாம்பின் நஞ்சு கொடியதாக இருந்ததால், பாம்பால் கடிபட்டவர்களைக் காப்பாற்ற முடியவில்லை.

கருவழலை விரியன் ஒரு கருங்கருப்பு நிறப் பாம்பு. அது தானாக அளவில் விரிவும். அளவில் பெரியதாய் இருந்தாலும் அது நச்சுத் தன்மையற்றது. மற்றொரு வகை மிளகுப்பாம்பு என்றழைக்கப்படும் முளகு விரியன் பாம்பு மிகவும் சிறியதாக இருந்தது. தமிழில்

கட்டுவிரியன் என்பது பட்டைப் பாம்பு என்றும் அழைக்கப்படும் மற்றொரு வகையாகும். ஏனெனில் அதன் கடி மாந்தனின் உடலில் கொப்பளம் மற்றும் வீக்கத்தை ஏற்படுத்தும். இது அபாயகரமானது.

நீர்விரியன் (நீர்ப்பாம்பு) நஞ்சுள்ள ஒரு பாம்பு. சுருட்டுவிரியன் பெரும்பாலும் சுருட்டிய, உருட்டிய நிலையிலிருப்பதால் சுருண்ட பாம்பு என்றழைக்கப்பட்டது. பெருவிரியன் (பெரிய பாம்பு) அதன் கடுமையான நஞ்சினால் அது அப்பெயரைக் கொண்டிருந்தது. பொரிவிரியன் பாம்பு சொறி, சிரங்குப் பாம்பு என்றழைக்கப்பட்டது. ஏனெனில் அதன் கடியால் மினுமினுப்பு அல்லது சிறு புள்ளிகள் கடிபட்டவரின் தோல் முழுவதும் தோன்றின. கருவிரியன் பாம்பு ஒளிபொருந்திய கருப்புப் பாம்பானது அதன் நிறத்திற்குரியதானது. அதன் கடி கொடிய நஞ்சாக இருந்தது.[10]

செந்தலைவிரியன் ஒரு சிவப்புத் தலைப்பாம்பு. அறுகலைவிரியன் பாம்பு கடித்ததால் கடுமையான எரியும் உணர்வும், கை கால்களில் வலியும் ஏற்பட்டது. பில்லுவிரியன் என்பது புல் பாம்பு ஆகும். இது, பொதுவாகப் புதர்களுக்கு நடுவே காணப்படுகிறது. தாமரைக்காய் விரியன் பாம்பு உடலில் தாமரையின் பழம் போன்ற அடையாளங்களை ஏற்படுத்தியது. கொல்லைவிரியன் பொதுவாகக் கொல்லைப்புறத்தில் அல்லது தோட்டத்தில் காணப்படும் ஒரு பாம்பு. அதன் கடியால் உடல் முழுதும் வீக்கம் ஏற்பட்டது. குறைவிரியன் பாம்பின் கடி மெதுவாக வேலை செய்தது. ஆனால், அது படிப்படியாக அவரின் கை விரல்களையும் கால் விரல்களையும் விரைவிலேயே பாதித்து அவரைச் செயலிழக்கச் செய்தது. எட்டு அடி நீளமுள்ள பாம்பாக எட்டுஅடிவிரியன் இருந்ததால், அதன் நீளத்தின் காரணமாக அப்பெயரமைந்தது. அதன் கடியை அவ்வளவு எளிதில் குணப்படுத்த முடியாது. கருத்துக்கோல் விரியன், குச்சி போல மெலிந்த கழுத்துடைய பாம்பு. இது, தோராயமாக ஒரு விரற்கிடை தடிமன். ஆனால், அதன் நஞ்சு தீங்களிக்கக்கூடியது. கடிபட்டவருக்கு மூன்று மணி நேரத்திற்குள் மருத்துவம் அளிக்க வேண்டும்.[11]

20, செப்டம்பர் 1792 நாளிட்ட தன் கடிதத்தில் கிறிஸ்டோப் மீண்டும் கொம்பேறிமூக்கன் (வெண்கல முதுகு மரப்பாம்பு) என்றழைக்கப்படும் ஒரு பாம்பைக் குறிப்பிட்டுள்ளார்.[12] தமிழில் நல்ல பாம்பு என்றழைக்கப்படும் நாகப்பாம்பை அவர் தரங்கம்பாடியிலிருந்து ஹாலேவுக்கு அனுப்பிய மற்றொரு கடிதத்தில் குறிப்பிட்டு உள்ளார்.[13] இந்தப் பாம்பு கருநாகம் என்றும் அழைக்கப்பட்டது. நாகம்

(Cobra de Capello) என்றழைக்கப்படும் இந்தப் பாம்பு இந்துக்களால் வணங்கப்பட்டதால் அதைக் கொல்ல பார்ப்பனர்கள் இசையவில்லை. பூண்டினைக் கொண்ட பாம்பின் கவனத்தைத் திசை திருப்பும் ஒருவரை சி.எஸ்.ஜான் கண்டார்.[14] அவர் சில உள்ளூர் மக்களின் உதவியைப் பயன்படுத்திப் பல்வேறு வகையான நாகப்பாம்புகள் பற்றிய விளக்கத்தைத் தொகுத்தார். ஆனால், அந்த உள்ளூர் மக்களின் பெயர்களை அவர் குறிப்பிட வில்லை. கிறிஸ்டோப் அவர்கள், உள்ளூர் மக்களிடம் கேட்ட மற்றும் பார்த்தவைகளை, விளக்கமாக மொழிபெயர்த்து அவற்றை அவ்வப் போது ஹாலேவிற்கு பல்வேறு அறிக்கைகளில் அனுப்பினார்.[15] என் கருத்தின்படி, சி.எஸ்.ஜான் அவர்களின் முன்னோடி முயற்சிகள் மற்றும் பங்களிப்பிற்காக பாம்புவியலின் தமிழகத் தந்தை என்று அழைக்கப்பட வேண்டும்.

கிறிஸ்டோப் சாமுவேல் ஜான் தமிழில் பச்சைப்பாம்பு என்கிற பாம்பைப் பற்றி ஒரு குறிப்பை எழுதியிருந்தார். அந்தப் பாம்பு, கண்ணில் எய்யும் அம்புபோல் கொத்தியதால் அது கண்குத்திப் பாம்பு என்றும் அழைக்கப்பட்டது.[16] சி.எஸ்.ஜான் செல்லமாகக் காத்து வைத்திருந்த தமிழில் இருதலைநாகம் என்று அழைக்கப்படும் இரண்டு தலை மாதிரியான பாம்புக்கு அவர் போவா பைசெப்ஸ் (Boa biceps) எனப் பெயரிட்டார்.[17] இந்த இரட்டைத்தலைப் பாம்பு, அவரால் தரங்கம் பாடியிலிருந்து விசாகப்பட்டினத்தில் உள்ள பேட்ரிக் ரஸ்ஸல்லுக்கு அனுப்பப்பட்டது.[18] தரங்கம்பாடியிலுள்ள சி.எஸ்.ஜானிடமிருந்து சித்தில் என்ற இன்னொரு பாம்பையும் ரஸ்ஸல் பெற்றார். அப்பாம்புக்கடி இடரளிப்பதாக இல்லாவிட்டாலும் உள்ளூர் மக்களால் பிடிக்கப் பட்டதாகக் கூறப்பட்டது. சித்திலின் கடியால் உடல் முழுதும் எரியும் வெப்பம் உண்டானதாகக் கூறப்படுகிறது. ரஸ்ஸலின் கூற்றுப்படி இந்தப் பாம்பிற்கு நஞ்சுள்ள உறுப்பு இல்லை.[19]

சென்னையிலுள்ள பாம்பின் அடையாளம் குறித்து வில்லியம் பெட்ரியின் கருத்து, (1787)

வில்லியம் பெட்ரி *(1784-1816)* அவர்கள் 1778இல் சென்னை ஆங்கிலக் குழுமத்தின் அதிகாரியாக இருந்தார். அவர் 1800இல் வருவாய் வாரியத்தின் தலைவராகவும், பின்னர் 1807இல் மூன்று மாதங்கள் சென்னையின் ஆங்கில ஆளுநராகச் செயல்பட்டார். மணிலி என்ற வகை நாகப்பாம்பை அடையாளம் காண்பதிலும், அதன் விளக்கம் பற்றியும் தமிழர்களிடையே கருத்து ஒற்றுமை காணப்படவில்லை என்று அவர் தெரிவிக்கிறார்.[20]

தரங்கம்பாடியில் கிறிஸ்டியன் போஹ்லே எழுதிய பாம்புகளின் ஆய்வு, (1793)

புராட்டஸ்டன்ட் மதகுரு கிறிஸ்டியன் போஹ்லே 1777இல் தரங்கம்பாடிக்கு வந்ததோடு அவர் பாம்புகளைப் பற்றி படிப்பதிலும் ஆர்வத்தை வெளிப்படுத்தினார்.[21] மார்ச் 16, 1793 நாளிட்ட ஹாலேயில் உள்ள மிஷனரிகளுக்கு அவர் எழுதிய கடிதத்தில், மண்ணில் தன்னை மறைத்துக் கொண்ட பாம்பு மண்ணுளிப்பாம்பு எனக் குறிப்பிட்டார். இது ஓர் அடி நீளமாகவும், மெல்லியதாகவும், சாம்பல் நிறமாகவும் இருப்பதாகப் போஹ்லே குறிப்பிட்டார். ஒரு நாள், அது அவருடைய பாயில் ஓடியபோது அதன் தலையில் அடிக்க முயன்றார். அதன் கடி நஞ்சல்ல என்பதை அவர் உள்ளூர் மக்களிடமிருந்து அறிந்து கொண்டார்.[22] தரங்கம்பாடியிலிருந்து பல்வேறு பிராட்டஸ்டன்ட் மிஷனரிகள் தங்கள் கடுமையான ஆய்வுகள் மூலம் மொத்தம் இருபத்தி ஒன்பது பாம்புகள் பற்றிக் குறிப்பிட்டுள்ளனர்.

காலப்போக்கில் பாம்பு பற்றிய படங்களும், வண்ண ஓவியங்களும் தயாரிக்கப்பட்டது நம் ஆர்வத்தைத் தூண்டுவதாக உள்ளது. இரண்டாம் சரபோஜி தஞ்சை மன்னர், தண்ணீர்ப் பாம்பு, பச்சைப்பாம்பு, கண்ணாடி விரியன் மற்றும் துடல்நாகம் ஆகியவற்றை ஓவியர்களைக் கொண்டு வரைந்துள்ளார்.[23]

மயிலாப்பூரில் வால்டர் எலியட்டின் கடல்பாம்பு பற்றிய விளக்கம், 1804

வால்டர் எலியட் (1803-1887) என்ற ஆங்கிலக் குழுமத்தின் பணியாளர், 1820இல் சென்னை வந்தார். மயிலாப்பூர், சாந்தோமில் உள்ள குப்பங்கள் (மீன் பிடிச் சிற்றூர்கள்) ஒன்றின் மீனவர் ஒருவர், கடல்பாம்பு அடங்கிய பெட்டியொன்றைக் கொண்டுவந்தார். அதை அவர் தன் கட்டுமரத்தில் மீன் பிடிக்கும்போது, கடலில் எடுத்ததாகக் கூறினார் என வால்டர் எலியட்டால் தெரிவிக்கப்பட்டது. இந்தப் பாம்பு பொதுவான பாம்பு வகைகளிலிருந்து அதன் நிறங்களின் பங்கீடு புதுமையான அளவிலிருப்பதை அவர் உணர்ந்தார். இந்தப் பாம்பு ஒரு புதிய வகை நாகப்பாம்பு. ஆனால், இதன் தலை கழுத்தைவிட அகலமாகவும் முகடு ஒடுங்கியும் முகவாய் வரை சாய்ந்திருந்து சற்றே மழுங்கியிருந்தது. மேலும் கவனத்தை ஈர்க்கிற பதினான்கு தட்டுகள் அல்லது படலத்தாளுடன் மூடப்பட்டிருந்தது.[24] தரங்கம்பாடியில் மீனவர்கள் கடல்பாம்புடன் சண்டையிட்டதைச் சித்திரிக்கும் ஓவியம் கோபன்ஹேகனில் உள்ள தேசிய அருங்காட்சியகத்தில் பாதுகாக்கப் படுகிறது.[25]

டி.சி.ஜெர்டன், 1853இல் சென்னை மற்றும் நீலகிரியில் கண்ட 15 பாம்புகள் பற்றிய விரிவான ஆய்வு

தாமஸ் கேவர்ஹில் ஜெர்டன் (1811-1872) அவர்கள் சென்னையில் கிழக்கிந்தியக் குழுமத்தில் 1835இல் உதவி அறுவை மருத்துவராகப் பணியில் சேர்ந்ததோடு, அவர் மார்ச் 1837 முதல் பணியாற்றினார். அவர் பாம்புகள் குறித்த ஒரு விரிவான ஆய்வினைச் செய்தார். ஜெர்டன் கூற்றுப்படி பங்காருஸ் கேண்டிடுஸ் (Bangarus Candidus) என்ற பாம்பு எண்ண வீரியன் எனத் தமிழர்களால் அழைக்கப்பட்டது. மூன்று அடி நீளம் வரை உள்ள இப்பாம்பு பொதுவாகத் தென்னிந்தியா முழுவதும் காணப்பட்டதோடு, இப்பாம்பு கடித்தால் இறப்பை ஏற்படுத்துவதாகக் கூறப்படுகிறது. இந்தப் பாம்பு ஒன்றிரண்டு வகையான மக்களுக்குத் தொல்லை ஏற்படுத்தாத பாம்புகளோடு நிறத்தில் ஒத்துப்போனது. ஆனால், பல்வகையில் மட்டும் இரண்டு வகை பற்களைக் கொண்டு இருக்கவில்லை.[26]

நையா லுட்டேசென்ஸ் (Naia Lutescens) என்ற பாம்பு தமிழர்களால் நாகப்பாம்பு அல்லது நல்லபாம்பு என்றழைக்கப்பட்டது. இதுவும் இந்தியா முழுதும் காணப்பட்டது.[27]

டிரிகோனோசெபாலஸ் எலியோட்டி (Trigonocephalus Elliotti) பாம்புவின் மேற்புறம் ஒலிவப் பச்சை நிறத்திலும், கீழ்ப்புறம் முத்து வெள்ளை நிறத்திலுமிருந்தது. அதன் நச்சுப் பற்கள் சிறியதாக இருந்ததால், தலை முழுவதும் தட்டு வடிவில் மூடப்பட்டிருந்தது. இரண்டு அடி வரையும் மேல் நோக்கி நீண்டுமிருந்தது. டி.சி.ஜெர்டன் அவர்கள் நீலகிரி சமவெளியின் கீழ்ப்பகுதியில் மட்டுமே கிடைத்ததால் அதை வாங்கினார்.[28]

டிரிகோனோசெபாலஸ் (கோபியாஸ்) நீல்கொரியென்சிஸ் (Trgonocephalus (cophias) neelgherriensis) என்ற பாம்பு சிறிய அளவில், கரும்பழுப்பு நிறத்தில், இருபத்திமூன்று வரிசைகள் கொண்ட தட்டை வடிவச் செதிள்களுடன், கரு நிற அடையாளங்களுடன் இருந்தது. இது, நீலகிரியிலுள்ள காடுகளில் கண்டறியப்பட்டது.[29]

விப்ரா ருஸ்ஸெலீ (Vipra russellii) தமிழர்களால் கண்ணாடி விரியன் என்று அழைக்கப்பட்டதாக ஜெர்டன் குறிப்பிட்டார். நன்கு அறியப்பட்ட மற்றும் மிகவும் அச்சமூட்டுகிற இந்தப் பாம்பு பெரிய அளவில் வளர்ந்தது. ஜெர்டன் கருத்துப்படி இந்தப் பாம்பு மணிலி என்ற பாம்பின் குட்டி வகை. தமிழரின் பழைய உச்சரிப்பின்படி சங்கிலி மற்றும் கழுத்தணி என்று பொருள்படும் இந்தப் பாம்பு மணிகளைக்

கொண்டு இருந்ததால் இந்தப் பெயர் பெற்றது. கோப்ரா கேபல்லா (Cobra Capella) மற்றும் கோப்ரா தே மணிலி (Cobra de manili) ஆகிய இரண்டும் போர்த்துக்கீசியப் பெயர்கள் என்பதை வாசகருக்கு நினைவூட்டவேண்டிய தேவையில்லை என ஜெர்டன் கூறினார். மேலும், பிந்தைய பெயர் போர்த்துக்கீசியர்களால் இந்த இனத்திற்கு வழங்கப்பட்டது என்பதில் அவருக்குச் சிறிதும் அய்யமில்லை. இந்தப் பெயர் உண்டானது கதை எனக் கருதி மக்கள் மறந்துவிட்டனர். ஏனென்றால், அவர் பார்த்த ஒவ்வொன்றும் தங்கள் பார்வையில் உண்மையான கோப்ரா தே மணிலியை விட மிகவும் மாறுபட்டவை எனச் சுட்டிக்காட்ட முடிந்தது. மேலும், குறிப்பிடத்தக்கதென்னவென்றால் எந்த இரண்டு பார்வையாளர்களும் அதை ஒரே வகையில் விளக்க வில்லை. அப்பாம்பு மிகச் சிறியதும், மிகக் கொடியதும் என்பதை மட்டுமே அவர்கள் ஏற்றுக்கொண்டனர். சென்னை காலாட்படையில் அறிமுகமான சொல்லான கம்பளப்பாம்பை, நச்சுப் பாம்புகளோடு தன்னால் அடையாளம் காண முடியாததால், அதே அளவு வியப்பானதாகத் தோன்றியது என ஜெர்டன் கூறினார். அழகாகக் குறிக்கப்பட்ட பல ஏதுமறியாப் பாம்பினங்கள், பல்வேறு காலங்களில் அதைக் கம்பளப் பாம்பு என்று சுட்டிக்காட்டினர்.[30]

விபரா எச்சிஸ் (Vipera Echis) பாம்பு, குட்டவிரியன் எனத் தமிழர் களால் அழைக்கப்பட்டது. இந்தக் குட்டிப்பாம்பு கர்நாடகப் பகுதிகளில் பொதுவாகக் காணப்பட்டது. அதன் கடி மாந்தனுக்குத் தீங்கிழைக்கக் கூடியது என ஜெர்டன் நினைக்கவில்லை. அந்தப் பாம்பால் கடிபட்ட நாயொன்று குணமடைந்ததை அவர் அறிந்திருந்தார். மேலே குறித்த அனைத்தும் அவர் பார்த்த நஞ்சுள்ள நிலப் பாம்புகள். இவற்றில் நாகப்பாம்பு, சங்கிலிவிரியன் (Vipera russelii) பங்காருஸ் கேண்டிடுஸ் (Bangarus Candidus) மற்றும் குட்டியான விபேரா எச்சிஸ் (Vipera echis) ஆகியவை மட்டும் பொதுவானவை. மற்ற பெரும்பாலானவை தென்னிந்தியக் காடுகளுக்கேயுரிய தனித்தன்மை வாய்ந்தவை. டிரிகோனோசெபாலி (Trigonocephali) பொதுவாக தீங்கானதல்ல. டிரிகோனோசெபாலஸ் மலபாரிகஸ் (Trigonocephalus malabricus) மற்றும் டிரிகோனோசெபாலஸ் நேபா (Trigonocephalus nepa) ஆகிய பாம்புகள் கடித்த நிகழ்வுகளால் தீங்கேதும் இல்லை என அறிந்திருந்தார். அப்பாம்புகளின் கடியால் பெரும் வலி இருந்தது; பொதுவாக வீக்கம் தொடர்ந்து வந்தது; ஆனால், நோயாளி படிப்படியாகக் குணமடைந்தார். ஜெர்டனையே டிரிகோனோசெபாலஸ் நீல்கேரியென்சிஸ் (Trigonocephalus neelgherriensis) என்ற பாம்பு முன்விரலில் கடித்து விரலைச் சுற்றித்

துணிக்கட்டு போட்டு இரத்தத்தை விரைவாக உறிஞ்சினார். ஒரு நிமிடத்தில், கடித்த இடத்தில் உள்ள தோல் கருமையாகி, இன்னும் ஓரிரு நிமிடங்களில் அவருடைய வாயில் ஒரு வட்டவடிவத் தோல் வெளியேறியது. அது கடித்ததால் உடனடியாக ஓடத் தொடங்கினார். மேலும் உடல்நலக் குறைவான விளைவுகளை அவர் உணரவில்லை.[31]

ஜெர்டனிடம் கடல்பாம்பு (Hydrophus Colubrina) இருந்தது. மேலும் இது கடல்பாம்புகளின் பல்வேறு வகைகளில் ஒன்றாகும். குவியர் என்பார் வரைந்த பாம்பு ஓவியங்களிலிருந்து இது சற்று மாறுபட்டிருந்தது. வட்டவடிவமான இலேசான புள்ளிகளை அதன் பக்கவாட்டில் காணலாம். அதன் வயிற்றுப் பகுதி, வாய் அருகில் காணப் பட்டது. மூன்று நான்கு செதில்களுக்குப் பிறகு உடனே இருந்தது. 300 புள்ளிகள் கொண்டு செதில்கள் மட்டும் 35 முதல் 45 வரை கொண்டுள்ளது. ஹைடிரோபஸ் கொலுபிரினா (Hydrophus Colubrina) வகைப் பாம்பில் 246 புள்ளிகளும் 25 செதில்களும் மட்டுமே இருந்தன. ஜெர்டனுக்கு கிடைத்தது குட்டிப்பாம்பேயாகும். அவர் அதைச் சென்னையில் வாங்கினார்.[32]

ஹைட்ரஸ் கிராசிலிஸ் (Hydrus Gracilis) பாம்பின் கழுத்து செதில்கள் 26 முதல் 35 எண்ணிக்கை வரையிலும், உடற்பகுதியில் செதில்களின் வரிசை 44 முதல் 51 எண்ணிக்கை வரையிலும் கொண்டிருந்தது. 350 முதல் 450 வரை புள்ளிகள் இருந்தன. மற்றும் பற்கள் ஏறக்குறைய 50 முதல் 60 வரை இருந்தன. இது சென்னையில் பொதுவாகக் காணப்பட்டது. உடலுடன் ஒப்பிடும்போது தலை மற்றும் கழுத்தின் சிறிய சுற்றளவுக்கு இது மிகவும் குறிப்பிடத்தக்கதாக இருந்தது. அது நான்கு அடி வரை நீளமாக இருந்தது. அனைத்துக் கடல்பாம்புகளும் நஞ்சுள்ளவை. அவற்றின் கடி மிகவும் அஞ்சத்தக்கது.[33]

மண்ணுளிப்பாம்பு (Cyliondrophis macroselis) குறுகிய பெரிய முக்கோணத் தலை மற்றும் மிகப் பெரிய செதில்கள் எனக் கடல் பாம்புகளிடமிருந்து வேறுபட்டது. சிறிய வகைப் பாம்புகள் மிகவும் பொதுவானவை அல்ல. அவை சில நேரங்களில் மழைக்கால பருவ நிலையின்போது நிலத்தின் மேற்பரப்பில் காணப்படுகின்றன. ஆனால், பொதுவாக அவை மண்ணிலிருந்து தோண்டி எடுக்கப்பட்டவை. அவை தமிழர்களால் மண் பாம்புகள் என அழைக்கப்படுகின்றன.[34]

கோரோனெல்லா டேனியோலாடா (Coronella taeniolata) பாம்பு பதினைந்து மென்மையான செதில்களை வரிசையாகக் கொண்டிருந்தது. செதில்கள் 185 ஆகவும் பற்கள் 41 ஆகவும் இருந்தது. இந்தப் பாம்பு

இனம் டிராபிடோனோடஸ் ஸ்டோலடஸ் (Tropidonotus Stolatus) என்று கேண்டரால் குறிப்பிடப்பட்டது. ஆனால், ஜெர்டன் அவர்கள் சொந்தமாக வைத்திருந்த ஒரு பாம்பு, ரஸ்ஸல் அவர்களின் விளக்கம் மற்றும் உருவாக்கத்தோடு ஒத்துப்போனது. இது உண்மையான கோரோனெல்லாவாகத் தெரிகிறது. சென்னையில் பொதுவாக இப்பாம்பு காணப்பட்டது.[35]

கோலுபெர் புளுமென்பச்சீ (Coluber blumenbachii) தமிழர்களால் சாரைப்பாம்பு என்று அழைக்கப்பட்டது. நாட்டின் பொதுவான பாம்பான இது, பெரிய அளவாக ஏழு அடி மற்றும் அதற்கு மேலும் வளர்ந்தது. இது, முதன்மையாக சதுப்பு நிலம் மற்றும் நெல்வயல்களில் அடிக்கடி காணப்பட்டது. இப்பாம்பிற்குப் பதினேழு வரிசைச் செதில்கள் இருந்தன. ஏறக்குறைய மூன்று அடி நீளப் பாம்பை ஜெர்டன் அவர்கள் பார்த்தார்.[36]

டிப்சாஸ் டிரிகோனட்டாவைச் (Dipsas trigonata) சுருட்டைப்பாம்பு எனத் தமிழர்கள் அழைத்தனர். பொதுவாக, இப்பாம்பு கர்நாடகப் பகுதிகளில் காணப்பட்டது.[37] லெப்டோபிஸ் பிக்டஸ் (Leptophis Pictus) தமிழர்களால் கொம்பேறி மூக்கன் என்று அழைக்கப்பட்டது. நாடு முழுவதும் இப்பாம்பு எல்லாப் பகுதிகளிலும் பொதுவாகக் காணப்பட்டது.[38]

டிரையினஸ் நசுடஸ் (Dryinus nasutus) தமிழில் பச்சைப்பாம்பு என்று அழைக்கப்பட்டது. இப்பாம்பு நாடு முழுவதும் பொதுவாகக் காணப்பட்டது. இப்பாம்பு ஒரு கிளியைப் பேராவலுடன் விழுங்கியதை ஜெர்டன் கண்டார்.[39]

வில்ஹெம் பிரெட்ரிக் ஜெரிக் அவர்கள் தரங்கம்பாடியில் பாம்பு கடி மருத்துவம் குறித்த அவருடைய கூர்ந்த கவனிப்பு, 1767

பிராட்டஸ்டன்ட் மதகுரு வில்ஹெம் பிரெட்ரிக் ஜெரிக் அவர்கள் 1767இல் சூன் 6ஆம் நாள் தரங்கம்பாடிக்கு வந்தார். கடலூர் மற்றும் நாகப்பட்டினத்திலுள்ள டேனிஷ் மறைபரப்புதளத்தில் அவர் பணிபுரிந்தார்.[40] பாம்பு கடி பற்றிய மருத்துவப் படிப்பில் ஆர்வத்தை வெளிப்படுத்திய அவர், வினா-விடை முறைச் சமயப் பயிற்றாளரான சத்யநாதன் என்பவருக்கு நச்சுப்பாம்புக் கடிக்கு நாட்டுமருத்துவம் அளிக்கப்பட்டதை நேரில் பார்த்து, 1767இல் தரங்கம்பாடியிலிருந்து ஹாலேவிற்கு அனுப்பிய தன் அறிக்கையில் குறிப்பிட்டுள்ளார். நள்ளிரவில் வினா-விடை முறைச் சமயப்பயிற்றாளர் தூங்கிக்

கொண்டிருந்தபோது, ஒரு கொடிய பாம்பு கடித்ததாக ஜெரிக் அவர்கள் அறிக்கையில் அறிவித்தார். அதன் பிறகு விழித்துக்கொண்டு எல்லோரிடமும் கடவுளிடம் வேண்டிக்கொள்ளச் சொன்னார். ஊர்த் தலைவர் அவருடைய குடும்பத்துடன் நல்ல தொடர்பு வைத்திருந்ததால், உடனடியாக உதவிக்கு வந்த அவர், பயிற்சிபெற்ற நாட்டு மருத்துவர் ஒருவரை வினாவிடைச் சமயப்பற்றாளரைக் கவனிக்க ஏற்பாடு செய்தார். மருத்துவர் பாம்பு கடித்த சத்யநாதனின் இடதுகாலில் கத்தியால் கீறினார். அவர் தன்னுடன் ஆறு கோழிகளைக் கொண்டு வந்திருந்தார். மேலுமவர் கோழிகளின் பின் இறகுகளை வெளியே இழுத்துக், கோழிகளின் இறகுகள் நீக்கிய பின்பகுதியை ஒன்றன்பின் ஒன்றாகக் காயத்தின் மீது அழுத்தினார். சில நிமிடங்களில் அய்ந்து கோழிகள் இதனால் இறந்தன. ஆறாவதான ஒரு கோழி உயிருடனிருந்தது. இது நோயாளியின் உடலிலிருந்து நஞ்சு அகற்றப்பட்டதற்கான அறிகுறியாகும். உறக்கத்தின்போது பாம்பு கடித்த ஒருவரைக் காப்பாற்றியதாகத் தாம் இதுவரை அறிந்திருக்கவில்லை என்று ஜெரிக் தெரிவித்தார். கடவுளின் அருள் சத்தியநாதனுக்கு இருந்ததாகவும் அவர் குறிப்பிட்டார்.[41]

வினா-விடை முறைச் சமயப் பயிற்சியாளரும் கிறிஸ்டியன் பிரெட்ரிக் ஸ்வார்ட்ஸின் மறைபரப்புப்பணி ஊழியருமான சாமுவேல் அவர்கள், பாம்புக் கடிக்கு மருத்துவம் அளிப்பதில் வல்லுநராக இருந்தார். அவர் நாகப்பாம்புக் கடிக்கு எதிராக ஒரு மருந்தை வைத்திருந்தோடு, வெறிநாய்களின் கடிக்கு எதிராகவும், ஸ்வார்ட்ஸ் முன்னிலையில் பலரை அவர் குணப்படுத்தினார். இவற்றில் சில குணப்படுத்தும் முறைகள் பெரும் ஆர்வத்தை ஏற்படுத்தியது. அவர் மருந்துகளைப் பெரிய அளவில் கமுக்கமாகக் (இரகசியமாக) காப்பாற்றி வைத்துக்கொண்டார். மருந்துகள் குறித்து அவர் மிகுந்த கமுக்கத்தை கையாண்டார். எனவே, அந்தக் கமுக்கத்தைக் கண்டறிய, சாமுவேலை ஆங்கிலேயக் குடியேற்றத்திற்கு அனுப்ப ஏற்பாடு செய்யும்படி ஸ்வார்ட்ஸை சென்னை அரசு கேட்டுக்கொண்டது. பொதுமக்களின் நலனுக்காக இது தேவையானது என உணர்ந்தோடு, சாமுவேலுக்குத் தகுந்த வெகுமதி தர உறுதியளித்தனர். இறுதியாக, 1789இல் சாமுவேலின் வழிச்செலவிற்கு ஏற்பாடு செய்தார். சென்னை வந்ததும், சாமுவேல் விரும்பியோ அல்லது விரும்பாமலோ மருந்தின் கமுக்கத்தை வெளிப்படுத்தினார். அவர் அந்த மருந்தின் சூத்திரத்தை வெளிப்படுத்தியதற்காக 200 நட்சத்திரப் பகோடாக்களைப் பெற்றார்.[42]

காரைக்காலில் பாம்புக் கடிகளுக்கான மருத்துவம் பற்றி பியர் சோனெரே கண்டது (1775-80)

1775 மற்றும 1780களில் புதுச்சேரி மற்றும் காரைக்காலுக்கு வருகை தந்த பிரஞ்சுப் பயணி பியர் சோனெரே அவர்கள் நாட்டு மருத்துவர்கள் மிக வெற்றியோடும் திறமையோடும் பாம்பு கடிப்பட்ட பல நோயாளிகளுக்கு மருத்துவமளித்ததாகக் குறிப்பிட்டார்.[43] பிரஞ்சுக் குடியேற்றப் பகுதியான காரைக்காலில் பாம்புக் கடி நோயாளிக்கு அளிக்கப்பட்ட மருத்துவ முறை அவருடைய கவனத்தை ஈர்த்தது. நாட்டு மருத்துவர் ஒரு கோழியை எடுத்து அதன் புட்டங்களால் கடிபட்ட இடத்தின் மீது தடவினார். இது குருதி உறிஞ்சு கருவி போன்ற விளைவைக் கொண்டிருந்ததோடு நஞ்சையும் வெளியேற்றியது. கோழி உடனடியாக இறந்துபோனது. இரண்டாம் கோழியும் அவ்வாறே பயன்படுத்தப்பட்டபோது அதுவும் விரைவில் இறந்துபோனது. மேலும், மூன்றாவதான கோழியும் இறந்தது. இவ்வாறு பதின்மூன்று கோழிகள் தொடர்ச்சியாகப் பயன்படுத்தப்பட்டுக் கடைசிக் கோழி இறக்கவில்லை. ஒழுங்கற்றதாகவும் அது தோன்றவில்லை. இறுதியாக, நோயாளி முழுமையாகக் குணமடைந்துவிட்டதாக நாட்டு மருத்துவர் அறிவித்தார்.[44] முன்பு குறிப்பிட்டபடி தரங்கம்பாடியில் பாம்புக் கடிக்கான மருத்துவத்தைப் பார்த்திருந்த வில்ஹெம் பிரெட்ரிக் ஜெரிக் இந்தச் செய்தியினை முழுவதுமாக ஒப்புக்கொள்கிறார். இந்த நேரத்தில் நோயாளியின் நரம்புகளில் எந்த நச்சுமுறி மருந்தோ அல்லது நச்செதிர்ப்பு மருந்தோ செலுத்தப்படவில்லை என்பதைச் சுட்டிக்காட்ட வேண்டும். கோழிகள் சூடான குருதி கொண்ட பறவைகள் என்றும், உயிருள்ள கோழியின் ஆசனவாய்ப் பகுதிகள் கடிபட்ட காயத்துடன் தொடர்புகொள்ளும்போது, நஞ்சை உறிஞ்ச உதவும் என்ற எளிய பறவையியலறிவு மற்றும் பட்டறிவின் அடிப்படையிலானது இந்த மருத்துவம். எனவே, தமிழர்களின் மருத்துவ முறைகள் இயல்புக்கு மாறான கதைகள் அல்ல, மாறாக அவை பல அய்ரோப்பியர்கள் நேரில் பார்த்தது. மேலும், உள்நாட்டு மருத்துவ அறிவின் புகழ் உண்மையாகப் பேசப்பட்டது. இத்தகைய மருத்துவ பண்டுவங்களின் (சிகிச்சைகளின்) வியப்புகள், உள்நாட்டுத் தமிழ் மருத்துவத்தின் மேன்மையை அய்ரோப்பியர்களுக்கு உணர்த்தியிருக்க வேண்டும். அபேஃபெலிஸ் ஃபோண்டானாவின் (1730-1805) கருத்து, அந்த நஞ்சு குருதியின் மூலம் செயல்படுகிறது என்பது உறுதிப்படுத்தப்பட்டது. தமிழ் மருத்துவர்கள் பாம்புக் கடி மருத்துவத்தில் இதையே விரிவாகக் கூறியுள்ளனர்.

கிறிஸ்டியன் பிரெட்ரிக் ஸ்வார்ட்ஸ் அவர்களும் பாம்புக் கடிகளுக்கான நாட்டு மருத்துவம் குறித்த அவருடைய கூர்ந்த கவனிப்பும், 1788

புராட்டஸ்டன்ட் மத குருவான கிறிஸ்டியன் பிரெட்ரிக் ஸ்வார்ட்ஸ் அவர்கள் 1778இல் தஞ்சாவூரில் குடியேறினார்.[45] சித்த மருத்துவம் படிப்பதில் ஆர்வத்தை வெளிப்படுத்தியதோடு, ஒரு தமிழ் மருத்துவர் பாம்புக் கடிக்கு மாத்திரைகள் உருவாக்குவதைக் கண்டு வியப்படைந்தார். மேலும், இந்த மருத்துவர் நச்சுப் பூச்சிக் கடிகளுக்கு மருத்துவமளிப் பதிலும் திறமையானவர். 1778, சூலை மாதம் தஞ்சாவூரில் இருந்த ஆங்கில அறுவை மருத்துவ வல்லுநரான மருத்துவர் ஸ்ட்ரேன்ஜ் என்பவருக்கு ஸ்வார்ட்ஸ் அவர்கள் இந்தத் தமிழ் மருத்துவரை அறிமுகப்படுத்தினார்.[46] தமிழ் மருத்துவருடன் நடத்திய உரையாடல், பாம்புக் கடிக்கான மருந்து மற்றும் பாம்புக் கடிக்கான நாட்டு மருத்துவர் அளித்த மருத்துவம் ஆகியவற்றில் தனிப்பட்ட முறையில் மனநிறைவடைந்த ஸ்வார்ட்ஸ் மற்றும் ஸ்ட்ரேன்ஜ் இருவரும், சென்னையின் ஆங்கில ஆளுநரான ஆர்ச்சிபால்டு கேம்ப்பெல் அவர் களுக்குக் கடிதம் எழுத ஒப்புக்கொண்டார்கள். தமிழ் மருத்துவரையும் அவருடைய பாம்புக் கடிக்கான மாத்திரைகளையும் சென்னையிலுள்ள ஆங்கில மருத்துவர்கள் ஆய்வு செய்ய வேண்டும் என மருத்துவர் ஸ்ட்ரேன்ஜ் அவருடைய கடிதத்தில் குறிப்பிட்டார். அந்தச் சூழ்நிலையைச் சரியாகப் பயன்படுத்திக்கொள்ள விரும்பிய அவர், பாம்பு மாத்திரைகளை உருவாக்கிய தமிழ் மருத்துவர், பலரைக் குணப்படுத்தியதாக உறுதிபடக் கூறினார். ஆளுநர் அவர்கள் விடையளிக்கையில், தமிழ் மருத்துவரின் பாம்பு மாத்திரைகளைச் சென்னைக்கு அனுப்புமாறு கேட்டுக்கொண்டார். அவருடைய மருந்துகளின் சிறப்புக் குணங்களை கற்றுக்கொள்வதற் காகவும், உண்மையைக் கண்டறியும் நோக்கத்திற்காகவும் மாத்திரைகளை ஆய்வு செய்யலாம் என குறிப்பிட்டார்.[47] பாம்பு மாத்திரைகள் பெறப் பட்டு, சென்னைக்கு அனுப்பி வைக்கப்பட்டு, முழுமையான ஆய்வு மற்றும் பகுப்பாய்வு மேற்கொள்ளப்பட்டது. வில்லியம் டஃபின் மற்றும் பிற அறுவை மருத்துவ வல்லுநர்கள் செப்டம்பர் 1788இல் ஆய்வுகளின் முடிவுகள் மிகவும் வெற்றிபெற்றுள்ளதாக மெய்ப்பிக்கப் பட்டதாக மீண்டும் மீண்டும் மருத்துவமனை வாரியத்திற்கு எழுதினர். எனவே, அவர்கள் பாம்புக்கடி மருத்துவத்திற்காக அரசுக்கு மாத்திரை களைப் பரிந்துரைத்ததோடு, நச்சுக்கடி மருத்துவ முறையைச் செயல் படுத்த, ஒவ்வொரு மருத்துவரும் தன் சொந்தக் கருத்தின்படி மருந்துகளை வழங்க இசைகின்றனர் எனக் கூறினர்.[48] பாம்புக்கடி மாத்திரைகளின் சிறு கூறுகள் சில கேள்விகளை எழுப்பியதாகவும், ஆனால் இவற்றைப்

பின்னர் தெளிவுபடுத்த முடியும் என்றும் அவர்கள் சுட்டிக்காட்டினர். அறிக்கையின் விளக்கங்களை வெளியிட அரசு முடிவு செய்தது. வில்லியம் டஃபின் மற்றும் பிற அறுவை மருத்துவ வல்லுநர்கள் சில மருந்து வல்லுநர்களால் துணைப் பொருட்கள் தொடர்பான அய்யங்கள் எழுப்பப்பட்டதால், அவ்வாறு செய்வதற்கான அரசின் முடிவைப் பாராட்டினர்.[49] அக்டோபர் 1788இல் தொடக்க நிலைப் பகுப்பாய்வு முடிந்த பிறகு, படைத்துறை வாரியம் பாம்பு மற்றும் வெறிநாய் கடிக்கு மாத்திரைகளைப் பயன்படுத்துவதற்கு ஒப்புதலளித்து ஊக்கப்படுத்தியது.[50] தஞ்சாவூர் பாம்பு மாத்திரைகளைப் போதுமான அளவு பேணிக்காத்து வைத்திருக்க, மருத்துவப் பண்டகக் காப்பாளர்களை அது கேட்டுக்கொண்டது.[51]

தமிழ் மருத்துவர் உருவாக்கிய மாத்திரைகள் குறித்து சில கடுமையான அய்யங்கள் எழுந்ததால், பாம்புக்கடி மாத்திரைகளை விருப்பத்தின் அடிப்படையில் மட்டுமே பரிந்துரைத்த ஆங்கிலக் குழும மருத்துவர்கள், துணைப் பொருட்களை மேலும் ஆய்வு செய்தனர். சென்னையில் மருந்தியல் மருத்துவர், பொதுத் தலைவர் மற்றும் மருத்துவமனை உறுப்பினர்கள் நேரத்தை வீணடிக்காமல் மாத்திரைகள் குறிப்பாகத் துணைப்பொருட்கள் பற்றிய விரிவான பகுப்பாய்வு செய்யவும், மாத்திரைகளில் உள்ள துல்லியமான மதிப்பீட்டின் பெயர்களையும் பொருள்களின் விழுக்காட்டு அளவினையும் சேர்த்து வரிசைப்படுத்த வேண்டும். ஒவ்வொரு பொருளின் தமிழ் மற்றும் ஆங்கிலப் பெயர்களையும் இந்த மாத்திரைகளின் கலவையில் பயன் படுத்தப்படும் புதல்கள் (தாவரங்கள்) அல்லது வேர்களின் புதலியல் பெயர்களையும் மாத்திரைகளைப் பயன்படுத்தும் முறையையும் அவர்கள் குறிப்பிட்டுள்ள முறையில் குறிப்பிட வேண்டும்.[52] மெட்ராஸ் கூரியர் நாளேட்டில் இதனைக் காலத்தாழ்த்தமின்றி வெளியிடப் படைத் துறை (இராணுவ) வாரியம் விரும்பியது. மாத்திரைகளை முறையாகப் பயன்படுத்துவது மற்றும் போதுமான அளவு மாத்திரைகளைத் தமிழ்நாட்டிலுள்ள ஒவ்வொரு ஊரிலும் உடனடியாகக் கிடைக்கச் செய்வது தொடர்பான விளக்கங்களை வழங்க வேண்டும் என அந்த வாரியம் விரும்பியது.[53]

புனித ஜார்ஜ் கோட்டையிலுள்ள பொதுத் தலைமை மருத்துவர் ஜேம்ஸ் ஆண்டர்சன் அவர்கள், நவம்பர் 1788இல் உருவாக்கிய தன் குறிப்பில், மாத்திரைகளின் மூலப்பொருட்களின் விரிவான பட்டியலை உண்டாக்கினார். பட்டியலில் மஞ்சுள்ளி (ஆர்சனிக்) சேர்க்கப்பட்டது தான் இதன் பயன்பாட்டை அய்யத்திற்குரியதாக மாற்றியது என அவர்

கூறினார். மாத்திரைகளை உள்ளுக்குச் சாப்பிடத் தடை விதிக்க வேண்டும் எனக் கோரினார். இத்தகைய தீங்கு விளைவிக்கும் மருந்துகளை பிரிட்டிஷ் மெட்டீரியா மெடிகாவிலிருந்து வெளியேற்றப்பட வேண்டும் என்றும், மாந்தநேயத்திற்காக தான் சொல்வதாக அவர் கூறினார்.[54] இருப்பினும் அவருடைய கருத்திற்கு சென்னையிலுள்ள மருத்துவமனையின் தலைமை அறுவை மருத்துவ வல்லுநர் வில்லியம் டஃபின் அவர்கள் கடுமையாக எதிர்த்தார். மஞ்சுள்ளி இருந்தபோதிலும் பெரும்பாலான நேரங்களில் பாம்புக்கடி மாத்திரைகள் நன்மை பயக்கும் என அவர் தன் குறிப்பில் எழுதினார். டஃபின் மேலும் கூறுகையில், ஆங்கிலக் கிழக்கிந்தியக் குழுமத்தின் மருத்துவரும் இயற்கை ஆர்வலருமான பேட்ரிக் ரஸ்ஸலுக்கு முடிவுகளை அனுப்பியதாகவும், அவர் இலண்டன் அரசக் கழகத்திற்கு (இலண்டன் ராயல் சொசைட்டி) விளக்கமாகத் தெரிவித்ததாகவும் கூறினார். டஃபின் அவர்கள் உண்மையாக உறுதிப்படுத்த, அந்த நேரத்திலும் மாத்திரைகளை ஆய்வு செய்து வருவதாகவும் எழுதினார்.[55] டஃபின் நாட்டு மருத்துவத்தைப் பரிந்து பேசியதோடு, அயல்நாட்டு புதல்கள் (தாவரங்கள்) மற்றும் அந்தத் தாதுக்களுடன் இணைந்த பிற காய்கறிப் பொருட்களைப் பற்றிய பகுப்பாய்வைப் பற்றி ஆங்கிலேயர் இன்னும் அறியாமலிருந்தனர். பட்டறிவுடனும், செய்முறை விளக்கத்துடனும் பல நேரங்களில் வெற்றியுடன் நிறுவப்பட்ட ஒரு தீர்வை, அவர்கள் விரைந்து வெளிப் படையாகக் குற்றம்சாட்டக் கூடாது. பெரும் முன்னெச்சரிக்கையோடு இம்மருந்தைத் தரலாம், மஞ்சுள்ளியை (ஆர்சனிக்) உள்ளுக்குக் கொடுத்தல் தவிர, எந்த வகையிலும் இது தடை செய்யப்படவில்லை. அய்ரோப்பாவில் நிறுவப்பட்ட மருத்துவத் தொழில் பழகுநர்களால், புற்றுநோய் மற்றும் விட்டுவிட்டு வருகிற காய்ச்சல்கள் போன்ற நிகழ்வுகளில் இது வழங்கப்படும் என அவர் குறிப்பிட்டார். எனவே, மெட்ராஸ் கூரியரில் இந்தச் சூத்திரத்தை வெளியிட வேண்டுமென டஃபின் அவர்கள் கருதினார்.[56]

1789இல் சர் வில்லியம் ஜோன்ஸ் அவர்கள் ஜேம்ஸ் ஆண்டர்சனுக்கு மஞ்சுள்ளியின் மூலம், தான் அடைந்த சொந்த வெற்றியினைப் பற்றி எழுதினார். மேலும், பாம்புக்கடி மாத்திரைகள் தொடர்பாக ஆண்டர்சன் அளித்த ஆவணங்களில் குறிப்பிடப்பட்டுள்ள விளக்கங்களை அறிய அவர் மிகவும் ஆர்வமாக இருப்பதாகக் குறிப்பிட்டார். டங்கனின் மருத்துவ விளக்கவுரைகளைப் பார்க்கும் வரை, மருத்துவத்தில் மஞ்சுள்ளி பயன்படுத்துவதில் ஜேம்ஸ் ஆண்டர்சனைப் போலவே, தனக்கும் வெறுப்பிருந்தது என்பதை அவர் ஒப்புக்கொண்டார். அவர்

முன்பு அடக்கி வைத்திருந்த சிறிய அளவிலான மஞ்சுள்ளி மூலம், யானைக்கால் நோயைக் குணப்படுத்துவது பற்றி ஒரு தமிழ் மருத்துவர் ஒருவரின் ஆவணத்தை அவர் தீர்த்து வைக்கவேண்டியிருந்தது. இங்கிலாந்தில் மருத்துவத்திற்காக மஞ்சுள்ளியைப் பாதுகாப்பாகச் செலுத்தப்பட்டதைக் கண்டறிந்த ஜோன்ஸ் அவர்கள், வங்காள ஆசியக் கழகத்தின் இரண்டாம் தொகுதியில் தன் விளக்கவுரையை அச்சிடத் துணிந்தார். நஞ்சுகள் மிகுந்த எச்சரிக்கையுடன் கொடுக்கப்பட வேண்டும். ஆனால், அவை நடைமுறையிலிருந்து வெளியேற்றப் பட்டால் வெள்ளொள்ளி (ஆன்டிமணி) இதளியம் (பாதரசம்-மெர்குரி) மற்றும் கசமத்தப்பயின் (அபினி) போன்ற மூன்று இன்றியமையா மருந்துப்பொருட்கள் இல்லாமல் மாந்த இனம் எப்படி உயிர் வாழும் என்று அவர் குறிப்பிட்டார்.[57] வேதியியல் தமிழர்களால் குறிப்பிடத்தக்க அளவில் அதிக நிகழ்தகவு இருப்பதாகவும், அது நீண்டகாலம் இப்பகுதியில் செழித்திருக்க வேண்டும் என்றும் அவர் கூறினார்.[58] ஜேம்ஸ் ஆண்டர்சன் அவர்கள், வில்லியம் ஜோன்ஸ் அவர்களுக்கு அளித்த விடையில், மருத்துவத்தில் மஞ்சுள்ளி அல்லது வேறு எந்த நஞ்சையும் பயன்படுத்துவதில் எச்சரிக்கையாக இருக்குமாறு வலியுறுத்தினார். உலகிலுள்ள எந்த மக்களையும்விட தமிழர்கள் எளிமையானவற்றைப் பயன்படுத்துவதை நன்கறிந்தவர்கள் என்றும் அவர் கூறினார். எனவே, ஆண்டர்சனின் எழுத்துகளில் ஓர் இருமையைக் காண்கிறோம். அவர் வெளிப்படையாகவே தன் கருத்தை மாற்றிக் கொண்டு, பாம்புக்கடி மாத்திரைகளைப் பயன்படுத்துவதில் வேறு ஒரு நிலைப்பாட்டை எடுத்தார்.

வேலூரிலுள்ள இராணுவ அறுவை மருத்துவ வல்லுநரும், பின்னர் புனித ஜார்ஜ் கோட்டையின் தலைமை அறுவை மருத்துவ வல்லுநருமான டஃபின் அவர்கள், முதலில் பேட்ரிக் ரஸ்ஸலின் கவனத்தைத் தஞ்சாவூர் மாத்திரைகளின் பக்கம் ஈர்த்தார். சனவரி 1788 நாளிட்ட ஒரு கடிதத்தில், பாம்புகள் பற்றிய ரஸ்ஸலின் பொது நினைவுக்குறிப்பைத், தான் அண்மையில் பார்த்ததாகவும், அனைத்து வகையான நச்சு விலங்குகளின் கடியிலும், வெறிநாய் கடியிலும்கூட, வெற்றியுடன் பயன்படுத்தப்பட்ட ஒரு மருந்தின் சூத்திரத்தை அவருக்கு அனுப்புவதாகவும் டஃபின் குறிப்பிட்டுள்ளார். அவர் பிரடெரிக் ஸ்வார்ட்ஸ் மூலம் தஞ்சாவூரைச் சேர்ந்த ஒருவரிடம் பணத்திற்காக அந்தச் சூத்திரத்தை வழங்குமாறு வற்புறுத்தினார். மஞ்சுள்ளியின் தீங்கு விளைவிக்கும் குணத்தால், அம்மருந்தைப் பயன்படுத்துவதற்கு மட்டும் தடை இல்லை என்று டஃபின் எழுதினார். வெள்ளைநாமை

(Anogeissus latifolia) மற்றும் நேரிவிஷம் ஆகிய இரு பொருட்களும் நச்சுவேர்கள் என்பதைப் புரிந்துகொள்ள அவருக்கு வழங்கப்பட்டதோடு, மேலும் மூன்றாவதாக நேர்வாழம் (Croton tiglium) என்ற ஓர் ஆற்றல்மிக்க தூய்மைப்படுத்தியும் வழங்கப்பட்டது. இவை மூன்றும் தமிழ்நாட்டிலுள்ள அனைத்து சந்தைகளிலும் காணப்பட்டன. ஆனால், அவற்றின் நச்சுத் தன்மையின் காரணமாக, காவல் துறை அதிகாரிக்குத் தெரியாமல் வாங்க முடியாது. இந்த மூலிகைகள் மலபார் கடற்கரையில் இருந்தன. மேலும், அவை விலங்குகளின் நஞ்சைத் தவிர, பல்வேறு நோய்களுக்கு உள்ளூர் மருத்துவப் பயிற்சியாளர்களால் கலவையாகப் பயன்படுத்தப்பட்டன. தனக்குத் தெரிந்த வரையில் அந்த மருந்து மீண்டும் மீண்டும் பயன் படுத்தப்பட்டது. அதிலிருந்து அச்சமூட்டக்கூடிய அறிகுறிகள் எதுவும் ஏற்படவில்லை. நஞ்சு உடலின் முழுப்பகுதியையும் பாதிக்கும் முன், சரியான நேரத்தில் கொடுக்கப்பட்டால், அது குணமாக்குவதில் தோல்வி யடையவில்லை என ஸ்வார்ட்ஸ் உறுதியளித்திருந்ததாக அவர் கூறினார்.[59] பேட்ரிக் ரஸ்ஸலின் இரண்டு மருத்துவ சிகிச்சை நடைபெற்றதில் இந்த தஞ்சாவூர் மாத்திரைகள் எவ்வளவு உண்மையாக செயல்பட்டது என உறுதிப்படக் கூறினார். இந்த சிகிச்சை வரலாறு தொடர்பான விளக்கங்களையும் குறிப்பிட்டார். பயப்படக்கூடிய அளவில் அறிகுறிகள் எதுவும் ஏற்படவில்லை எனக் கூறினார். மாத்திரைகள் பொதுவாகக் குமட்டல் மற்றும் தூய்மைப்படுத்தம் ஏற்படுத்துவதாகவும், ஆனால் அரிதாகவே பலத்த அடி கொடுப்பதாகவும் அவர் கூறினார்.[60] ஆற்காட்டுக்கு அருகிலுள்ள படைவீரர் குடியிருப்பிலுள்ள குதிரைப் படையின் 3ஆம் படைப்பிரிவின் உதவி அறுவை மருத்துவ வல்லுநரான ஜேம்ஸ் ராம்சே அவர்கள், மாத்திரைகளைப் பயன்படுத்தியதன் விளைவு ஓரளவு ஒத்திருந்தது என்று கூறிய மற்றொரு குறிப்பையும் டஃபின் குறிப்பிட்டார்.[61]

ரஸ்ஸல் தஞ்சாவூர் மாத்திரைகளின் அறியப்படாத பொருட்களைக் கொண்டு, தொடர்ச்சியான ஆய்வுகளை நடத்தினார். வெள்ளைநாமைத் தவிர, அறியப்படாத பொருட்கள் எதுவும் தீங்கு விளைவிப்பதில்லை என்ற தொடக்கநிலைக் கருத்துக்கு அவர் வந்தார்.[62] தமிழ் மருத்துவப் படி இல்லாமல், சந்தையில் மருத்துவப் பொருட்களை வாங்கித், தாமாகவே மருந்துக் கலவை தயாரிக்கும் முறையைக் கண்டுபிடித்துச் செயல்படத் தொடங்கினார். இந்த மருந்தை நாய்களுக்கும் கோழி களுக்கும் வழங்கிப் பரிசோதனை செய்தார். வெறிநாய்களால் கடிக்கப் பட்ட நோயாளிகளுக்கு வெவ்வேறு சமயங்களில் மாத்திரைகளை வழங்கி, பல்வேறு வெற்றிகளை ரஸ்ஸல் அடைந்தார். பாம்புகளால்

கடிக்கப்பட்டவர்களைத் தஞ்சாவூர் மருந்தினால் ஆய்வுசெய்யும் வாய்ப்பு கிடைக்கவில்லை என்று அவர் வருந்தினார்.[63] எனவே, பாம்பு-நச்சு ஏற்பட்டால் அதன் குணப்படுத்தும் திறனைப் பற்றி அவரால் உறுதியாகச் சொல்ல முடியவில்லை. அதன் ஒரு பலனாக விடையளிப்பதற்கு ஒரு கடினமான வினா எனத் தன் சொந்த மதிப்பீட்டை எச்சரிக்கையுடன் தாக்கல் செய்தார்.[64] இவ்வாறு, அவர் தஞ்சாவூர் பாம்புக்கடி மாத்திரைகள் மீதான தன் ஆய்வுகள் முடிவு பெறாதவை என விளக்கினார்.

தரங்கம்பாடியிலுள்ள கிறிஸ்டோப் சாமுவேல் ஜான், ஜெர்மனியில் பேராசிரியர் ஜோஹன் ரெய்ன் ஹோல்ட் ஃபார்ஸ்டருக்கு பாம்புகள் மற்றும் பாம்புக்கடிகள் பற்றிய செய்தித் தொடர்பு, (1792)

தரங்கம்பாடியிலுள்ள சி.எஸ்.ஜான் அவர்கள் ஜெர்மன் இயற்கை ஆர்வலர்களுக்கு நம்பகமான செய்தி தெரிவிப்பாளர் ஆனார். ஏனெனில் அவர் ஆழமான ஆய்வை மேற்கொண்டிருந்ததோடு பாம்புகளைப் பற்றிய சிறந்த அறிவையும் பெற்றிருந்தார். 1792இல் ஜெர்மனியில் ஜோஹன் ரெயின் ஹோலட் ஃபார்ஸ்டர் (1729-1798) நச்சுப் பாம்புகள் மற்றும் மரபுவழி மருந்துகளைப் பற்றிய பல செய்திகளைக் கேட்டு, அவருக்குக் கடிதம் எழுதினார். தரவுகளைச் சேமித்த ஜான், 12 சனவரி 1792 நாளிட்ட தன் கடிதத்தின் மூலம் பெறப்பட்ட இந்தச் செய்தி தொடர்பாக மீண்டும் பதினெட்டு வினாக்கள் எழுப்பப்பட்டு கூடுதல் விளக்கங்கள் கோரப்பட்டது. குறிப்பாக அவர் பல்வேறு பாம்புகளின் அளவை அறிய விரும்பியதோடு, மருத்துவர்கள் வழங்கிய நோய் எதிர்ப்பு மருந்துகளையும் அறிய விரும்பினார். 20, சனவரி 1792 நாளிட்ட ஃபார்ஸ்டருக்கு எழுதிய கடிதத்தில் சி.எஸ்.ஜான் பதினெட்டு வினாக்களுக்கும் விடைகளை அனுப்பினார்.[65] சில முதன்மையான வினாக்கள் மற்றும் விடைகள் பின்வருமாறு:

வினா: சில வகையான பாம்புகளை சாராயம் அல்லது எரிசாராயத்தால் பாதுகாக்க முடியுமா?

விடை: நான் ஏற்கனவே எரிசாராயத்தில் பாதுகாத்து சிலவற்றை அய்ரோப்பாவிற்கு அனுப்பியுள்ளேன்.

வினா: மகுடிச் சத்தம் கேட்டவுடன் நச்சுப் பாம்புகள் புற்றின் துளைகளிலிருந்து வெளியே வருவது உண்மையா?

விடை: தமிழில் பாம்பு பிடிப்பவர்களின் பெயர் புதரர் என்பது. அவர்கள் பாம்புகளைப் பிடிப்பதில் பல்வேறு வழிமுறைகளையும்

வித்தைகளையும் பயன்படுத்தினர். மிகவும் அஞ்சத்தக்க பாம்பு கொலுபர் நஜா Coluber Naja (Brillen Schleng) அரச நாகம். இசையைக் கேட்டவுடன் அதன் மறைவிடத்திலிருந்து வெளியே வந்தது. பாம்பாட்டிகள் வேண்டுமானால் அருகிலோ அல்லது சிறிது தூரத்திலோ இருக்கலாம். மகுடி ஊதுவதற்கு முன் புதரர் சில மந்திர மொழிகளைச் சொன்னார். அது அவருக்கும் பாம்புக்கும் புரியவில்லை. பொதுவாக, அத்தகைய மந்திரமொழிகள் சொல்லப்பட்டன.

வினா: வெங்காயம் மற்றும் பூண்டு வாசனை பாம்புகளுக்குப் பிடிக்குமா? அப்படி அவற்றை வைக்கப்பட்ட இடங்களை விட்டு அவை சென்றுவிடுமா?

விடை: வெங்காயம் மற்றும் பூண்டு வளரும் இடங்களில் பாம்புகள் வாழ்ந்தன. போரின்போது ஒரு புகழ்பெற்ற டச்சுக் குடும்பம், மல்லா (தெலுங்கு பேசும் தீண்டத்தகாத) அடிமைகளுடன் வாழ்ந்ததோடு, சி.எஸ்.ஜானின் வீட்டில் தங்க வைக்கப்பட்டனர். ஒரு முறை ஒரு பாம்பாட்டி, அரச நாகப்பாம்பு ஒரு கதவின் முன் படமெடுத்தாடியபோது, அடிமை மல்லா, பூண்டுத் துண்டாகக் கருதப்பட்ட ஏதோ ஒன்றை, பாம்பின் மீது எறிந்தான். நன்றாகப் படமெடுத்தாடும் பாம்பு அமைதியிழந்து, படமெடுத்தாடுவதை நிறுத்தியது. மேலும் பாம்பாட்டிகளும் அமைதியிழந்து, அவர்களாலும் மகுடியை இதற்கு மேலும் ஊதமுடியவில்லை. பாம்பாட்டிகள் கோபித்து வெட்கத்துடனும் சென்றனர். பார்த்தவர்களிடையே மல்லா ஒருவர் மட்டுமே கவனித்தார். பின்னர் அது பூண்டு வீசுவது அல்ல. ஆனால், சில சூத்திரங்களைச் சொல்வதால் பாம்புக்கு தாக்கத்தை ஏற்படுத்தியது என உறுதிப்படுத்தப்பட்டது.

பொதுவாக, அனைத்து தமிழர்களும், படித்தவர்கள்கூட பாம்பை மயக்கும் ஆற்றலை (சக்தியை) வலியுறுத்தியதோடு நம்பவும் செய்தனர். மந்திரம் மற்றும் வசப்படுத்தும் புத்தங்கள் இங்கே உள்ளன. உண்மையைக் கண்டறிய, அய்ரோப்பிய அறிவியலறிஞர்கள் தமிழர்களாக மாற வேண்டும்.

வினா: நச்சுப் பாம்புகளின் கடிக்கு எதிரான நச்சு எதிர்ப்புப் பொருள்களைக் கண்டறிய முடியாதா? இந்த நச்சு எதிர்ப்பு மருந்துகள் எப்போதும் பயனுள்ளதா?

விடை: மதகுரு ஸ்வார்ட்ஸ் அவர்களின் ஊழியரான சாமுவேல் நாகப்பாம்பு மற்றும் வெறிநாய்களின் கடிக்கு எதிரான மருத்துவச் செய்முறையை அறிந்து வைத்திருந்தார். ஸ்வார்ட்ஸ் முன்னிலையில்

அவர் பலரைக் குணப்படுத்தினார். அவருடைய சில நிகழ்வுகள் கவனத்தை ஈர்த்ததோடு, அவருக்குப் பெரும் புகழையும் கொடுத்தது. ஒவ்வொருவரும் அவரிடமிருந்து சில மாத்திரைகளை வாங்கினர். ஒவ்வொன்றும் அரைப் பணம் செலவாகும். அவை பட்டாணி போல ஆனால் கருநிறத்தில் பெரியதாக இருந்தன. அவற்றைப் பயன்படுத்து வதற்கான அனைத்து வழிமுறைகளையும் அவர் கொடுத்தார். அவர் அந்தக் கமுக்கத்தை (இரகசியத்தை) வெளிப்படுத்த சென்னைக்கு அனுப்புமாறு, ஸ்வாட்ஸைச் சென்னையில் உள்ள அரசு கேட்டுக் கொண்டதன் பேரில், மக்களுக்குப் பயனுள்ளதாக இருக்கும் மருத்துவக் குறிப்பை, வெகுமதி தனக்குக் கிடைக்கும் வரை கமுக்கமாக வைத்திருந்தார். மூன்று ஆண்டுகளுக்கு முன்பு சென்னையிலிருந்து சி.எஸ்.ஜான் திரும்பியபோது சாமுவேலைச் சந்தித்தார். சாமுவேல் இருநூறு நட்சத்திரப் பகோடாக்களை கண்டுபிடிப்புக்காகப் பெற்றார். மெட்ராஸ் கூரியர் நாளேட்டால் பிறகு தெரியவந்தது.

வினா: *இந்தியாவில் பாம்புக்கடிக்கு எதிராக அரிஸ்ட்லோச்சியா என்ற ஒன்று பயன்படுத்தப்படுகிறதா?*

விடை: ஒரு புதலின் (தாவரத்தின்) வேரானது ஆடுதின்னாப் பாளை (Aristlochia-Semper virens). ஆடு இந்தத் தாவர இலையை உண்ணாது. எனவே தமிழில் ஆடாதொடா இலை என்று அழைக்கப்படும். இது நஞ்சுள்ள பாம்பு கடித்ததா என்பதை, உறுதியாக இதன் மூலம் கண்டறியும் ஒரு வழிமுறையாகும். இந்த இலையின் சுவை உங்களுக்கு கசப்பாக இருந்தால் நீங்கள் கடிபடவில்லை. ஆனால், சுவை இனிமையாக இருந்தால் நீங்கள் நிச்சயமாக நாகப்பாம்புவால் கடிபட்டுள்ளீர்கள். சுவை இன்சுவையாக இருந்தால் நீங்கள் உழந்தையால் (உழவன் பாம்பு, Eryx Conicus, Sand Boa) கடிபட்டுள்ளீர்கள். உவர்ப்பாய் இருந்தால் அது புடைபாம்புக் கடி. மிளகு போன்ற சுவையுடன் சூடாக இருந்தால் இரத்த மண்டெலி என்ற பாம்புக்கடி. நாக்கில் அரிப்பு ஏற்பட்டால் அவர் கொம்பேறிமூக்கன் என்ற பாம்பால் கடிபட்டார்.

வினா: *இந்தியாவிலுள்ள பாம்புகள் எவ்வளவு பெரியவை? அவற்றால் மான், நவ்வி என்னும் அழகிய மான், மறிமான்களை அவற்றால் விழுங்க முடியுமா?*

விடை: தஞ்சாவூர் மலைகள் இல்லாத சமதளமான நிலமாக இருந்தது. எனவே, இப்பகுதியிலுள்ள பாம்புகள் மலையில் உள்ள பாம்புகள் அளவு இல்லை. அரசநாகப்பாம்பு ஒன்பது அடி நீளமும்,

சிறிய கை போன்ற தடிமனும் கொண்டது என சி.எஸ்.ஜான் அளவீடு செய்திருந்தார். நாகப்பாம்பின் ஆணாகக் கருதப்பட்ட சாரைப்பாம்பு சில சமயங்களில் ஒரே அளவிலிருக்கும். ஆனால், அதன் முகத்தில் வடிவமைப்போ அல்லது நச்சுப் பற்களோ இல்லை. தரங்கம்பாடி மற்றும் பொறையார் பகுதியில் மலைப்பாம்புகள் காணப்பட்டன. சி.எஸ்.ஜான் ஒன்பது அடிக்கும் மேலான நீளமும், ஓர் ஆணின் முட்டியின் தடிமனுள்ள ஒரு பாம்பு இருந்தது. அதற்கு நஞ்சில்லாப் பற்கள் அதிகமாயிருந்தன. சி.எஸ்.ஜான் தன் அறையில் அதை வைத்திருந்தார். அங்கே அவருடைய குழந்தைகள் அச்சமோ, தீங்கோ இன்றி, அதனுடன் விளையாடினர். மந்திரவாதிகளும், பாம்பாட்டிகளும் இந்தப் பாம்பைத் தோளில் மாட்டிக்கொண்டு, மக்களைக் கவரச் சுற்றி வந்தனர். இந்தப் பாம்பு வாத்து மற்றும் கோழிகளுக்கு இறப்பை உண்டாக்கக்கூடிய ஒன்றாக இருந்தது. புரூடர் தோட்டத்தில் (தரங்கம்பாடியில் உள்ள மொராவியன் தோட்டம்) ஒரு பாம்பு கண்டுபிடிக்கப்பட்டது. அது கொல்லப்பட்டது. அதன் வயிற்றில் பல வாத்துகள் இருந்தன.

வினா: தீங்கினையளிக்காத பாம்புகளும் உள்ளனவா? அவற்றின் பெயர்கள் என்ன?

விடை: ஆறுகள் மற்றும் குளங்களிலுள்ள நீர்ப்பாம்புகள் தீங்கினையளிக்காதவை. தமிழர்களும் அவற்றைத் தீங்கற்றவை என்றே கருதினர். இந்த வகைகள் அனைத்தும் நீர்ப்பாம்பு என்றழைக்கப் பட்டன. நிலத்திலுள்ள நச்சுப் பற்களற்ற அனைத்துப் பாம்புகளும் இறப்பை உண்டாக்கக்கூடியவை அல்ல என்றும் சி.எஸ்.ஜான் கருதினார். ஆனால், தமிழர்கள் அவற்றை கண்டஞ்சினர். கடற்பாம்புகள் நச்சுப் பற்கள் இல்லாவிட்டாலும் அவை நஞ்சுள்ளவையாகக் கருதப்பட்டன.

பாம்புகளின் குணநலன்கள் மற்றும் நடத்தை, மேலும் பாம்புக் கடிக்கான நச்செதிர்ப்பு மருந்துகள் உருவாக்குதல் குறித்து சி.எஸ்.ஜான் இவ்வாறு விரிவாக விளக்கியிருந்தார்.[66] தரங்கம்பாடியிலிருந்து சென்னையிலுள்ள மருத்துவர் ராக்ஸ்பார்க்குக்கு எழுதிய கடிதத்தில், நச்சுப் பாம்புக் கடிக்கு மருந்து செய்ய அவர் பயன்படுத்திய ஆறு பொருட்களைக் குறிப்பிட்டுள்ளார். அதாவது வெண் மஞ்சுள்ளி, உள்ளூர் சந்தைகளில் வாங்கப்பட்ட நெரிவிஷம், கடைத்தெருவில் வாங்கப்பட்ட நேர்வாழம் (Croton tiglium), ரசம் (இதனியம் - பாதரசம்), கருமிளகு மற்றும் வெள்ளருக்கன் (Aschepia gigantia) இலைகளிலிருந்து

எடுக்கப்பட்ட பால்.[67] எனவே, அய்ரோப்பியர்கள் தொழில்சார் தமிழ் மருத்துவர்களிடமிருந்து மருத்துவக் கமுக்கங்களைப் பெறுவது கடினமாக இருப்பதைக் காண்கிறோம். மேலும், இந்த உருவாக்கங்களை (தயாரிப்புகளை) அய்ரோப்பியர்கள் பெற்றவுடன் ஒருவருக்கொருவர் தொடர்புகொண்டனர்.

பாம்புக் கடிபட்டவரை பாம்பு வகையைப் பொறுத்து நாட்டு மருத்துவர்கள் நோயாளிகளுக்கு மருத்துவமளிப்பது தெரிந்ததே. மேலும், நோயாளி பாம்பு கடித்ததிலிருந்து எவ்வளவு நேரம் கடந்துவிட்டது என்பதை அறிவது நாட்டு மருத்துவருக்குக் கட்டாயத் தேவையும் அடிப்படையானதுமாகும். அதன் பிறகு நாட்டு மருத்துவர்கள், விரும்பிய முடிவைப்பெற மருந்தின் அளவை அதிகரிப்பதன் மூலம் நோயாளிக்குக் கவனமாக மருத்துவமளித்தனர்.

பாம்புக் கடிக்கான தமிழ் மருத்துவம் குறித்த வில்லியம் போக் அவர்களின் கருத்து, 1809

வில்லியம் போக் கூறுகையில் மஞ்சுள்ளி (ஆர்சனிக்) தஞ்சாவூர் மாத்திரைகளில் முதன்மையான மூலப்பொருளாக உருவானதிலிருந்து தமிழர்களால் நீண்ட காலமாகப் பயன்படுத்தப்பட்டு வருகிறது என்று குறிப்பிட்டார். தொகுக்கப்பட்ட சிறு பட்டறிவின் மூலம் துல்லியமான மதிப்பீட்டுடன் மாத்திரையை அய்ரோப்பியர்களால் உருவாக்க இயல வில்லை. எனவே, நோயின் அறிகுறிகளிலிருந்து மருந்தின் விளைவுகளை வேறுபடுத்தி அறிவது கடினம். இது மிகவும் நம்பிக்கையிழந்த நிகழ்வுகளில் மட்டுமே பயன்படுத்தப்பட வேண்டும். எனவே, வேறெந்த வலிமையான தீர்வையும் பெற முடியாது என்றும் அவர் தெரிவித்தார்.[68]

3ஆம் படைப்பிரிவின் தனியார் படை வீரரான பீட்டர் பிரான்சிஸ் போன்ற அய்ரோப்பியர்களின் மருத்துவ முறைக்குத் தஞ்சாவூர் மாத்திரைகள் சிறப்பாகப் பயன்படுத்தப்பட்டன.[69] அய்ரோப்பியர்கள் நச்சுக்கடிக்கு எதிரான பயனுள்ள மருந்தை எப்போதும் பெரிதும் விரும்பினர். பல வகையான முயற்சிகள் ஐரோப்பாவில் நடந்தாலும், நச்சுக் கடிக்கு என்று பலனளிக்கும்படியான மருந்து கிடைக்கப்பெற வில்லை என்பதை அவர்கள் உணர்ந்தனர்.[70] ஃபோன்டனாவின் ஆய்வுகள் மூலம் ஐரோப்பாவில் நிறுவப்பட்ட ஒரே தீர்வு, சில வரம்பு களுக்கு உட்பட்டு உடலுறுப்பை வெட்டியெடுத்தலும், கட்டு கட்டுவதுமே.[71] எனவே, பயனளிக்கும் மருந்து நச்சியலுக்கு உதவும் பொருட்டு, உலகம் முழுவதும் பயன்படும் பொருட்டான தேவை ஐரோப்பியர்களுக்கு ஏற்பட்டது.

வில்லியம் மெக்கென்சி சென்னையில் பாம்புக்கடிக்கான மருத்துவ மளித்தல் பற்றிய ஆய்வு, 1820

வில்லியம் மெக்கன்சி *(1754-1821)* சென்னையிலுள்ள ஆங்கிலக் குழுமத்தின் படைத்துறை அதிகாரி. இவர் பின்னர் *1810*இல் சென்னையின் நில அளவையாளர் தலைவர் ஆனார். அவர் சில பழங்குடியின மருத்துவ முறைகளை உரிய மதிப்புடன் ஏற்றுக்கொண்டார். *1820*இல் பாம்புக் கடிபட்ட ஒருவருக்கு உப்பு ஏன் வழங்கப்பட்டது என்பதை விளக்கி அவர் தன் கருத்துகளைத் தெரிவித்தார். தமிழர்களிடையே நிலவும் ஒரு உலகளாவிய நம்பிக்கை என்பதால், உப்பு சேர்ப்பது சரியானது என்றும், வலிமைவாய்ந்த நஞ்சின் தாக்கத்திலிருப்பவர் களுக்கு உப்பு இனிப்பாக இருக்கும் என்றும், இந்த நோயுற்ற சுவை நிறுத்தப்பட்டால் இடர்பாடு தீர்ந்தது அல்லது முற்றிலும் முடிந்து விட்டது. மேலும், அனைத்து மருந்துகளும் பாதுகாப்பாக நிறுத்தப் படலாம் என்றும் தெரிவித்தார்.[72] காலனிய மருத்துவம் தொடக்க நிலையில் எப்படி இருந்தது என்பதைப் பல நிகழ்வுகளில் இச்சான்றுகள் தெரிவிக்கின்றன. மேலைநாட்டு மருத்துவத்தில் தமிழ் உள்ளூர்ப் பண்பாட்டுக் கூறுகளை அறிமுகப்படுத்த முயன்றதும், பண்பாடுகளுக் கிடையேயான ஓர் ஆக்கம் நிறைந்த உள்ளார்ந்த ஆற்றலை ஒருங்கிணைப்பு மற்றும் தொகுப்பின் மூலம் பெரிய ஒரு திறப்பு ஏற்பட்டது. எனவே, மேலைநாட்டு மருத்துவ-விலங்கியல் வெற்றி நடையுடன் கண்மூடித் தனமாக அதன் அனைத்துப் பயிற்சியாளர்களையும் பழங்குடி மருத்துவ அறிவின் தகுதிக்கேற்ப குருட்டுப்போக்கில் மாற்றவில்லை என்று கூறலாம். மாறாக, அய்ரோப்பாவில் தமிழ் மருத்துவம் குறித்த சந்திப்பு மதிப்புமிகு உரையாடலாக இருந்தது என்பதற்குப் பகிரப்பட்ட மருத்துவப் புரிதலின் அடிப்படையில் சில சான்றுகள் இருப்பதைக் காணலாம்.

அய்ரோப்பாவில் பாம்புகள் மற்றும் பாம்பு நஞ்சுகள் பற்றிய ஆய்வு *1603*லேயே நல்ல வழிகாட்டுதலுடன் இருந்தது. ஜான் ரே என்ற ஆங்கிலேய இயற்கை ஆர்வலர் பல வகையான பாம்புகளைச் சுட்டிக்காட்டியதோடு வெவ்வேறு வகையில் பாம்புகளின் பல் வரிசை அமைப்புகளின் வேறுபடுத்தும் அளவுகோல்களையும் சுட்டிக்காட்டினார். லின்னேயஸ் அவர்கள் தன்னுடைய பாம்புகளின் முறையான அமைப்பில் இதைச் சரியாகக் கருத்தில் கொள்ளவில்லை. அபேஃபெலிஸ் ஃபோண்டானா *(1730-1805)* இத்தாலிய நாட்டு உடலியங்கியலர், அவர்கள் நச்சியலில் புகழ்பெற்ற ஆய்வு வல்லுநருமான இவர், டஸ்கனியில் அய்ரோப்பிய விரியன்பாம்புகளின் நஞ்சு குறித்துப்

பணியாற்றினார். அவர் தன் ஆராய்ச்சியில் பெரும் முன்னேற்ற மடைந்ததோடு மாந்தகுலத்தை நச்சுத்தனம் என்பது கொல்லக்கூடியது என நிறுவிய ஒரு நிகழ்வை சந்தித்தார். ஃபோண்டானாவின் கருது கோளின்படி பருவமெய்திய ஒருவருக்கு பாம்பின் ஒரு கடி இறப்புக் குரியதாக இருக்க முடியாது. அவர் பன்னிரண்டு நிகழ்வுகளைப் பார்த்ததோடு, மேலும் ஐம்பது நிகழ்வுகளைப் பற்றி கேள்விப்பட்டார். அவற்றில், இரண்டு நிகழ்வுகளில் மட்டும் இறப்பில் முடிந்தது. மிகவும் அஞ்சிய, மென்மையான மற்றும் பதற்றம் நிறைந்த மக்கள், பாம்பு நஞ்சின் தாக்கத்தால் இறந்ததைவிட, அச்சத்தால் இறந்ததாக அவர் தெரிவித்தார். எந்த உள்நோய்களும் இல்லாமல் மனதினுடைய மிகவும் வன்முறை சார்ந்த பாசங்களால், இறப்பு வரக்கூடும் என்று அவர் எழுதினார்.

தரங்கம்பாடியிலுள்ள ஜெர்மன் மிஷனரிகள் தமிழ்நாட்டில் உள்ள உள்ளூர் மரபுகளின்படி, பாம்புகளின் வகைப்பாட்டை நீண்ட காலமாக வழங்கியுள்ளனர். உள்ளூர் மக்கள் பாம்புகளை நிறம், அளவு, இயல்பு மற்றும் அவை வசிக்க விரும்பும் இடங்கள் ஆகியவற்றினடிப் படையில் வேறுபடுத்திப் பெயரிட்டனர். லின்னேயஸ் அவர்கள் இயற்கை உலகை அறிவியலடிப்படையில் வகைப்படுத்தும் முறையைக் கட்டமைப்பு சார்ந்த ஒத்த தன்மைகள் மற்றும் வேறுபாடுகளைப் பொறுத்துப் பிரிவுகளாக வகைப்படுத்தினர். இதன் மூலம் அய்ரோப்பா மற்றும் பிற வெளிநாடுகளில் இயற்கை வரலாற்றைப் படிக்கத் தூண்டினர்.

சிஸ்தேமா நத்யுரேவின் பத்தாவது பதிப்பு ஒரு நினைவுச்சின்னப் படைப்பாகும். முழுமையாக விலங்கு உலகத்தின் இருமொழிப் பெயரிடல் முதல்முறையாக இந்நூலில் அறிமுகப்படுத்தப்பட்டது. லின்னயேசின் சிஸ்தேமா நத்யுரேவை அடிப்படையாகக் கொண்டு மதகுருமார்கள் இறுதியாகப் பாம்புகளுக்குப் பெயரிட்டனர். அவர்கள் முதல் ஈரிட வாழி அல்லது நீர் நில வாழியை நான்கு வரிசைகளைக் கொண்டதாக வகைப்படுத்தினர். மேலும், பாம்புகள் இரண்டாம் வரிசையில் அமைத்தனர். இதில் அடங்கும் ஆறு துணை வரிசைகள் - குரோட்டலஸ் - கிலுக்குப் பாம்பு (அ) சதங்கை ஒலிப் பாம்புகள்; போஆ - மலைப்பாம்பு; கொலுபர் (பந்தயத்தில் பங்கேற்பவர்கள் - விரியன்கள்), மற்றும் நாகப்பாம்புகள்; ஆங்குயிஸ் (நாங்கூழ்ப் புழு பாம்பு, மந்தப்புழுக்கள் பாம்பு மற்றும் புழுப்பாம்புகள்); ஆம்பிஸ்பேனா பாம்பு (வாலும் தலையைப் போன்று இருக்கும்; அமெரிக்கப் பல்லி பாம்பு மற்றும் கேசிலியா ஆகியவையுமாகும். தரங்கம்பாடி

மிஷனரிகள் பணியின் ஒரு தனித்தன்மையான கூறு என்னவெனில், பாம்புகளின் தமிழ்ப் பெயர்கள் மற்றும் அவற்றின் விலங்கியல் பெயர்கள் இரண்டையும், அவர்களின் விருப்பத்திற்கே முன்னுரிமையளித்துள்ளனர்.

தஞ்சாவூர் பாம்புக்கடி மாத்திரைகள் பாம்புக்கடிக்கு நச்சுமுறி மருந்தாகத் தொடர்ந்து பயன்பாட்டில் இருந்தன. டி.லாதூர் புருன்டன் மற்றும் ஜே.ஃபேரர் ஆகியோர் இந்த மாத்திரைகள் அதிக அளவில் மக்களுக்கு நம்பிக்கையைத் தந்தாலும், 1873இல் கவனமாக ஆய்வுக் குட்படுத்தியபோது, எதிர்பார்த்தபடி விரும்பிய முடிவுகளைத் தரத் தவறிவிட்டதாக அவர்கள் எழுதினர்.[73] ஐரோப்பியர்கள் முதன்மையாகப் பயன்படுத்தப்படும் பொருட்களின் மருத்துவச் செயல்திறனில் ஆர்வமாக இருந்தனர். குணப்படுத்துவதற்குப் பயன்படக்கூடிய செயல்திறன் அல்லது சந்தைப்படுத்தக்கூடிய பொருளாக குறிப்பிட்ட மருத்துவச் சிகிச்சைக்கு மட்டுமே பயன்படக்கூடிய கையடக்கமான, நல்ல ஊதியமளிக்கக்கூடிய மற்றும் எல்லாவற்றுக்கும் மேலாக குறிப்பிட்ட நோய்களுக்கெதிரான பயன்பாட்டிற்காகச் சந்தைப்படுத்தப்பட்டு மாத்திரைகள் விற்கப்படும் நடைமுறைத் தீர்வுகள் அதிக தேவையாக இருந்தன. ஆங்கிலக் கிழக்கிந்தியக் குழுமத்தின் பணியிலிருந்த படைத்துறைப் பணியாளர்கள் உயிர் வாழ்வதற்கான தேவைகள், தமிழ் மருத்துவம் பற்றிய சொற்போர் மற்றும் ஆதரவு காட்டும் உசாவல்களை வளர்க்கவும் அது உதவியது. இருப்பினும், பாம்பின் மாதிரிகள் இலண்டனிலுள்ள இந்திய அருங்காட்சியகத்திற்குச் செல்ல வழியைக் கண்டுபிடித்தது.[74]

தரங்கம்பாடி புராட்டஸ்டன்ட் மிஷனரிகளின் கீழ் தமிழ்நாட்டில் மருத்துவ விலங்கியல் துறையின் ஒழுங்குமுறை உலகளவில் பாம்புக் கடிச் சிக்கலை வேறு அளவில் எதிர்கொள்வதற்கான உந்தாற்றலை அளித்தது என முடிவு செய்யலாம். சில பாம்புகள் தீங்கு விளைவிக்கும் நஞ்சு கொண்டவை என்று கூறப்பட்டாலும், பாம்புக் கடிகள் எப்போதும் இறப்பினுக்கு வழிவகுத்ததால் அவை இறப்பாகவே கருதப்பட்டன. உலகில் வாழும் அனைத்து உயிரினங்களிலும் பாம்புகள் மிகவும் அச்சந்தருவதாகக் கருதப்பட்டது. கவனத்தைக் கவருகிற வகையில், நவீன காலத்தின் தொடக்கத்தில் தரங்கம்பாடியிலுள்ள புராட்டஸ்டன்ட் மதகுருக்கள், சித்த மருத்துவத்தின் வாயில் கதவுகளைத் திறந்தனர். மேலும், அவர்கள் தமிழ்நாட்டின் பாம்புகள் பற்றிய பகுப்பாய்வு மற்றும் விரிவான ஆய்வுகள் மூலம், அவற்றின் நஞ்சு மற்றும் அதன் பலம் ஆகியனவற்றின் அறிவைச் சுட்டிக்காட்டிய முன்னோடிகளாக இருந்தனர். மேலும், கொடிய பாம்புக்கடி மற்றும் நச்சுக்கடியால்

பாதிக்கப்பட்டவர்களை அடிக்கடி நேரில் பார்த்தனர். இதனை, தமிழர்கள் தங்களுக்கேயுரிய மரபுவழித் (பாரம்பரியத்) தடுப்பு முறைகள் மற்றும் நோய் தீர்க்கும் மருத்துவ முறைகள் என்றுகூடச் சொல்லலாம். விசாகப்பட்டினம் பகுதியில் ரஸ்ஸல் 43 பாம்புகள் மற்றும் பாம்புக்கடிக்கான மருத்துவ முறை முற்றிலும் வேறுபட்டிருந்தது. இருப்பினும் கிறிஸ்டோப் சாமுவேல் ஜான், அவர்களுக்குப் புகழ் சேர்க்கும் வகையில் ஒரு பாம்புக்கு பெயரிட்டு, அந்த இருதலை நாகத்திற்குப் போவா ஜானி (Boa Johnii) என்றழைத்தார். இந்தியாவின் பல்வேறு பகுதிகளில் தற்செயலாகச் சந்திக்கப்படும் பாம்புகள் மற்றும் பாம்புக் கடிகள் முற்றிலும் வேறுபட்டவை. மேலும், மிகவும் இடரினை அளிக்கக்கூடியவை. தொடக்க காலப் புது ஊழிக் காலத்தில் இந்தியாவிலும் ஐரோப்பாவிலும் காணப்பட்ட பாம்புகளின் நஞ்சுகளைப் பொறுத்து நிகழ்வுகள் பரவலாக வேறுபட்டன.

அடிக்குறிப்புகள்

1. S. Jeyaseela Stephen, *A Meeting of the Minds: European and Tamil Encounters in Modern Sciences, 1507-1857*, Delhi, 2016, pp. 91-2.
2. *Philosophical Transactions of the Royal Society of London*, 1683-1775 (hereafter *Philosophical Transactions*), vol. 22, p. 588.
3. Ibid., p. 1009. See also, *Philosophical Transactions*, vol. 20, p. 325.
4. S. Jeyaseela Stephen, *Oceanscapes: Tamil Textiles in the Early Modern World*, Delhi, 2014, p. 533.
5. Madurai Province Jesuit Archives (hereafter MPJA), Shenbaganur, *Documents de la Mission du Carnatic*, vol. III, no. 48, pp. 159–160, see the letter of Fr. Coeurdoux dated 29 September 1738.
6. J. Ferd Fenger, *History of the Tranquebar Mission: Worked Out from the Original Papers*, tr. Emil Francke, Tranquebar, 1863, p. 314.
7. Georg Christian Knapp et al., eds., *Neuere Geschichte der Evangelischen Missions-Anstalten zu Bekehrung der Heiden in Ostindien aus den eigenhändigen Aufsätzen und Briefen der Missionarien erausgegeben*, Waisenhaus, Teil 1–8 (Stück 1–95), Waiserihaus, Halle, 1770–8/95, 1848 (hereafter NHB) 43. St., 642.
8. J. Ferd Fenger, History of the Tranquebar Mission, p. 289.
9. Ibid., p. 291.
10. NHB 32. St., 869–3.
11. Ibid.
12. Archiv der Franckeschen Stiftungen (hereafter AFSt), Halle, AFSt/M2 B1: 6; Berichte aus Zoologie und Botanik.
13. AFSt/ M2 B1: 5; Berichte aus Zoologie und Botanik.
14. NHB 43. St., 649.
15. NHB 32, St., 869–73; NHB 36. St., 1368.
16. AFSt/M2 B1: 5; Berichte aus Zoologie und Botanik.

17. Natural History Museum, London (hereafter NHML), Zoology Library, MSS JOHN, Additional Observations on Snakes by the Reverend Dr. John (undated).
18. Anonymous, 'Memoir of the Life and Writings of Patrick Russell, M.D. F.R.S.,' in Patrick Russell, *A Continuation of an Account of Indian Serpent; Containing Descriptions and Figures, from Specimens and Drawings, Transmitted from Various Parts of India*, W. Bulmer & Co. Shakespeare Press, London, 1801, pp. 18–9.
19. Ibid., p. 14.
20. NHML, Botany Library: DTC 5, dated 20 May 1787, p. 167.
21. Christian Pohle was born near Luckau in Lower Lusatia (Brandenburg) on 9 March 1744, studied at Leipzig, was ordained at Copenhagen in 1776, and arrived at Tranquebar in 1777. Later he was sent to Tiruchirapalli, where he died after more than 41 years' labour on 28 January 1818. See, J. Ferd Fenger, History of the Tranquebar Mission, p. 318.
22. NHB 32. St., 962.
23. British Library (hereafter BL), London, *Natural History Drawings of the India Office Collections* (hereafter IOL, NHD), 7/1087-94.
24. Walter Elliot, 'Description of a New Species of Naga or Cobra Capello', *Madras Journal of Literature and Science*, 1840, pp. 39-41.
25. Nationalmuseet, Copenhagen (hereafter NMC), DU 452.
26. Thomas Caverhill Jerdon, 'Catalogue of Reptiles Inhabiting Peninsular India', *Journal of the Asiatic Society of Bengal*, vol. XXII, 1853, pp. 522-534, see, p. 523.
27. Ibid.
28. Ibid.
29. Ibid., p. 524.
30. Ibid.
31. Ibid., pp. 524-5.
32. Ibid., p. 525.
33. Ibid., p. 526.
34. Ibid., p. 527.
35. Ibid., p. 528.
36. Ibid., p. 529.
37. Ibid.
38. Ibid.
39. Ibid., p. 530.
40. W. Fr. Gericke was born at Colberg in Pomerania on 5 April 1742, studied at Halle, was ordained at Wernigerode 1765, came out via Hamburg and England, landed after a long and dangerous voyage at Point de Galle on 4 December 1766 and arrived at Tranquebar on 6 June 1767. He went to Cuddalore to assist Hiittemann, whose daughter he married, and laboured at various places especially at Nagapattinam until 1788. Later, he became the successor of Fabricius and chaplain of the Female Asylum at Madras. He died at Vellore on 2 October 1803 and was buried at Madras. See, J. Ferd Fenger, History of the Tranquebar Mission, p. 316.
41. Gotthilf August Francke, ed., *Der Königl. Dänischen Missionarien aus Ost-Indien eingesandter ausführlichen Berichten, Von dem Werck ihrs Ams unter den Heyden,*

angerichteten Schulen und Gemeinen, ereigneten Hindernissen und schweren Umstanden; Beschaffenheit des Malabarischen Heydenthums, gepflogenen brieflicher Correspondentz und mundlchen Unterredungen mit selbigen heyden, Teil 1–9, (Continuationen 1–108) Waiserihaus, Halle, 1710–1772 (hereafter Hallesche Berichten = HB), see, 106th Continuation des Berichts der Königliche – Dänischen Missionarien in Ost Indien, p. 1524.

42. NHB 43. St., 649, See the letter from Christoph Samuel John to Johann Reinhold Forster dated 20 January 1792.
43. Pierre Sonnerat, *A Voyage to the East Indies and China*, 2 vols., trs. Francis Magnus, Calcutta, 1788–89, see vol. II, pp. 151–3.
44. Ibid., pp. 153–4.
45. Christian Frederick Schwartz was born on 26 October 1726 at Sonnenberg in Brandenburg, studied at Halle, ordained at Copenhagen in 1749, reached Cuddalore on 30 July 1750 and worked for forty eight years in Tamil country. Schwartz worked as missionary for eleven years at Tranquebar and then established the Tiruchirapalli mission in 1762. He later settled at Thanjavur in 1778 where he continued his work until his death on 13 February 1798. See, J. Ferd Fenger, History of the Tranquebar Mission, pp. 199, 313.
46. Tamilnadu State Archives (hereafter TNSA) Chennai, *Surgeon General's Records* (hereafter SGR), vol. 3, fol. 175, see the letter from the Military Board to James Anderson, the Physician General and Members of the Hospital Board dated 17 September 1788.
47. Ibid.
48. Ibid., fols.185–6, see the letter of the Hospital Board dated 26 September 1788.
49. Ibid.
50. Ibid., fols. 223–5, see the letter from the Military Board to James Anderson, the Physician General and Members of the Hospital Board dated 22 October 1788.
51. Ibid.
52. TNSA, SGR, vol. 3, fol. 224.
53. Ibid.
54. Ibid., fols. 230–1, see James Anderson's opinion dated 10 November 1788 on the pills.
55. Ibid., fols. 238–41, see Duffin's opinion dated 17 November 1788 communicated to the Hospital Board.
56. Ibid., fol. 241.
57. NHML, Botany Library, MSS ROX, see, the letter of William Jones from Crishnanagar dated 14 September 1789 to James Anderson at Fort St. George in Madras.
58. Ibid.
59. Patrick Russell, *An Account of Indian Serpents Collected on the Coast of Coromandel: Containing Descriptions and Drawings of Each Species; Together with Experiments and Remarks on their Several Poison*, London, W. Bulmer & Co., Shakespeare Press, 1796, p. 74.
60. Ibid.
61. Ibid., p. 79.
62. Ibid., p. 75.

63. Ibid., pp. 75–6.
64. Ibid., p. 77.
65. NHB 43. St., 648–9.
66. NHB 48. St., 1093.
67. AFSt/M2 B1: 5; Berichte aus Zoologie und Botanik.
68. William Boag, 'On the Poison of Serpents' in *Asiatic Researches Comprising History and Antiquities, the Arts, Sciences and literature of Asia*, 20 vols., 1788-1839, see vol. VI, 1809, pp. 103–26, see pp. 112–3.
69. Patrick Russell, An Account of Indian Serpents, p. 78.
70. Ibid., p. 67.
71. Ibid., p. 74.
72. William Mackenzie, 'An Account of Venomous Snakes on the Coast of Madras', in *Asiatic Researches Comprising History and Antiquities, the Arts, Sciences and literature of Asia*, vol. 13, 1820, pp. 329-336, see p. 336.
73. T. Lauder Brunton and J. Fayrer, 'On the Nature and Physiological Action of the Poison of Naja Tripudians and Other Indian Venomous Snakes–Part II', *Proceedings of the Royal Society of London*, 1873–74, vol. 22, pp. 68–133, see pp. 132–3.
74. NHML, Z Mss IND (ii) no. 29, Venomous Serpents Received from the Asiatic Society of Bengal, undated; Z Mss IND (ii) no. 32, Serpents: Honourable Company's Collection: Thomas Cantor, 1838; Z Mss IND (ii) no. 55, Jars of snakes, lizards and a snake-lizard preserved in spirits, War collection from Tipu Sultan, Cir. 1800; NHML, 'Patrick Russell, 47 numbered 1–60', Water colour drawings of Reptiles: an important collection of water colour drawings of reptiles, some being original, Company School drawings for Patrick Russell's book on Indian snakes, etc. sold at Sotheby's, Catalogue of printed books, Tuesday, 22 November 1977, Lot 325, Accompanied by memo regarding the sale by P.J.P. Whitehead and A.F. Stimson, Zoology Department, NHML, Zoology, 96Ao TR; 96Ao Tr (drawings).

இயல் 6

மீனியல் மற்றும் நீர்வாழ் உயிரினங்கள்: கூர்ந்துநோக்கல், அடையாளம் காணல் மற்றும் சான்றுறுதியளிப்பு (1779-1853)

அய்ரோப்பிய பயணிகள் இந்தியாவின் பல்வேறு கடலோர மண்டலங்களுக்குச் சென்று அங்குள்ள அமைப்புகளைச் சந்தித்து அது குறித்த விளக்கங்களையும் எழுதினர். தமிழகக் கடலோரப் பகுதிகளில் காணப்படும் பல்வேறு வகையான மீன்கள் மற்றும் நீர்வாழ் உயிரிகளை அவர்கள் குறிப்பாகக் குறிப்பிட்டனர். ஜான் பிரையர் அவர்கள் மசகோன் ஒரு சிறந்த மீன்பிடி நகரம் எனவும் அங்கு வாழ்ந்த ஏழை மக்களின் வாழ்வுக்கு அடிப்படையான பம்பல் என அழைக்கப்படும் தனிச்சிறப்பு மிக்க மீன்களும் மிகவும் குறிப்பிடத்தக்கது எனவும் பதிவு செய்தார்.[1] செல்வம், செழிப்பு மற்றும் வாழ்க்கைத் தொழிலுக்குக் கடல் முதன்மையாகக் குடும்பத்தை நடத்த உதவுவதாகத் தரங்கம் பாடியிலுள்ள ஜோன் ஒலாப்சன் அவர்கள் குறிப்பிட்டார். எனவே, உள்ளூர் மக்கள் மதச்சடங்குகள் மற்றும் விழாக்களை நடத்தினர். மீன் பிடிப்பவர் காலம் தொடங்குமுன் சில விழாக்களை நடத்தினார்கள். ஈஸ்டர் பண்டிகைக்கு முன் மூன்று இந்துக் கடவுள்கள் மேளம் மற்றும் இசையுடன் கடற்கரைக்குக் கொண்டு செல்லப்பட்டு மதிப்புமிக்க தங்கக் கொள்கலத்தில் கொண்டு செல்லப்பட்ட கடல் நீர் கடவுள்கள் மீது ஊற்றப்பட்டது. பின்னர் அதே புனித நீரைக் கோவில் பூசாரிகள் மக்கள் மீது தெளித்தனர். மீன் பிடித்தலில் நல்வாய்ப்பு மற்றும் மீனவர்களுக்கு அதிகப் பாதுகாப்பு கிடைக்குமென்பதற்காக இந்தத் திருவிழா தரங்கம்பாடியில் நடைபெற்றது. உள்ளூர் சந்தையில் பல்வேறு வகையான மீன்கள் விற்பனைக்கு இருப்பதாகவும் ஒலாப்சன் குறிப்பிட்டார்.[2]

அய்ரோப்பாவில் மீன் பற்றிய ஆய்வு பெரும் முன்னேற்ற மடையத் தொடங்கியபோது மீன் பற்றிய ஆய்வில் ஆர்வம் தொடங்கி அது தமிழகக் கடற்கரையின் வளர்ச்சியுடன் ஒத்துப்போனது. வெப்ப மண்டலக் காலநிலையில் மீன்களைக் காப்பதிலுள்ள சிக்கல், அய்ரோப்பாவில் அறியப்படாத அந்த வகை மீன்களைக் கொண்டு செல்வதற்கான முதன்மையான காரணத்தைப் பொதுவாக முன்வைத்தது.

இருப்பினும், அய்ரோப்பியர்கள் மீன்களின் விளக்கங்களை அதிக எண்ணிக்கையிலும் பல்வேறு வகைகளிலும் வடிவங்களிலும் சேமித்தனர். பல மீன்கள் செழிப்பான நிறத்திலிருந்ததாக அவர்கள் அறிக்கையளித்தனர். அவர்கள் அய்ரோப்பாவில் செய்ததுபோல் அறிவியல் முறைப்படி மீன்களை வீணாகாமல் பாதுகாக்க ஏற்பாடு செய்ய முயன்றனர். மீனின் வடிவங்கள் ஒவ்வொரு பேரினத்திற்கும் ஒவ்வொரு சிற்றினத்திற்கும் தனித்தன்மையோடு அவற்றிற்குச் சொந்தமானது. அய்ந்து தொகுதிகளில் வெளிவந்த கார்ல் லின்னேயஸ் நூல், நிறைய எண்ணிக்கையிலான உயிரினங்களை ஆய்வு செய்தவரும், சுவீடன் நாட்டு இயற்கையியலாளரும் பெட்ரஸ் ஆர்டெடி *(1705-35)* போன்ற முன்னோடிகளுடைய அப்போது கிடைத்த அறிவியல் படைப்புகளை அவர்கள் பயன்படுத்திக்கொண்டனர். மேலும், எல்.டி.குரோனோவ் (அர்டெடியின் முன்னெடுத்துக்காட்டுகளைப் பின்பற்றி ஆலந்தில் வசிக்கும் செருமானியர்) நூல்கள் மீன்கள் குறித்து வெளியிடப் பட்டதைப் படித்த அய்ரோப்பியர்களுக்குத் தமிழகக் கடற்கரையில் மீன் பற்றிய ஆய்வுக்குப் புதிய வெளிச்சத்தைப் பாய்ச்சியதால் பயனுள்ளதாக அவர்களுக்கு இருந்தது.[3]

சென்னையில் ஜோஹன் ஜெரார்ட் கோனிக் மற்றும் அவருடைய மீன் குறித்த ஆய்வு (1779-85)

ஜோஹன் ஜெரார்ட் கோனிக் *(1728-85)* அவர்கள், தமிழகக் கடற்கரையிலுள்ள டேனிஷ் குடியேற்றப் பகுதியாகிய தரங்கம்பாடியில் அறுவை மருத்துவ வல்லுநராகப் பணியமர்த்தப்பட்டார். அவர் *1768*இல் சாமுவேல் பெஞ்சமின் நோலின் பின்வருநராக அங்கு வந்தார். தொடக்கத்தில் அவர் மரவடை பற்றிய ஆய்வில் ஈடுபட்டார். *1778*இல் அவர் சென்னையில் ஆங்கிலக் கிழக்கிந்தியக் குழுமத்தின் இயற்கை வரலாற்றாய்வாளரானார்.[4] லின்னேயஸ் அவர்களின் மாணவராக கோனிக் மீன் குறித்த படிப்பில் ஆர்வம் கொண்டிருந்ததால் அவர் மீனைச் சேமித்து அவற்றைக் கவனமாக ஆய்வு செய்து அதன் பின் செர்மனிக்கு விளக்கங்களைத் தெரிவித்தார்.

சென்னையிலுள்ள பேட்ரிக் ரஸ்ஸல் என்பவர் சீனாவாரை என்று அழைக்கப்படும் காக்காசி எனப்படும் மீனைத் தமிழில் விளக்கும்போது, கோனிக் என்பவரிடமிருந்து பெறுமதியான செய்திகளைப் பெற்றதாகக் குறிப்பிட்டிருந்தார். இந்த மீன் சற்றே முட்டை வடிவ உடலைக் கொண்டிருந்ததோடு அதன் முதுகோ புடைத்துக்கொண்டிருந்தது. மிகவும் சுருக்கப்பட்ட செதில்களாக இல்லாமல் மென்மையாகவும் ஒளி கசிகின்றதாகவும் இருந்தது. தலை சிறியது, சுருக்கப்பட்டது,

செதில்கள் இல்லாமலிருந்தது; முன்புறம் கீழ்நோக்கிச் சரிவாகவும், தட்டை வடிவமாகவுமிருந்தது; நெற்றிக்கூம்பு குறுகியதாகவும் முனை முறிபட்டதாகவும் வாய் நடுப்பகுதி சற்று சாய்வாகவும், அகலமாகவும் இருந்தது; உதடுகள் இல்லாமல் கன்னங்கள் சவ்வினாலானது. தாடைகள் பிரித்தெடுக்கக்கூடியவையாகவும் மற்றும் அதன் கீழ்ப் பகுதி இயல்பாக அசையக்கூடியதாக இருந்தது. முனைப்பகுதியில் ஒரு சிறு புடைப்பு இருந்தது. அதன் குழியைத் தழுவி அதன் மேல் பகுதி உள்வாங்கியிருந்தது. பற்கள் சிலிர் முள் கொண்டதாகவும் நிறைய எண்ணிக்கையிலுமிருந்தது, நாக்கு குறுகியது, குத்தூசி வடிவம், வெண்மை நிறம்; ஆழமான சுற்றுப்பாதையிலுள்ள கண்கள், சிறிய சுற்றுப்பாதை. சுற்றுப்பாதைக்கும் நெற்றிக் கூம்புக்கும் நடுவில் மூக்குத்துளை இருமடங்களவில் இருந்தது. மீனின் செவுள் உறைகள் இரு மென்தகடுகளாலும், துணைச் சவ்வாலும், இரண்டாம் விளிம்பில் நான்கு முட்களாலும் உடையது. அதன் துளை வளைந்தபோது கிளைச் சவ்வு பாதியாக வெளிப்பட்டது. மீனின் தண்டுப்பகுதியின் பின்புறம் உச்சியிலிருந்து படிப்படியாக உறுதியுடன், நடுவில் ஒரு கூம்பு உருவானது. இதில், வாலை நோக்கி முதுகுத்துடுப்பு அமைந்திருந்தது. பக்கவாட்டில் வயிறு தட்டையாகவும், மார்பகம் முட்கள் நிறைந்த தாகவுமிருந்தது. மீனின் செவுள்கள் நான்கு இலைகள் போன்ற அமைப்பிலிருந்தது. வெளிப்புறத்தினுள்ளே அரம் போன்று மிக நீண்ட பற்களுடன் இருந்தது. அதன் பக்கவாட்டிலான கோடு சற்று வளைந்த தாகவும், உயரமாகவும், மென்மையாகவும் மற்றும் மங்கலாகவு மிருந்தது. மார்பகத்தினருகே மலவாய் இருந்தது. முதுகின் முன் முதுகு விளிம்பில் ஏழு சிறிய முட்களிருந்தன. அவை ஒன்றோடொன்று சமமாகவும் ஒன்றோடொன்று இணைக்கப்படாமலும் மூன்று முன்னோக்கியும் மூன்று பின்னிறங்கியும் ஏழாவது மற்றும் முன்புறம் மிக நீளமாகவும், யானையின் தும்பிக்கை வடிவில் ஒரு முகடு வெளிப்பட்டது. இது ஒரு கருப்பு நிறத்தோலால் மூடப்பட்டிருந்தது. அதன் மேல் அதனுடைய வளைவுப்புள்ளி வெளிப்பட்டது. ஆனால், முகட்டின் திசை முன்னோக்கி இருந்தது. அது, மிகவும் தளர்வான சவ்வு மூலம் இணைக்கப்பட்டிருந்தது. நெற்றிக் கூம்பை நோக்கிய கீழ்ப்பகுதியில் இரண்டும் மற்ற முட்களும் இருந்தன. நிமிர்ந்தும் மிகச் சிறியதாகவும் இருந்தன. முதுகுத்துடுப்பில் ஒரு முள் நிறைந்த ஒரு கதிர்க்கோடு இருந்தது. அடுத்த பல கிளைகளையுடைய அது, ஒரு விரற்கிடை நீளமும் கடைசிக் கதிர்க்கோடு நான்கு கோடுகளுடனும் இருந்தது. மார்பின் நடுப்பகுதி ஈட்டி வடிவமானது, குறுகியது; அடிப் பகுதிக் கதிர்க்கோடுகள் விரல்களை ஒத்திருந்தன, அவை மலவாயை

மூடி மார்பிலுள்ள மீன் துடுப்புகளைவிட சற்று முன்னோக்கி வைக்கப்பட்டன. நீண்ட குதத்துடுப்பு ஒரு வளைவில் வாலை நோக்கி இருந்தது. மீன் உயிருடனிருக்கும்போது அதன் நிறங்கள் மாறின. அவை சிவப்பு, நீலம், பச்சை, தங்க நிறமுடைய பின்புலத்தில் உடலின் மேற்புறத்தில் தலையின் முன்னும் பின்னும் காணப்பட்டது. மற்ற இடங்களில் வெள்ளை நிறம் தென்பட்டது. இந்த மீனின் நீளம் 5 விரற்கிடை மீனின் பக்க செதில்கள் குறைந்த அளவில் நேராக இருந்தன. பேட்ரிக் ரஸ்ஸல் அவர்கள் மீனின் பின்பக்கம் சற்று மேடாக இருப்பதைக் கண்டு இந்த மீன் புதிய வகையாக குறிப்பிட்டார். இத்தகைய ஒரு மீனை சோழமண்டலக் கடற்கரையிலிருந்து ஜெர்மனிக்கு அனுப்பியது அந்நாள் வரை அறியப்பட்டது. இருப்பினும் மீனின் வகையைப் பற்றி ஒத்தக் கருத்து அறிஞர்களிடையே அறியப்படவில்லை.[5]

1779-1801இல் தரங்கம்பாடியில் கிறிஸ்டோப் சாமுவேல் ஜான் அவர்களின் மீன் குறித்த ஆய்வு

கிறிஸ்டோப் சாமுவேல் ஜான் என்ற மிஷனரி தரங்கம்பாடியில் மீன்களைச் சேமித்து உள்ளூர் மீனவர்களின் உதவியுடன் ஆய்வு செய்தார். அவர் முதன்மையாகத் தரங்கம்பாடிப் பகுதியிலுள்ள மீன்களைப் பற்றி விளக்கிக் கூறினார். அவர் சில உள்ளூர் தொழில் வல்லுநர்களை ஈடுபடுத்தி ஏறக்குறைய 50 மீன் மாதிரியை சாடிகளில் அழுத்தப்படுத்தல் செய்து, பெர்லினிலுள்ள புகழ்பெற்ற மீனியலறிஞர் எலிசர் பிளாச் அவர்களுக்கு அனுப்பினார்.[6] செருமனி மற்றும் டென்மார்க்கிற்கு அனுப்பும் முன் சி.எஸ்.ஜான் அவர் தன்னுடைய மீனின் சேமிப்பு மற்றும் பாதுகாப்பில் பின்பற்றப்பட்ட முறைகளை நேர்த்தியாகக் குறிப்பிட்டிருந்தார். மீன்களுக்கு நறுமணச் செடி எண்ணெய் முறை கையாளப்படுகிறது என்றும் அவர் கூறினார்.[7] 1780இல் தரங்கம்பாடியில் வெப்பமண்டலக் காலநிலை காரணமாக மீன்களைச் சாடிகளில் அழுத்தப்படுத்திச் சேமித்துப் பாதுகாக்கும் முழு வேலையும் மிகவும் சலிப்பூட்டக்கூடியதாக இருந்தது என்று கூறினார். சி.எஸ்.ஜான் அவர்கள் மீனை அறுத்துப் பார்த்து ஆய்வு செய்தார். அவர் அவற்றை செருமனிக்கும் அனுப்பினார். 1810இல் ஹம்போல்ட் பல்கலைக்கழகம் நிறுவப்பட்டவுடன் ஒரு அருங்காட்சியகம் வந்தது. அதற்குத் துறை அமைப்பும் வழங்கப்பட்டது. ஜே.கே.டபிள்யு. இலிகர் புதிய விலங்கியல் அருங்காட்சியகத்தின் முதல் இயக்குநரானார். தரங்கம்பாடியிலிருந்து அனுப்பப்பட்ட மீன் தொகுப்புகள் இப்போது பெர்லின், ஹம்போல்ட் பல்கலைக்கழக நேடர்குண்டே அருங்காட்சியகத்திலுள்ள மார்கஸ் எலிசர் பிளாச் அவர்களின் தொகுப்பிலுள்ளது கண்டறியப்பட்டது.[8]

சி.எஸ்.ஜான் அவர்கள் மீன் பற்றிய தன் ஆய்வைத் தொடங்கி மார்கஸ் எலிசர் பிளாச் அவர்களுக்குப் பேருதவியாக இருந்தார். மீன்களின் இயற்கை வரலாற்றில் பிளாச் அவர்கள் தன்னுடைய நன்கு விளக்கமளிக்கப்பட்ட வேலையின் மூலம், மீன் முன்னோடி வல்லுநராக உருவெடுத்தார்.[9] 1785 மற்றும் 1799களில் பன்னிரண்டு தொகுதிகள் அச்சிடப்பட்டன.[10] 1795 மற்றும் 1796களில் தரங்கம்பாடியிலிருந்து அவருக்கு அனுப்பிய கடிதத்தில், சில மீன்களின் தலைமுறையை மதிக்கும் தன் கூற்றானது மீன் குஞ்சுகள் குஞ்சு பொறிக்கும் வரை மீன் முட்டைகள் வாயில் வைக்கப்பட்டிருக்கும் என பிளாச் எழுதினார். இந்த உண்மை தரங்கம்பாடி மீனவர்களுக்கு முன்பே தெரியும் என்று சி.எஸ்.ஜான் அவர்கள் கூறியிருந்தார்.[11] எனவே, தமிழக மீனவர்களின் பொது அறிவு அய்ரோப்பிய ஆராய்ச்சிக் கண்டுபிடிப்பாக வெளிப்பட்டது என்பது மிகவும் ஆர்வப்படக்கூடியதாய் இருக்கிறது. ஆங்கிலத்தில் Red Snapper என்ற மீன், தமிழில் செவ்விழாய் என்றும் சங்கரா (Lutjanus Campechanus) என்றும் பலவகையில் அறியப்பட்டது என்பதும் குறிப்பிடத்தக்கது.

சி.எஸ்.ஜான் நினைவாக மூன்று மீன்களுக்குப் பிளாச் பெயரிட்டார். 1792 மற்றும் 1793களில் ஜானுக்குக் காணிக்கையாக்கப்பட்ட மீன் பற்றிய அவருடைய மிகச்சிறந்த முறையில் விளக்கமளிக்கப்பட்ட வேலையில் நாம் அதைக் காண்கிறோம்.

ஆண்டு - விலங்கியல் பெயர் - பிளாச் வழங்கிய பெயர் - ஆங்கிலப் பெயர்

1792 - லுட்ஜானஸ் ஜானி - அந்தியாஸ் ஜானி - கோல்டன் ஸ்நாப்பர்

1793 - ஜானியஸ் கருட்டா - ஜானியஸ் கருட்டா - தாடி வைத்த குரோக்கர்

1793 - ஜானியோபஸ் அனியஸ் - ஜானியஸ் அனியஸ் - பெரிய கண் குரோக்கர்

மூலம்: *மார்கஸ் எலிசர் பிளாச்,* Allgemine Naturgeschichte der auslandischen Fische, Plates, *318, 356 மற்றும் 357.*

தரங்கம்பாடியில் 1789இல் ஜோஹான் காட்ஃபிரைட் கிளீன் அவர்களும் மீன் குறித்த அவருடைய ஆய்வும்

ஜொஹான் காட்ஃபிரைட் கிளீன் (1766-1821) அவர்கள் 1766இல் தரங்கம்பாடியில் பிறந்தார். இவருடைய தந்தை ஜேக்கப் கிளீன் (1721-1790) ஒரு லுத்தரன் சமயப்பரப்பாளர் ஆவார். அவர் தரங்கம்பாடியில் கிட்டத்தட்ட நாற்பத்து நான்கு ஆண்டுகள் பணியாற்றி 18 மே 1790இல்

இறந்தார். புது ஜெருசலேம் தேவாலய முற்றத்தில் அவர் புதைக்கப்பட்டார். ஜொஹான் காட்ஃபிரைட் கிளீன் மருத்துவம் படிக்கக் கோபன்ஹேகனுக்குச் சென்று 1789இல் சமயப்பரப்புக் குழு மருத்துவராகத் தரங்கம்பாடிக்குத் திரும்பினார்.[12] அவர் மீன் பற்றிய ஆய்வில் ஆர்வத்தை வளர்த்துக் கொண்டதோடு, 1790 மற்றும் 1793களில் கிளீனின் நினைவாக இரு மீன்களுக்குப் பெயரிட்ட மார்கஸ் எலிசர் பிளாச்சிடம் விளக்கங்களைத் தெரிவித்தார்.

ஆண்டு - விலங்கியல் பெயர் - பிளாச் வழங்கிய பெயர் - ஆங்கிலப் பெயர்

1790 - சேட்டோடன் கிளீனி - சேட்டோடன் கிளீனி - கருப்பு உதடு பட்டாம்பூச்சி

1793 - காரன்க்ஸ் கிளீனி - ஸ்கோம்பர் கிளீனி - ரசோர் பெல்லி ஸ்காடு

மூலம்: *மார்கஸ் எலிசர் பிளாச்,* Allgemine Naturgeschichte der auslandischen Fische, Plates, 218, *மற்றும் 347.*

1791இல் தரங்கம்பாடியில் ஜொஹான் பீட்டர் ரோட்லர் மீன் குறித்த ஆய்வு

ஜொஹான் பீட்டர் ரோட்லர் (1749-1836) என்ற லூத்தரன் சமயப்பரப்பாளர் 5 ஆகஸ்ட் 1776இல் தரங்கம்பாடி வந்து 1803 வரை அங்கு சமயப் பணியாற்றினார்.[13] அவர் முதன்மையாக தாவரங்கள் மீது ஆர்வம் காட்டியபோதிலும் மீன் குறித்த ஆய்விலும் சிறிது ஆர்வம் காட்டினார். அவர், மீன் பற்றிய விளக்கங்களை மார்க்ஸ் எலிசர் பிளாச்சிற்கு அனுப்பினார். அதன் விளைவாக 1793இல் ரோட்லரின் நினைவாக ஒரு மீனுக்கு பிளாச் அவர்கள் பெயரிட்டார்.

ஆண்டு - விலங்கியல் பெயர் - பிளாச் வழங்கிய பெயர் - ஆங்கிலப் பெயர்

1793 - Caran rottleri - Scomber rottleri - Torpedo Scad

மூலம்: *மார்கஸ் எலிசர் பிளாச்,* Allgemeine Naturgeschichte der ausbandischen Fische, Plate 346.

இவ்வாறு, பிளாச் மூன்று சமயப் பரப்புநர்களிடமிருந்து உதவி பெற்றார். அவருக்கு மிகவும் உதவியதற்காகச் சில மீன்களுக்கு உதவியவர்களின் பெயரைச் சூட்டுவதன் மூலம் அவர்கள் வழங்கிய உதவியை நேர்மையாக அவர் ஒப்புக்கொண்டார்.

1786-1795இல் தரங்கம்பாடியிலிருந்து கொண்டுசெல்லப்பட்டு செருமனியிலுள்ள மார்கஸ் எலிசர் பிளாச்சின் மீன் தொகுப்பு பற்றிய ஆய்வைத் துருவி ஆய்வு

    பிளாச் அவர்கள் லின்னேயஸ் கொள்கைகளின் அடிப்படையில் மீனியலில் தன் திறமையை வளர்த்துக்கொண்டார். அப்போது அறியப்பட்ட பல மீனினங்களை அவர் கவனமாக விளக்கியதோடு படமாகவும் விளக்கினார். அவற்றில் சில முதல்முறையாகப் பரவலாக பார்வையாளர்களுக்கு வண்ணத்தில் அறிமுகப்படுத்தப்பட்டன. அவர் தனக்குத் தெரிந்த ஒவ்வொரு மீனினத்தின் முழு விளக்கத்தையும் அளித்த தோடு, உயர்ந்த வகையான படங்களுடன் அவற்றை விளக்கினார். இது, அய்ரோப்பாவில் மீன் குறித்த மிகப் பெருமைமிக்க வெளியீடாக அமைந்தது. மீன்களின் பெயர்கள் பல மொழிகளில் இதில் கொடுக்கப்பட்டுள்ளன. எந்த வகைப்பாட்டுச் சிக்கல்களையும் தீர்க்க, இலத்தீன் மொழியில் இதில் பெயர்கள் உள்ளன. பிளாச் மீன்களின் நிலையான தொகுப்பை உருவாக்கியதோடு, விளக்கங்கள் மற்றும் விளக்கப்படங்கள் ஆகியன தரங்கம்பாடியிலிருந்து பெறப்பட்ட உண்மையான ஆய்வு பொருளிலிருந்து (மாதிரி) எடுக்கப்பட்டன.[14]

    பிளாச்சின் மீன் மாதிரிகள் தொகுப்பு பெர்லினிலுள்ள ஹம்போல்ட் பல்கலைக்கழக நேடர்குண்டே அருங்காட்சியத்தில் பிளாச்சின் கையால் எழுதப்பட்ட பெயர்ப்பெட்டி ஏடுகளுடன் உள்ளன. தரங்கம்பாடியில் பின்வரும் மீன்கள் மற்றும் அவற்றின் விளக்கங்கள், அவருடைய குறிப்புகளே காலங்காலமாகத் தேர்ந்தெடுக்கப்படுகின்றன.

ஆண்டு - விலங்கியல் பெயர் - பிளாச் வழங்கிய பெயர் - ஆங்கிலப் பெயர்

1786 - Rhinecanthus aculeatus - Balistes aculeatus - White branded trigger fish
1793 - Seriola fasciata - Scomber fasciatus - Lesser amber Jack
1793 - Channa punctata - Ophicephalus punctatus - Spotted Snake head
1793 - Channa Striata - Ophicephalus Striatus - Butter fish / Striped Snake head
1794 - Heteropneustes fossilis - Silurus fossilis - Emerald Shiner
1974 - Pseudeutropius atherinoides - Silurus atherinoides - Indian potasi
1794 - Mystus vittatus - Silurus vittatus - The striped dwarf cat fish
1794 - Hoplias malabaricus - Esox malabaricus - Wolf fish / tiger fish
1795 - Clupea athernoides - Cyprinus clupeoides - The silver stripped herring
1795 - Labeo fimbriatus - Cyprinus fimbriatus - The finged carp
1795 - Cirrhinus cirrhosus - Cyprinus cirrhosus - The cirrhated carp

1795 - Labeo falcatus - Cyprinus falcutus - The sickle carp

1795 - Etroplus maculatus - Chactodon maculatus - The maculated chetodon

1795 - Thryssa malabarica - Clupea malabaricus - The herring of Malabar

மூலம் : மார்கஸ் எலிசர் பிளாச், Allgemeine Naturgeschichte der auslandischen Fishe, Plates 149, 341, 358, 359, 370, 371, 392, 408, 409, 411, 412, 427, 432.

சைப்ரினஸ் குளுப்பேய்ட்ஸ் (Cyprinus clupeoides) (Salmostoma acinaces) ஆங்கிலத்தில் சில்வர் ரேசர் பெல்லி மீன் என்று அழைக்கப் பட்டது என்பதும் குறிப்பிடப்பட்டுள்ளது. சன்னாபங் டாட்டா என்று அழைக்கப்பட்ட மீன் ஆங்கிலத்தில் பச்சைப்பாம்புத் தலை (புள்ளிகள் கொண்ட பாம்புத் தலை)யானது சோழமண்டல கடற்கரையிலுள்ள ஆறுகள் மற்றும் ஏரிகளில் காணப்பட்டது. ஹெட்ரோப் நியோஸ்டஸ் பாசிலிஸ் (Heteropneustes fossilis) ஆங்கிலத்தில் Stinging cat fish - கொட்டும் கெளுத்தி மீன் - என அழைக்கப்படுகிறது. Labeo fimbriatus ஆங்கிலத்தில் Fringed - lipped peninsula carp - விளிம்பு உதடு தீபகற்பக் கொண்டை - என்று அழைக்கப்பட்டு, தமிழகக் கடற்கரை முழுவதும் காணப்பட்டது.

*1794*இல் பிளாச் அவர்கள் Silurus vittatus போன்ற தரங்கம்பாடிக் கடலிலுள்ள கெளுத்தி மீன்களைப் பற்றி விளக்கியதோடு, இது ஆங்கிலத்தில் - Striped dwarf cat fish - கோடிட்ட குள்ளக் கெளுத்தி மீன் - என்று அழைக்கப்பட்டது. ஆங்கிலத்தில் banded colisa எனப்படும் மீனான Cobisa fasciatus-ஐ தரங்கம்பாடியில் மீண்டும் காண்கிறோம். Ophicephalus Striatus *(படம் 359)* தமிழர்களால் தங்கள் மொழியில் விரால் (butter fish / murrel ஆங்கிலத்தில்) என அழைக்கப்பட்டது என்று பிளாச் கூறி விளக்கியிருப்பது ஆவலூட்டுவதாக உள்ளது. இதே போல் Cyprinus fimbriatus மீன் *(படம் 408)* தமிழில் சோழகெண்டை (தமிழில் கெண்டை, ஆங்கிலத்தில் greas carp) எனப் பிளாச் கூறினார். Cyprinus cirrhousus *(படம் 411)* துள்ளுகெண்டை தமிழில் கண்டல் என்றும், ஆங்கிலத்தில் Perch எனப் பிளாச் கூறினார். மற்றும் Cyprinus falcatus *(படம் 412)* கருப்பன் எனப் பிளாச் கூறினார். தரங்கம்பாடி சமயப்பரப்பாளர்கள் மீன்களின் தமிழ்ப் பெயர்களைத் தெரிவித்திருப்பர் என்பது உறுதி.

தரங்கம்பாடியைச் சுற்றிக் காணப்படும் பெரும்பாலான மீன்கள் அய்ரோப்பாவிலுள்ள பார்வையாளர்களுக்குத் தெரியாததால் அனுப்பப் பட்ட மீன்கள் பற்றிய விளக்கங்கள் தேவை எனக் கண்டறியப்பட்டது.

எனவே, விரிவான விளக்கங்கள் 1785, 1786, 1787, 1790, 1791, 1792, 1793, 1794, மற்றும் 1795களில் வெளியிடப்பட்ட Allgemeine Naturgeschichte der auslandischen Fische ஒன்பது தொகுதிகளில் பிளாச் அவர்களால் ஜெர்மன் மொழியில் வழங்கப்பட்டன. மேலும் மீன் பெயர்கள் இலத்தீன் மொழியில் மட்டுமே எழுதப்பட்டது.

விரால்மீன் குறித்து ஆய்ந்தறிதல் (Ophiocephalus Striatus படம் 359) என்பது தமிழில் 1793இல் இவ்வாறு பதிவு செய்யப்பட்டது: முதுகுத் துடுப்புக்கு முன் பதினேழு செதில்கள் உள்ளன. பக்கவாட்டு கோட்டுச் செதில்கள் 56. கரு நிறச் சாய்ந்த பட்டைகள் அடிப்பகுதி மேற்பரப்பிலிருந்து பக்கவாட்டுக் கோடுவரை செல்கின்றன. வால் போன்ற துடுப்பு, அதன் அடிப்பகுதியில் இரு வெவ்வேறு செங்குத்துப் பட்டைகள் கொண்டது.

Heteropneustes fossilis குறித்த ஆய்ந்தறிதல் கொட்டும் கெளுத்தி மீன் (படம் 370) 1794இல் இவ்வாறு குறிப்பிடப்பட்டுள்ளது. தலை ஒடுங்கியிருந்தது; நடுப்பகுதி தலையிலிருந்து சிறிதும் குறுகிய வட்ட வடிவமாகவும் பின்புறக் கண் பகுதி வரையிருந்தது. பார்வையின் அளவு குறுகியும் இறுதிப்பகுதி பல வகையான செதில்கள் இதில் காணப்பட்டது.

Cyprinus cirrhosus மீன் குறித்த ஆய்ந்தறிதல், வெள்ளைக் கெண்டை (படம் 411) 1795இல் இவ்வாறு பதிவுசெய்யப்பட்டது. முதுகுப் பக்கவாட்டுத் தோற்றம் குவிந்தும் ஆனால் உட்பக்கவாட்டுத் தோற்றம் நேராகவும் உள்ளது. முதுகுத் துடுப்பு உட்பக்கவாட்டுத் துடுப்பிலிருந்து வெகு தொலைவில் அமைந்துள்ளது மற்றும் வால் பகுதி அடித்தளத்தைவிட மூக்கு நுனிக்கு அருகில் செருகப்பட்டுள்ளது. குதமுனை வால் போன்ற அடிப்பகுதிக்கு அருகில் நீண்ட இடை வெளியுடன் காணப்பட்டது.

சி.எஸ்.ஜான் அவர்கள் 1801இல் தன் அறிக்கையில் கங்கைத் திறவழையன் அல்லது கடற்பள்ளி (Dolphin) பற்றிய லெபெக் அவர்களின் விளக்கத்தைத் தொடர்ந்து, ஒரு புது வகை விண்நோக்கு மீன் அல்லது முழிக்கும் மீனைக் (Pisces Uranascopidae) குறிப்பிட்டுள்ளார்.[15] இங்கே சி.எஸ்.ஜான் அவர்கள் பின்வரும் எண்பித்தல் மூலம் லெபெக் அவர்களின் பெயரில் புது வகை விண்நோக்கு மீன் அல்லது முழிக்கும் மீனுக்குப் பெயரிட்டார்: அவற்றில் ஒன்று, பிளாச் அவர்களின் மீன் குறித்த சிறந்த புத்தகம், மிகவும் சுறுசுறுப்பான மற்றும் இயற்கை வரலாற்றில் மிகவும் ஈடுபாடுள்ள என் நண்பர் திரு. லெபெக் என் கல்லூரியின் கல்வி மகுடமான அவர், அறிவியலைப் புகழ்பெற்ற உப்சலாவிலுள்ள

துன்பர்கில் அந்த அறிவியல் துறையை வளப்படுத்தியதுடன் மேலும் அவர் அதைச் சிறப்புறப் பயன்படுத்தினார். அவர் நன்னம்பிக்கை முனையின் ஒரு பகுதி, சிலோன், வங்காளம் மற்றும் சோழமண்டலக் கடற்கரை பயணம் செய்த பிறகு, அவர் இப்போது ஜாவாவுக்குச் செல்கிறார். எனவே, இந்த மீனுக்கு Uranoscopus lebeckii என்று பெயரிட்டு அவரைச் சிறப்பித்ததற்காக இயற்கையார்வலர்கள் என்னைக் குறை கூற மாட்டார்கள். சி.எஸ்.ஜானின் பெயர் மற்றும் அதற்கான விளக்கத்தை Uranoscopus lebeck என்ற பெயரில் ஷினிடர் அவர்கள் ஒப்புக்கொண்டார்.[16] சி.எஸ்.ஜான், மார்கஸ் எலிசர் பிளாச்சிற்கு விண்நோக்கு மீன் அல்லது முழிக்கும் மீன், அத்துடன் கங்கைத் திறவழையன் அல்லது கடற்பன்றி பற்றிய படங்கள் மற்றும் குறிப்புகளை அனுப்பினார். ஷினிடர் அவர்கள் Delphinus gangeticus பற்றிய படத்தையும் குறிப்பையும் லெபெக்கிற்குக் குறிப்பிட்டதோடு படங்கள் மற்றும் கையெழுத்துப் படிகளைப் பெர்லினிலுள்ள இயற்கையின் நண்பர்கள் அருங்காட்சியகத்திற்கு அனுப்பினார்.[17]

சி.எஸ்.ஜான் மற்றும் இராட்லர் ஆகியோர் தமிழில் கானாங் கெளுத்தி / கானாங்காத்தான் (ஆங்கிலத்தில் இந்தியக் கானாங்கெளுத்தி (Indian mackerel, Rastrelliger kanagurta), வையான் காடைப்பாறை (தேங்காப் பாறை தமிழில்), ஆங்கிலத்தில் Horse mackerel என்று குறிப்பிட்டு விளக்கமாகப் பிளாச்சிடம் கொடுத்தனர். தமிழர்களின் மீன்களின் வகைப்பாட்டை சி.எஸ்.ஜான் குறிப்பிட்டதோடு அவர் பிளாச்சிக்குக் கடிதம் எழுதி, பத்து வகையான காத்தலை மீன்கள் (ஆங்கிலத்தில் Jaw fish) தமிழில் பெயர்களை விளக்கமாகக் குறிப்பிட்டார்.

1. செங்காத்தலை
2. வங்காத்தலை
3. கருங்காத்தலை
4. துருவாட்டிகாத்தலை
5. கரிகாத்தலை
6. வரிகாத்தலை
7. வாலாங்காத்தலை
8. சோத்துக்காத்தலை
9. குரக்காத்தலை
10. ஆனைக்காத்தலை

மேலும், சி.எஸ்.ஜானும் தமிழிலுள்ள பல்வேறு மீன்களான தலேபி சேட்டெய் (ஆங்கிலத்தில் திலாபியா (Tilapia, தமிழில் ஜிலேபி) தும்பி ஆரல் மீன் (தமிழில் கூனிறால் எனப்படும் சென்னாக்குனி (Shrimp) இறால் (Prawn) ஓட்ட மீன் (ஆங்கிலத்தில் dropt crateon) மற்றும் நரிக் கொண்டை (தமிழில் கெண்டை அல்லது கட்லா, ஆங்கிலத்தில் வங்காளக் கெண்டை மீன் (Bengal carp) பெயர்களை விளக்கமாகக் குறிப்பிட்டார்.[18]

சி.எஸ்.ஜான் மற்றும் கிளின் ஆகியோர் மீன்களுக்கு உல்ரா மீன் (உழமீன் அல்லது சீலா தமிழில்) ஆங்கிலத்தில் சீலாமீன் / ஊளிமீன் (Barracada) ஜெடே வாலன் பாறை (Jede walen Parai, தமிழில் பாறை, Blue fin trevally or Malabar trevally - பாறை) முர்ச்சி கரேல் (ஆங்கிலத்தில் டூத்.பி.கனாங்கெளுத்தி (Tooth B. Mackrel) பிலிட்செய் Pilitschei (பிலின்ஜன், தமிழில், ஆங்கிலத்தில் சிறு கானாங்கெளுத்தி - Little Mackrel), தும்பிலி மற்றும் கோலாசி மீன், ஆங்கிலத்தில் Saw fish) என விளக்கங்களை அளித்ததாக பிளாச் வெளிப்படுத்தினார்.

சென்னையில் பேட்ரிக் ரஸ்ஸல் மற்றும் மீன் பற்றிய ஆய்வு, (1788–1805)

பேட்ரிக் ரஸ்ஸல் அவர்கள் (1727-1805) ஆங்கிலக் குழுமத்தின் இயற்கையியலாளர் ஜோஹன் ஜெரார்ட் கோனிக்கிற்குப் பிறகு 1781இல் சென்னை வந்தடைந்தார். 1788 முதல் சென்னையில் தங்கியிருந்தபோது கடல் மற்றும் நன்னீர் மீன்களைக் கடமையுணர்வுடன் கருத்தூன்றித் தொகுத்தார். மயிலாப்பூரிலுள்ள சாந்தோம் கடலில் கண்டெடுத்த ஓட்டாம்பாரை (Scomber) மற்றும் குலுப்பியா (clupea) மீன் வகைகள் புதியவை என்றும், அய்ரோப்பாவில் இம்மீன் வகைகள் தெரியாதென்றும் குறிப்பிட்டார்.[19] அவர் செய்த பெரிய தொகுப்பு மீன்கள் சென்னையிலிருந்து புறப்படுவதற்கு முன்பு செயின்ட் ஜார்ஜ் கோட்டையிலுள்ள அருங்காட்சியகத்தில் வைக்கப்பட்டது. இந்தத் தொகுப்பு பற்றிய குறிப்புகள் மற்றும் பெயரிடப்படாத குறிப்பிட்ட இந்தப் பணியைச் செய்யும் பொருட்டு அமர்த்தப்பட்ட இந்திய ஓவியர் ஒருவரால் சிறப்பாகச் செய்யப்பட்ட ஓவியங்கள் பிரிட்டனுக்குத் திரும்பக் கொண்டு வரப்பட்டதோடு, இது மீனியல் பற்றிய எதிர்காலப் பணிக்கான அடிப்படையான தேவையை வழங்கியது.[20]

பேட்ரிக் ரஸ்ஸல் அவர்கள், வாவல் அல்லது வவ்வா எனத் தமிழில் அழைக்கப்படும் குறிப்பாக, வெள்ளை வாவா (வெள்ளை வாவா, வெள்ளி வாவா, கருப்பு வாவா, நெய்மீன், கடல் வாவல் கருப்பு வாவா மீனைப் பற்றிய ஆய்வை மேற்கொண்டார். மேலும்,

சாம்பல் மடவைமீன், (சாம்பல் நிற மடவை, Chelon lobrosus) என்றும் அழைக்கப்படுகிறது. பிளாச் இந்த மீன்களை 1795இல் வெளியிட்ட தன் புத்தகத்தில் Stromateus argenteus (படம் 421, வெள்ளி வாவா-The silver pampel), Parastromateus niger (படம் 422, கருப்பு வாவா - The Black Pampal) மற்றும் Stromateus cinereus (படம் 420, சாம்பல் மடவை - The grey stromale). குறிப்பிட்டுள்ளார்.

Stromateus cinereus என்ற சாம்பல் மடவை மீனின் உடல் கிட்டத்தட்ட வட்டவடிவமாகவும் மிகவும் சுருக்கப்பட்டும் செதில்களும் கொண்டது என ரஸ்ஸல் கூறினார். மற்ற இனங்களைவிடக் குறைவான உறுதியுடைய இதன் செதில்கள் சிறியதாகவும், வட்டமாகவும், நெருக்கமாகவும் இருந்தன. தலை வட்டமாகவும், சுருக்கப்பட்ட தாகவும், குட்டையாகவும், நெற்றிக் கூம்பு கூர்மழுங்கியும் வெள்ளை வெளவால் போன்றும் முகடும் முன்பகுதியும் செதில்களாலானதாகவும் இருந்தன. சிறிய வாய், நீட்டும் திறன் சிறியது; தாடைகள் குறுகியும், ஏறக்குறைய சமநீளம் கொண்டதாகவும், அரிய வகையில் பிரித்தெடுக்க முடியாததாகவும், ஒன்றின்கீழ் மட்டுமே நகரக்கூடியதாகவும், முனை மழுங்கியும் இருந்தது; பற்கள் மற்ற மீனினங்களில் உள்ளதைப் போலில்லை. மேல்தாடை ஒரு அரம் போல் வரிசையாக விரல் வரை கரடுமுரடாக இருந்தது. எலும்பின் கீழ் முழுமையாக அரம் போன்றிருந்தது. நாக்கு உருண்டையாகவும், தடித்ததாகவும், வழுவழுப்பாகவும், அதன் கண்கள் சிறியதாகவும் வட்டமாகவும் பிதுங்கியுமிருந்தன. மூக்குத் துளைகள் இரட்டிப்பாகவும், மூக்கிற்கு அருகில் பின்புறம் பெரியதாகவும் முட்டை வடிவிலுமிருந்தது. ஆனால், முன்புறம் சிறியதாகவும் வட்டமாகவும் இருந்தது. செவுள் மூடிகளை இரு இலைகள் என அழைக்க முடியாது. அவை வெள்ளை வெளவால் மீனைப் போல அவ்வளவாகச் சுட்டிக்காட்டப்படாததோடு மேலும் கட்டுப்படுத்தப்பட்டன. அதேவேளை செவுள் துளை மிகவு சிறியதாக இருந்ததால் சவ்வு முற்றிலும் மறைக்கப்பட்டிருந்தது. மீனின் நடுவில் மற்றும் பின்புறம் மற்றும் வயிறு வளைந்தும் தோணியகடு போன்றும் அதன் ஓரங்கள் சுருங்கியும் இருக்கும். முதுகு மற்றும் குதத்துடுப்புகள் முடிவடையுமிடத்தில் வால் குறுகிய அளவில் வளர்ந்திருந்தது. ஆனால், தன் சொந்தத் துடுப்பைப் பெற மீண்டும் விரிவடைந்தது. முதுகு அல்லது வயிற்றின் மீது செதில்கள் இல்லை. அதன் பக்கவாட்டுக் கோடு கவனத்தை ஈர்க்கிற வகையிலும், ஒப்புயர்வற்றதாகவும், தோணியகடு போன்றும், வளைந்தும் அதே சமயம் இறுதிப்பகுதி நேராக நோக்கியும் வால் போன்ற மீன் துடுப்பின் நடுப்பகுதி சரியாக

முடிவடையாமலிருக்கும். இரண்டாம் கோடு மீனிற்கு இல்லை. குதவாய் வாலைவிட தலைக்கு மிக அருகிலிருந்தது. துடுப்புகள், முதுகு மற்றும் குதம் வெள்ளை வெளவால் மீனைவிட முன்னோக்கி இருந்தன; அவை கிட்டத்தட்ட ஒரே வடிவத்திலிருந்தன. மேலும் வால் குறுகலான பகுதியில் ஒன்றுக்கொன்று எதிரெதிரே நிறுவப்பட்டது. இரண்டிலும் முதல் கதிர்க்கோடுகள் குறுகியதாக இருந்ததோடு மேலும் படிப்படியாக உயர்ந்து பிறை வடிவிலிருந்தது. வால் குறைவாகவும், ஆழமாகவும் பிரிக்கப்பட்ட நிலையிலிருந்தது. மடல்கள் ஏறக்குறைய சம நீளமுடையவை. ஆனால், மூன்று துடுப்புகளும் மென்படலத்தின் விளிம்புவரை செதில்களால் அமைந்திருந்ததன் மூலம் மிகவும் குறிப்பிடத்தக்க வகையில் வேறுபடுவதை அறியலாம். மார்புப் பகுதி அகலமாகவும், இறங்குமுகமாகவும் முனைப்பகுதி கொஞ்சம் வளைவாகவுமிருந்தது. அடிப்பகுதியில் துடுப்புகள் ஏதும் காணப்படவில்லை. நிறத்தைப் பொறுத்தமட்டில் முழு மீனும் அலங்காரமாக இருந்தது. வயிறு மட்டும் சற்று எடையற்றதாக இருந்தது. மேலும், அங்கும் இங்கும் மிக மிகச் சிறிய கரும்புள்ளிகளால் கவனிக்கும் படியாக இருந்தது. பேட்ரிக் ரஸ்ஸலின் கூற்றுப்படி, இந்த இனம் மிகவும் அரிதானது. அவர், முதலில் இந்த மீனை மே மாதம் 1788இல் பார்த்தார். பிறகு, அந்த மீன் மிகவும் அரிதாகக் கொண்டு வரப்பட்டது. அட்டவணையின் தரத்தின்படி இது வெள்ளை அல்லது கருப்பு வெளவால் மீனைவிட மிகவும் தாழ்வாகவே இருந்தது. நிறத்தில் ஒரே வகையாக இருந்தாலும் இந்த மீன் பிளாச் அவர்களின் ஸ்ட்ரோமேடியஸ் சீனிரியஸ் மீனிடமிருந்து மிகவும் மாறுபட்டிருந்தது. இது, குறிப்பாக வால் போன்ற மீன் துடுப்பின் கீழுள்ள மடல் நீளத்தால் வகைப்படுத்தப்பட்டது.[21]

ரஸ்ஸல் அவர்கள் மீன் குறித்த விரிவான விளக்கத்தைத் தந்ததோடு, அவரைப் பொறுத்தவரை Stromateus argenteus செதில்களோடு சாய் சதுரவுருவிலான உடலைக் கொண்டிருந்தது; முதுகுத்தண்டு மற்றும் குதத்துடுப்புகள் கொக்கி வடிவில் இருந்தன; மார்புத் துடுப்புகள் ஈட்டி வடிவில் இருந்தன. இது தமிழில் வெளவால் (ஆங்கிலத்தில் white pomfret) என அழைக்கப்பட்டது. இந்த மீனின் உடல் ஏறக்குறைய சாய்சதுர வடிவமானது, மிகவும் சுருக்கப்பட்டது, மென்மையானது, சிறிய சுற்றுப்பாதை செதில்களால் மூடப்பட்டது, நெருக்கமானது, அடுக்குப் பிளவு அமைப்பில் இருந்தது, உறுதியானது. தலை சிறியதாகவும், மிகவும் சுருக்கப்பட்டும் செதில்கள் இன்றி மழுங்கிய வடிவிலும், முன் பகுதி சாய்ந்ததாகவும் இருந்தது. வாய், மழுங்கிய

மூக்கின் கீழ் இருந்தது, சிறியது, சற்று சாய்ந்திருந்தது; உதடுகள் மேல் பகுதி இரண்டு குட்டையாகவும் பல சிறிய பற்களுடனும் அமைக்கப் பட்டுள்ளன. நாக்கு வட்டமாகவும், குட்டையாகவும், மென்மையாகவும், பிணைக்கப்பட்டதாகவும், இருந்தன. கண்கள் முகப்பலகின் அருகில் நடுவிலும் சுற்றுப்பாதை சீரான அளவிலுமிருந்தது. மூக்குத் துளைகள் முகப்பலகின் விளிம்பினருகில் இருந்தன. இரட்டிப்பாகவும், பின்புறம் (இது மிகப்பெரியது) முட்டை வடிவிலும், முன்புறம் வட்டமாகவும் இருந்தது. மீனின் செவுள் மூடி மென்மையானது, விளிம்பில் பிசிருடனும் அதன் கடிவாளமானது அசைக்க முடியாத அளவிற்கு அல்லது சவ்வினைப் பார்ப்பதற்கு ஏற்றுக்கொள்ளும். அதன் தண்டு, குதப்பகுதி பின்புறம், செதில் ஓரங்கள் தோலின் அடிப்பகுதிகளை நமது கைகளைக் கொண்டு எளிதில் உணர முடியும்.

தொண்டை மற்றும் வயிறு தாழ்வாயிருந்தது, முகடுகளுடன், பக்கவாட்டில் மற்றும் வால் சுருக்கப்பட்டது, முன்பகுதி சிறிது குவி வடிவில் உள்ளது. குதவாய் மற்றும் குதத்துடுப்புக்கு இடையில் ஐந்து ஸ்பிக்குலி முதுகிலிருப்பதைக் காட்டிலும் அதிக உணர்திறன் கொண்டதோடு தோலோடு இணைக்கப்பட்டிருந்ததைக் காண முடிந்தது. செவுள் மூடியின் மேல் விளிம்பிலிருந்து எழும் பக்கவாட்டுக் கோடு, மார்புத் துடுப்பின் மேல் முதுகு முனையின் இறுதி வரை ஒரு வளைவையுண்டாக்கி, பின்னர் வாலின் மேல் பகுதியில் நேராகத் தொடர்ந்தது. மற்றொரு கோடு ஆனால், முதல் கோட்டுடன் குறைவான கவனத்தை ஈர்க்கிற வால் போன்ற துடுப்பின் நடுப்பகுதிக்கு நேராக இருந்தது. குதவாய் சிறியதாக, வாலைவிட தலைக்கு மிக அருகிலிருந்தது. துடுப்புகள் முதுகின் மிக உயர்ந்த முனையிலிருந்த எழும்பி, முதலில் பதினொரு அல்லது பன்னிரண்டு நீளமான மீன் துடுப்பின் கதிர்களைக் கொண்டிருந்தன. சற்றே பிறை வடிவில் முடித்து வைக்கப்பட்டு, பின்னர் குறுகலாகவும் சமமாகவும் மாறி, வால் குறுகலாக வளர்ந்த இடத்துக்குக் கீழ் நோக்கிச் சரிவுத் தன்மையுடன் தொடர்ந்தது. அதே நீளமுள்ள குதம், முதுகுக்கு எதிரே உயர்ந்திருந்தது; பின்புறத்தைவிட வயிற்றுக்கு அருகிலுள்ள மார்புப் பகுதி நீளமானது, ஈட்டி வடிவமானது அல்லது நடுவில் கூர்மையானது, வால் போன்ற துடுப்பு ஆழமாகப் பிளவுபட்டது. நீலம் அல்லது ஊதா நிற வார்ப்புடன் பின்புறம் இருள் நிறமாக இருந்தது. மீதிப் பகுதி வெள்ளிச் சாம்பல் நிறம்; முதுகு மற்றும் வால்துடுப்புகள் பின்புறத்தைவிட சற்று ஒளி பொருந்தியிருந்தது. குதம் மிகவும் வெளிர் மஞ்சள் நிற வார்ப்பிலிருந்தது.[22]

தமிழில் கருவெளவால் என்று அழைக்கப்படும் Parastromateus niger (ஆங்கிலத்தில் black pomfret) மீனின் உடல் முட்டை வடிவமானது, மிகவும் சுருக்கப்பட்டது; செதில்கள் நீள் சதுரமானது, வட்டமானது, நெருக்கமானது, மென்மையானது மற்றும் உறுதியானது. முந்தைய மீனைப் போலவே மிகவும் சுருக்கப்பட்ட தலை. ஆனால், மூக்கு குறைவாக மழுங்கியது அல்லது வட்டமானது; முகத்தின் கீழ்ப்பகுதி செதில்களால் மூடப்பட்டிருக்கும். வாய் சிறியதாகவும், மேலும் நீட்டிக்கும் திறன் கொண்டதாகவும் இருந்தது. இரண்டு தாடைகளும் ஓரளவு பிரித்தெடுக்கும் தன்மையிலிருந்தன. மேலும், முகப்பலகு முந்தைய மீனைப் போல வெளிவரவில்லை. பற்கள் பல இருந்தன. ஆனால் பெரியவை; கண்கள் விகிதாசாரத்தில் பெரியதாகவும், முகப் பலகிலிருந்து வெகு தொலைவிலிருந்தன; முந்தைய மீனைப் போலவே மூக்குத் துளைகள் காணப்பட்டன. மீனின் செவுள் உறை முந்தைய மீனைப் போலவே பிசிருடன் இருந்தது. ஆனால், அது வட்டமாக இருந்தது; சில பகுதிகள் செதில்களால் மூடப்பட்டு, பின்னால் கட்டப்படாமல், சவ்வு காணக்கூடிய வகையில் வெளிப்படும். உடற்பகுதியைப் பொறுத்தவரை பின்புறம் வளைந்த தோணியகடு போன்றது; தொண்டை, வயிறு மற்றும் வால் ஆகியவையும் தோணியகடு போன்றே இருந்தன. ஆனால், முதுகு மற்றும் மீனின் குதத்துடிப்புகள் மிகவும் சிறியதாகவும், வட்டமாகவும் முடிவு பெற்றிருந்தது. மீனின் பக்கப் பகுதிகள் அரிதாகக் குவிந்திருக்கும்.

அதன் பக்கவாட்டுக்கோடு சற்று வளைந்தும், ஆனால் மார்புத் துடுப்பின் முடிவில் இருந்து வால் நடுவில் நேராகச் சென்றது. இரண்டாம் கோட்டின் தோற்றம் காணப்படவில்லை. துடுப்புகளுக்கு முன்னுள்ள முதுகெலும்புகள் முன்பு கூறிய மீனைவிட இங்குக் குறைவாக இருந்தன. மேலும், குதவாய் இன்னும் தலைக்கு அருகிலும், மார்புத் துடுப்புடன் ஒரு கோட்டில் வைக்கப்பட்டது. முதுகு மற்றும் குதம் அவற்றின் சூழலுக்கேற்ப முந்தைய மீனைப் போலவே இருந்தது. ஆனால், பிறை வடிவமானது சற்று குறைவாக இருந்தது; மார்பு நீண்டும் தட்டையாகவுமிருந்தது. வயிற்றுத் துடுப்புகள் இல்லை; வெள்ளை வெளவால் மீனைப் போல மிகச் செறிவாக இல்லா விட்டாலும் வால் போன்ற முட்கரண்டி போல இருந்தது. நிறம் மெய்யான இருள் நிறத்திலிருந்தது. கவனிக்கத்தக்க கரு நிறமாக இருந்தது. தவிர, தொண்டை மற்றும் வயிறு ஆகியனவற்றின் கரும்பகுதி வெளிறியதாக இருந்தன. தோல் மற்றும் துடுப்புகளின் சவ்வுகள் குறிப்பிடத்தக்க அளவில் தடிமனாக இருந்தன. மூக்கிலிருந்து

வால் துடுப்பு வரை ஏழு விரற்கிடை நீளத்திலும் நான்கு விரற்கிடை அளவில் மிகப் பெருமளவிலான அகலத்திலுமிருந்தது.

தமிழில் வெளவால் எனப்படும் வெள்ளை மற்றும் கருப்பு வெளவால் ஆகிய இரு மீன்களும் மிகவும் சுவையான சோழமண்டலக் கடற்கரை மீன்கள் எனத் தன் கருத்தாக ரஸ்ஸல் கூறினார். ஆனால், புதிதாகப் பிடிக்கப்பட்டவுடன் அவற்றைச் சாப்பிட வேண்டும். ஏனெனில் அவை சில மணி நேரங்கள் மட்டுமே வைக்கப்படுவதால் பெரிதும் பாதிப்படைந்தன. கருப்பு வெளவால் மீன் சிறிதளவு வலுவான மீன் என்றாலும் வெள்ளை வெளவால் மீனே சிலரால் விரும்பித் தேர்வு செய்யப்பட்டது. மார்ச் மாதத்தின் பிற்பகுதியில் பதினைந்து நாட்களிலும், ஏப்ரல் மாதத்தின் ஒரு பகுதியிலும் வெளவால் மீன்கள் மிகப் பெருமளவில் இருந்தன. அவை தொடர்ந்து இரண்டு அல்லது மூன்று நாட்களுக்கு மேல் மிகவும் அதிக அளவில் பிடிபடவில்லை என்பது குறிப்பிடத்தக்கது. அதன் பிறகு, அவை ஒரு வகையில் பல நாட்கள் காணாமல் போய் மீண்டும் திரும்பி வந்தன. விசாகப்பட்டினத்திலும், மெட்ராசிலும் பேட்ரிக் ரஸ்ஸல் பார்த்த இரு வெளவால்களும் மேலே கொடுக்கப்பட்ட விளக்கங்களுடன் சரியாக ஒத்துப்போயின. ஆனால், கடற்கரையின் அந்தப் பகுதியில் வேறு வகையான மீனினங்கள் இருந்தன. அவையும் கவனிக்கப்பட வேண்டியவை. சர் ஹான்ஸ் ஸ்லோன் அவர்கள் தன் ஜமைக்காவின் வரலாறுகளில் இந்தப் பேரினத்தின் ஓர் இனத்திற்கு விளக்கப்படத்தை வழங்கினார். அங்கு இது, பாம்பஸ் அல்லது பாம்பல் என்ற பெயரில் அறியப்பட்டது. கிழக்கிந்தியத் தீவுகளில் ஆங்கிலேயர்களிடையே பாம்ஃப்ரெட் (Pomfret) என்ற பெயர் உறுதியாக இருக்கலாம்; சில நேரங்களில் பாம்ப்லெட் (Pomplet) அல்லது பாம்ஃலெட் (Pomflet) என உச்சரிக்கப்படுகிறது.[23]

பேட்ரிக் ரஸ்ஸல் அவர்கள் தமிழில் வஞ்சரம் (வெள்ளரா) என்று அழைக்கப்படும் மீனைக் குறிப்பிட்டு (ஆங்கிலத்தில் Seer fish அல்லது King fish - Scomber pinnulis) விளக்கமளித்தார். இந்த மீனின் உடல் ஈட்டி வடிவிலும், சுருக்கப்பட்டும் செதில்கள் இல்லாமலும் மென்மையாகவும் இருந்தது. மீனின் தலை சிறியதாகவும், முட்டை வடிவாகவும், கூர்மையாகவும், வழுவழுப்பாகவும் இருந்தது. முன்புறம் மிகவும் குறைந்த அளவிலும், ஓரளவு தட்டையாகவும் இருந்தது. வாய் பெரிதாகவும், சாய்வாகவும், அரிதாக உதடுகளின்றி இருந்தது. சம நீளத்தில் பிரித்தெடுக்கப்பட்ட தாடைகள், எண்ணற்ற பற்கள் அதற்கு இருந்தன. அவை நெருக்கமாகவும், சீராகவும், கூம்பு வடிவிலும்

மேல்தாடையைவிட கீழ்பகுதியில் சற்றே பெரிதாகவும் இருந்தது. நாக்கு சிறியதாகவும், முட்டை வடிவமாகவும் நடுவில் சற்று பெரிதாகவும் இருந்தது. நாக்கு சிறியதாகவும், முட்டை வடிவமாகவும் நடுவில் சற்று கரடுமுடாகவும், அசைக்க முடியாததாகவும் இருந்தது. அண்ணம் மற்றும் குழாய்கள் கரடுமுரடாக இருந்தன. அதன் முகப்பலகு அருகே நடுவிலுள்ள கண்கள் பெரிதாக இருந்தன. சுற்றுப்பாதை; கருவிழி வெள்ளி மற்றும் மஞ்சள் நிறம்; இரு மூக்குத் துளைகள் ஒன்றுக்கொன்று தூரத்திலும் மற்றும் பின்புறம் சுற்றுவழிக்கு அருகில் இருந்தது. செவுள் மூடி பெரியதாகவும் வட்டமாகவும் மென்மையாகவும் ஒன்றுக்கு மேற்பட்ட படலத்தாளால் ஆனதாக இருந்தது. ஏழு ஒளிக்கதிர்களாலான சவ்வால் மூடப்பட்டிருக்கும்; வளைந்த துளை, முதுகு, மார்பகம் மற்றும் வயிறு ஓரளவு குவிந்திருக்கும். ஆனால், தோணியகடு போலிருக்கும். அதன் பக்கங்கள் குவிந்த நிலையிலும், சுருக்கப்பட்டுமிருக்கும். வஞ்சர மீனின் பக்கவாட்டுக் கோடு உச்சமாக இருந்தது. பின்னர் அதைத் தொடர்ந்து மெதுவாக வளைந்து பின்னர் நேராக மீனின்வால் துடுப்பின் நடுவில் அருகிலேயே இருந்தது. முதல் முள்ளந்தண்டு பதினைந்து அல்லது பதினாறு மென்மையான முதுகுத் தண்டுகளைக் கொண்டது. அதில் கடைசி ஆறு (மிகவும் மென்மையான சவ்வு மூலம் இணைக்கப்பட்டு ஒரு குழியில் படுத்துக்கிடக்கிறது) தண்டு உயர்வாக இல்லையென்றால் கண்ணுக்குத் தெரியாமலேயே இருக்கும். இரண்டாவதாக பதினெட்டு அல்லது இருபது கதிர்கள் போன்றவை உள்ளன. தலையில் உயர்வான பகுதி அடர்ந்த பச்சை மற்றும் நீள வண்ணத்தில் உள்ளது. அதன் பின்பக்கமும் அதே நிறத்திலுள்ளது. வால் துடுப்புகள் முழுவதும் கொக்கி வடிவிலிருந்தன. மேலும் அனைத்துத் துடுப்புகளும் ஓரளவு கொக்கி வடிவத்திலிருந்தன. தலையின் மேல் பகுதியில் உள்ள நிறம் மாறக்கூடிய அடர்பச்சை மற்றும் நீல நிறமாக இருந்தது. அதே நிறத்தின் பின்புறத்தின் முகடு இருந்தது. ஆனால் மெருகூட்டப்பட்ட காரீயமாக மாறியது. இம்மீனின் பக்கவாட்டுக்கோடு படிப்படியாக இலேசாக வளர்ந்து நீலம் கலந்த வெண்ணிறத்தில் முடிவடைகிறது. மேலே, ஆனால் கோட்டிற்கு இணையாக, சிறிய கிட்டத்தட்ட வட்டமான கருப்புப் புள்ளிகளின் வரிசை மற்றும் அதையொத்த பல புள்ளிகள் பக்கங்களில் இருந்தன. துடுப்புகள் கருமையாக இருந்தன. வயிற்றுப்புறம் மற்றும் குதம் தவிர அவை வயிற்றுடன் ஒரே நிறத்திலிருந்தன. மீனின் நீளம் ஓர் அடி ஐந்து விரற்கிடை. இந்த வஞ்சிரம் மீன் ஐரோப்பியர்களால் போற்றப்படும் மீன்களுள் ஒன்று என்று ரஸ்ஸல் குறிப்பிட்டார். இரண்டடி அளவு இருக்கும்போது இம்மீன் சிறந்ததாகக் கருதப்பட்டது. இது இரண்டரை

அடியைத் தாண்டியதும் கரடுமுரடாகவும் சுவையற்றதாகவும் இருந்தது. பேட்ரிக் ரஸ்ஸல் வழங்கிய விளக்கப்படம் பிளாச் வழங்கிய அதே மீனின் விளக்கப்படத்திலிருந்து, குறிப்பாக, முதல் முதுகுத் துடுப்பு மற்றும் வால் வடிவிலிருந்து கணிசமாக வேறுபட்டது. பிளாச் முதல் முதுகுத் துடுப்பு இல்லாமல் இருந்த விளக்கப்படத்தைக் குறிப்பிடுகிறார். எனவே, ரஸ்ஸலின் கருத்துப்படி இந்த ஓவியம் கருவாட்டைப் பார்த்து வரையப்பட்டிருக்கலாம்.[24]

தமிழில் சுறா என்றழைக்கப்படும் மீன் (ஆங்கிலம் Shark, Ophicephalus punctatus, பிளாச் படம் 358) ஈட்டி வடிவத்தைவிட நீள் வட்டமாகவும், தோள்கள் வட்டமாகவும் வாலருகே மேலும் சுருக்கப் பட்டதாகவும் குதவாயிலிருந்து மெதுவாகக் குதத்துடுப்பின் இறுதி வரை வளைந்ததாகவும் இருந்தது. செதில்கள் பெரியதாகவும் சுற்றுப் பாதை போலும் இருந்தன. மேலும், வயிற்றைத் தவிர அனைத்தும் முன்புறப் பகுதியில் சிறிய கரும்புள்ளிகளால் குறிக்கப்பட்டிருக்கும். மீனின் உடல் வழுக்கும் தன்மையுடையதாக, அதே வடிவத்தில் ஒன்றன் மீது ஒன்று அடுக்கி வைத்திருப்பது போலுமிருந்தது. பற்களின் விளிம்பு வரிசை இன்னும் முழுமையாக இருந்தது. முகப்பலகின் விளிம்பிலுள்ள குழாய் குறைவான அளவே கவனத்தைக் கவர்வதாக இருந்தது. மீனின் செவுள் மூடியின் முதல் படலத்தாள் கூர் மழுங்கிய கோணமாகவும், இரண்டாவது கூரியதாகவுமிருந்தது. மார்புப் பகுதியும் வால் பகுதியும் கூரிய முனையுள்ளவை. அத்துடன் வட்டமானவை; வயிற்றுப் புறப்பகுதி மிகவும் கூர்மழுங்கியதாகவும், விழுக்காட்டளவில் நீளமாகவும் இருந்தது. பச்சை நிறத்துடன் தெளிவற்ற சாயலோடு சற்று கருநிறமாக இருந்தது. ஒழுங்கான கருப்பு நிறப்பட்டைகள் மங்கிய நிலையில் காணப்படுகிறது. இவற்றின் கீழே மஞ்சள் கலந்த வெண்ணிறமாக இருந்தது. முதுகு, குதம் மற்றும் வால் போன்ற துடுப்புகள் பச்சை நிற வார்ப்புடன் பின்புறத்தைவிட குறைவாக கருநிறமாக இருந்தது. மார்புப் பகுதி மற்றும் வயிற்றுப் பகுதி மஞ்சள் கலந்த வெண்ணிறத்தில் இருந்தன. மீனின் நீளம் ஓர் அடி ஆறு விரற்கிடை. இந்த மீன் நீரிலிருந்தும் பல மணி நேரம் உயிர் பிழைத்ததாக ரஸ்ஸல் குறிப்பிட்டார்.[25]

கார்ல் லின்னேயசுக்கு ஒபிசெபாலஸ் (Ophicephalus) மீன் வகைகள் தெரியாது என ரஸ்ஸல் கூறியிருந்தார். குமெலின் (Gmelin) அவர்களின் சிஸ்தெமா நத்துய்ரே (Systema Naturae) பதிப்பிலும் இது காணப்பட வில்லை. தரங்கம்பாடியிலிருந்து பெறப்பட்ட மாதிரிகளில் இருந்து பிளாச் அவர்களால் புதிய இனம் உருவாக்கப்பட்டது. எனவே,

பேட்ரிக் ரஸ்ஸல் அதன் பொதுவான குணத்தை ஏற்றுக்கொண்டு, அவர் தன் நூலிலும் ஒப்புக்கொண்டதை மேற்கோள் காட்டினார்.[26]

உள்நாடு சார்ந்த விடையும் ஐரோப்பியத் தாக்கமும்: தஞ்சாவூரில் உள்ள சரபோஜியும் அதிராம்பட்டினத்தில் இருந்த அவருடைய மீன் சேகரிப்பும் 1805-1821

தஞ்சாவூர் ஆட்சியாளரான இரண்டாம் சரபோஜி அவர்கள் தரங்கம்பாடியிலுள்ள மறைபரப்புப் பணியாளரான சி.எஸ்.ஜான் அவர்களுடன் தொடர்பு வைத்திருந்ததால் மீன் சேகரிப்பு மற்றும் அதன் ஆய்வில் ஆர்வம் காட்டினார். அதிராம்பட்டினத்தில் சரபோஜி தங்கியிருந்த காலத்தில் கண்டெடுத்த மீன்களின் வண்ண ஓவியங்கள், அந்த இடத்தைப் பற்றிய சுருக்கமான விளக்கங்களுடன் ஒரு சேர மீன்களுடைய குணநலன்களையும் ஓவியர் வரைந்த தஞ்சாவூரில் வாழும் ஆங்கிலேயரான பெஞ்சமின் டோரினுக்கு 1805இல் சரபோஜி அனுப்பினார்.[27] தஞ்சாவூரில் வசிக்கும் ஆங்கிலேயரான பிளாக்பர்ன் என்பவர் சரபோஜிக்கு ஒரு பெரிய கடலாமையை அனுப்பினார். அதுவும் அந்தக் காலத்தில் படத்துடன் விளக்கப்பட்டிருந்தது.[28]

சென்னையில் தாமஸ் கேவர்ஹில் ஜெர்டனும் மீன் குறித்த அவருடைய ஆய்வும், 1837-1849

தாமஸ் கேவர்ஹில் ஜெர்டன் அவர்கள் (1811-1872) ஆங்கிலக் கிழக்கிந்தியக் குழுமத்தில் சென்னை நிறுவனத்தின் உதவி அறுவை மருத்துவராக இருந்தவர். கடல் மீன் குறித்து அவர் கவனம் செலுத்த வில்லை. அவர் பெருமளவில் கர்நாடகப் பகுதியிலுள்ள குளங்கள், குட்டைகள், ஏரிகள் மற்றும் ஆறுகளில் காணப்படும் மீன்களைப் பற்றி மட்டுமே எல்லை வகுத்துக்கொண்டு தன் ஆய்வினைச் செய்தார். அவர் புதிதாகக் காணப்படும் பல மீனினங்களைப் பெற்றார். அவற்றை அவர் சுருக்கமாக விளக்கியதோடு மீன்களின் பட்டியலை உருவாக்குவதையும் நோக்கமாகக் கொண்டிருந்தார். ஜார்ஜ் குவியர் (1769-1832) மற்றும் அசில்லே வாலென்சியென்ஸ் (1794-1865) ஆகியோரால் முன்பே விளக்கமளிக்கப்பட்ட அனைத்து மீன்களையும் அறிமுகப்படுத்த அவர் திட்டமிட்டதோடு, கர்நாடகாவில் காணப்படும் மீன்களை ஒப்பிடுவதை அவர் நோக்கமாகக் கொண்டிருந்தார்.[29] எதிர்காலத்தில் விசாரிப்பவர்கள் தெரிந்த மீனையோ அல்லது விளக்கப்படாத மீனையோ பார்த்தால் உடனடியாக அந்த ஒரு மீனைக் கண்டறிய முடியும் என்ற நோக்கில் அவர் இதைச் செய்தார்.[30]

காவிரி மற்றும் பவானி ஆறுகளில் காணப்படும் மீன் வகைகள்

ஜெர்டன் அவர்கள் தமிழ்நாட்டில் பரவலாகப் பயணம் செய்து புதிய வகை மீனைக் கண்டறிந்து, அதை Pristolepis marginatus (ஆங்கிலத்தில் Malabar leaf-fish) என அழைத்தார். அதன் செதில்கள் பெரியதாக இருந்தது. முன் செவுள் மூடி சாறுப்பச்சை நிறம், கீழே வெளிறிய நிறம்; முதுகுத் துடுப்பு மற்றும் குதத்துடுப்புகளின் சுழல் பகுதிகளின் சவ்வு ஆரஞ்சு நிறக் கோடுகளுடனிருந்தது. வாலின் அடிப்பகுதியில் சில சிறிய செதில்களிருந்தன. மார்புத் துடுப்பு பெரியது, ஓரளவு வட்டமானது; முதுகு மற்றும் குதத்துடுப்புகளின் மென்மையான பகுதிகள் முள்ளந்தண்டுவைவிட மிக அதிகமாகவும் வட்டமாகவும் இருக்கும். மீனின் வால், வட்டமாகவும் பக்கவாட்டுக்கோடு முதுகுத் துடுப்பின் நீளத்திற்கு முதுகுடன் இணையாகவும் உடலின் உயரத்தில் கால் பகுதி தூரத்தேயும் இருக்கும். உடலில் தலைப்பகுதி 1:3 என்ற விகிதத்தில் இருந்தது; மேலும், உடலின் உயரம் முதுகுத் துடுப்பைக் கணக்கிடாமல் பாதி நீளமாக இருந்தது. ஜெர்டனின் மாதிரிகள் நான்கு விரற்கிடை நீளம் மட்டுமே இருந்தன. ஆனால், அது கணிசமாகப் பெரியதாக வளர்ந்ததாக அவரிடம் கூறப்பட்டது. இந்த மீனை முதன் முதலில் வாங்கியதில் அவர் மிகவும் குழப்பமடைந்தார். மேலும் அவர் அதை ஒரு புதிய பேரினத்தில் வைப்பது சரியானதா என்றுகூட அவரால் தீர்மானிக்க முடியவில்லை. இந்த மீன் Dules, Centrarchus, Pomotis மற்றும் Cychla ஆகியனவற்றுடன் இணைந்துள்ளது. ஆனால், இவை அனைவற்றிலிருந்தும் வேறுபட்டது. Dulesலிருந்து அது அதன் பொதுவான பழக்கம், குறுக்கீடு செய்யப்பட்ட பக்கவாட்டுக் கோடு, மீனின் வால் போன்ற துடுப்பின் வடிவம் அதன் வாள் போன்ற பல் விளிம்புடை ய முன் செவுள் மூடியிலிருந்து வேறுபட்டது. ஜெர்டன் அவர்கள் காவிரி ஆற்றின் மீன் மாதிரிகளை வாங்கினார். அவர் அந்த மீனினத்தைப் பின்னர் சைப்ரினஸ் (Cyprinus) என்ற பேரினத்தில் சேர்த்தார்.[31]

Cyprinus Kontius (ஆங்கிலத்தில் Pig mouth carp) என்ற மீன் ஒரு புதிய சிற்றினம். அதன் முகவாய் மழுங்கியது, முறிபட்ட முனைப் பகுதி; சளித்துளைகள் கொண்ட நீள்மூக்கு, சிறிய தலை. அதன் பக்கத்தோற்றம் முதுகுக்கு முன்னால் செங்குத்தாக உயர்ந்து, பின்னர் படிப்படியாகத் தொங்கியது; முதுகுத் துடுப்பு முன்னால் உயரவும், பின்னால் தாழ்வாகவும் முதுகுத் தண்டுகளுடன் மூன்றாவது வலிமையாகவும், அகலமாகவும், அழகின்றியும் இருந்தது. அதன் நிறம் மங்கலான பச்சை நிறமாகவும், கீழே ஒளி பொருந்தியுமிருந்தது.

துடுப்புகள் கலப்புச் சிவப்பு நிறத்துடனிருந்தது. இது பதின்மூன்று வரிசைகளில் பக்கவாட்டுக் கோட்டில் 38 அல்லது 39 செதில்களைக் கொண்டிருந்தது. ஜெர்டன் இந்த மீனைக் காவிரி மற்றும் அதன் கிளை ஆறுகளில் கண்டறிந்தார். அது கணிசமான அளவில் இருப்பதாகவும் அவருடைய மீன் மாதிரிகள் ஒரு பாத அளவு நீளம் மட்டுமே இருப்பதாகக் கூறப்படுகிறது.[32]

பெரிய வாய் கெண்டை மீன் ஒரு சிறிய சிற்றினமாகும். அதற்கு மிகச் சிறிய அளவிலான சுரண்ட இழைகள். உடலின் தலை 1 முதல் 44 வரை இருந்தது; உயரம் மொத்த நீளம் 1:3ஆக இருந்தது. இது பதினைந்து வரிசைகளில் பக்கவாட்டுக் கோட்டில் 40 செதில்களைக் கொண்டிருந்தது. செதிளின் நிறம் மேலே பச்சையாகவும் கீழே மங்கலான வெள்ளி நிறத்திலும் உடலின் நடுப்பகுதியிலுள்ள செதில்களில் பல செம்புள்ளிகளுடன் மீனின் துடுப்புகள் சிவப்பு நிற முனையுடன் இருந்தன. காவிரியாற்றின் மேல் பகுதியிலும் அதன் கிளையாறுகள் பலவற்றின் பகுதிகளிலும் இந்த ஆழமான மீனை ஜெர்டன் வாங்கியிருந்தார். அவருடைய மீன் மாதிரிகள் ஏறக்குறைய ஒரு பாத அளவு நீளம் கொண்டவை. எனினும் இம்மீன் பெரிய அளவில் வளரும் என்று கூறப்பட்டது.[33]

Cirrhinus fasciatus (ஆங்கிலத்தில் Melon bar) ஒரு புதிய சிற்றின மாகும். அதன் நீள் மூக்கு சளித்துளைகளால் மூடப்பட்டிருந்தது. சுருண்ட இழைகள் மிக நீண்டதும் மெல்லியதுமாகும். பெரிய தலை, 1 முதல் 44 வரை மீனின் உடலாக இருந்தது. செதில்கள் ஆறு வரிசைகளில் பக்கவாட்டில் 20ஆக இருந்தது. அதன் நிறம் சிவப்பு கலந்த மஞ்சள் நிறத்துடன் கரும் பட்டைகளுடன் இருந்தது. சில நேரங்களில் அதனுடைய பக்கப் பகுதியில் தொடர்பற்றிருந்தது. அதாவது, கண்ணுக்குப் பின் ஒன்றும் முதுகுத் துடுப்புக்குக் கீழே ஒன்றும், முதுகு மற்றும் வால் போன்ற துடுப்புகளுக்கிடையிலும் நான்காவதானது வாலுக்கு அருகிலுமிருந்தது. காவிரி ஆற்றின் உயரமான கிளை நீரோடைகளில் காணப்படும் சுறுசுறுப்பான சிறிய மீன் இது. இது முதன்மையாகக் காய்கறிப் பொருட்களில் வாழ்கிறது. ஆனால் அது புழுக்களையும் சாப்பிடுகிறது. ஜெர்டன் அந்த மீனைச் சில மாதங்கள் உயிருடன் வைத்திருந்தார். மேலும் அம்மீன் மிகவும் சுறுசுறுப்பாகவும் சண்டையிடுவதில் நாட்டமுள்ளதாகவும் இருப்பதை அவர் கவனித்தார்.[34]

Leuciscus acanthogramme என்ற மீன் உடலின் நீளத்தைவிட சிறிய தலையைக் கொண்ட மீன்; முதுகுப் பகுதி உடலின் நடுப்பகுதிக்குச்

சற்று பின்னால் இருந்தது. பக்கவாட்டு கோடு வளைந்திருந்தது; பதினோரு அல்லது பன்னிரண்டு வரிசைகளில் பக்கவாட்டில் ஏறக்குறைய 30 செதில்கள் இருந்தன. மீனுடைய வாலின் கீழ்மடல் மேல் பகுதியைவிட நீளமாக இருந்தது; கண் தலைக்கு மாறாக ஐந்து மடங்கு சிறியது. மேலும் பச்சை நிறத்திலும் கீழே வெள்ளி நிறத்திலும் இருந்தது; வயிறு முதல் வால் வரை ஒரு மஞ்சள் பட்டை இருந்தது. ஜெர்டன் அவர்கள் காவிரியாற்றின் மீனான லியூசிஸ்கஸ் படத்தை வரைந்திருந்தார். இவை எல்லாவற்றிலிருந்தும் இம்மீன் வேறுபட்டதாகத் தோன்றியதால், ஜெர்டன் அவர்கள் தன் மாதிரியை தொலைத்து விட்டதால், சரியான முடிவு எடுக்க முடியவில்லை என தெரிவித்தார். இந்த மீன் கிட்டத்தட்ட லியூசிஸ்கஸ் காவேரி மீனுடன் இணைந்த வடிவத்தில் இருந்தது. ஆனால், மிகப்பெரிய கண்ணை இம்மீன் கொண்டுள்ளது. மேலும் அதன் உயர்ந்த பகுதியின் குழிவானது மிகவும் குறிப்பிடத்தக்கது. குழிவின் முன் முகவாய் நேராகவும், பின்புறத்திற்கு இணையாகவும் தொடர்கிறது; வயிற்றின் பக்கத்தோற்றம் அதிக அளவில் வளைந்திருந்தது; பக்கவாட்டுகோடு பெரிதும் வளைவாக இருந்தது. ஜெர்டனால் துடுப்பின் ஒளிக்கதிர்கள் அல்லது செதில்களின் எண்ணிக்கையைக் கொடுக்க முடியவில்லை.[35]

Systomus tristis என்ற மீன் ஒரு புதிய சிற்றினம் மற்றும் அது இரண்டு சுருண்ட இழைகளைக் கொண்டது. சுருக்கப்பட்ட உடலுடன் ஏழு வரிசைகளில் பக்கவாட்டில் 24 செதில்களை உடையது. மேலே தெளிவான ஒலிவப்பச்சை நிறம், கீழே வெள்ளி நிறம் மற்றும் துடுப்புகள் வெளிப்படையாக அழகற்று இருந்தது. அது மூன்று விரற்கிடை நீளமாகவும் இருந்தது. காவிரியாற்றில் இந்த மீனின் ஒரு மாதிரியை ஜெர்டன் வாங்கியிருந்தார்.[36]

Gobio Gotyla என்ற மீனுக்கு நான்கு சிறிய சுருண்ட இழைகளிருந்தன. அதன் நீள மூக்கு தடினமாக, ஆழமான குறுக்குவெட்டுப் பிளவுகளால் பிரிக்கப்பட்டு, நீட்டிக்கொண்டிருக்கும் சளித்துளைகளால் மூடப் பட்டிருந்தது. முழு உடலுக்கும் தலை 1 முதல் 54 வரை இருந்தது. ஏழு வரிசைகளில் உடலோடு சேர்த்து 34 செதில்கள் இருந்தன. மேலே அடர் ஒலிவப் பச்சை நிறத்திலும், கீழே மஞ்சள் நிறத்திலும் சில செதில்கள் சிவப்பு விளிம்புகளோடும் துடுப்புகள் மஞ்சள் கலந்த பச்சை நிறத்தோடும் நுனிப்பகுதி செம்மஞ்சள் நிறத்தோடும் இருந்தது. மீனின் நீளம் எட்டு அல்லது ஒன்பது விரற்கிடை. நீலகிரி அடிவாரத்தில் உள்ள பவானி ஆற்றில் இந்த மீனை ஜெர்டன் பெற்றார். ஆற்றின் படுகை கல்லாக இருந்த இடத்தில் மட்டுமே இது காணப்பட்டதோடு

எப்போதும் அதன் அடிப்பகுதியின் அருகிலேயே இருந்தது. கற்களை ஒட்டியிருக்கும் காய்கறிப் பொருட்களில் அது காணப்படுமளவில் வாழ்ந்துவந்தது. தெலுங்கில் இந்தச்சிற்றினம் கொறவா (ஆங்கிலத்தில் Murrel) என்று அழைக்கப்பட்டது.[37]

Gonorhynchus stenorhynchus என்பது ஒரு புதிய சிற்றினம். மேலும் இதன் முகவாய் மிகவும் கூர்மையாக இருந்ததோடு அதன் இறுதிப் பகுதி ஒரு வட்ட வடிவம் கொண்ட அமைப்பாக துருத்திக்கொண்டு இருந்தது. இது நான்கு நீளமான சுருண்ட இழைகளைக் கொண்டிருந்தது. முழு உடலுக்கும் தலை 1 முதல் 44 வரை இருந்தது; உயரம் நான்கு மடங்கு நீளமாக இருந்தது. இது ஏழு வரிசைகளில் உடலில் 34 செதில் களைக் கொண்டிருந்ததோடு, ஏறக்குறைய 10 விரற்கிடை நீளமாக இருந்தது. நீலகிரி மலையின் அடிவாரத்தில் உள்ள பவானி ஆற்றில் மட்டுமே நன்கு குறிப்பிடப்பட்ட இந்தச் சிற்றின மீனை ஜெர்டன் அவர்கள் கண்டுபிடித்தார்.[38]

Systomus Carnaticus ஒரு புதிய சிற்றின மீனாகும். இது Systomus dorsalis மீனுடன் மிக நெருக்கமாக இணைந்திருந்தது. மேலும் இது நீண்ட சுருண்ட இழைகளைக் கொண்டிருப்பதில் வேறுபட்டது. மேலும், அதன் முதுகுத்துடுப்பு குறைவானதாக இருந்தது. மேலும், மூன்று முழுமையான ஒளிக்கதிர்களுக்கு மாறாக இரண்டை மட்டுமே இம்மீன் கொண்டிருந்தது. பக்கவாட்டுக் கோடு மிகவும் வளைந்தும், ஏழு வரிசைகளில் 24 செதில்களைப் பக்கப் பகுதியில் அம்மீன் கொண்டிருந்தது. மேலே நீலப் பச்சை நிறமாகவும், கன்னங்கள் மற்றும் பக்கங்களில் மஞ்சள் நிறமாகவும் கீழே சிவப்பு நிறமாகவும் இருந்தது. வாலின் இருபுறமும் ஒரு பெரிய கரும்புள்ளி காணப்பட்டதுடன் முதுகத் துடுப்பு சிவப்பாக இருந்தது. கருப்பு நிறத்தில் கறை படிந்திருந்தது; மற்ற துடுப்புகள் வெளிர் மஞ்சள் நிறத்தில் இருந்தன. ஜெர்டன் இந்த மீனின் மாதிரிகளை நீலகிரியின் அடிவாரத்திலுள்ள பவானி ஆற்றிலும், காவிரி ஆற்றிலும் பெற்றார்.[39]

Pimelodus Carnaticus ஒரு புதிய சிற்றின மீன். அதன் தலை அகன்றது. முகவாய் மழுங்கியது. கண் சிறியது. வெகுதொலைவில் அமைந்திருந்தது. முதுகுத்தண்டு வழுவழுப்பாக இருந்தது; மார்பு முதுகுத் தண்டு பலமான பல்லுள்ளதாகவும் தாடை எலும்பு சார்ந்த சுரண்ட இழை தலை வரையிலும் அரிதாக நீளமாக இருந்தது. மேலும், மற்ற அனைத்தும் குட்டையாகவும், மெல்லியதாகவும் இருந்தன. அதன் நிறம் மஞ்சள் காவி; நான்கிலிருந்து ஐந்து விரற்கிடை நீளமுள்ள பளிங்கு நிறத்துடன்கூடிய பழுப்பு நிறத் தழும்புடன் இருந்தது.

பவானி ஆற்றில் மட்டுமே இந்த விந்தையான மீனை ஜெர்டன் கண்டு பிடித்தார். ஆறு விரற்கிடை அல்லது அதற்கு மேல் அந்த மீன் நீளமாக இல்லை.[40]

Gobio hamiltonii (ஆங்கிலத்தில் violet giled shark) ஒரு புதிய சுறா வகை சிற்றின மீன். அதன் உடலில் நீளவாட்டில் செதில்களும் பத்து அல்லது பதினொன்று அதன் ஆழத்திலுமிருந்தது. அதன் நிறம் மேலே பச்சையாகவும், கீழே வெள்ளி நிறமாகவும் இருந்தது. கண்ணுக்கும் முகவாய்க்கும் இடையில் நீள்மூக்கு உட்குழிவாக இருந்தது. முதுகும் குதத்துடுப்புகளும் நிறமற்றவை. மார்பும் அதன் அடிப்பகுதிகளும் செம்மஞ்சள் நிறத்திலும் வால்பகுதி வெளிர் மஞ்சள் நிறத்திலுமிருந்தன. காவிரி ஆறு மற்றும் அதன் கிளை ஆறுகளில் ஐந்து அல்லது ஆறு விரற்கிடை நீளமுள்ள சில சிறிய மாதிரிகள் கொண்ட இந்த மீனை ஜெர்டன் வாங்கியிருந்தார். அவர் இந்த மீனில் எந்த சுருண்ட இழை களையும் கவனிக்க முடியவில்லை. ஆனால், அந்த சுருண்ட இழைகள் இருந்தாலும் இருக்கலாம். ஏனெனில் அவருடைய முதல் மாதிரி அழிக்கப்பட்டது. மேலும், அவருடைய இப்போதைய மாதிரி மீன் மிகவும் சீர்குலைந்த நிலையிலிருந்ததால் அதை அவரால் வெளியேற்ற முடியவில்லை. காவிரியின் துணை ஆறான பவானி ஆற்றில் அதனுடன் ஒத்ததாக இருக்கக்கூடிய ஒரு பெரிய கோபியோவை அண்மையில் பெற்றதன் மூலம் அவருடைய இப்போதைய மீனின் சிற்றினத்தில் சுருண்ட இழைகள் இல்லை என்ற ஐயத்திலிருந்து அவர் விடுபட்டார். ஆனால், கெட்ட வாய்ப்பாக அவர் தன்னுடைய ஒரே மாதிரியையும் இழந்துவிட்டார். அது 20 விரற்கிடை நீளத்தில் பெரிய அளவிலும் தலை சிறிய அளவிலும், உடலின் பிற்பகுதிகள் 1 முதல் 5 விரற்கிடை அளவில் இருந்தது. மேலும் பதினோரு வரிசைகளில் 39 அல்லது 40 செதில்கள் நீளவாட்டில் உடலில் இருந்தன. அதன் நிறம் மேலே பச்சையாகவும் பக்கங்களிலும், கீழேயும் வெள்ளி நிறத்திலும் இருந்தது; அனைத்துத் துடுப்புகளும் மங்கிய நிறத்திலும் சிவப்பு நிற விளிம்புகளுடனும் இருந்தது. மேலும் ஜெர்டன் அவர்கள் கோபியோ போவானியஸின் (Gobio bovanius) பெயரை முன்மொழிந்ததை ஒப்பிடுகையில் ஒரு தனித்தன்மை வாய்ந்த ஒன்றாகக் கருதலாம்.[41]

தமிழில் சூரை மீன் என்றழைக்கப்படும் Barbus Cornaticus (ஆங்கிலத்தில் Little tuna, கன்னடத்தில் gedare) மீனை ஜெர்டன் குறிப்பிட்டுள்ளார். இம்மீன் ஒரு புதிய சிற்றினமாகும். அதன் தலை சிறியதாக இருந்தது. முழு உடலிலும் ஐந்தில் ஒரு பங்கிற்கு அதிகமாக இருந்தது; கூர்மழுங்கலாக இருந்தது; மீனுடல் பெரிதும் சுருங்கியிராமலும் அதன்

கண் தலையின் நான்கில் ஒரு பங்கு நீளமாக இருந்தது. இது எட்டு வரிசைகளில் பக்கவாட்டில் ஏறக்குறைய 32 செதில்களைக் கொண்டிருந்தது, சுருண்ட இழைகள் சீரான நீளம் கொண்டது. பக்க தோற்றத்தின் பின்புறம் முதுகின் மேல் ஏறியபடி இருந்தது. மீனின் மேலே கண்ணாடி போல பளபளப்பான ஒலிவப் பச்சை நிறம் கீழே வெள்ளி நிறம்; துடுப்புகள் மங்கலான மஞ்சள் நிறம். அதன் முதுகெலும்பு தடிமனாகவும், அழகின் எளிமையாகவும் இருந்தது. இந்த மீன் காவிரி ஆறு மற்றும் அதன் அனைத்து துணை ஆறுகளிலும் காணப்பட்டது. மேலும் இம்மீன், நீரோடைகளில் அடிக்கடி உயரப் பறக்கும். நீலகிரியின் அடிவாரத்திலுள்ள பவானி ஆற்றிலும், தமிழ்நாட்டின் பிற பகுதிகளிலும் இந்த வகை மீன்கள் கிடைத்ததாக ஜெர்டன் கேள்விப்பட்டார். மூன்றடி மற்றும் அதற்கு மேற்பட்ட நீளத்திற்கு இம்மீன் வளர்ந்ததோடு அதிக எடையுள்ள மீனாகவும் இருந்தது.[42]

உள்ளூர் குளங்கள் மற்றும் குட்டைகளில் காணப்படும் நன்னீர் வகை மீன்கள்

Cirrhinus Belangeri (ஆங்கிலத்தில் orange fin labeo) மீனின் சுருண்ட இழைகள் சிறியதாக இருந்தது; உடலில் தலை 1 முதல் 43 வரையான அளவிலிருந்தது. இம்மீன் 15 அல்லது 16 வரிசைகளில் உடலோடு சேர்த்து 45 அல்லது 46 செதில்களைக் கொண்டிருந்தது. அதன் நிறம் முழுவதும் அடர்பச்சை, செதில்களில் பல செம்புள்ளிகள் மேலும் துடுப்புகள் கடுமையாக இருந்தன. ஜெர்டன் இந்த மீனைக் கர்நாடகாவிலுள்ள பெரும்பாலான பெரிய குளங்களில் கண்டார். மேலும் அவருடைய மாதிரி மீன்கள் ஏறக்குறைய 14 விரற்கிடை நீளம் கொண்டவை. ஆனால், அது மிகவும் பெரியதாக வளரும் என்று கூறப்பட்டது.[43]

Systomus sophone மீனுக்கு சுருண்ட இழைகள் இல்லை. முதுகுத்தண்டு மென்மையாக இருந்தது. அதன் தலை உடலில் நான்கு மடங்கு மற்றும் அதன் உயரம் இரண்டு மடங்கு மேலும் அதன் மொத்த நீளம் மூன்றில் இரண்டு பங்கு. அதன் நிறம் மேலே மங்கலான பச்சை நிறமாகவும் கன்னங்கள் செம்மஞ்சள் நிறமாகவும் கீழே வெள்ளி நிறமாகவும் பக்கவாட்டில் சிவப்பு நிறக் கோடுகளாகவும் முதுகுத் துடுப்பு சில நேரங்களில் கறைபடிந்த கருப்பு நிறமாகவும் இருக்கும். வழக்கமாக வாலில் ஒரு கரும்புள்ளி காணப்படும். வயிற்றுப் புறமும் குதத்துடுப்புகளும் பெரும்பாலும் சிவப்புச் சாயலைக் கொண்டிருக்கும்.

ஒன்பது வரிசைகளின் பக்கவாட்டில் 23 செதில்கள் இருந்தன. இந்த மீன் கர்நாடகா பகுதியில் உள்ள குளங்களில் பொதுவாக காணப்பட்டது.[44]

Systomus chola மீனுக்கு (கோலா மீன்) இரண்டு சுருண்ட இழைகளும் ஒன்பது வரிசைகளில் 24 செதில்கள் மற்றும் முதுகுத்தண்டு வழவழப்பாக இருந்தது. அதன் நிறம் மேலே பச்சையாகவும் கீழே வெள்ளி நிறமாகவும் முதுகுத்துடுப்பு சிவப்பு நிறமாகவும் கறை படிந்ததாகவும், கருப்பு நிறப் புள்ளிகளுடனும் மற்ற துடுப்புகள் மஞ்சள் நிறத்துடனும் கன்னங்கள் பொன்னிறமாக இருந்தபோது, வாலின் வேரில் ஒரு பெரிய கரும்புள்ளி காணப்பட்டது. உயரம் ஏறக்குறைய 24 மடங்கு நீளமாக இருந்தது. ஜெர்டன் இந்த மீனைக் கர்நாடகாவில் உள்ள குளத்தில் இருந்து வாங்கினார்.[45]

Pelecus Cultellus என்ற மீன் தன் உடலின் மொத்த நீளத்தில் 53 மடங்கு தலையைக் கொண்டிருந்தது. உடலில் உயரத்திற்குச் சமமாக இருந்தது; கண் அதன் தலையில் ஐந்தில் ஒரு பங்கு; பக்க வடிவத் தோற்றம் பின் கழுத்திலிருந்து உடலின் நடுப்பகுதி வரை சிறிது உயரும், அங்கிருந்து சிறிது உட்குழிவாக இருக்கும்; அடிவயிறு சற்று வளைந்திருக்கும், பக்கவாட்டுக் கோடு மிகவும் சிறிய அளவில் கோணலாகவும், முதுகு சிறியதாகவும், குதத்தின் முன் சிறிய அளவில் இருக்கும்; மார்பு பெரியது; வயிற்றுப்புறமும் வாலும் சிறியது. அதன் பக்கவாட்டில் 100 செதில்கள் இருந்தன. அதன் நிறம் பச்சையாகவும் மேலே இளஞ்சிவப்பு நிறத்துடன் கீழே வெள்ளி நிறமாகவும் இருந்தது; துடுப்புகள் மஞ்சள் நிறமானது; ஆறு முதல் ஏழு விரற்கிடை நீளம். கர்நாடகாவின் குளங்களில் பொதுவாக இந்த மீன் கிடைத்தது.[46]

கோயம்புத்தூர், சேலம் மற்றும் உள்நாட்டு நகரங்களில் காணப்படும் மீன் வகைகள்

Opsarius dualis ஒரு புதிய இனம் மற்றும் அதன் தலை உடலின் நீளத்தில் நான்கு மடங்கு இருந்தது. கண் சிறியது; பக்கத் தோற்றம் அரிதாகவே வளைந்த முதுகின் பின்புறம்; அங்கிருந்து குழிவாக இருக்கும்; அடிவயிறு தொடர்ந்து வளைந்திருக்கும்; முதுகுத்துடுப்பு நடுவில் பின்னால் இருந்தது. பதினோரு வரிசைகளில் பக்கவாட்டில் 42 செதில்கள் இருந்தன. மீனின் நிறம் மேலே பச்சை நிறமாகவும், பக்கங்களில் பொன்னிறமாகவும் குறுக்குப் பட்டைகளுடன் கீழே வெள்ளி நிறமாகவும் இருந்தது; உறை செம்மஞ்சள் நிறம் அனைத்துச் செதில்களும் கொண்டு நடுவில் ஒரு சிறிய கரும்புள்ளியுடன் ஏறக்குறைய நான்கு முதல் ஐந்து விரற்கிடை நீளம். ஜெர்டன் இந்த

மீனை கோயம்புத்தூரில் உள்ள குளங்களிலும், ஆறுகளிலும் கண்டு பிடித்தார். கிழக்கு மற்றும் மேற்குக் கரையோரங்களில் ஓடும் ஆறுகளில் அவர் கண்டறிந்த சில மீன்களில் இதுவும் ஒன்றாகும். மேலும் மலைகளின் குறுக்கீடு இல்லாமல் இரு மாவட்டங்களும் கிட்டத்தட்ட இணைக்கப்பட்டுள்ள நாட்டின் அந்தப் பகுதியில்தான் இது நிகழ்கிறது. அதாவது, கோயம்புத்தூரின் இடைவெளி. ஜெர்டன் சேலம் மாவட்டத்தில் உள்ள ஓர் ஆற்றில் இந்த மீனினத்தின் குட்டிகள் என்று அவர் கற்பனை செய்த சில சிறிய மாதிரிகளை வாங்கினார்.[47]

Bagrus aorides ஒரு புதிய இனம் மற்றும் அதன் தலை உடலில் மூன்று மடங்கு, தட்டையானது, ஒடுக்கப்பட்டிருந்தது, குறுகியது, அதன் அகலம் அதன் நீளத்தில் மூன்று மடங்கு, கண் தலையின் நீளத்தில் நான்கு மடங்கு. அதனால் அதன் பின்புற விளிம்பு முகவாயிலிருந்து தலையின் பாதி நீளத்திற்கு அதிகமாக இருந்தது. இரு கண்களுக்கு இடையில் ஒரு விட்டம்கூட இல்லை. தாடை எலும்பின் சுருண்ட இழைகள் நீண்டது. வால் வரை அடைந்து பின்புறம் கீழே சுருண்ட இழைகள் தலைக்குச் சமமாக இருந்தது. நீளம் ஏறக்குறைய ஓர் அடி இருந்தது. நிறம் பச்சையாகவும், மேலே வானவில் நிறமாகவும், கீழே மாறுபட்ட வெள்ளி நிறமாகவும் இருந்தது; மேல் துடுப்புகள் பச்சை நிறமாகவும், கொழுப்புத் துடுப்பின் பின்புற விளிம்பில் ஒரு கரும்புள்ளியுடனும் இருக்கும். ஜெர்டன் ஈரோட்டில் காவிரி ஆற்றில் இந்தக் குறிப்பிடத்தக்க மீனின் சில மாதிரிகளை வாங்கினார்.[48]

கடற்கரை மாநகரங்களான தரங்கம்பாடி, புதுச்சேரி மற்றும் சென்னையில் காணப்பட்ட மீன் வகைகள்

Colisa fasciata (Trichogater fasciata, ஆங்கிலத்தில், giant gouram தமிழில் பொன்னுண்ணி என்ற மீனின் உடலின் பக்கங்களில் எட்டு அல்லது பத்து செங்குத்து கருப்புப் பட்டைகள் கொண்டது. இது தரங்கம்பாடியில் கண்டுபிடிக்கப்பட்டது. ஜெர்டனுக்கு இந்த மீனினம் எதுவும் தெரியாது. ஆனால், பல மீனினங்கள் நன்னீரில் வசிப்பதாகக் கூறப்பட்டதால், அவர் அவற்றை இந்தப் பட்டியலில் சேர்த்துள்ளார்.[49]

Bagrus vittatus (பிளாச்) மீன் தமிழில் கெளுத்தி (ஆங்கிலத்தில் cat-fish, Mystus vittatus) என்று அழைக்கப்பட்டது. அதன் தலை உடலின் நீளத்தில் நான்கு மடங்கு இருந்தது. உயரம் அவ்வளவாக இல்லை. கண் தலையில் நான்கு மடங்கு இருந்தது. அவற்றுக்கிடையே இரண்டு விட்டம் அளவு இருந்தது. பின் முதுகுத் தண்டு முதுகுப் பகுதியை நெருங்கும் அளவில் இருந்தது. முதுகுப் பகுதியில் முள் இரண்டு,

மூன்று நேர்த்தியான பற்கள் முன்பாகவும், ஏழு அல்லது எட்டு மிகவும் நேர்த்தியான பற்கள் பின்பாகவும் இருந்தன; மார்பு முள் வலிமையாகவும், ஏறக்குறைய பதின்மூன்று வலுவான பற்களுடன் தட்டையாகவும் இருந்தது. தாடை எலும்பில் சுருண்ட இழைகள் வயிற்றுப் பகுதி வரை இருந்தது. நிறம் மேலே செப்புப் பழுப்பு நிறமாகவும், கீழே மஞ்சள் நிறமாகவும், உடலின் பக்கங்களில் இரண்டு நீளமான வெண்மையான கோடுகளுடனும் இருந்தது. நீளம் ஏறக்குறைய நான்கு விரற்கிடை இருந்தது. ஜெர்டன் இந்த மீனைச் சென்னையின் சுற்றுப்புறப் பகுதியில் மட்டுமே பொதுவாகக் கண்டுபிடித்தார். இது பெரும்பாலும் பிளாச் என்பவரால் பெயரிடப்பட்ட மீனினமாக இருக்கலாம். அம்மீனைத் தரங்கம்பாடியிலிருந்து பெற்றதாகக் கருத்து தெரிவித்தார்.[50]

Clarias batrachus (ஆங்கிலத்தில் பிலிப்பைன் கெளுத்தி) தமிழில் தாளி என்று அழைக்கப்பட்டு தரங்கம்பாடியில் இருந்து கொண்டு வரப் பட்டது. இம்மீனின் தாடை எலும்பில் சுருண்ட இழைகள் வயிற்றுப் புறங்களிலும் கீழ்ப்புற சுருண்ட இழைகள் மார்புப் பகுதியையும் அடைந்து, வெள்ளைப் புள்ளிகளால் மூடப்பட்டிருக்கும்.[51]

குய்வே அவர்களால் விளக்கப்பட்ட (Colisa Ponticeriana) பெரிய கௌராமி என்ற மீனின் கீழ் விளிம்பிற்கு அருகில் ஒரு கரும்புள்ளியுடன் உருண்டையாகச் செவுள் மூடி இருந்தது. சாய்வான பழுப்பு நிறக் கோடுகள் அம்மீனின் உடலில் இருந்தன. இந்த மீன் புதுச்சேரியில் கிடைத்தது.[52] Mastacemblus Ponticerianus மீனின் பின்புறத்தில் 18 புள்ளிகளும் குதத்துடுப்பின் முனையில் 12 புள்ளிகளும் வரிசையாக இருந்தன. Bengal Mastacemblus armatus போலவே தோன்றும். இந்த மீனை ஜெர்டன் அவர்கள் நேரில் பார்த்ததில்லை.[53]

Barbus subnasutus மீனின் தலை அதன் மொத்த நீளத்தில் ஐந்தில் ஒரு பங்கைக் கொண்டிருந்தது. கண்கள் சிறியவை; முகவாய் மென்மையாக இருந்தது; உயரம் மூன்று மடங்கு மொத்த நீளத்தில் மூன்றில் ஒரு பங்கும் இருந்தன. பன்னிரெண்டு வரிசைகளில் பக்க வாட்டில் 29 செதிள்கள் இருந்தன. இது புதுச்சேரியில் கண்டுபிடிக்கப் பட்டது. மேலும், இம்மீனின் அளவு கிட்டத்தட்ட 6 விரற்கிடை நீளம் கொண்டது.[54]

Barbus roseipinnis மீனின் சுருண்ட இழைகள் நீளமானது, மெல்லியது; முதுகு இழைகள் சற்று வளைந்த இயல்பான அளவில் இருந்தன. கண் பெரியதாகவும், பக்கவாட்டில் 22 செதில்களும் இருந்தன. வால், குத மற்றும் வயிற்றுப் புறத் துடுப்புகள் மென்மையான சிவப்பு

நிறத்துடன் வலுவாக இருந்தது. அம்மீன் புதுச்சேரியில் காணப் பட்டது.⁵⁵

பிளாச் விளக்கிய Cirrhinus fimbriatus (ஆங்கிலத்தில் fringed-lipped Peninsula carp) மீனின் சுருண்ட இழைகள் மிகச் சிறியதாக இருந்தது; குறுகியும், பரந்த அளவிலும், மொத்த நீளத்தில் மூன்றில் ஒரு பங்குமாகத் தலை இருந்தது; வட்டமான நீள்மூக்கின் மீது பல சளித்துளைகள் இருந்தன. உடலின் உயரம் அதன் நீளத்தின் கால் பகுதியாகவும் உடலில் 45 செதில்கள் கொண்டதாகவும் இருந்தது. மேலும், இந்த மீன் புதுச்சேரியில் கண்டுபிடிக்கப்பட்டது.⁵⁶

Cirrhinus cuvierri ஆங்கிலத்தில் mrigal carp மீனின் கீழ்தட்டு சுருண்ட இழை அழகாக இருந்தது. தசைப் பற்றுள்ள தாடை எலும்பு ஒன்று இருந்தது; இரண்டும் குறுகியது; உடல் நீளமானது; தலை குட்டையானது; அது உடலின் மொத்த நீளத்தில் ஆறில் ஒரு பங்காக இருந்தது. மீனின் கண் பெரியது. மேலும் அதன் உடலில் 40 செதில்கள் இருந்தன. மீனின் நிறம் மேலே பச்சையாகவும் கீழே வெள்ளியாகவும், துடுப்புகள் மஞ்சள் நிறமாகவும் இருந்தன. ஜெர்டன் அவர்கள் இந்த மீனை சென்னையைச் சுற்றியுள்ள பகுதியில் இருந்து வாங்கினார். இந்த மீன் புதுச்சேரியிலிருந்த Dangila Leschenaulti என அழைக்கப்படும் Valenciennes மாதிரியை ஒத்திருந்தது. இந்த மீனினமானது கூம்பு வடிவிலான காம்பு போன்ற விளிம்பினை மேல் உதட்டில் கொண்டிருப்பதாக அவர் வகைப்படுத்தினார்.⁵⁷

Nandus Marmoratus (ஆங்கிலத்தில் Asian leaf-fish) மீன் அதன் நீளத்தில் மூன்றில் ஒரு பங்கு உயரமும், தலையின் உயரத்தில் மூன்றில் ஒரு பங்கு தடிமனுடன் இருந்தது. அதன் நிறங்கள் பழுப்பு நிறத்துடன் ஒலிவப் பளிங்குப் பச்சை நீளம் 5 முதல் 6 விரற்கிடை இருந்தது. ஜெர்டன் இந்த அரிதான மீனை சென்னை மற்றும் கர்நாடகத்தின் பிற பகுதிகளில் உள்ள குளங்களில் மட்டுமே கண்டுபிடித்தார்.⁵⁸

Gobius neglectus மீன் தமிழில் குறவை, தெலுங்கில் கோரா என்று அழைக்கப்பட்டது. அதன் பக்கத் தோற்றம் கண்ணிலிருந்து முகவாய் வரை தலை சாய்வாகவும், தலை மொத்த நீளத்தில் கால் பகுதியாகவும், கண், தலையின் ஐந்தில் ஒரு பங்கு நீளமாகவும், ஒன்றுக்கொன்று உண்மையான வடிவத்துடன் ஒரு விட்டம் அளவு மட்டுமே தூரமாகவும் இருந்தது. செதில்கள் சிறியதாக இருந்தன. உடலோடு சேர்ந்து ஏறக்குறைய 50 செதில்கள். ஜெர்டன் உண்மையில் தன் மீனைக் குவியே அவர்கள் கொடுத்த விளக்கத்துடன் ஒப்பிட்டுப்

பார்க்கும் வரை அவருடைய மீன் என்பதில் அவருக்கு எந்த ஐயப்பாடும் இருந்ததில்லை. Gobius Russelii மீனின் கண்கள் சிறியதாகவும் தொலைவிலும் இருந்தன. அவற்றின் விட்டம் தலையின் நீளத்தில் எட்டில் ஒரு பங்காகவும், அவை ஒன்றுக்கொன்று இரு விட்ட அளவிலான தொலைவில் இருந்தன. அவருடைய மீனின் நிறங்கள் ஏறக்குறைய ஒரே சீராக பழுப்பு நிறத்தில் இருந்தன. எப்போதாவது அம்மீனின் பின்புறத்தில் கருப்பு அடையாளங்கள் சில இருந்தன. மேலும் இரண்டாம் முதுகுத் தண்டு மற்றும் வால்போன்ற துடுப்புகள் புள்ளிகளோடு காணப்படுகின்றன. ஜெர்டன் இந்த மீனை சென்னைக்கு அருகிலிருந்து வாங்கியிருந்தார்.[59]

Gobio limnophilus மீன் Gobio hamiltoni மீனுடன் மிகவும் நெருக்கமாக இருந்ததோடு உண்மையில் ஒரே மாதிரியாக இருக்கலாம். இம்மீனின் பக்கவாட்டில் 36 செதில்களும் குறுக்கே 12 செதில்களும் இரு சிறிய சுருண்ட இழைகளைக் கொண்டிருந்தது. அதன் நிறம் மேலே சிவப்பு மஞ்சள், கீழே வெள்ளி; துடுப்புகள் அந்திப் பச்சை மஞ்சள், தலை உடலின் மொத்த நீளத்தில் ஆறில் ஒரு பங்கிற்குச் சற்று அதிகமாக இருந்தது. இம்மீன் சென்னையருகே உள்ள குளங்கள், ஆறுகள் மற்றும் கர்நாடகத்தின் பிற பகுதிகளிலும் காணப்பட்டன.[60]

Systomus conchonius (ஆங்கிலத்தில் Rosy barb) மீனின் உடல் கீழே வளைந்திருந்தது. அதன் ஆழம் இரு மடங்கு நீளமானது. தலை மொத்த நீளத்தில் ஐந்து முறை பெரியது. இரண்டாம் முதுகுத் தண்டுவடமானது அடுத்த மென்மையான இழை வரை நீண்டதாக இல்லாமல், வலுவான வாள் போன்ற பல் விளிம்பினைக் கொண்டது. மீனின் நிறம் மேலே பச்சை, கீழே வெள்ளி, துடுப்புகள் மஞ்சள். இம்மீன் 8 அல்லது 9 வரிசைகளில் உடலில் 25 செதில்களைக் கொண்டிருந்தது. மீன் இரண்டு விரற்கிடை நீளம் இருந்தது. இந்தச் சிறுமீன் சென்னை அருகே உள்ள குளங்களில் இருந்து வந்தது.[61]

Bagrus atherinoides (பிளாச்) என்ற மீன் ஆங்கிலத்தில் இந்தியப் பொட்சாய் ஆகும். இம்மீனின் தலை மொத்த நீளத்தில் ஆறு மடங்கு இருந்தது. அதன் ஆழம் அதேபோல் 4 முறை ஆகும். தாடை எலும்பிலிருந்து சுருண்ட இழைகள் வயிற்றுப் புறத்திற்கு அப்பால் சென்றது, மற்றவை தலையைவிட நீளமாக இருந்தது. கண் சிறியதாகவும் முதுகுத்தண்டு அழகான வாள் போன்ற பல் விளிம்புடையதாகவும், மார்பு முதுகெலும்பு பத்து அல்லது பதினோரு வலுவான பற்களுடன் இருந்தது. நிறம் மேலே செம்மஞ்சள் நிறமாக இருந்தது. வெள்ளை

வயிறு, மேலும், தலை முதல் வால் வரை ஒரு பெரிய வெள்ளிக்கீற்று காணப்பட்டது. முதுகுப் புறம், மார்பு மற்றும் வயிற்றுப் புறத் துடுப்புகள் கரு நிறத்தில் இருந்தன. வால் மற்றும் குதம் வெளிறிய மஞ்சள் நிறத்தில் இருந்தன. முந்தையதான வாலின் அடிப்பகுதியில் ஒரு கரும்புள்ளியுடன் இருந்தது. நீளம் நான்கு விரற்கிடை ஆகும். ஜெர்டன் இந்த அழகான சிறிய மீனை சென்னைக்கு அருகிலுள்ள குளங்களிலிருந்து பெற்றார்.[62]

Bagrus albilabris என்ற மீன் தமிழில் கெளிறு அல்லது கெளுத்தி என்று அழைக்கப்பட்டது. உடலின் நான்கு மடங்கு நீளமும் ஐந்து மடங்கு உயரமும் கொண்டது. அம்மீனின் தலை, கண், தலையின் நீளத்தில் ஆறில் ஒரு பங்கும் இரண்டிற்கும் இடையே மூன்று விட்டம் தூரமும் இருந்தது. முதுகின் முதுகெலும்பு அளவான வலுவான குறுகிய பற்கள் கொண்டது. முதல் மற்றும் இரண்டாம் மென்மையான இழைகள் மிக நீளமாக இருந்தன. மார்பு எலும்பு வலுவான பற்களைக் கொண்டது. கொழுப்புத் துடுப்பு குதத்திற்கு எதிரே இருந்தது. தாடை எலும்பிலிருந்து சுருண்ட இழைகள் வயிற்றுப் புறத்திற்கு அப்பால் ஓரளவு சென்றது. மேலே, ஒலிவப் பழுப்பு நிறமாக இருந்தது. கீழே மஞ்சள் நிறமாகவும், கீழ்த்துடுப்புகள் செந்நிறமாகவும் இருக்கும். நீளம் ஐந்து விரற்கிடை அளவு இருந்தது. நன்னீர் மற்றும் உவர்நீர் என இரண்டிலும் வாழ்ந்த இந்த மீனை சென்னையின் ஆறுகள் மற்றும் உப்பங்கழிகளிலிருந்து ஜெர்டன் அவர்கள் வாங்கினார்.[63]

மீன்களின் தமிழ்ப் பெயர்களை அறிக்கையிடல்

ஜெர்டனின் கூற்றுப்படி Etroplus maculatus என்ற மீன் செங்குத்தான கருப்புப் பட்டையுடன் வயிறு மற்றும் குதத்துடுப்புகள் மைக் கருப்பு நிறத்துடன் ஒரு மங்கலான பசுமை நிறத்தில் இருந்தது; வாலின் அடிப் பகுதியில் ஒரு கரும்பட்டை நிறமாக இருந்தது. இம்மீன் கர்நாடகத்தில் உள்ள குளங்களில் மிகவும் பொதுவாக இருப்பது. இம்மீன் நல்ல தண்ணீர் சிபெலி என்று அழைக்கப்பட்டது. அதாவது நன்னீர் என எழுத்துக் கூட்டிச் சொன்னால், இது Scatopagus argus. இது நல்ல உணவு என உள்ளூர் மக்களால் கூறப்பட்டது. ஆனால், அதன் சிறிய அளவு, மூன்று விரற்கிடைக்கு மிகாமல் இல்லை. அந்த மீனின் பழக்க வழக்கங்கள் எதுவும் ஜெர்டனுக்குத் தெரியாது. எனினும், அந்த மீன் ஜெர்மனியில் உள்ள மார்கஸ் எரிசல் பிளாச்சிற்கு அனுப்பப்பட்டது. தரங்கம்பாடியில் இருந்து ஷினைடர் அம்மீனைப் பற்றித் துல்லியமாக விளக்கினார்.[64]

Anabas scandens மீனைத் தமிழர்கள் குருக்கருப்பன் என்று அழைத்தனர். இதே மீனைத் தமிழர்கள் பனையேறி என்றும் அழைத்தனர். இம்மீன் நிறத்தில் மிகவும் மாறுபடும். பொதுவாக பச்சை, பளிங்கு அல்லது சிறு புள்ளிகளுடன்கூடிய கருமை, எப்போதாவது மிகவும் கருப்பாக இம்மீன் இருக்கும். துடுப்புகள் பொதுவாக சிவப்பாகவும் குரும்புள்ளியும் கொண்டது. பனையேறி என்ற தமிழ்ப் பெயர் பனை மரம் ஏறுபவர் என்று பொருள்படும். ஓர் ஆய்வை நடத்துவதற்காக ஜெர்டன் சிறிய மீன்களை நீர்க்குடுவையில் வைத்திருந்தார். பொதுவாக, அந்த மீன்கள் மிகவும் மந்தமானவை. ஆனால், அவ்வப்போது நீரின் மேற்பரப்புக்கு அருகில் மெதுவாக உயர்ந்து, மேல் நோக்கி ஒரு கோடு போட்டன. மேலும் மிக வேகமாக மீண்டும் கீழே இறங்கின. சில மீன்களுக்கு வால் மற்றும் முதுகுத் துடுப்பின் மென்மையான பகுதி மிகவும் நீளமாக இருந்தது. இதனால் மாக்ரோபோடஸின் சில இனங்களைத் தோராயமாக மதிப்பிடுகிறது. இம்மீன் தமிழ்நாடு முழுவதும் உள்ள அனைத்து வாய்க்கால்களிலும், சிறு குளங்களிலும் அதிகமாக இருந்தன. ஆனால், ஆறுகளில் பொதுவாகச் காணப்பட வில்லை. ஜெர்டன் இந்த மீனைப் பொதுவாக குறைவாக ஆறு விரற்கிடைக்கு மேல் பார்த்ததில்லை.[65]

கொடுவாய் எனத் தமிழில் அழைக்கப்படும் மீன், (தெலுங்கில் முட்டா என ஜெர்டன் சொன்னார்) தமிழில் கோழி மீன் என்றும், வாளை மீன் என்றும் அழைக்கப்பட்டது. அதன் உடல் மார்புத் தசைகளுக்குப் பின்னால் சுருக்கப்பட்டது. முகவாய் அரை வட்ட வடிவமானது. மேலும், முகவாய் முனையின் அருகில் கண்கள் உள்ளன. அதன் நிறம் மேலே மங்கலான பசுமை நிறமாகவும், கீழே வெண்மை நிறமாகவும், பின்புறம் முதுகு, குத மற்றும் வால் போன்ற துடுப்புகளில் வெளிவந்த அடையாளங்களுடன் இருந்தது. முந்தைய எழுத்தாளர்கள் விளக்கியபடி, ஜெர்டன் குறிப்பிட்ட முறையில் எந்தப் புள்ளிகளையும் காணவில்லை. முதுகுத் துடுப்பு இழைகள் சில நேரங்களில் 30 ஆகவும், குதத் துடுப்புகள் 21, 22 மற்றும் 23 ஆகவும் இருக்கும். இந்த மீன் தமிழர்களால் குறவை என்று அழைக்கப்பட்டது. மெதுவாகச் சென்ற அனைத்து ஆறுகளிலும், கிட்டத்தட்ட ஒவ்வொரு குளம், வாய்க்கால் மற்றும் கிணறுகளிலும் இம்மீன் மிகவும் பொதுவாக இருந்தது. இம் மீன் வழக்கமாக 6 அல்லது 8 விரற்கிடைகளைவிட நீளமாகப் பார்க்கப்படவில்லை. ஆனால், ஓர் அடி மற்றும் அதற்கு மேல் இருக்கும் என்று கூறப்படுகிறது. தூண்டில் மூலம் மிக எளிதாக இது பிடிக்கப்பட்டது. இந்த மீன் சாப்பிடுவது நல்லது என்று கூறப்பட்டது.[66]

குறவை எனத் தமிழில் அழைக்கப்படும் மீனின் தலை இறுதியான பகுதியைவிட குட்டையாகவும், அகலமாகவும் மற்றும் வட்டமாகவும் இருந்தது; வயிற்றுப் பகுதிகள் மிகச் சிறியது. ஒரே வகையான மங்கலான பசுமை நிறம், கீழ்ப்பகுதி எடையற்றது. முதுகு மற்றும் வால் துடுப்புகளின் ஓரங்கள் செம்மஞ்சள் நிறத்தில் உள்ளன. முந்தையதும் மற்றும் மார்புப் பகுதி முழுவதும் ஒரே நிறத்தின் சாயலுடன் உள்ளன. கர்நாடகத்தில் காணப்படும் ஆறுகள் மற்றும் குளங்களில் இந்த மீனினம் அதிகமாக இருப்பதாக ஜெர்டன் குறிப்பிட்டார். அம்மீனை 6 விரற்கிடைக்கு மேல் அவர் பார்த்ததில்லை. உள்ளூர் மக்கள் அதைக் கொறவே என்ற பெயரைப் பயன்படுத்தினர். மேலும், முந்தைய மாதிரியைப் போலவே, இது உச்சரிப்பில் மிகவும் நெருக்கமாக ஒத்திருந்தது.[67]

தமிழர்களால் விரால் என்று அழைக்கப்படும் மீனின் தலை தாழ்வாகவும் முன்புறம் வட்டமாகவும் இருந்தது. மேலே மங்கலான பச்சை நிறம், கீழே வெள்ளை நிறம், முந்தைய நிறத்தின் பட்டைகள் கீழ்ப் பகுதிகளின் வெள்ளை நிறம் வரை நீட்டிக்கப்பட்டன. வயிற்றில் அடுத்தடுத்து புள்ளிகளுள்ளன. துடுப்புகள் சில நேரங்களில் ஒரே மாதிரியான நிறச் சாயலில் இருக்கும். மற்ற நேரங்களில் தடை செய்யப்பட்டும் புள்ளிகளோடும் இருக்கும். இந்த மீன் அனைத்து பெரிய ஆறுகளிலும், குளங்களிலும் நிறைந்திருந்தது. மேலும், உள்ளூர் மக்கள் மற்றும் ஐரோப்பியர்கள் என இருவராலும் மிகவும் மதிக்கப்பட்டது. மேலும், பல உள்நாட்டு விற்பனையகங்களில் வாங்கப்படும் ஒரே நல்ல மீன் என்பதால் இது மிகவும் தேடிப் பெற முயற்சி செய்யப்பட்டது. இம்மீன் ஒரு பெரிய அளவை அடைந்தது. ஏறக்குறைய மூன்று அடி நீள மீனைப் பார்த்தார். இம்மீன் மிகவும் பெருந்தீனி வேட்கையுடையதாக இருந்தது. ஒரு தூண்டில் இரையாக ஒரு தவளையோ அல்லது சிறிய மீனோ வைத்து இம்மீன் எளிதாகப் பிடிக்கப்பட்டது.[68]

தமிழர்களால் இறால் (Prawn/shrimp) என்றழைக்கப்படும் மீன், மேலேயும், பக்கங்களிலும் பழுப்பு நிறமாகவும், கீழே மஞ்சள் நிறமாகவும், காவிக் களிமண் சாயத்துடன் துடுப்புகள் மற்றும் மூன்று கரும்புள்ளிகள் அல்லது கண்கள் கொண்ட முதுகு, தடை செய்யப்பட்ட வாலும் அதன் நீளம் தோராயமாக 9 அல்லது 10 விரற்கிடை. இந்தச் சிறப்பினம் அதன் பேரினத்தில் ஒன்றாகும். பொதுவாக இம்மீன் கர்நாடகாவின் ஆறுகள் மற்றும் குளங்களில் போதுமான அளவில் இருந்தது. ஆனால், ஜெர்டன் வேறு எங்கும் இதைப் பார்த்ததில்லை.

முதுகுத் துடுப்பில் உள்ள புள்ளிகளின் எண்ணிக்கை வேறுபடுபவை. இது சாப்பிட நல்லது என்று சொன்னார்கள்.[69] இவ்வாறு மொத்தம் ஆறு இறால் மீன்களை ஜெர்டன் நன்கு ஆய்வுசெய்து விளக்கினார். மேலும், அவர் உள்ளூர் மக்களிடமிருந்து சேகரித்த தமிழ்ப் பெயர்களையும் வழங்கியுள்ளார்.

தமிழர்களால் தீரா என்று தமிழில் அழைக்கப்படும் மீனின் மொத்த நீளம் தோராயமாக ஐந்து மடங்கு அதிகமாக இருந்தது. கண்ணானது தலையின் நீளத்தில் ஏழில் ஒரு பங்கு மற்றும் அவற்றுக்கிடையே ஐந்து விட்டம் அளவு கொண்டது. முகவாய் அமுங்கிய நிலையில், வளையமாக இருந்தது. மேலும், தாடைகள் எலும்பின் சுருண்ட இழைகள் கிட்டத்தட்ட குதத்துடுப்பை அடைந்தது; கீழுள்ள சுருண்ட இழைகள் சிறியதாக இருந்தது. வால் ஆழமாகவும், மேல் பகுதி தாழ்வாகவும் இருந்தது. அது முழுவதும் ஈயநிறத்தில் இருந்தது. மேலே கருப்பாகவும் முதுகு மற்றும் வால்துடுப்புகள் மங்கிய பசுமை நிறமாகவும் இருந்தது. மார்பு, வயிறு மற்றும் குதம் ஆகியன செம்மஞ்சள் நிறமாகவும், பிந்தைய விளிம்புகள் மங்கலானதாக இருந்தது. மூன்று அடி மற்றும் அதற்கு மேலிருந்தது. தீரா மீன் தென்னிந்தியா முழுவதும் உள்ள ஆறுகள் மற்றும் குளங்களில் காணப்பட்டது. இது உள்ளூர் மக்களால் மிகவும் மதிக்கப்பட்டதுடன் அது எந்த வகையிலும் மோசமான மீன் அல்ல. இது மிகவும் பெரும்பசியுடன் இருந்தது. மேலும் அடிக்கடி தூண்டில் இரையாக ஒரு மீனோ அல்லது ஒரு தவளையோ எடுக்கப்பட்டது. இது அதன் பழக்கவழக்கங்களில் ஒரு மந்தமான மீனாக இருந்தது. மேலும் பிடிக்கப்பட்டபோது தூண்டிலால் மீன் பிடிப்பவருக்கு அதிக விளையாட்டு ஏதும் இந்த மீன் கொடுக்கவில்லை. இதை இந்திய மீன் பிடிப்பின் குன்றின் கொடுமுடி என்று கருதலாம்.[70]

தமிழில் வாளை என்று அழைக்கப்படும் மீன், ஏரி-வாளை என்றும் அழைக்கப்படுகிறது. இந்த மீன் அதன் தலையின் மொத்த நீளத்தில் ஆறில் ஒரு பங்கும், தலையின் பக்கங்களிலுமிருந்தது. ஆனால், சற்று வளைந்திருந்தது. மேலும், மீனின் தலைக்கவசம் மிகவும் கடினமானதாக இருந்தது. தாடை எலும்பில் சுருண்ட இழைகள் மார்புப் பகுதிகளின் முடிவை அடைந்தது. அது ஓர் அடி வரை நீளமாக இருந்தது. ஊதா நிறமானது கருப்பு அல்லது பழுப்பு நிறமாகவும் கீழே வெளிறியதாகவும் இருந்தது. இம்மீன் தமிழ்நாடு முழுவதும் உள்ள ஆறுகளிலும், குளங்களிலும் காணப்பட்டதோடு இதைச் சாப்பிடுவது நல்லது என்றும் கூறப்பட்டது.[71]

மொரம் கெண்டே/முறம் கெண்டை என்றழைக்கப்படும் (Butirinus Maderaspatensis) மீன் ஒரு புதிய சிறப்பினமாகும். தலை முழு உடலின் நான்கில் ஒரு பங்கு மற்றும் முதுகு, குத அல்லது வால் துடுப்புகளின் அடிப்பகுதியில் நீண்ட செதில்கள் இல்லை. இம்மீன் 21 வரிசைகளில் பக்கவாட்டில் 75 செதில்களைக் கொண்டிருந்தது. மற்ற மீன்களைவிட உடல் ஆழமாகவும், மேலே பச்சையாகவும், கீழே வெண்மையாகவும், முழுவதும் வெள்ளி நிறமாகவும், துடுப்புகள் மஞ்சள் நிறமாகவும் இருந்தன. இந்தியாவின் மேற்கு கடற்கரையிலிருந்து வேறுபட்டதாகத் தோன்றிய இந்த மீனின் சில சிறிய வகைகள் ஜெர்டனிடம் இருந்தன. அது சென்னையில் உள்ள குளங்களில் கண்டுபிடிக்கப்பட்டது. சென்னையில் இது முதன்மையாக ஒரு கழிமுகப்பகுதி மீன் என்று அவருக்குத் தெரிவிக்கப்பட்டது.[72]

தமிழில் ஊழா அல்லது கோலா (sea pike) என்றழைக்கப்படும் மீன் ஒன்று சென்னையில் கிடைத்தது. திருச்சிராப்பள்ளியில் இந்த மீனையும் ஜெர்டன் கண்டுபிடித்தார். இந்த மீன் முட்டையிடும் நோக்கத்திற்காக காவிரி ஆற்றில் ஏறியது. மேலும் இந்த மீன் மிகவும் மதிக்கப்பட்ட அதன் மீன் முட்டைக்காகப் பிடிக்கப்பட்டது.[73]

Etroplus maculatus மீன் தெலுங்கில் காசிமர்ரா என அழைக்கப் பட்டது என ஜெர்டன் குறிப்பிட்டுள்ளார். இந்த மீன் (ஆங்கிலத்தில் pearl spot) தமிழில் பட்டை, பளிஞ்சா மற்றும் சேத்துக்கெண்டை என்றும் பல வகையாக அழைக்கப்பட்டது.

ஜெர்டனால் கவனிக்கப்பட்ட அரிய மற்றும் புதிய மீன் வகைகள்

Ambassis baculis என்ற மீனின் நீளம் ஏறக்குறைய இருமடங்கு மற்றும் கால்வாசி உயரம் கொண்டது. அது வெள்ளி நிறமாகவும், ஒளி ஊடுருவக்கூடியதாகவும் இருந்தது. இந்த மீன் புக்கானனின் மீன் அல்லது குவியரின் அம்பாசிஸ் ஆல்டா என்று, தனக்கு எந்த வகையிலும் உறுதியாகத் தெரியவில்லை என்று ஜெர்டன் கூறினார். இரண்டுக்கும் ஏதோ ஒரு ஒற்றுமை இருந்தது. ஜெர்டனின் கூற்றுப்படி ஒப்பிடுகையில் அவருடைய மீனினம் வேறுபட்டது. இதில் அவர் அம்பாசிஸ் கர்நாடிகுஸ் என்ற பெயரைப் பரிந்துரைத்தார். இம்மீன் கர்நாடகம் முழுவதும் உள்ள பெரும்பாலான நிலையான குளங்களில் காணப்பட்டது. மேலும், பொதுவாக இந்த மீன் ஒன்றரை விரற்கிடை நீளத்திற்கு மேல் இல்லை.[74]

ஜெர்டன் 1849இல் தென்னிந்தியாவில் இருந்து நன்னீர் மீன்களின் தொகுப்பை அறிக்கையாக வெளியிட்டார். மற்றும் 16 வகையான பாகுரஸ் வகைகளை விளக்கினார். அவற்றில் 8 தேளி மீன்களைக் குறிக்கும்.

ஜெர்டனின் விளக்கங்கள் மிகவும் சுருக்கமாக இருந்தன. அவை எந்த விளக்கமும் இல்லாமல் இருந்தன. Puntius dorsalis மீன் பற்றி ஜெர்டன் குறிப்பிடுவதைக் காண்கிறோம். அவை சென்னையின் சுற்றுப்புறங்களில் உள்ள குளங்கள் மற்றும் ஆறுகளில் காணப்படுகின்றன என்று அவர் கூறினார். இந்த மீன் ஆங்கிலத்தில் நீண்ட மூஞ்சியுள்ள பார்ப் என்று அழைக்கப்பட்டது.[75]

Systomus dorsalis ஒரு புதிய இன மீன். மேலும், இதன் தலையின் மொத்த நீளம் மூன்று மடங்கு மற்றும் உயரம் கூட மூன்று மடங்கு இருந்தது. மூக்கு ஒழுங்கற்றும் 26 செதில்கள் எட்டு வரிசைகளில் பக்கங்களிலும் இருந்தது. இரு உதடுகளில் சுருண்ட இழைகள் இருந்தன. பக்கத்தோற்றம் முதுகுக்கு உயர்ந்து, அந்தத் துடுப்பின் இறுதிவரை வேகமாக அங்கிருந்து கிட்டத்தட்ட நேராக இறங்குகிறது. அதன் நிறம் மேலே நீலமாகவும், பக்கங்களில் மஞ்சளாகவும் கீழே வெள்ளியாகவும் வாலின் ஒவ்வொரு பக்கத்திலும் எப்போதாவது ஒரு கரும்புள்ளியுடன் இருக்கும். மேலும் துடுப்புகள் மஞ்சள் நிறச் சாயலுடன் இருந்தன. முதுகுத்துடுப்பு அதன் அடிப்பகுதியில் கரும்புள்ளியுடன் இருந்தது. நான்கு முதல் ஐந்து விரற்கிடைகள் நீளமுள்ள இந்த மீன், சென்னையின் சுற்றுப் பகுதிகளில் உள்ள அனைத்துக் குளங்களிலும், ஆறுகளிலும் பொதுவாகக் காணப்பட்டது. ஜெர்டன் அம்மீனை வேறு எங்கும் பார்த்ததில்லை.[76]

Leuciscus flavus மீன் ஒரு புதிய இனம். மற்றும் மீனின் தலை உடலின் உயரத்திற்குச் சமமாக இருந்தது. மொத்த நீளத்தில் நான்கில் ஒரு பங்காக அது இருந்தது. மாறாக, கண் பெரியது, முதுகுத்தண்டு இடைநிலையாக இருந்தது. செதில்கள் ஏறக்குறைய 30, மிகவும் உதிரக்கூடியவை. நிறம் மேலே பசும்மஞ்சள், கீழே வெள்ளி நிறம், பக்கவாட்டில் மஞ்சள் நிறக்கோடு, துடுப்புகள் மற்றும் மஞ்சள் நிறமானவை. கருப்பு முனையுடைய வால், பக்கவாட்டு உணர்கோடு நேராக இருந்தது. இந்த மீன் மூன்று விரற்கிடை நீளம். மேலும் இது கர்நாடகத்தில் உள்ள குளங்களில் காணப்பட்டது.[77]

Leuciscus microcephalus மீன் ஒரு புதிய இனம். மேலும் அதன் தலை சிறியது. உடலின் நீளத்தில் ஐந்தில் ஒரு பங்கு. முகவாய்க்கு நெருக்கமான கண். செவுள் மூடி பெரியது, கூர்மையானது. முகட்டிலிருந்து எழும் முதுகின் பக்கத்தோற்றம் மெதுவாக முதுகுக்கு வளைந்து, பின்னர் வால் வரை குழிவானது. அடி வயிறு குதம் வரை கிட்டத்தட்ட நேராக வளைந்திருக்கும். வயிற்றுப்புற மற்றும் குத இடைவெளிக்கு மேல், முதுகுத் துடுப்பு நடுப்பகுதிக்குப் பின்னால்

இருந்தது. இது ஏழு வரிசைகளில் உடலில் 30 செதில்கள் மற்றும் பக்கவாட்டு உணர்கோடு வளைந்திருந்தது. நிறமானது மேலே மஞ்சள் பசுமையாகவும், கீழே வெள்ளி நிறமாகவும் பக்கவாட்டில் பளபளப்போடு வெள்ளிக்கோடுகளுடன் துடுப்புகள் வெளிர் மஞ்சள் நிறமாகவும் இருந்தது. இந்த மீன் சென்னைக்கு அருகில் உள்ள குளங்கள் மற்றும் ஆறுகளில் காணப்பட்டது.[78]

Bagrus affinis ஒரு புதிய இன மீனாகும். இது Bagrus vittatus உடன் கிட்டத்தட்ட இணைந்தது. மேலும் அதன் மிகவும் அழுத்தப்பட்ட தலையினால் வேறுபட்டதாகும். கண் சிறியதாக இருந்தது; தலையின் பின்புறம் மற்றும் முதுகெலும்பு மேலும் முக்கோணமாக இருந்தது. முதுகுத்தண்டு உண்மையாகப் பல் வடிவத்தில் இருந்தது; தோள் சார்ந்த முதுகுத்தண்டு குறைந்த பலத்துடன்கூடிய பற்களைக் கொண்டிருந்தது. மேலும், பன்னிரண்டு பற்கள் மட்டுமே இருந்தது. மீனானது பரந்த மற்றும் தலையானது உடலில் மூன்று மடங்கு இருந்தது; தாடை எலும்பில் சுருண்ட இழைகள் அப்பகுதி வரை அடைந்தது. நிறமானது மேலே வெளிர் நீல நிறத்திலும் பக்கங்களில் மஞ்சள் நிறமாகவும், கீழே வெள்ளையாகவும் துடுப்புகள் மஞ்சள் நிறமாகவும் இருந்தன. மீனின் நீளம் நான்கு விரற்கிடையாக இருந்தது. ஜெர்டன் இந்த மீனை சென்னைப் பகுதியின் அருகில் வாங்கினார். ஒருவேளை அந்த மீன் பிளாச்சின் vittatus ஆக இருக்கலாம் என்று அவர் கருத்து தெரிவித்தார்.[79]

Systomus Maderaspatensis மீன் ஒரு புதிய இனமாகவும், மிகவும் நெருக்கமான ஒன்றாகவும் இணைந்தது. முதன்மையாக இம்மீன் அதன் நிறங்களில் வேறுபட்டது. மேலும் முதுகு இழைகளின் நீட்சி குறைவானதாக இருக்கிறது. முதுகுத்துடுப்பு சிவந்த நிறமாக இருந்தது. கருநிறத்தில் கறை படிந்திருந்தது. வால் நல்ல சிவப்பு மற்றும் ஒவ்வொரு வால் மடலுக்கும் ஒரு கருப்பு முனை கொண்ட பரந்த விளிம்புகள்; குதம் சிவப்பு; பிற துடுப்புகள் சிவப்பு. ஜெர்டன் இந்த மீனைச் சென்னைக்கு அருகிலுள்ள குளங்களில் இருந்து வாங்கியிருந்தார். அதன் வழக்கமான நீளம் ஏறக்குறைய நான்கு விரற்கிடை. ஜெர்டன் பிறகு சென்னையிலிருந்து வெகு தொலைவில் இருந்த ஸ்ரீபெரும்புதூரில் உள்ள குளத்தில் ஒரு மாதிரியை வாங்கினார். அந்த மீனின் முதுகு இழைகள் நீண்டிருந்தன, ஆனால் இந்த இனத்தைச் சேர்ந்தவையாகத் தோன்றின.[80]

தமிழகக் கடற்கரையில் முத்துக்குளித்தல் மற்றும் கடல்சார் விலங்கினங்கள் பற்றிய ஐரோப்பியர்களின் ஆய்வு

தொடக்க காலத்திலிருந்தே மன்னார் வளைகுடாவில் முத்துக் குளித்தல் நடைபெற்றதோடு, புது யுகத்தின் தொடக்கத்தில் போர்த்துக் கீசியர்கள், டச்சுக்காரர்கள் மற்றும் ஆங்கிலேயர்கள் இந்த முத்துக் குளித்தல் நடவடிக்கைகளைக் கவனித்தனர். இந்த முத்துக்குளித்தல் கடற்கரையில் சிப்பிகளில் இருந்து முத்துக்களைச் சேகரிக்க முத்துக் குளித்தல் நடத்தப்பட்டது. வருவாயைப் பெருக்கவும், சிப்பி மற்றும் முத்து கையிருப்பைக் குறைக்கும் அதிகப்படியான முத்துக்குரியவர்களைத் தடுக்கவும், வட்டாரப் போர்த்துக்கீசிய தலைவரின் உரிமத்தின் கீழ், ஆண்டின் குறிப்பிட்ட நேரங்களில் கடற்கரையில் தற்காலிக முகாம்கள் அமைக்கப்பட்டன. 1570களில் இத்தாலிய வழிச்செலவர் சீசர் பிரடாசி ஒவ்வோராண்டும் மார்ச் அல்லது ஏப்ரல் மாதங்களில் முத்துக்குளிக்கும் நேரம் தொடங்கி ஐம்பது நாள்களுக்குப் பிறகு முத்துக்குளிக்கும் காலம் முடிந்துவிட்டது என்று குறிப்பிட்டார். முத்து எடுக்குந் தொழில் ஓராண்டும், அதே கடலின் மற்றொரு இடத்தில் ஓராண்டும் நடைபெற்றது.[81]

1797 மார்ச் மற்றும் ஏப்ரலில் நடைபெற்ற முத்து எடுக்குந் தொழில் பற்றிய ஒரு கணக்கு பதிவாகியுள்ளது. மேலும் சில கடல் விலங்குகள் குருதிபோல் சிவந்திருந்ததைப் பார்ப்பது குறிப்பிடத்தக்கது எனக் கூறப்படுகிறது. மேலும் கிளிஞ்சற் சிப்பியின் உட்புறம் வழக்கமான முத்து போன்ற பளபளப்புடன் அதே நிறத்தைக் கொண்டிருந்தது. டச்சு ஆளுநரான ஹென்றி லெ பெக் அவர்களின் வேலைக்காரர் இந்த முத்துச் சிப்பியில் ஒரு சிவப்பு முத்துவைக் கண்டுபிடித்திருந்தாலும், அத்தகைய நிகழ்வு மிகவும் அரிதானது. முத்துக்குளிப்போர் இதன் சிவப்பு நிறம் வியாதி கொண்ட முத்து எனக் குறிப்பிட்டார்கள். பெரும் பாலும் இந்தக் கருத்து சரியானது. இது முத்துவின் ஆரம்பகாலத்தைக் குறித்தது. நீரிலிருந்து எடுத்த பிறகு 24 மணி நேரம் மட்டுமே உயிருடன் வாழும் தன்மையது. கீழ்சாதித் தமிழர் இதை உணவாக உட்கொண்டனர்.[82]

ஒரு தாய் முத்துச்சிப்பிக்குள் பதின்மூன்று Murices undati கண்டு பிடிக்கப்பட்டது. அதில் பெரியது முக்கால் விரற்கிடை நீளம் கொண்டது. ஆனால், அவற்றில் பல அழுகிப்போனதால் முத்துப் பூச்சி தானே இறந்து விட்டன. எனவே, ஹென்றி லெ பெக் அவர்களால் அவை தானாகவே இறந்துபோனதா அல்லது விலங்கு எதிரிகளால் அழிக்கப்பட்டனவா என உறுதியாகச் சொல்ல முடியவில்லை. எப்படியிருந்தாலும் கடலாமைகள் மற்றும் நண்டுகள் விலங்குகளுக்குத் தீமை விளைவிக்கும். மேலும் அவற்றில் ஒன்றில் ஒரு சிறிய உயிருள்ள நண்டு காணப்பட்டது.[83]

முத்துக்கள் முத்துச்சிப்பியின் மென்மையான பகுதியில் மட்டுமே இருப்பதாகவும், மேலே குறிப்பிட்டுள்ள அந்த உறுதியான, தசை நெடு வரிசையில் இல்லை என்றும் கூறப்பட்டது. இதயத்தின் அருகிலும் வாயின் இருபுறங்களிலும் பொதுவாக அவை காணப்பட்டன. பழங்காலத்தவர்கள் செய்த அதே முட்டாள்தனமான முத்து உருவாக்கம் குறித்த கருத்தையே உள்ளூர் மக்களும் கருதினர். கதிரவனின் ஒளிக்கற்றைகளுடன் தொடர்பு உடைய பனித்துளிகளிலிருந்து முத்து உருவாகின்றன என அவர்கள் நினைத்தார்கள்.[84]

முத்துச்சிப்பியின் தோற்றத்தின் மூலம், அவை முத்து உள்ளதா இல்லையா என்பதை வைத்து, அதிக அல்லது குறைவான வாய்ப்புடன் தீர்மானிக்கப்படலாம். உறுதியான தடித்த மேல் ஓடு இருந்தால், வேகமாக முத்து முழுமையாக வளரும். இது சிறந்த வகை முத்துக்கள் உற்பத்திற்கு வழிவகை செய்யும். இவ்வாறு இல்லாவிடில் சிறிய முத்துக்களை உற்பத்தி செய்யும். ஆனால் சில நேரங்களில் முத்து உற்பத்தி இல்லாமலும் போகலாம். டச்சு ஆளுநர் லே பெக் அவர்கள் கீழ்த்திசை நாடுகளில் மன்னார் வளைகுடாவைத் தவிர வேறு எந்தப் பகுதியிலும் அரிய வகை முத்துச்சிப்பிகள் காணப்படவில்லை என அறிவித்தார். இதன் பல வகைப் பெயர்களையும் அவர் குறிப்பிட்டார். இவைகள் பார்ப்பதற்கு ஆச்சரியமாகவும் மிகவும் மதிப்பு உள்ளவை களாகவும் இருந்ததாகத் தெரிவித்தார்.[85]

சிப்பிகள், முத்துமீன், இழுது மீன் (ஜெல்லி) மற்றும் பவளப் பாறைகள் குறித்த விளக்கம்

மில்லியன் கணக்கான முத்துக்களை உருவாக்கம் செய்யும் இரு-தடுக்கிதழ் மெல்லுடலிகள் (கடற்கிளிஞ்சல்கள்) இந்தியாவின் தென்கிழக்கு கடற்கரையில் தாழ்வான ஆழமற்ற பகுதிகள் மேலும் பாறை மற்றும் பவள அமைப்புகளை உருவாக்கியுள்ளன என்பது அறியப்படுகிறது. 1850இல் யூடெலின் டி ஜோன்வில் அவர்கள் மன்னார் வளைகுடாவின் விலங்கினங்களைப் பற்றிய ஒரு கணக்கை வழங்கினார். இதில் முத்துச்சிப்பிகளின் விளக்கங்கள் மற்றும் படங்கள் ஆகியன அடங்கும். அவை உயிரினங்களின் வாழ்விடம் மற்றும் வாழ்க்கைச் சுழற்சி பற்றிய குறிப்பிட்ட அறிவை மக்களின் கவனத்திற்குக் கொண்டுவந்தன.[86]

சிப்பிகள், முத்து மீன், இழுது மீன் மற்றும் பவளப் பாறைகள் போன்ற பல்வேறு கடல்வாழ் உயிரினங்களின் விளக்கங்களைக்

காண்கிறோம். 1805இல் ஆங்கிலக் கிழக்கிந்தியக் குழுமத்திற்கும் தூத்துக்குடியில் உள்ள முத்துக் குளித்தல் தொழிலின் குத்தகையாளர் சின்னையா முதலியாருக்கும் இடையே ஒப்பந்தம் கையெழுத்தானது. ஒவ்வொரு நாளிலும் பிடிக்கப்பட்ட சிப்பிகளின் எண்ணிக்கையைக் கணக்கிட ஒவ்வொரு படகிலும் கண்காணிப்பாளரைக் கொண்ட ஒரு வேலையாளை வைக்க வேண்டும் என்று கட்டுப்பாடு விதிக்கப்பட்டது.[87] 1807இல் தூத்துக்குடி முத்துக்குளித்தலில் 30 நாள்களில் எழுபத்தியொரு மில்லியன் சிப்பிகள் முத்துக்குளிக்கப்பட்டன.[88] மேலும், 1822இல் நடைபெற்ற முத்துக்குளித்தலிலிருந்து கச்சேரியில் உள்ள உள்ளூர் கணக்காளர்கள் முத்துக்குளிப்பவர்களின் பங்கிலிருந்து 5,240 சிப்பிகளைப் பெற்றனர். 23,849 பங்குகள் அரசின் பங்காக இருந்தது. எனவே, இதன் மூலம் மொத்தம் 29,089 சிப்பிகள் அரசிடம் இருந்தன.[89] பொதுவாக, தொழிலாளர்கள் சிப்பிகளை வெப்பமண்டல வெயிலில் அழுகவிட்டுச் சென்றனர். இது அந்த விலங்கினைக் கொன்றது. மேலும், அந்த உயிரியின் உலர்ந்த தசை மற்றும் அதன் ஓட்டைத் தவிர வேறு எதையும் விட்டு விடவில்லை.

டச்சு ஆளுநரும் இயற்கை ஆர்வலருமான ஹென்றி லெ பெக் அவர்கள் படகு உரிமையாளர்களும் முத்து வாங்குபவர்களும் பெரும் பாலும் முத்து வாங்கியிருந்து படகு திரும்பும்போது பல நல்முத்துக்களை இழந்ததாக எழுதினார். ஏனெனில், முத்துச்சிப்பி உயிருடன் இருக்கும் வரையும் தொடாமலும், கிளிஞ்சல்கள் அடிக்கடி ஒரு விரற்கிடைக்கு அருகில் திறக்கப்பட்டன. அவற்றில் ஏதேனும் பெரிய முத்து இருந்தால், அது எளிதில் கண்டுபிடிக்கப்பட்டு, முத்துச்சிப்பிக்குத் தீங்கு விளை விக்காமல், கடினமான புல்லின் ஒரு சிறு துண்டு அல்லது குச்சியின் மூலம் முத்து வெளியே எடுக்கப்பட்டது. இந்நடைமுறையில் அவர்கள் மிகவும் திறமைமிக்கவர்கள். அவர்களில் சிலர் அவர் அங்கு இருந்த போது கண்டுபிடிக்கப்பட்டு, முத்தினைத் திருடிய செயலுக்குத் தகுந்த தண்டனையை அடைந்தனர்.[90] குடிசைகளின் தரையில் பெண்கள் வரிசையாக அமர்ந்து, ஒரு குழுவாக ஐந்து பேர் வலை செய்து, முத்துச்சிப்பிக் கிளிஞ்சல்களை எடுத்து மணலில் இட்டுச் சலித்துப் பிரித்து, சிறிய முத்துக்கள்கூட தவறவிடாமல் பார்த்துக்கொண்டதாக கூறப்படுகிறது.

1834இல் தூத்துக்குடி சாதித்தலைவன், கிராமவாசி ஒருவர் அப்புறப்படுத்தப்பட்ட சில சிப்பிக் கிளிஞ்சல்கள் மற்றும் உடைந்த மூழ்குக் கற்களைக் கண்டதாக ஒரு வியப்பான அறிக்கையை அளித்தார். இந்த அறிக்கையின்படி பழைய கிளிஞ்சல்கள் மற்றும் மூழ்குக்கல்

கண்டுபிடிக்கப்பட்டது. கரையில் சிப்பிகள் இருந்ததாகவும், ஒரு முறை அங்கு முத்துக் குளிக்குமிடம் இருந்ததாகவும், ஊகிக்க அவரைத் தூண்டியது. சிதறிக்கிடந்த சில பவளத் துண்டுகளை எடுத்தார்.[91]

இழுது மீன் ஒரு கடல் உயிரினமாகும். இது, தமிழகக் கடற்கரையில் முத்துக் குளிப்பவர்களின் பாதுகாப்புக்குத் தொடர்ச்சியான அச்சுறுத்தலைத் தந்தது. இந்த இழுது மீன், முத்துக்குளிப்பவர்கள் நீரின் மேற்பரப்பிற்குக் கீழே மூழ்குவதைத் தடுத்து முத்துக்குளிக்குமிடத்தைத் தடுக்கிறது. கி.பி.1800இல் தூத்துக்குடி முத்துக்குளிக்குமிடக் கண்காணிப்பாளர் ஒரு முத்துக்குளிப்பவரின் கடமை எல்லா நேரங்களிலும் அஞ்சக்கூடியது என்றறியப்படுகிறது என்று எழுதினார். ஏப்ரல் மாதத்தின் பிற்பகுதியிலும் மே மாதத் தொடக்கத்திலும் நிலக்காற்று திமிங்கிலக் கொழுப்புப் படிவங்கள் கரையை நோக்கிக் கொண்டுவரும்போது ஆபத்து அதிகரித்தது.[92] ஒரு நல்வாய்ப்பிழந்த முத்துக்குளிப்போர் குழு, ஒரு இழுது மீன் திடீரென மலர்ச்சியடைந்த போது, பலர் மிகவும் கடுமையான காயங்களுக்கு ஆளாகியதோடு சிலர் இறந்தனர். முதன்மையான வாடகையாளரின் இரு உள்ளூர் முகவர்களை இராம செட்டி மற்றும் வெங்கடாசலம் செட்டி ஆகியோர் இராமநாதபுரம் மாவட்ட ஆட்சியரிடம் மனு அளித்தனர். 1800இல் முத்துக்குளித்தலை மேற்பார்வையிட்ட அதிகாரி, முத்துக்குளிப்பவர்கள் முத்துக்குளிக்க தொல்லை தரும் உயிரினங்களை அடிக்கடி தொட நேரிட்டமையால் இறந்ததாகவும், காயம் அடைந்ததாகவும் இதனால் வேலைகள் பாதித்ததாகவும் தெரிவித்தார்.[93]

இழுது மீன்களால் ஏற்படும் இறப்புகள் ஒரு தொழில் சார்ந்த இன்னல் அல்லது வெறும் புரளி என்று நம்புவதில் அரசு அதிகாரிகள் பொறுப்பில்லாமல் இருந்தனர். இழுது மீன் தாக்குதல் மற்ற முத்துக் குளிப்பவர்கள் மனத்தில் பரபரப்பாக மாறியதாக மாவட்ட ஆட்சியர் லூ ங்டன் தெரிவித்தார். முத்துக்குளித்தல் என்பது எல்லா நேரங்களிலும் தீங்கு விளவிக்கக்கூடியது என்று அறியப்பட்டது. நிலக்காற்றுகள் கரையை நோக்கித் திமிங்கில கொழுப்புப் படிவங்களைக் கொண்டு வந்தபோது, அத்தகைய நிலைமைகளின் கீழ் முத்துக்குளிப்பவர்களின் தண்டனைக்கான அச்சம் என்பது அவர்களைத் தொடரத் தூண்டியது.[94] தூத்துக்குடியிலிருந்து புனித ஜார்ஜ் கோட்டையில் உள்ள வருவாய் வாரியத்திற்கு அனுப்பிய செய்தியில் ஒரு இழுது மீனின் கொடுக்கால், குறைந்தது ஒரு முத்துக் குளிப்பவராவது கொல்லப்பட்டார் என்று உறுதிப்படுத்தினார். இதனால் முத்துக்குளிப்போரின் நடவடிக்கைகள் குறைந்துபோனது. தெற்கே காற்று மிகவும் கடுமையாக வீசியதோடு

முத்து வங்கியில் இவ்வளவு அளவு முத்துக்கள் சேமித்து ஒருவனின் இறப்பை ஏற்படுத்தியது. படகுகள் மூன்று நாட்கள் மட்டுமே வெளியே செல்ல முயற்சித்தன.[95] எனவே, முத்துக்குளிப்பவர்கள் இயற்கை எதிரிகளான இழுதுமீன்கள் மற்றும் நஞ்சுள்ள கடல்பாம்புகளை எதிர்கொண்டனர்.

எட்வர்ட் பக்லி 1706இல் சென்னையிலிருந்து இலண்டனுக்கு கிளிஞ்சல்களை அனுப்பியது

சென்னையில் உள்ள புனித ஜார்ஜ் கோட்டையில் உள்ள ஆங்கிலக் குழும அறுவை மருத்துவ வல்லுநரான எட்வர்ட் பக்லி அவர்கள் இங்கிலாந்திற்கு அனுப்பப்படவேண்டிய பொருட்களின் தொகுப்பைப் பெற்றார். அது, 1706இல் இலண்டனுக்கு அனுப்புவதற்காக ஒரு கப்பலில் சீனாவின் மக்காவோவிலிருந்து ஒரு பெட்டியில் வந்தது. சென்னை வந்தபோது பெட்டி உடைந்து காணப்பட்டதால், பக்லி மீண்டும் பெட்டியை அடைத்தார். அவ்வாறு அடைக்கும்போது கருப்பு மற்றும் மஞ்சள் கோடுள்ள சென்னைக் கிளிஞ்சல், கருப்பு மற்றும் வெள்ளைப் பட்டை சென்னை ஆலிவ், தடித்த சென்னையில் காணப்பட்ட பல கிளிஞ்சல் வகைகள் ஆகியவைகளைச் சேர்த்தார். இக்கிளிஞ்சல்கள் 1688இல் சென்னையிலிருந்து இலண்டனில் உள்ள ஜேம்ஸ் பெட்டிவர் அவர்களுக்கு அனுப்பப்பட்டன.[96] இந்த பெட்டகங்களில் உள்ள சில பொருட்கள் இலண்டனில் உள்ள பிரித்தானிய அருங்காட்சியகத்தில் இன்னும் காணப்படுகின்றன. இருப்பினும், பிற்காலத்தில் இயற்கை வரலாற்றின் அனைத்துப் பிரிவுகளின் தமிழகக் கடற்கரையில் உள்ள ஐரோப்பியர்களிடையே கிளிஞ்சல்கள் பற்றிய ஆய்வு ஒரு விருப்பமான பாடமாக மாறியது.

ஜோஹன் ஜெரார்ட் கோனிக் அவர்களும் தரங்கம்பாடியில் கிளிஞ்சல்கள் பற்றிய அவருடைய ஆய்வும், (1770-71)

ஜோஹன் ஜெரார்ட் கோனிக் அவர்கள் மெல்லுடலிகள் (கடற் கிளிஞ்சல்கள்) மென்மையான உடல் கொண்ட விலங்குகள் பற்றிய ஆய்வில் ஆர்வத்தை வளர்த்தார். கிளிஞ்சல் சுண்ணாம்புக்கல்லால் ஆனது. மேலும், விலங்குகளின் கட்டடக் காலத் திறன்களுக்குச் சிறந்த ஓர் எடுத்துக்காட்டாக கோனிக் அவற்றை ஐரோப்பாவிற்கு அனுப்பினார். 20 டிசம்பர் 1771இல் லின்னேயஸ் தன் நண்பரான ஜான் எல்லிஸ் அவர்களுக்கு, கோனிக் அவர்கள் தரங்கம்பாடியில் நிறைய புதிய பொருட்களைக் கண்டுபிடித்ததாக எழுதினார். லின்னேயஸ் எனக் குறிக்கப்பட்ட தரங்கம்பாடிச் சேகரிப்பில் இப்போது மூன்று

கிளிஞ்சல்கள் பாதுகாக்கப்பட்டுள்ளன. ஆனால், அனுப்பியவரின் பெயர் குறிப்பிடப்படவில்லை.[97] தமிழ்நாட்டில் நீரில் வாழும் உயிரினங்கள் ஐரோப்பியர்களின் கவனத்தை ஈர்த்தன. எனவே, அவர்கள் அந்த உயிரினங்களை ஆய்வு செய்தனர்.

ஜோஹன் வில்ஹெல்ம் ஜெர்லாக் (1738-91) அவர்கள் 1772இல் தரங்கம்பாடி வந்தபோது, ஐரோப்பாவில் மருத்துவராகவும் இயற்பியலாளராகவும் இருந்த கிறிஸ்டியன் காட்லீப் கிராட் ஜென்ஸ்டீன் (1723-1795) அவர்களுக்குக் கடிதம் எழுதி, கடலில் தான் பார்த்த விலங்குகளைப் பற்றி விளக்கினார்.[98]

கிறிஸ்டோப் சாமுவேல் ஜான் அவர்களும், இராமேசுவரம் மற்றும் தூத்துக்குடியில் இருந்து கிளிஞ்சல்கள் மற்றும் சங்குகள் பற்றிய அவருடைய ஆய்வும் (1779–1797)

தரங்கம்பாடியில் உள்ள புராட்டஸ்டன்ட் மதப்பரப்புநரான கிறிஸ்டோப் சாமுவேல் ஜான் அவர்கள், கிளிஞ்சல்கள் மற்றும் சங்குகள் பற்றிய ஆய்வில் ஆர்வத்தை வளர்த்துக்கொண்டார். 1779இல் தரங்கம்பாடியில் உள்ள புராட்டஸ்டன்ட் மதப்பரப்புநர் ஜோஹன் பீட்டர் ராட்லர் அவர்கள், இராமநாதபுரத்தில் உள்ள ஒரு நண்பருக்கு எழுதிய கடிதத்தில், விஸ்னரசியிடம் இன்னும் கொஞ்சம் பணம் இருந்தால் இராமேசுவரத்திலிருந்து கிளிஞ்சல்களைச் சேமிக்க ஒருவரை அனுப்ப விரும்புவதாக எழுதினார். அது சி.எஸ்.ஜான் அவர்களுக்கு மிகுந்த மகிழ்ச்சியையும் மனநிறைவையும் அளிக்கும் என அவர் குறிப்பிட்டார்.[99]

சி.எஸ்.ஜான் கிளிஞ்சல்கள் மற்றும் சங்குகளைச் சேமிக்கப் பலரின் உதவிகளைப் பெற்றார். டச்சு ஆளுநரான ஜெரார்ட் வான் ஏஞ்சல் பெக் அவர்களின் உதவியோடு, உள்ளூர்ப் படகு மற்றும் முத்துக்குளிப்பவர்கள் உதவியுடன் 1797இல் கிளிஞ்சல்கள் மற்றும் சங்குகளை நிறைய சேகரிக்க முடிந்தது என்று கூறப்படுகிறது. முதன்மைச் சேகரிப்புகள் அவருடைய முகவர்களால் செய்யப்பட்டன. பின்னர், அவர்கள் தேவையான அறிவுறுத்தல்கள் மற்றும் கருவி களுடன் அனுப்பப்பட்டனர். இந்தக் கிளிஞ்சல்கள் கெமிட்ஸின் நேர்த்தியான தனியறையிலுள்ள கிளிஞ்சல்களின் ஒளிரும் தட்டு களுடன் பல புதிய வகை கடல்விலங்கு போன்ற தாவரங்களை (பவளம் போன்ற) அவர் கண்டுபிடித்தார்.[100] கிளிஞ்சல்கள் தொடர்பாக எர்லாங்கெனில் வாழும் ஆர்வமுள்ள ஜெர்மன் எஸ்பரின் வேலையானது, புத்தகத்தின் மூன்றாம் தொகுதியில் முடிந்தது என்ற

விளக்கங்களையும் அறிந்துகொள்கிறோம்.[101] இதனால் சி.எஸ்.ஜானின் கிளிஞ்சல் சேமிப்புகள் மிகவும் முதன்மை வாய்ந்ததாக இருப்பதைக் காண்கிறோம். *1791*இல் குமெலின் மற்றும் *1798*இல் ரோட்லிங் படைப்புகளில் காந்தாரஸ் டிரன்குபேரிகஸ் என்று பெயரிடப்பட்ட தரங்கம்பாடியின் சங்குக் கிளிஞ்சல்களைக் காண்கிறோம்.

டென்மார்க்கிலுள்ள ஜோஹன் கிறிஸ்டியன் ஃபெப்ரிசியஸ் அவர்களும் தரங்கம்பாடியிலிருந்து நண்டுகள், நன்னீர் நண்டுகள் மற்றும் கடற்பெரு நண்டுகள் பற்றிய அவருடைய ஆய்வும்

தரங்கம்பாடியின் புராட்டஸ்டன்ட் மதப்பரப்புநர்கள் நண்டு, நத்தை போன்ற நீர்வாழ் உயிரினங்களை விலங்கினங்கள் பற்றிய ஆய்வில் ஆர்வமுள்ள ஐரோப்பிய அறிஞர்களுக்கு வழங்கினார்கள். ஸ்கைல்லா செராட்டா என்ற சேற்று நண்டு புற்றுநோய் மருத்துவர் களுக்கு முதன்மையான பொருளாக மாறியுள்ளது. *1755*இல் பெட்ரஸ் போர்ஸ்கல் அவர்கள் இந்த இனத்தை Cancer serratus என்று விளக்கினார்.[102] ஆனால், உள்ளூர் வகையைக் குறிப்பிடவில்லை. பிறகு ஜோஹன் கிறிஸ்டியன் ஃபெப்ரீசியஸ் *(1745-1808)* டேனிஷ் நாட்டு விலங்கியலறிஞர் தரங்கம்பாடியிலிருந்து பெறப்பட்ட Portunus tranquebaricus என்ற ஒரு மாதிரியை விளக்கினார்.[103] இது ஒலிவ நிறச்சிற்றாமை. அதைப் பொறுத்தவரை மேலோடு ஒலிவப்பச்சை நிறம். முன்பற்கள் மழுங்கலான ஆனால் சமன் செய்யப்பட்ட வடிவத்திலிருந்தன. அதன் இடுக்கிப் பாதம், கொடுக்கடி-யின் நீளம் மேலோட்டைவிட இரு மடங்கு அதிகமாக இருந்தது. அதன் அளவு குறிப்பிடப்படவில்லை.

கார்ல் லின்னேயஸ் அவர்கள் *1758*இல் தன் நூலில் *(அ)* மோட்டிறால் - Homarus gammarus *(ஆ)* Astacus fluviatilis, பொது நண்டு - Astacus astacus மற்றும் *(இ)* Astacus norwegicus - Nephrops norwegicus ஆகியவைகளைக் குறிப்பிட்டார். ஐரோப்பாவில் ஜோஹன் கிறிஸ்டியன் ஃபெப்ரீசியஸ் என்பார் தரங்கம்பாடி மதப்பரப்புநர்களிடமிருந்து பெற்ற நன்னீர் நண்டு மற்றும் கடற்பெரு நண்டுகள் பற்றிய ஆய்வு செய்தார். அவர் *1775* மற்றும் *1798*க்கு இடையில் நடத்தப்பட்ட பல்வேறு ஆய்வுகளில் அஸ்டகாசின் அந்த இனத்திற்குள் *(1)* Astacus fluvus, *(2)* Astacus scaber *(3)* Astacus coerulescens *(4)* Astacus fulgens *(5)* Astacus Bartonii போன்ற ஐந்து இனங்களைக் கண்டார்.[104]

Astacus fulvus முதன் முதலில் *1793*இல் ஜே.சி.பெப்ரீசியல் அவர்களால் விளக்கப்பட்டது. மேலும், அவர் ஒரு குறுகிய இலத்தீன்

உரையையும் சற்று நீண்ட இலத்தீன் விளக்க முறையையும் கொடுத்தார். 1796இல் நடைமுறைப் பூச்சியியல் வல்லுநரான ஜோஹன் பிரெடிரிக் வில்ஹெம் ஹெர்ப்ஸ்ட் (1743-1807) அவர்கள் இலத்தீன் மொழியில் ஆய்வு முறையைக் கொடுத்தார். மேலும் விளக்க முறையை ஜெர்மன் மொழியில் மொழிபெயர்த்தளித்தார்.[105] செம்மஞ்சள் என்ற குறிப்பிட்ட பெயரைத் தவிர பெப்ரீசியஸ் தன் மாதிரியின் நிறத்தைக் குறிப்பிடவில்லை. 1793 மற்றும் 1798களில் பெப்ரீசியஸ் அவர்கள் Astacus fulaus-சை அளவுடையதாக விளக்கினார். Astacus fulausஇன் வகை கடல் இனமாகும்.[106]

Astacus scaber, Nephrops norwegicus-ஐ விட சிறியது என்று 1798இல் ஜே.சி.பெப்ரீசியஸ் கூறினார். அவர் சுட்டிக்காட்டிய இடம் இந்தியப் பெருங்கடல். Astacus modestus போன்ற மாதிரி என்றாலும், 1796இல் தரங்கம்பாடியிலிருந்து வந்தது என்றாலும், கிழக்கிந்தியத் தீவுகளைச் சேர்ந்த Cancer modestus என்று ஜோஹன் பிரெடிரிக் வில்ஹெம் ஹெர்ப்ஸ்ட் குறிப்பிட்டார்.[107]

பெப்ரீசியஸ் தரங்கம்பாடியிலிருந்து நண்டுகளைப் பெற்ற அவர், 1798இல் Leucosia fugasx-ஐக் குறிப்பிட்டார்.[108] முன்னதாக, ஜே.எஃப்.டபிள்யூ.ஹெர்ப்ஸ்ட் அவர்கள் 1783இல் Cancer punctatus-ஐக் குறிப்பிட்டார். அடிப்படை மாதிரி, 26.0 மி.மீ மேலோடு நீளம் கொண்ட நண்டு, கோபன்ஹேகன் பல்கலைக்கழகத்திலுள்ள விலங்கியல் அருங்காட்சியகத்திற்கு இந்தியாவிலிருந்து அனுப்பப்பட்டதாகத் தரங்கம்பாடியில் உள்ள டேனிஷ் கடற்படை அதிகாரி ஐ.கே.டால்டோஃர்ப் பதிவு செய்ததைக் காண்கிறோம்.[109] 24.5 மி.மீ மேலோடு நீளம் கொண்ட மற்றொரு நண்டும் தரங்கம்பாடியிலிருந்து அனுப்பப்பட்டதை நாம் அறிகிறோம். மேலும், கோபன்ஹேகன் பல்கலைக்கழகத்தில் உள்ள விலங்கியல் அருங்காட்சியகத்தில் இது உள்ளதை எச்.கிரோயர் அவர்களால் குறிப்பிடப்பட்டது. பெப்ரீசியஸ் அவர்களால் கூறப்படும் Leucosia fugax குறித்த விளக்கம் பல Myra இனங்களுக்கு நன்றாகப் பொருந்துகிறது. உண்மையில் பெப்ரீசியஸ் அவர்கள் ஜார்ஜ் எபர்ஹார்ட் ரம்ஃபியஸ் (1627-1702) இந்தோனேசியாவில் உள்ள அம்போய்னாவிலிருந்து பெற்ற இனத்திலிருந்து வேறுபட்ட fugaxஸைத் தானே கவனிக்கத் தவறிவிட்டார்.[110] பெப்ரீசியஸின் வகை மாதிரி வயது வந்த ஒரு ஆண் என்று கூற வேண்டும். மேலும், அதன் தேர்வானது ஒத்த சொற்களின் நீண்ட பட்டியல்களை ஏற்றுள்ளது. மேலும், 1816-17இல் K.M. H. Lichtenstein மற்றும் W.E. Leach ஆகியோர் பெப்ரீசியஸின் Leucosia fugaxஸைத், Myra என்று தெரிவித்தார்.[111]

சென்னையில் ஆமை மற்றும் கடலாமை பற்றிய ஆய்வு

தமிழ்நாட்டில் காணப்படும் நீர்வாழ் உயிரினங்கள் ஐரோப்பியர்களை ஈர்த்ததால், அவர்கள் அவை குறித்து ஆய்வுகளை மேற்கொண்டனர். அதன்படி சென்னையில் உள்ள டி.சி.ஜெர்டன் அவர்கள் நன்னீர் ஆமை தமிழ்நாட்டில் மிகவும் பொதுவான இனமாக இருந்தது என்று தெரிவித்தார். மேலும், இது குளங்கள், ஆறுகள், கிணறுகள், நீருள்ள குட்டைகளில் காணப்பட்டது. இந்த நன்னீர் ஆமை மிகுந்த வேகத்தோடு சேற்றில் தன்னைப் புதைத்துக்கொண்டது. சென்னை அங்காடிக்கு அது அடிக்கடி விற்பனைக்காகக் கொண்டுவரப்பட்டு, அங்குள்ள மக்களில் பலர் அதனைச் சாப்பிட்டு வந்தனர்.[112]

Chelonia maculosa (குவியர்) என்ற ஆமை தமிழகக் கடற்கரையில் மீனவர்களால் பிடிக்கப்பட்டது. அது ஒலிவப் பழுப்பு நிறப் பின்னணியில் மஞ்சள் நிற அடையாளத்துடன் அகலத்தைவிட பெரிய அளவில் முதுகெலும்புத் தட்டுகளைக் கொண்டிருந்தது.[113]

வால்டர் எலியட் மற்றும் ஜெர்டன் ஆகியோரால் குறிப்பிடப்பட்ட ஆறு வகையான தவளைகள், 1853

தவளைகள் தமிழ்நாட்டில் பல்வேறு வகைகள் காணப்படுகின்றன. ராணா நீலகிரிகா தவளை அதன் மிக நீளமான பக்கவுறுப்புகளால் வேறுபட்டது. நீளம் இரண்டு விரற்கிடைகள். ஜெர்டன் இந்தத் தவளையை நீலகிரியில் உள்ள சதுப்பு நிலங்களில் மட்டுமே பார்த்துள்ளார்.[114]

Polypadates leucomystax என்பது ஐரோப்பியர்களின் சொறியான் தவளையாகும். இது, தமிழ்நாடு முழுவதும் பொதுவாகக் காணப் படுவதாகும்.[115]

Polypadates variabilis நீலகிரியின் பச்சைத் தவளை. அதன் நிறம் பச்சையாகவும், சில நேரங்களில் புள்ளிகளற்றதாகவும், மற்ற நேரங்களில் தங்கப்புள்ளிகள் அல்லது கரும்புள்ளிகளுடன் இருக்கும்; சில நேரங்களில் பழுப்பு நிறப்புள்ளிகளுடன் தங்க மஞ்சள் நிறம், மற்ற நேரங்களில் கரும்புள்ளிகளுடன் பழுப்பு நிறமாக இருக்கும். இது, ஓடைகளின் கரைகளிலும் புதர்களிலும் காணப்பட்டது.[116]

Phyllomedusa tinniens தொடர்ந்து ஒலியெழுப்பிக்கொண்டிருக்கும் நீலகிரியின் தவளை. எதிரெதிர் விரல்கள்; அடிப்பகுதியில் மட்டும் வலையமைக்கப்பட்ட பாதங்கள்; மேலே மஞ்சள் கலந்த சிவப்பு, அல்லது சில சமயங்களில் கருப்பு; பக்கவாட்டில் தலை இருள்

நிறத்திலும் உள் விரல்கள் மஞ்சள் நிறத்திலும் இருந்தது. இது நீலகிரியில் புல் மற்றும் புதர்களுக்கு இடையில் காணப்பட்டது. இது ஒரு புதுமையான உரத்த தெளிவான உலோகத்தால் ஒலியெழுப்பும் குரலைக் கொண்டிருந்தது.[117]

Engystoma ornatum மிகவும் அழகான தவளை மற்றும் நீலகிரியில் வால்டர் எலியட் என்பவரால் ஒருமுறை மட்டுமே வாங்கப்பட்டது.[118]

Engystoma rubrum தவளைக்கு மேலே சிவப்பு நிறமும், கால்களில் சில கருப்புப் புள்ளிகளும் இருந்தன. இது, கர்நாடகப் பகுதியில் ஆறுகளுக்கு அருகில் மணல்கரையில் காணப்பட்டன.[119]

வேலூர் கோட்டையில் முதலை பற்றிய ஆய்வு

தமிழில் முதலை என அழைக்கப்படுபவை கோட்டையின் ஆறுகள் மற்றும் அகழிகளில் காணப்பட்டன. தமிழகக் கடற்கரையின் பல்வேறு இடங்களில் காணப்படும் முதலைகளில் பெரியதும் கொடியதுமான முதலை Crocodilus porosus ஆகும். வேலூரில் உள்ள கோட்டை அகழிகளில் இந்த முதலையினம் மிகவும் அதிகமாக இருந்தது. இது, மிக விரைவான வளர்ச்சியில் இருந்தது. வேலூரில் இருந்து வால்டர் எலியட் அவர்களுக்குக் கொண்டுவரப்பட்ட ஒரு முட்டை, அரசினர் இல்ல வளாகத்தில் பொரிக்கப்பட்டு, எட்டு ஆண்டுகளில் எட்டு அல்லது ஒன்பது அடி நீளத்திற்கு வளர்ந்து, முழு வளர்ச்சியடைந்த ஆண் மறிமான்கள் வழக்கமாக குளத்தில் நீர் அருந்த வரும்போது அழிக்கும் ஆற்றல் பெற்றது. இந்தியாவில் முதலை இனங்கள் ஏறக்குறைய கராம் என ஆங்கிலேயர்களால் அழைக்கப் பட்டதாகவும், மேலும் இந்தியாவில் இதுவரை கராம்கள் எதுவும் கண்டுபிடிக்கப்படாததால் தவறாகும் என ஜெர்டன் குறிப்பிட்டார்.[120] வேலூர்க்கோட்டை அகழியில் முதலைகள் கீழே மூழ்கும் பழக்கம் உள்ளதாகவும், கோட்டையில் இருந்து காலை மாலை துப்பாக்கிகள் சுடப்பட்ட பின்னர், சிறிது நேரம் சேற்றில் மறைந்திருந்ததாகவும். படைப்பிரிவுத் தலைவர் வால்டர் கேம்பெல் குறிப்பிட்டார்.[121]

தமிழகக் கடற்கரையில் இருந்த ஐரோப்பியர்கள் பல்வேறு வகையான மீன்கள் மற்றும் கடல் விலங்குகளை முறையாகப் புரிந்து வைத்திருந்தனர் என்று முடிவாகக் கூறலாம். அவற்றில் விலாங்கு, கணவா மற்றும் ஊசிக் கணவா ஆகியன கடல் விலங்குகளாகச் சேர்க்கப்பட்டன. மீன் பற்றிய புதிய அறிவும், தமிழகக் கடற்கரையின் கடல் விலங்கினங்களும் ஐரோப்பாவின் இயற்கை வரலாற்று அறிவை வடிவமைத்து, உருவாக்கப்பட்ட வலைப்பின்னல்கள் உண்மையிலேயே

உலகளாவியவை. தொடக்க கால நவீன காலத்தில் வழங்கப்பட்ட விளக்கங்களின் மூலம் இப்போதும் மீன் மற்றும் அதன் வகையை அறிய முடியும். விலங்கியல் பெயரிடலின் சர்வதேச குறியீடு அவ்வப்போது மாறிவந்தாலும், அது அழிந்துவிட்டதா இல்லையா என்பதைக் கண்டுபிடிப்பதும் எளிதாக இருக்கலாம். உலகளாவிய பயணம் மிக வேகமாக அதிகரித்ததோடு, ஐரோப்பியச் சமூகம் மற்றும் பண்பாடு பதிலுக்கு மாற்றத்திற்கு வந்தது. கவர்ச்சியான மற்றும் தொடர்பான எழுத்துகள் தனியொருவரைக் கற்றுக்கொள்ளத் தூண்டியது. தமிழகக் கடலின் வியக்கத்தக்க மற்றும் அற்புதமான விஷயங்கள் மீனியலின் தொடர்ச்சியான வளர்ச்சியிலும் கடல் விலங்கினங்கள் பற்றிய ஆய்விலும் வலுவான தாக்கத்தை உண்டாக்கியது. அறிவு உற்பத்தியானது கடல் அறிவியலில் சுற்றுப்பாதை இவ்வாறு பரவுவதற்கு இடமளித்தது. மேலும், ஐரோப்பாவில் அறிவு வரவேற்கப் பட்டது. சேமிக்கப்பட்ட பெரும்பாலான அறிவு விளக்கமாக இருந்தாலும், விலங்கறிவியலைக் கட்டமைக்க வேண்டிய கட்டாய முள்ளது. பட்டறிவுப்படி பெற்ற அறிவிலிருந்து கலைக்களஞ்சியங்கள் போன்ற நினைவாற்றல் ஊடகங்களில் சேமிக்கப்பட்ட அறிவுத் தொகுப்பாக மாறியபோது, தமிழகக் கடற்கரை மீன் பற்றிய பல அறிவுக்கூறுகள் மாற்றப்படவில்லை அல்லது மறக்கப்படவில்லை. மீனின் தலைமுறையை முன்னிலைப்படுத்துவதன் மூன்று வடிவங்கள், அதாவது அச்சிடப்பட்டவை, வேலைப்பாடுகள். அதாவது அச்சிடப்பட்ட செதுக்கு வேலைப்பாடுகள், வண்ணத்தட்டுகள் மேலும் வாய்மொழி விளக்கங்கள் ஆகியன மீன் பற்றிய ஆய்வுக்குப் பெரும் பங்களிப்பை அளித்தன.

அடிக்குறிப்புகள்

1. William Crooke, ed., *A New Account of East Indies and Persia, 1672-1681*, London, 1909, repr. Delhi, 1992, vol. I, pp. 173-4.
2. R. C. Temple, ed., *The Life of Icelander Jon Olafsson Traveller to India*, London, 1931, p. 143.
3. Laurence Theodor Gronow, 'Animalium Rariorum Fasciculus Pisces', *Acta Helvetica, Physico-Mathematico-Anatamico-Botanico-Medica*, Basile, 1772, pp. 43-52.
4. S. Jeyaseela Stephen, *A Meeting of the Minds: European and Tamil Encounters in Modern Sciences, 1507-1857*, Delhi, 2016, pp. 120-2.
5. Patrick Russell, *Descriptions and Figures of Two Hundred Fishes; Collected at Vizagapatam on the Coast of Coromandel, Presented to the Honourable the Court of Directors of the East India Company*, London, 2 vols., 1803, see, vol. 1, no. 48.
6. C. S. John, 'Einige Nachrichten von Trankenbar auf der Kuste Koromandel: Aus einem Briete von dem Missionarius Hrn John an Hrn Doktor Bloch in Berlin',

Berlinische Monatsschrift, vol. 20, 1792, pp. 585-96. The letter is partly published in the introduction of a book. See, Marcus Elieser Bloch, *Allgemeine Naturgeschichte der Auslandischen Fische,* Den Konigl Akademischen Kunsthandlern J. Morino & Comp, Berlin, 1793, vol. VII, pp. viii-x.

7. Arthur Macgregor, 'European Enlightenment in India: An Episode of Anglo-German Collaboration in the Natural Sciences on the Coromandel Coast, Late 1700 and Early 1800s', in ed., Arthur Macgregor, *Naturalists in the Field: Collecting, Recording and Preserving the Natural World from the Fifteenth to the Twenty-First Century,* Leiden, 2018, pp. 365-392, see p. 381.

8. Hans-Joachim Paepke, *Bloch's Fish Collection in the Museum für Naturkunde der Humboldt Universität zu Berlin–An Illustrated Catalog and Historical Account,* Liechtenstein, A.R.G. Gantner Verlag KG, 1999; Hoppe Brigittee, 'Vonder Naturgeschchite zuden Naturwissenschaftern-die Danisch-Halleschen Missionare als Naturfurschen in Indien em 18 bis 19 Jahrhundert' in Heike Liebau, Andreas Nehring and Brigitte Klosterberg, eds. *Mission und Forschung: Translokale Wissenproduktion Zwischen Indien und Europe im 18,und.19 Jahrhundert,* Halle, 2010, pp. 141-166; see also, 'Eine Fischsammelung aus Tranquebar die Berliner Gesellschaft Naturschender Freunde und deren Mitgliel Marcus Eliser Bloch', in Heike Liebau, Andreas Nehring and Brigitte Klosterberg, eds. *Mission und Forschung,* pp. 167-180.

9. Marcus Elieser Bloch was born in Ansbach in 1723. His father held a high religious position as a Torah writer in a Jewish community. As his salary was low Bloch's early education suffered and he was almost illiterate till the age of nineteen. However, Bloch worked hard on his education and with some knowledge of Hebrew and rabbinical literature he got a job as a teacher at a Jewish surgeon's house in Hamburg. During this time he learnt German and Latin. Bloch thereafter began studying the fish found in Germany. Later he sent his son to Switzerland, England, Holland and Denmark to gather fish specimens. In 1797, Bloch travelled to Paris and Holland and met scientists like Georges Cuvier, Achille Valenciennes and other great scientists. He died of a stroke at Carlsbad (Karlovy Vary) on 6 September 1799.

10. Bloch published Naturgeschichte der Maraene, his first work on Ichthyology in 1779. It was followed by Oeconomische Naturgeschichte der Fische der Preußischen Staaten in 1780. He published Oeconomische Naturgeschichte der Fische Deutschlands the three volume work on German fish during 1782 and 1784. This was followed by his work on fish from other parts of the world, the nine-volume Naturgeschichte der Ausländischen Fische during 1785-1795. At about the same time, he combined the last two multi-volume works such as Allgemeine Naturgeschichte der Fische in twelve folio volumes, illustrated with 432 coloured copperplate engravings, and providing detailed descriptions of about 500 fish species. The copy of this work is a six-volume French translation with the title Ichthyologie; ou, Histoire Naturelle des Poissons, produced in a reduced octavo format in 1796 with 216 plates. Bloch's Systema Ichthyologiae contains descriptions of 1,254 fish species and it was planned as his crowning achievement but did not live to see its completion. It was later revised and published by his friend Johann Gottlob Schneider (1750-1822) in 1801.

11. *The Analytical Review or History of Literature, Domestic and Foreign,* London, 1796, vol. XXIII, p. 219.

12. J. Ferd Fenger, *History of the Tranquebar Mission: Worked out from the Original Papers,* tr. Emil Francke, Tranquebar, 1863, pp. 297-8.

13. S. Jeyaseela Stephen, A Meeting of the Minds, p. 134.
14. Marcus Elieser Bloch, Allgemeine Naturgeschichte der Auslandischen Fische 1793, pp. 86-9, 132-7.
15. C. S. John, 'Beschreibung und Abbildung des Uranoscopus Lebeckii', Der *Gesellschaft Naturforschender Freunde zu Berlin Neue Schriften*, vol. III. 1801, pp. 283-287.
16. J. G. Schneider, M. E. Blochii, *Systema Ichtyologiae iconibus CX illustratum*, Bibliopolio Sanderiano, Berolini, 1801, pp. 47-9. The text runs thus. 'Eins (Dr. Blochs Herrliches Fischbuch) hat mein thätigster und für die Naturgeschichte brennender Freund Hr. Lebeck, die Krone meiner Erziehungsanstalt, der unter einem berühmten Thunberg in Upsala seine Wissenschaften fortsetzte, und so sehr bereicherte, erhalten, der darmit aufs beste wuchert. Nachdem er einen Theil von Cap de bonne Esperance, von Ceylon, von Bengalen und von der Küste Coromandel bereiset, gehet er nun nach Java. Die Naturforscher werden es mir folglich nicht verdenken, wenn ich ihm zu Ehren diesen Fisch Uranoscopus Lebeckii genannt habe'. For details see also, Plate 163 and the illustration in Museum fur Naturkunde der Humboldt-Universitat zu Berlin; Historische Bild- und Schriftgutsammlungen: GNF Christoph Samuel John. See also, Uranoscopus scaber Linnaeus, 1758 Uranoscopidae Der Sternseher Bloch, 1786: 90; Uranoscopus Scaber; Bloch, 1786, pl. 163, Der Sternseher, Le Boeuf, The Star Gazer; Uranoscopus scaber, Bloch, 1787: 124; Uranoscopus Scaber, Bloch, 1795: 120.
17. *Der Gesellschaft Naturforschender Freunde zu Berlin Neue Schriften*, vol. 3, see the preface. The text runs thus: 'Picturam et notitiam misit Johnius, et piscem pulcherrimum ab ardentissimo historiae naturalis amatore Le Beck cognominavit, cui picturam et notitiam delphini Gangetici debebat Blochius, quanquam aquis Caroliniensibus immortuus, antea quam literae Johnii cum picturis huc advenissent'.
18. Marcus Elieser Bloch, Allgemeine Naturgeschichte der Auslandischen Fische 1795, pp.109-113.
19. Patrick Russell, Descriptions and Figures of Two Hundred Fishes, vol. I, p. vi.
20. Anantanarayanan Raman, 'Patrick Russell and Natural History of the Coromandel', *Journal of the Bombay Natural History Society*, 107 (2), 2010, pp. 116–121.
21. Patrick Russell, Descriptions and Figures of Two Hundred Fishes, vol. I, no. 44.
22. Ibid., vol. I, no. 42.
23. Ibid., vol. I, no. 43.
24. Ibid., vol. II, no. 134.
25. Ibid., vol. II, no. 153.
26. Ibid., vol. II, no. 152.
27. Tamilnadu State Archives (hereafter TNSA), Chennai, *Tanjore District Records* (hereafter TDR), vol. 3417, p. 168, 4 March 1805.
28. TNSA, TDR, vol. 3479, pp. 218-9, 1 September 1805.
29. Georges Cuvier, *Le Regne animal ditribue d' après son organization pour servir de base a l'historie naturelle des animaux et introduction a l'anatomie compare*, 4 vols, Paris, 1817; Georges Cuvier, *The Animal Kingdom, Arranged after Its Organization, Forming a Natural History of Animals and an Introduction to Comparative Anatomy*, Williams S. Orr, London, 1840; Georges Cuvier & Achille Valenciennes, *Histoire Naturelle des Poissons*, 22 vols, Paris, 1828-1848.

30. T. C. Jerdon, 'On the Fresh Water Fishes of Southern India', *Madras Journal of Literature and Science*, vol. XV (1), 1848, pp. 139-149, see p. 139.
31. Ibid., pp. 141-2. T.C. Jerdon, 'On Pristolepis Marginatus', *Annual Magazine of Natural History*, (3) 16, 1865, p. 298.
32. T. C. Jerdon, 'On the Fresh Water Fishes of Southern India', *Madras Journal of Literature and Science*, vol. XV (2), pp. 302-346, see p. 302.
33. Ibid., p. 303.
34. Ibid., pp. 305-6.
35. Ibid., p. 321.
36. Ibid., p. 316.
37. Ibid., pp. 309-10.
38. Ibid., pp. 310-1.
39. Ibid., pp. 315-6.
40. Ibid., p. 341.
41. Ibid., p. 307.
42. Ibid., pp. 311-2.
43. Ibid., pp. 303.
44. Ibid., p. 316.
45. Ibid.
46. Ibid., p. 326.
47. Ibid., p. 330.
48. Ibid., pp. 336-7.
49. T. C. Jerdon, 'On the Fresh Water Fishes of Southern India', *Madras Journal of Literature and Science*, vol. XV (1), p. 145.
50. T. C. Jerdon, 'On the Fresh Water Fishes of Southern India', *Madras Journal of Literature and Science*, vol. XV (2), p. 338.
51. Ibid., p. 342
52. T. C. Jerdon, 'On the Fresh Water Fishes of Southern India', *Madras Journal of Literature and Science*, vol. XV (1), p. 145.
53. Ibid., p. 147.
54. T. C. Jerdon, 'On the Fresh Water Fishes of Southern India', *Madras Journal of Literature and Science*, vol. XV (2), p. 313.
55. Ibid., p. 314.
56. Ibid., p. 304.
57. Ibid.
58. T. C. Jerdon, 'On the Fresh Water Fishes of Southern India', *Madras Journal of Literature and Science*, vol. XV (1), p. 141.
59. Ibid., pp. 148-9. See also, 'Ichthyological Gleanings in Madras', *Madras Journal of Literature and Science*, vol. XVII, 1851, pp. 128-151.
60. T. C. Jerdon, 'On the Fresh Water Fishes of Southern India', *Madras Journal of Literature and Science*, vol. XV (2), p. 308.
61. Ibid., p. 317.
62. Ibid., p. 336.

63. Ibid., p. 338-9.
64. T. C. Jerdon, 'On the Fresh Water Fishes of Southern India', *Madras Journal of Literature and Science*, vol. XV (1), p. 142.
65. Ibid., p. 144.
66. Ibid., p. 145.
67. Ibid.
68. Ibid., p. 146.
69. Ibid., p. 147.
70. T. C. Jerdon, 'On the Fresh Water Fishes of Southern India', *Madras Journal of Literature and Science*, vol. XV (2), pp. 333-4.
71. Ibid., p. 342.
72. Ibid., p. 344.
73. Ibid., p. 345.
74. T. C. Jerdon, 'On the Fresh Water Fishes of Southern India', *Madras Journal of Literature and Science*, vol. XV (1), p. 140.
75. T. C. Jerdon, 'On the Fresh Water Fishes of Southern India', *Madras Journal of Literature and Science*, vol. XV (2), p. 314.
76. Ibid., pp. 314-5.
77. Ibid., pp. 320-1.
78. Ibid., p. 321.
79. Ibid., p. 338.
80. Ibid., p. 319.
81. Richard Hakluyt, 'The voyage and travel of M. Caesar Fredericke, merchant of Venice into the East India, and beyond the Indies, 1563', in *The Principal Navigations, Voyages, Traffiques and Discoveries of the English Nation*, vol. V, Glasgow, 1907; S. Jeyaseela Stephen, *Portuguese in the Tamil Coast: Historical Explorations in Commerce and Culture*, Pondicherry, 1998, pp. 72-81; S. Jeyaseela Stephen, *Expanding Portuguese Empire and the Tamil Economy, Sixteenth-Eighteenth Centuries*, Delhi, 2009, pp. 85-91.
82. 'An Account of the Pearl-Fishery in the Gulph of Manar, in March and April 1797—by Henry J. Le Beck, Esq. communicated by Doctor Roxburgh', *Asiatick Researches*, Calcutta, vol. V, pp. 393-411, see p. 407.
83. Ibid., p. 407.
84. Ibid., pp. 407-8.
85. Ibid., p. 410.
86. British Library (hereafter BL), London, Sloane MS 3321, fol. 191, see the letter of Edward Buckley to James Petiver dated 23 February 1705/6; see also, Jacobus Petiver, *Gazophylacii Naturæ & Artis: Decas Prima*, Londini, MDCCII, p. 88.
87. S. P. Dance, 'Report on the Linnaean Shell Collection', *Proceedings of Linnaean Society London*, vol. 176 (1), 1967, pp. 1- 34, see p. 8.
88. Georg Christian Knapp et al., eds., *Neuere Geschichte der Evangelischen Missions-Anstalten zu Bekehrung der Heiden in Ostindien aus den eigenhändigen Aufsätzen und Briefen der Missionarien erausgegeben*, Waisenhaus, Teil 1–8 (Stück 1–95), Waiserihaus, Halle, 1770–8/95, 1848 (hereafter NHB) 2, pp. 716-38.

89. T. Foulkes, 'Biographical Memoir of Dr Rottler', *Madras Journal of Literature and Science*, New Series, 1861, pp. 1-17, see p. 4.

90. Friedrich Martini & J. H. Chemnitz, *Neues Systematisches Concylie-Cabinet*, Nurenberg, 11 vols., 1769-1795.

91. An Account of the Pearl-Fishery in the Gulph of Manar, p. 411.

92. Petrus Forskal, *Descriptiones animalium, avium, amphihiorum. insectorum vermium quae in itenere orientali observavit*, Hafniae, MDCCLV.

93. Johann Christian Fabricii, *Supplementum entomologiae systematicae*, Hafniae, MDCCXCVIII.

94. Johann Christian Fabricii, *Entomologia systematica, emendata et aucta. Classes, ordines, genera, species adjectis synonymis, locis, observationibus, descriptionibus*, Hafniae, MDCCXCIII.

95. BL, MSS Eur. E80-82, *Quelques notions sur l'Isle de Ceylan*.

96. TNSA, *Tirunelveli Collectorate Records*, (hereafter TCR), vol. 3565, p. 39 (22 March 1805).

97. TNSA, TCR, vol. 3582, pp. 153-7 (14 May 1807).

98. TNSA, TCR, vol. 4696, pp. 228-34 (21 December 1822).

99. An Account of the Pearl-Fishery in the Gulph of Manar, pp. 404-5.

100. TNSA, TCR, vol. 4708, pp. 121-2 (27 June 1834).

101. TNSA, *Madras Presidency: Board of Revenue Proceedings*, (hereafter BORP), vol. 251, p. 3958 (8 May 1800).

102. Ibid., p. 3955.

103. Ibid., pp. 3957-8.

104. TNSA, TCR, vol. 3582, pp. 212-3 (8 August 1807).

105. Johann Friedrich Wilhelm Herbst, *Versuch einer Naturgeschichte der Krabben und Krebse nebst einer systematischen Beschreibung ihrer verschiedenen Arten*, vol. 1 (1782-1790), vol. 2 (1791-1796), vol. 3 (1799-1804).

106. Johann Christian Fabricii, *Systema entomologiae, sistens insectorum classes, ordines, genera, species, adjectis, synonymis, locis, descriptionibus, observationibus*, Hafniae, MDCCLXXV.

107. Johann Friedrich Wilhelm Herbst, *Versuch einer Naturgeschichte der Krabben und Krebse nebst einer systematischen Beschreibung ihrer verschiedenen Arten*, 1794, vol. 2, p. 150. The text runs thus: 'Am meisten bin ich vom Herrn Missionarius John in Tranquebar mit einigen ganz neuen seltenen Arten beschenkt worden'.

108. J. C. Fabricius, *Supplementum Entomologiae Systematicae*, Hafniae, 1798, 351. Fabricius described Leucosia fugax thus: Thorace oblongo postice tridentato: dente medio longiore recuruo, digitis dentatis.

109. J. F. W. Herbst, Versuch einer Naturgeschichte der Krabben und Krebse, vol. I, 1783: 89, pl. 2, figures 15 and 16; I. K. Daldorf, 'Uddrag af Hr. Daldorfs Dagbog Paaen Reise fra Kiobenhavn til Tranquebar fidst o Aaret 1790 og forst I Aaret 1791', *Skrivter af Naturhistorie Selskaber*, 2 (2), 1793, pp. 147-173.

110. George Eberhard Rumphius, *D'amboinsche Rariteitkamer, Behelzende eene Beschyvinge van allerhande zoo weeke als harde Schaalvischen, te weeten raare Krabben, Kreeften, en diergelyke Zeedieren, als mede allerhande Hoorntjes en Schulpen, die men in d'Amboinsche Zee vindt: Daar beneven zommige Mineraalen, Gesteenten, en soorten van Aarde, die in d'Amboinsche, en zommige omleggende Eilanden gevonden worden*, Amsterdam, third Edition, 1741, pl.10, fig C.

111. K. M. H. Lichtenstein, Die Gattung Leucosia: als Probe einer neuer Bearbeitung der Krabben und Krebse, *Magasin der Gesellschaft Naturforschender Freunde zu Berlin*, 7 (2), 1816, pp. 135-144; W.E, Leach, *The Zoological Miscellany, Being Descriptions of New or Interesting Animals*, London, 1817, vol 3, pp. i-vi.

112. T. C. Jerdon, 'Catalogue of reptiles inhabiting peninsular India', *Journal of the Asiatic Society of Bengal*, vol. XXII, 1853, pp. 462-79, see p. 464.

113. Ibid., pp. 464-5.

114. T. C. Jerdon, 'Catalogue of reptiles inhabiting peninsular India', *Journal of the Asiatic Society of Bengal*, vol. XXII, 1853, pp. 522-534, see p. 532.

115. Ibid., p. 532.

116. Ibid.

117. Ibid., p. 533.

118. Ibid., p. 534.

119. Ibid.

120. T. C. Jerdon, 'Catalogue of reptiles inhabiting peninsular India', *Journal of the Asiatic Society of Bengal*, vol. XXII, 1853, pp. 462-79, see p. 465.

121. Colonel Walter Campbell, *My Indian Journal*, Edinburgh, MDCCCLXIV, p. 54.

இயல் 7
முடிவுரை

பதினேழாம் நூற்றாண்டில் தமிழகக் கடற்கரைக்கு வந்த டச்சுக் காரர்கள், டேனிஷ்காரர்கள், ஆங்கிலேயர் மற்றும் பிரஞ்சுக்காரர்கள் விலங்கினங்கள் மீது மிகுந்த ஆர்வத்தை வளர்த்துக்கொண்டனர். இது தொடக்கத்தில் வணிகத்துடன் மிக நெருக்கமாக இணைக்கப்பட்டதோடு அது படிப்படியாக ஆழமான ஆய்வுகளாக ஆனது. ஐரோப்பாவில் புதுமைகளுக்கான ஆசை ஏற்கனவே வணிகத்திற்கான தூண்டுதலாக வளர்ந்ததோடு, அந்த நேரத்தில் ஆர்வத்தைத் தூண்டக்கூடிய பொருட்கள் பெரும்பாலும் ஆடம்பரமாகக் கருதப்பட்டன. இந்தக் கால கட்டத்தில் ஐரோப்பா, தமிழகக் கடற்கரையோர அறிவைப் பெற்ற மூன்று முதன்மையான வழிமுறைகளை நாம் காண்கிறோம். மதச்சார்பற்ற பயணக் கணக்கும், கத்தோலிக்கர்கள் மற்றும் புராட்டஸ்டன்டுகளின் மதப்பரப்பு நடவடிக்கைகள் மேலும் ஐரோப்பாவில் உள்ள புலனாய் வாளர்களுக்குப் புதிய உண்மைகள் மற்றும் தூண்டுதல்களைச் சேர்த்த கிழக்கிந்திய வணிக நிறுவனங்களின் அதிகாரிகள் மற்றும் பணியாளர்கள் மூலம் அனுப்பப்பட்ட விரிவான செய்திகள் இதில் அடங்கும். இது இயற்கை அறிவியலின் புத்துணர்வுக்கு வழிவகுத்ததோடு ஐரோப்பா தமிழ்ச் சூழலில் காணப்படும் பல்வேறு வகையான விலங்குகள், ஊர்வன, பறவைகள், பூச்சிகள், பாம்புகள் மற்றும் மீன்கள் ஆகியன குறித்துப் பரந்த அளவில் அறிந்துகொண்டது. அதன்பிறகு பயனுள்ள வற்றை அடையாளம் காணவும், தீங்கு உண்டாக்கும் உயிரினங்கள் வளர்ச்சியுறவும், வேறுபடுத்துதல் மற்றும் குழு சேர்த்தல், மேலும் அறிவியல் முறையில் உயிரினங்களுக்குப் பெயர்களை வழங்குதல் ஆகியன ஒரு முதன்மையான செயலாகத் தமிழ்நாட்டுக் கடற்கரைப் பகுதியில் புதிதாகச் சந்தித்தது. அந்தக் கால கட்டத்தில் ஐரோப்பிய அறிஞர்கள் இத்தகைய மிகப்பெரிய பன்முக வாழ்க்கை வடிவங்களைக் கையாள்வது மிகவும் தேவை என நினைத்தார்கள். மேலும், அவர்கள் முறையாக வகைப்பாட்டையும் செய்ய விரும்பினர்.

புதிய உலகம் மற்றும் கிழக்கின் ஆர்வம் ஐரோப்பாவிற்குச் செய்தி மற்றும் பல்வேறு பொருட்களின் வேகத்திற்குப் பங்களித்த நிலக்கோளத்தின் சுற்றுவழிச் செலுத்தலுடன் கண்டுபிடிப்புகளின் அகவை என்பது மிகப் பெரிய வேகத்தில் அதிகரித்தது. அதன் பிறகு

இயற்கையான இந்த உலகம் மனிதர்களின் உலகத்தை எவ்வாறு அறிவிக்கலாம் என்பதில் மாறத் தொடங்கியதோடு, இயற்கையான இந்த உலகத்தை எப்படி ஒழுங்குபடுத்தலாம் மற்றும் மனிதர்கள் எப்படி எதிரொலிக்கலாம் என்பதில் கவனம் தொடங்கியது. தமிழ்நாட்டில் பல உயிரினங்கள் அரிதானவை, புதியவை, அறியப்படாதவை மற்றும் சில உயிரினங்கள் பொது அறிவியல் களத்தில் ஐரோப்பியர்களுக்கு மிகவும் முழுமையாகத் தெரியாமலிருந்தன. எனவே, விசாரணையின் விரிவான முடிவுகளுக்கு ஒவ்வொன்றும் மிகவும் கவனத்தை ஈர்க்கின்ற வகையில் உயிரினங்களை வழங்கிப் பங்களிக்கும் என்று உணரப்பட்டது. இயற்கையானது அறிவாற்றல் கொண்ட தன் படைப்பிற்காகக் கடவுளால் உருவாக்கப்பட்ட ஒரு வரம் என்று கிறித்தவ மதப்பரப்புநர்கள் கருத்து தெரிவித்தனர். கிறித்தவம் இவ்வாறு இயற்கையை மனிதனுக்கு ஏற்றதாக அறியப்பட்டது. ஐரோப்பாவில் மறுமலர்ச்சிக் காலத்திலிருந்து அறிவொளிக் காலம் வரை, ஆர்வம் மற்றும் வியப்பு ஆகிய இருசொற்கள் மட்டுமே பொதுவாகப் பயன்படுத்தப்பட்டன. மேலும், அவை புதிய பொருள்களுக்கு சமகால தூண்டற்பேறுவினை விளக்கும். குறிப்பாக, ஐரோப்பியர்கள் விலங்கினங்களைப் பற்றிய அறிவைப் படிக்கத் தொடங்கியபோது இப்பூவுலகில் உள்ள தமிழகக் கடற்கரையின் சிறிய பையில் இருந்து மீண்டும் கொண்டு வரப்பட்டவை.

I

தமிழகக் கடற்கரைப் பூச்சிகள் ஐரோப்பிய ஆய்வாளர்களின் கவனத்தைக் கவர்ந்தது. அவர்கள் பூச்சிகளின் உட்புற உடற்கூற்றியலை அறிய விரும்பினர். மேலும் அது பெரிய விலங்குகளுடன் ஒப்பிடும் போது மிகவும் சிக்கலானதாக இருந்தது. தொடக்க கால நவீன காலத்தில் பூச்சிகளின் புலனாய்வு மற்றும் வகை மாதிரிகளின் நுட்பங்களுக்கிடையேயான தொடர்பு என்பது மிகவும் கடினமானதாக இருந்தது. ஏனெனில் பூச்சிகள் அவற்றின் சிறிய அளவு மற்றும் மறைபொருள் இயல்பு காரணமாக வழக்கத்திற்கு மாறான சிக்கல்களை ஏற்படுத்தியது. உடற்கூற்றியல் வல்லுநர்கள் தனித்தன்மை வாய்ந்த உடல் உறுப்புகளின் உருவங்களைப் புரியும்படிச் செய்யவேண்டியிருந்தது. மேலும், தொடக்கத்தில் வாசிப்பவர்கள் தங்கள் சொந்தப் பட்டறிவிற்கு எந்தத் தொடர்புமில்லாத பூச்சிகளின் உருவங்களுடன் போராட வேண்டியிருந்தது. இந்த நவீன கால நுண்ணோக்கியின் பயன்பாடு எதிர்பாராத வகையில் சிக்கலான உயிரினங்களை வெளிப்படுத்தினாலும் அது தொழில்நுட்பம் மற்றும் விளக்கம் ஆகிய இரண்டிலும் கணிசமான பொருள்களை ஏற்படுத்தியது. கலிலியோ

கலிலீ (1564-1642) என்பவரின் எளிய நுண்ணோக்கியின் கண்டுபிடிப்பு, பூச்சிகளின் கூட்டுக் கண்ணை ஆய்வு செய்ய உதவியது. மற்றோர் இத்தாலிய நுண் உடற்கூற்றியல் வல்லுநரான மார்செல்லோ மால்பிகி (1628-1694) விலங்குகளின் உறுப்பு இழைமங்களை ஆய்வுசெய்ய நுண்ணோக்கியைப் பயன்படுத்தினார்.

1693இல் இங்கிலாந்தில் ஜான் ரே (1627-1705) என்பவரால் Synopsis Methodica Animalium Quadrupedum et Serpentini Generis என்ற தலைப்பில் ஒரு கவனத்தைக் கவர்கிற முறையான படைப்பு ஒன்று வெளியிடப்பட்டது. அதில் அவர் செவுள்கள், நுரையீரல்கள், கூர்நகங்கள், பற்கள் மற்றும் பிற கட்டமைப்புகளின் அடிப்படையில் விலங்குகளை வகைப்படுத்தினார். ஸ்வீடன் நாட்டு இயற்கை ஆர்வலர் கார்ல் லின்னேயஸ் (1707-1778) அவர்கள் 1758இல் தன் Systema Naturae என்ற நூலை வெளியிட்டதோடு, விலங்கு மற்றும் தாவர உலகின் படிநிலை அமைப்பை முதலில் அறிமுகப்படுத்தினார். மேலும், விலங்கு உலகத்திற்கான வகுப்பு, வரிசை, பேரினம், இனங்கள் என நான்கு வகைகளைப் பின்பற்றினார். லமார்க் அவர்கள் (1744-1829) லின்னேயஸ் அமைப்பை மேம்படுத்துவதற்கான முதல் முயற்சியை மேற்கொண்டதோடு, அவர் தன் Histoire Naturelle des Animaux sans Vertebres ஏழு தொகுதிகளை வெளியிட்டார். மேலும், பரிணாம வளர்ச்சியின்படி விலங்குகளை வரிசைப்படுத்தினார். அவர் விலங்குகளின் குழுக்களை மரக்கிளைகளின் வடிவில் காட்சிப்படுத்தினார். இத்தகைய வளர்ச்சிகள் மற்றும் முன்னேற்றங்கள் மூலம், தமிழகக் கடற்கரையில் உள்ள ஐரோப்பியர்கள், விலங்கியல்/அறிவியல் பெயர்களை உருவாக்கி விலங்கினங்கள் பற்றிய ஆய்வில் தங்களை மிகவும் தீவிரமாக ஈடுபடுத்தத் தொடங்கினர். கடலோரச் சமவெளிகள், பள்ளத்தாக்குகள், மலைகள் மற்றும் குன்றுகள், சிறு காடுகள் மற்றும் காடுகள் போன்ற தமிழ்நாட்டின் சுற்றுச்சூழல் சார்ந்த பல்வேறு இடங்களில் காணப்படும் விலங்கினங்களின் பன்முகத் தன்மையை ஐரோப்பியர்கள் எழுதினர். மேலும், ஒரு விலங்கு இனத்தை மற்றொரு விலங்கு இனத்துடன் ஒப்பிட்டு, அவற்றில் எவை வேறுபட்டவை என்பதை அளவு அடிப்படையில் தீர்மானித்து நன்கு கவனிக்கப்பட்டது. ஒரு காகம், ஒரு மரங்கொத்தி, ஒரு புறா, ஒரு நெடுவால் கிளி மற்றும் ஒரு வல்லூறு என ஐந்து இனங்களின் தொகுப்பு, மற்றொரு ஐந்து இனங்களின் தொகுப்பைவிட மிகவும் வேறுபட்டது. உண்மையான வாழ்க்கையில் பறவைச் சமூகங்கள் மிகவும் சிக்கலாகக் காணப்பட்டாலும் இவை அனைத்தும் கொண்டைக் குருவிகள் வகையாக இருந்தன.

பல்வேறு வகையான அளவுகோல்களைப் பயன்படுத்தி அறிவியல் பெயர்கள் வெறுமனே உருவாக்கப்பட்டன. இந்த ஆராய்ச்சியில் ஆழமாக எனக்குப் பதிந்தது என்னவென்றால், இந்தியப் பகுதியிலிருந்து தோன்றிய பெயர்களின் எண்ணிக்கையும் மற்றும் பொதுவான குறிப்பிட்ட பெயர்களுடன் அறிவியல் பெயரிடலுக்கு வழிவகுத்தது. இந்தச் செயல்பாட்டில் நான்கு முதன்மையான வகைகளைப் பின்பற்றுவதைக் காண்கிறோம். (அ) பறவைகள் மற்றும் விலங்குகளின் தோற்றத்தை வைத்து அவை பெயரிடப்பட்டன. ஒருவரைப் பெருமைப்படுத்தும் பொருட்டு ஒரு பறவையியலாளராகவோ அல்லது இல்லாமலோ அவை பெயரிடப்பட்டன (அத்தகைய சொல் இனப்பெயருக்குரிய முன்னோர் என்று அழைக்கப்படுகிறது). (ஆ) ஒரு வகைப்பாட்டுத் தொகுதி கண்டுபிடிக்கப்பட்ட இடத்திற்குப் பெயரிடப்பட்டது (இடப்பெயர் என அறியப்படுகிறது). ஓர் இனத்தின் சொந்தப் பெயரை அடிப்படையாகக் கொண்டது. (இ) வாழ்விட நடத்தை, உணவு அல்லது குரல் அடிப்படையில் (ஈ) தமிழிலிருந்து இலத்தீன் சொற்கள் மற்றும் அவற்றை அறிவியல் பெயரிடலில் பயன்படுத்தியது. பின்னர் 1842இல் ஸ்ட்ரிக்லேண்ட் விலங்கியல் பெயரிடலின் பன்னாட்டுக் குறியீட்டின் முறை முன்மொழியப்பட்டது. அப்போதிலிருந்து, கிரேக்க அல்லது இலத்தீன் மொழியில் இல்லாத பெயர்களும் படிப்படியாக ஏற்றுக்கொள்வதும் ஏற்பிசைவு வழங்குவதும் செல்லுபடியாகும் என்பதாகும்.

தமிழ்நாட்டில் காணப்படும் பறவைகள் கடற்கரையின் பெயரால் சோழமண்டல என்றழைக்கப்பட்டன. சோழமண்டா / சோழமண்டா லியனஸ் / சோழமண்டலிகா / சோழமண்டலிகஸ் மற்றும் சோழமண்டஸ் என ஐரோப்பியர்கள் பயன்படுத்தியிருப்பதைக் காண்கிறோம்:

1. அனாஸ் சோழமண்டாலியனஸ், கெம்லின், 1789, நெட்டாபஸ் சோழமண்டாலியனஸ்.
2. டெட்ராவோ சோழமண்டலிகஸ், கெம்லின், 1789, கோடர்நிக்ஸ் சோழமண்டலிகா
3. சராதிரியஸ் சோழமண்டலிகஸ், கெம்லின், 1789, கர்சோரியஸ் சோழமண்டலிகஸ்
4. ஸ்ட்ரிக்ஸ் சோழமண்டா, லாதம், 1790, புபோ சோழமண்டஸ்
5. அல்சிடோ சோழமண்டா, லாதம், 1790, அல்சியோன் சோழமண்டா

சென்னையின் புனித ஜார்ஜ் கோட்டைக்கு வந்ததிலிருந்து ஆங்கிலக் குழும அறுவை மருத்துவரான எட்வர்ட் பக்லி அவர்களால் பறவை இனங்கள் மற்றும் பறவை பார்த்தல் என்று தமிழகக் கடற்கரையில் இயற்கை வரலாறு பற்றிய ஆய்வைச் சுடர் ஏற்றித் தொடங்கிவைத்தார். 1847 வரை பறவை இனங்கள் காணப்பட்ட இடங்களின் அடிப்படையில் 1766 முதல் ஐரோப்பியர்களால் பறவைகளுக்குப் பெயரிடப்பட்டன.

1. *மதராஸ்: ஜோஸ்டெராப்ஸ் மதராஸ்பட்னஸ், லின்னேயஸ், 1766; மோட்டாசில்லா மதராஸ்பட்டென்சிஸ், கெம்லின், 1789*
2. *பாண்டிச்சேரி: முசிகாபா பாண்டிச்சேரியானா, கெம்லின், 1789; டெஃப்ரோடோர்னிஸ் பாண்டிச்சேரியனஸ், கெம்லின், 1789*
3. *செஞ்சி: டர்டஸ் ஜிஞ்சினியானஸ், லாதம், 1790; அக்ரிடோதெரெஸ் ஜிஞ்சினியானஸ், 1790*
4. *டிரங்க்யூபார்: கொலம்பா டிரன்க்யூபாரிகா, ஹெர்மன், 1804; ஸ்ட்ரெப்டோபீலியா டிரன்க்யூபாரிகா, ஹெர்மன், 1804*
5. *நீல்கிரீஸ்: ரியோசின்க்ளா நெய்ல்கெர்ரியென்சிஸ், பிளித், 1847; ஜுதெராதௌமா நெய்ல்கெர்ரியென்சிஸ், பிளித், 1847*

பல்வேறு வகையான மீன்களும் ஐரோப்பியர்களால் மெட்ராஸ் மற்றும் நீல்கிரிஸ் போன்ற இடங்களில் காணப்பட்ட மீன்கள் அந்த இடங்களின் பெயரால் அழைக்கப்பட்டன.

எசோமஸ் (நுரியா) மதராஸ்பட்னெசிஸ்	*கிளிப்டோஸ்டெர்னம் மதராஸ்பட்டணம்*
கோபியஸ் மதராஸ்பட்னெசிஸ்	*பிரியகாந்திச்திஸ் மதராஸ்பட்னெசிஸ்*
பிரிகாந்தஸ் மதராஸ்பட்னெசிஸ்	*தனியோ நெய்ல்கெர்ரியென்சிஸ்*
பராதானியோ நெய்ல்கெர்ரியென்சிஸ்	*ரஸ்போரா நெய்ல்கெர்ரியென்சிஸ்*

டி.சி.ஜெர்டன் மற்றும் வால்டர் ஆகியோரால் தமிழ்நாட்டில் கவனிக்கப்பட்ட மீன் வகைகள் அவர்களின் பெயரால் அழைக்கப் பட்டன. ஏனெனில், அவர்கள் புதிய மற்றும் அரிய வகை மீன் வகைகளை அறிமுகப்படுத்தி அடையாளம் கண்டனர்.

ஆம்ளிபாரின்கோடான் ஜெர்டோனி	பார்பஸ் ஜெர்டோனி
பர்போடஸ் ஜெர்டோனி	கிரசிஹிரம்மா ஜெர்டோனி
புரோடுலா ஜெர்டோனி	கர்ரா ஜெர்டோனி
ஹரா ஜெர்டோனி	முகில் ஜெர்டோனி
போமொசென்ட்ரஸ் ஜெர்டோனி	அபோஜென் எலியோட்டி
பாலிஸ்டெஸ் எலியோட்டி	கர்சாரியஸ் எலியோட்டி

தமிழகக் கடற்கரை சார்ந்த ஐரோப்பிய ஆர்வலர்கள் தாங்களாகவே பெயர்களை வைக்க முடிவு செய்திருந்தனர். இது அவர்களின் நம்பிக்கை மற்றும் அறிவின் அளவைக் காட்டுகிறது. ஐரோப்பாவில் கிடைக்கப்பெறாத தகவல்கள் அவர்களுக்குக் கிட்டியது பெருமை வாய்ந்தது. கிழக்கிந்தியக் குழுமங்கள் விலங்கியல் துறையில் தீவிர ஆர்வத்தைக் காட்டி, அதன் ஊழியர்களுக்கு எந்த வகையான தூண்டுதலையும் வழங்கவில்லை. தொடக்க கால முயற்சிகளில் பெரும்பாலானவை தனிப்பட்ட முறையிலேயே காணப்பட்டன. தமிழகக் கடற்கரையில் விலங்கினங்களைப் பற்றிய பெரிய அளவிலான ஆய்வுகளால், ஐரோப்பாவின் பெட்டகங்கள் மற்றும் காட்டு விலங்குக் காட்சி சாலைகள் ஆர்வங்களால் நிரப்பப்பட்டன.

II

இந்நூல் குறிப்பாக விலங்கியல் ஓவியங்கள், படங்கள், வண்ண ஓவியங்கள் மற்றும் விளக்கப் படங்கள் பற்றிய தரவுகளின் தொகுப்பை வழங்குகிறது. அவை ஐரோப்பா முழுவதும் பல்வேறு களஞ்சியங்களில் சிதறிக் கிடக்கின்றன. அந்தக் காலத்தில் தமிழ்நாட்டில் விலங்கினங்கள் பற்றிய ஆய்வில் ஈடுபட்டிருந்த ஐரோப்பியர்களின் ஒரு குறிப்பிட்ட தேவை அல்லது செயல்பாட்டைப் படம்பிடித்த படங்களாக இவற்றைக் காண்கிறோம். தமிழகக் கடற்கரையில் இரு முதன்மையான கலைகள் உருவாகியிருந்தன. அக்கலை, சில உள்ளூர்த் தமிழ் மற்றும் தெலுங்குக் கலைஞர்களால் உருவாக்கப்பட்டது. மற்ற வண்ண ஓவியங்கள் ஐரோப்பியக் கலைஞர்களால் செய்யப்பட்டன. தஞ்சாவூர் கலையின் முதன்மையான பகுதியாக மாறியது. மேலும், முச்சி (வண்ண ஓவியர்கள்) கலைஞர்கள் ஐரோப்பியர்களுக்கான ஓவியங்களை உருவாக்கினர். தொடக்கத்தில், பாணி மற்றும் நுட்பங்கள் பெரும்பாலும் இந்தியத் தன்மையில் இருந்தாலும் பிரித்தானியர்களின் அதிகாரம் அதிகரித்ததால், ஐரோப்பியப் பாணி இங்குள்ள ஓவியங்களில் செல்வாக்கு செலுத்தத் தொடங்கியது. தஞ்சாவூர் ஆட்சியாளரான சரபோஜி ஓவியங்களில் ஐரோப்பியச் செல்வாக்கு பரவுவதற்கு உதவினார்.

அவர் ஐரோப்பிய முறையில் வரையக் கற்றுக்கொண்ட டேனிஷ் பயிற்றுநர்களை ஈடுபடுத்தினார். சரபோஜியின் மேற்பார்வையின் கீழ் உருவாக்கப்பட்ட இந்த ஓவியங்களின் தொகுப்புகளை அவருடைய விருந்தினர்கள் மற்றும் பிரித்தானியக் குடியிருப்பாளர்களுக்கு வழங்குவதற்குச் சரபோஜி பயன்படுத்தினார். சரபோஜியின் மகன் சிவாஜியும் *(1832-53)* இந்தப் பழக்கத்தைத் தொடர்ந்தார்.

ஐரோப்பாவுடனான தமிழ்நாட்டின் வளர்ந்து வரும் தொடர்பு, சென்னை, தரங்கம்பாடி மற்றும் தஞ்சாவூர் போன்ற நகர்ப்புறப் பகுதிகளில் இயற்கை வரலாற்றுக் கலையை நிறுவவும் வளரவும் உதவியது. இது, தமிழ்நாட்டில் நவீன கலையின் தொடக்கத்தையும் குறித்தது. இது, பண்பாட்டுச் சூழலில் ஒரு நுட்பமான மாற்றத்தைக் குறிக்கிறது. மேலும் ஈடுபாடு கலந்த ஆதரவோடு புதிய போக்குகளின் தோற்றம் மற்றும் கலைப்பயிற்சி, மேலும் கலை நடைமுறையில் புதிய வகைகளில் புதிய அணுகுமுறைகளையும் குறிக்கிறது. ஐரோப்பியர்கள் விலங்குகள், ஊர்வன, பூச்சிகள், பறவைகள், பாம்புகள் மற்றும் மீன்களை இயல்பான பாணியில் வரைந்து உயிரோட்டமான ஓவியங்களாக மாற்றினர். நெல்லூரைச் சேர்ந்த கிருஷ்ணாராவ் போன்ற சில உள்ளூர்வாசிகள், உள்ளூர் விலங்கினங்கள் மற்றும் உள்ளூர்க் காட்சிகளின் ஓவியங்கள், கல் அச்சுகள் மற்றும் செதுக்கோவியங்கள் ஆகியனவற்றைச் சென்னையில் அச்சிடுவதற்காக உருவாக்கினர். ஐரோப்பியர்களுடன் பணிபுரிந்த சில கலைஞர்கள், அவர்களின் நுட்பங்களை இதில் அறிமுகப்படுத்தினர். சென்னை மற்றும் ஐரோப்பாவில் தோன்றிய அச்சகங்கள், விலங்கியல் வெளியீடுகளின் தேவைகளை நிறைவு செய்வதற்காகத் தமிழக விலங்கினங்களின் விளக்கப்பட நூல்களைத் தயாரிக்கத் தொடங்கின.

தமிழகக் கடற்கரைப் பறவைகளின் படங்கள் உள்ளூர் மக்களாலும், ஐரோப்பியர்களாலும் மரபான முறையில், மரத்தின் கிளையின் பக்க கொம்பிலோ அல்லது மரத்தடியிலோ இருக்கும்படி சித்திரிக்கப்பட்டன. விலங்குகள் அதன் இயற்கையான சூழ்நிலையில் வியப்புடன் எடுக்கப் பட்டதைக் குறிக்கும்வகையில், அவை பறக்கும் முறையில், அல்லது தோரணையில் சித்திரிக்கப்பட்ட படங்களும் உள்ளன. இந்தப் படங்களின் கலைநய நுணுக்க அறிவு, இறகுகளின் அமைப்பு முறையின் கூறுகளைக் கையாளுதல் அல்லது அவற்றைக் கவனமாக வண்ணம் தீட்டுதல் ஆகியன தமிழ்க் கலைஞர்கள் எவ்வளவு திறமையானவர்கள் என்பதைக் காட்டுகின்றன. எட்வர்ட் பக்லிக்குச் சென்னையில் செய்யப்பட்ட பறவைகளின் படங்களின் முதல் தொகுப்பு உட்பட,

எத்தனை தமிழகக் கலைஞர்களை ஐரோப்பியர்கள் பல்வேறு இடைவெளிகளில் பணியிலமர்த்தினர் என்பதை நம்மால் அறிய முடியவில்லை. பெரும்பாலான ஆய்வுகள் ஆராய்ச்சி சார்ந்ததாகவும், எதிர்கால வெளியீடுகளுக்காகவும் மனதில் இருத்தி வைக்கப் பட்டிருந்தன என்பது குறிப்பிடத்தக்கது.

அந்த நேரத்தில், ஓவியங்கள் தொலைதூரத் தமிழகக் கடலோரப் பகுதியிலிருந்து விலங்குகளின் காட்சி நினைவகத்தைத் தக்கவைத்துக் கொள்வதற்கான எளிதான வழிமுறையாக மாறிவிட்டன. தமிழ்நாட்டில் ஓவியங்கள் பெரும்பாலும் உயிருள்ள விலங்குகளிலிருந்து வரையப் பட்டவை. ஐரோப்பாவிலுள்ள மற்ற ஓவியங்கள் அருங்காட்சியக மாதிரிகளிலிருந்து மட்டுமே வரையப்பட்டவையல்ல. அனுப்பப்பட்ட பல விலங்குகளின் சேகரிப்பு உண்டர்கம்மர் அல்லது குன்ஸ்ட்கம்மர் (வியப்புகளின் அறை அல்லது கலைக்கான அறைகள்) என்று அழைக்கப் படும் பகுதியாக மாறியது. தூத்துக்குடி மற்றும் இராமேசுவரக் கடல் விலங்கினங்கள், கோயம்புத்தூர், சேலம், ஈரோடு ஆகிய பகுதிகளின் காவிரி, பவானி ஆறுகளில் இருந்து வரும் மீன் வகைகள், பல்வேறு இடங்களில் உள்ள உள்நாட்டுக் குட்டைகள் மற்றும் குளங்களில் உள்ள நன்னீர் மீன்கள், சென்னை, தரங்கம்பாடி, புதுச்சேரி, கோயம்புத்தூர், குன்னூர், நீலகிரி, திருச்சிராப்பள்ளி, மதுரை, திருவிதாங்கூர் ஆகிய பகுதிகளின் பறவைத் தொகுதிகள் ஆகியன ஐரோப்பாவில் இவை குறித்த அறிவில் முன்னேற்றமடையப் பெரிதும் உதவின. ஜெர்மனி மற்றும் டென்மார்க்கிற்கு அனுப்பப்பட்ட படச்சட்டத்திலிடப்பட்ட விலங்கினங்கள் மற்றும் புட்டியில் அடைக்கப்பட்ட மீன்களை நாம் காண்கிறோம். விலங்குகளின் உயிருள்ள மாதிரிகளை ஆய்வுசெய்த ஐரோப்பியர்கள், இறந்த பாம்புத் தோல்களையும் தங்கள் வரைபடத்திற்கு மாதிரிகளாகப் பயன்படுத்தினர்.

இயற்கை உலகைப் பற்றிய புதிய புரிதல் ஐரோப்பாவில் அறிவு உற்பத்தி அளவில் மறுசீரமைக்கப்பட்டது. விலங்கறிவியலில் ஒருங்கிணைக்கப்பட்டுப் பரப்பப்பட்ட புதிய கருத்துகள் அச்சிடப்பட்ட புத்தகங்கள்வழி காணப்பட்டன. காப்பி அருந்தகங்கள் மற்றும் விலங்கியல் தோட்டங்களில் விந்தையான விலங்குகளைக் காட்சிப் படுத்துவது ஒரு பொது வெளிப்பாடாக மாறிவிட்டது. உண்மையில் அது உலகை ஆளுமை செலுத்தும் நோக்கத்துடன் செய்யப்பட்டது. தமிழகக் கடற்கரையில், மதப்பரப்புநர்கள் தமிழர்களுக்கு விலங்கியல் கல்வி கற்பிப்பதில் ஆர்வம் காட்டினர். 1836இல் நாகர்கோயிலில் உதிரி விலங்கியல் (வீட்டு விலங்குகள்) என்ற தலைப்பில் தமிழில்

அச்சிடப்பட்ட ஒரு பாடநூலைக் காண்கிறோம். இதனால், பெரும் பாலும் தொழில்சாரா இயற்கை வரலாற்றிலிருந்து விலங்கியல் பரப்புதலின் தொழில்முறை அறிவியலுக்கு நகர்வதைக் காண்கிறோம்.

செயலில் உள்ள தேடல் மற்றும் தமிழுலகின் விலங்கினங்களைச் சுற்றி நடத்தப்பட்ட ஆராய்ச்சிகள், ஐரோப்பாவில் அதிக எண்ணிக்கை யிலான வட்டாரச் சிறப்பினங்கள் மற்றும் விலங்கு அல்லது தாவர இனங்களுடன் மிகவும் வளமானதாக மாறியது. இயற்கை அறிவியலின் ஆய்வில் தர்க்கம் மற்றும் காரணம், ஊகம், ஆக்கம் ஆகியன அடங்கும். ஹெர்செல் என்பவர் அழிந்துபோன இனங்களின் புதிய உருவாக்கம் பற்றி தெரிவித்து, இரகசியங்களின் இரகசியங்கள் என்று வியந்தார். சார்லஸ் டார்வின் அவர்கள், அவர் ஈர்க்கப்பட்டபடி புதிய இனங்களின் தோற்றம் என்ற ஹெர்ஷல் அவர்களின் சொற்றொடரை அதன் பிறகு தேர்ந்தெடுத்தார். 1859இல் டார்வின் தன் புகழ்பெற்ற படைப்பான ‘உயிரினங்களின் தோற்றம்’ மற்றும் அவருடைய புதிய பரிணாமக் கருத்தை வெளியிட்டார். உயிரியலாளர்கள் இடையே இக்கருத்து உடனடியாக ஏற்றுக்கொள்ளப்பட்டது. பரிணாமக் கருத்துகளின் செல்வாக்கு காரணமாக வகைப்பாட்டியல் ஆய்வு செய்யப்பட்டு வகைப்பிரிப்பாளர்கள் பரிணாமம் என்பதை அறிய ஊக்குவிக்கப் பட்டனர். டார்வின் கோட்பாடு அவர்களின் வகைப்பாட்டியல் நடவடிக்கைகளுக்குச் சரியான விளக்கமளித்தது. பெருமளவிலான இனங்கள் கண்டுபிடிக்கப்பட்டு விளக்கப்பட்டுள்ளன. இயற்கையை மீறிய படைப்பாக இல்லாமல், இயற்கை எப்படிப் புதிய இனங்கள் உருவாக்கும் என்பதைக் கண்டறிந்ததே டார்வின் அவர்களின் மாபெரும் சாதனை. அவர் பரிணாமம் எவ்வாறு நிகழ்கிறது என்பதைக் கண்டு பிடித்தார். டார்வின் தன் நூலின் இறுதியில், முடிவற்ற வடிவங்கள் மிக அழகானவை மற்றும் மிகவும் வியப்பானவை. மேலும், அவை உருவாகி வருகின்றன என்று கூறினார். இவ்வாறு டார்வினியம் வாழ்க்கையை உற்று நோக்குவதன் அடிப்படையில் அமைந்தது. மேலும் காரணம் மற்றும் விளைவுகள் தவிர தர்க்கம் மற்றும் பகுத்தறிவை அடிப்படையாகக் கொண்ட அதன் அறிவியல் பகுப்பாய்வு, பிறகு ஐரோப்பாவிலிருந்து தமிழ்நாட்டிற்கு அறிமுகப்படுத்தப்பட்டது.

III

தமிழ்நாட்டில் உள்ள ஐரோப்பியர்கள் தமிழர்களின் உதவியோடு அவர்கள் செய்த பல செய்திகளைத் திரட்டி, அனுப்பியுள்ளனர் என்பதை இந்நூல் மூலம் நிறுவியுள்ளோம். மேலும், புலம்பெயர்ந்த தெலுங்கர் மற்றும் அவர்கள் உருவாக்கிய அறிவு பெரும்பாலும்

கூட்டாக உருவாக்கப்பட்டது அல்லது கலப்பானது. இருப்பினும், இந்தத் தொடர்புகளின் குறிப்பிட்ட தன்மை மற்றும் குறிப்பாக, இந்தக் கலப்பினச் செயல்முறையின் வழிமுறைகள் சான்றுகளில் இருந்து தெளிவாக அறிய முடியவில்லை. எனவே, இது குறைவாகவே புரிந்து கொள்ளப்பட்டுள்ளது. இருப்பினும், சென்னை, புதுச்சேரி, தரங்கம்பாடி போன்ற இடங்களில் உருவாக்கப்பட்ட இயற்கை அறிவின் கலப்பானது மிகவும் முதன்மையானது. ஏனெனில், உள்ளூர்த் தமிழ்ச்செய்திகள் ஐரோப்பிய அறிவு மரபின் ஒரு பகுதியாக ஆக்கப்பட்டன. மேலும், அவர்கள் இயற்கையான தத்துவத்தைப் பயன்படுத்துவதன் மூலம் இயற்கை உலகைப் புரிந்துகொண்டனர். நடைமுறையில் தமிழகக் கடற்கரையிலிருந்து தேர்ந்தெடுக்கப்பட்ட பதிவுசெய்யப்பட்ட செய்திகள் ஐரோப்பாவை அடைந்து, அதன்பின் உள்ளூர் தமிழ் மரபுகளைப் புறக்கணித்து அல்லது குறைத்து, விளக்கங்கள் சரியான நேரத்தில் மேம்படுத்தப்பட்டன.

அறிவு உற்பத்தியின் இயக்கவியல், இயற்கை அறிவியலின் சூழல் ஐரோப்பியர்கள் இயற்கை உலகைப் புரிந்துகொண்ட விதங்களில் மாறி வரும் முறைகளுடன் தொடர்புடையது. ஐரோப்பாவில் அறிவியல் புரட்சி என்று எதுவும் இல்லை. தமிழ்நாட்டில் ஐரோப்பிய ஆர்வலர்கள் விரிவான பயணங்களை மேற்கொண்டதோடு, களப்பட்டறிவின் மூலம் விலங்கினங்களை ஆராய்ந்தனர். அவர்கள் மாதிரிகளைச் சேகரித்தனர். மேலும் வாசிப்பு, குறிப்பு எடுத்தல், கவனிப்பு தவிர, தொகுத்தல் போன்ற பல்வேறு வகையான நடைமுறைகளை ஏற்றுக்கொண்டனர். மேலும், உள்ளூர் முதல் உலகளாவிய வரை இயற்கை வரலாற்றின் உலகைப் புரிந்துகொள்வதற்குப் பங்களித்தனர். ஐரோப்பாவில் பல தனி நபர்கள், தகவல் சேகரிப்பாளர்களையும், மாணவர்களையும் ஆய்வில் ஊக்கப்படுத்தினார்கள். சேகரித்த விவரங்களை சரிபார்க்கவும், குறுக்கு விசாரணைக்கு உட்படுத்தவும், அவைகளைத் தொகுக்கும் பணியிலும் ஈடுபடுத்தினார்கள். 1639 மற்றும் 1857க்கு இடையில் தமிழகக் கடற்கரையிலிருந்து சேகரிக்கப்பட்ட புதிய செய்திகளின் அளவு திடுக்கிடச் செய்கிறது. மேலும், அருங்காட்சியகச் சேகரிப்புகளில் பாதுகாக்கப்பட்டுள்ள இயற்கை வரலாற்று அறிவின் பரிமாற்றத்தைக் கண்டுபிடிப்பது மிகவும் முதன்மையானது.

தமிழகக் கடற்கரை, சிறப்பாகப் பயணிகள், மதப்பரப்புநர்கள், கிழக்கிந்தியக் குழும அதிகாரிகள், ஊழியர்கள் மற்றும் கலைஞர்களால் முன்னிலைப்படுத்தப்படுகிறது. அவை பரந்த உலகைப் பற்றிய ஐரோப்பிய அறிவை எண்ணற்ற அளவில் வளர்க்க உதவியது. ஆனால்

முதன்மையாக அயல்நாட்டு, அறிவை விந்தையான முறையில் எழுத்துப் பூர்வமாகக் கொண்டு வர வழி வகுத்தது. தமிழ்நாட்டின் ஆட்சியாளர் களான இரண்டாம் சரபோஜி, தஞ்சாவூர் மன்னர் போன்றவர்கள் மதப்பரப்புநர்கள் மற்றும் குடியேற்ற வலைப்பின்னல்களுடன் தொடர்பு கொண்டு ஐரோப்பாவின் அறிவுசார் வளர்ச்சிகளை அறிந்தனர். முன்னேற்றம் மத்திய அறிவொளியின் கருத்தால் ஈர்க்கப்பட்டு காலனித்துவ அல்லது மேற்கத்தியமல்லாத தமிழ்ச் சூழலுக்கு விடை யளிக்கும் வகையில் ஒரு புரட்சிகர அறிவார்ந்த கொதிப்பு நிலையை உருவாக்கினார்.

இந்தக் காலகட்டத்தில், விலங்கு அறிவியல் மற்றும் அதன் பல்வேறு கிளைகள் வியத்தகு மாற்றங்களுக்கு உட்பட்டுள்ளன. குறிப்பாக, புதிய பட்டறிவு சார்ந்ததும் திரவு-தீவிரமான ஒழுங்குமுறைகள் தோன்றியதி லிருந்து ஐரோப்பாவில் அறிவியல் சங்கங்கள் மற்றும் அமைப்புகளின் பெருக்கம் வரை வாதிடப்பட்டது. புதிய வழிமுறைகளின் கண்டு பிடிப்புக்கான தொழில்துறை விரிவாக்கம் ஐரோப்பாவிலும் தமிழ் நாட்டிலும் வளர்ந்தது. இது மையங்கள் மற்றும் புற விளிம்புகளைப் பற்றிப் பேசுவதற்கு முற்றுப்புள்ளி வைக்கிறது. ஆனால், அதற்குப் பதிலாகச் சுழற்சி அமைப்புகளில் கவனம் செலுத்துகிறது. இயற்கை வரலாற்றின் ஆய்வு என்பது பொதுவாக காலனித்துவ ஒருவழிப் போக்குவரத்து, பரிமாற்றம், அறிவின் மொழிபெயர்ப்பு மற்றும் உலகின் முன்னேற்றம் மேலும் மாற்றத்திற்கு மாறியது என உறுதியாக முடிவு செய்யலாம். மதப்பரப்புநர்கள் மற்றும் அவர்களின் சாதனைகள் தவிர கிழக்கிந்தியக் குழுமங்களின் அதிகாரிகள் மற்றும் விலங்குகள் மேலும் பறவைகள் பற்றிய அவர்களின் ஆய்வுகள், தமிழ்நாட்டின் இந்தக் கவனத்தை ஈர்க்கிற விலங்கினங்களைச் சேகரித்தல், கண்டறிதல் மற்றும் விளக்குதல் ஆகியவற்றில் தங்கள் ஆய்வுகளில் சளைக்காமல் இருந்தனர். அவர்களின் படைப்புகள் மற்றும் சேகரிப்புகள் விலங்கியல் பற்றிய நவீன ஆய்வுக்கு அசைக்க முடியாத அடித்தளத்தை வழங்குகின்றன.

பின்னிணைப்பு

சான்று: மதுரை மாகாண ஏசு சபை ஆவணக்காப்பகம், செண்பகனூர், இந்தியா.

அருட்தந்தை லூயி நோயல் டி போர்ஸே அவர்கள் பிரான்சில் உள்ள கவுண்டெஸ் தே சௌதுக்கு, மதுரையிலிருந்து 21 செப்டம்பர் 1713 அன்று எழுதிய கடிதம்.

(பிரஞ்சு மொழியிலிருந்து மொழிபெயர்க்கப்பட்டது)

இங்கு குழிமுயல்கள் அல்லது முயல்கள் உள்ளன. ஆனால் எனக்கு உறுதியாகத் தெரியவில்லை. ஏனென்றால், நான் அவற்றை அருகிலிருந்து பார்க்கவில்லை. யானைகள், புலிகள், ஓநாய்கள், குரங்குகள், கலைமான்கள், பன்றிகள் உள்ளன என உறுதியாகச் சொல்ல முடியும். வேட்டையாட எல்லோரும் இங்கு அனுமதிக்கப்படுகிறார்கள். ஆனால், விளையாட்டு என்பது தனியாக உள்ளது. மேலும் ஐரோப்பாவில் உள்ள அதே ஆர்வத்துடன் அது தொடரப்படவில்லை.

மதுரை ஏசு சபை மதப்பரப்பு நிறுவனப் பகுதிகளில் வௌவால்கள், பல்லிகள் மற்றும் சில வெள்ளை எறும்புகள் காணப்படுகின்றன. வெள்ளாடு, செம்மறியாடு மற்றும் கோழிகள் இறைச்சி என்பது மிகவும் பொதுவானது. உள்ளூர் மக்கள் மீனை விரும்புகிறார்கள். அதை வெயிலில் காயவைப்பார்கள். சுவையற்றதாக இருக்கும் அரிசிக்குச் சுவையைத் தருவதற்கு இதைச் சிறந்த சுவையூட்டியாகக் காண்கின்றனர். அதை அரிதாகவே சாப்பிடுவார்கள்.

கரவடுகர் இன மக்கள் தமிழ்நாட்டில் காணப்படுகின்றனர். இந்தச் சாதியைச் சேர்ந்தவர்கள் கழுதைகளைத் தங்கள் உடன்பிறப்புகளாகக் கருதுகிறார்கள். அவற்றைப் பாதுகாப்பாக வைத்திருக்க விரும்புகிறார்கள். மேலும், அதிகச் சுமைகளை ஏற்றி அல்லது அதிகமாக அடிப்பதைப் பொறுத்துக்கொள்ள மாட்டார்கள். கழுதைகளிடம் ஒருவர் கடுமையாக நடந்துகொள்வதை அவர்கள் கவனித்தால், அவரை அவர்கள் நீதிமன்றத்திற்குக் கொண்டுவந்து தண்டம் விதிக்கச் சொல்வார்கள். கழுதையின் முதுகில் சணற்பை மூட்டையை வைப்பது ஏற்கப்படுகிறது. ஆனால், இன்னும் கூடுதலாக ஏதாவது சேர்த்தால், கரவடுகர் குற்றவாளிக்குக் கடுமையான சிக்கலை உருவாக்குவார். இந்த ஆடம்பரத்தைவிட குறைவாக மன்னிக்க முடியாதது என்னவென்றால்,

பெரும்பாலும் அவர்கள் அந்த விலங்குகளைவிட அந்த ஆண்களுக்கு குறைவான இரக்கம் காட்டுகிறார்கள். சான்றாக, மழை பெய்யும்போது அவர்கள் கழுதைக்கு அடைக்கலம் கொடுப்பர். அது ஒரு நல்ல சாதிக்கழுதையாக இல்லாவிட்டால் அதை வைத்திருப்பவருக்கு அடைக்கலம் கொடுக்க மறுப்பர்.

எங்களிடம் மிகவும் அழகற்ற நாய்கள், வீட்டு மற்றும் காட்டுப் பூனைகள், மேலும் பல இன எலிகள் உள்ளன. கஸ்தூரி என்ற மணப் பொருளை உருவாக்கும் ஒரு வகையான பூனையைப் (புனுகுப்பூனை) பற்றி என்னிடம் கூறப்பட்டது. ஆனால், நான் அந்த விலங்கைப் பார்க்கவில்லை. அது உண்மையில் ஒரு பூனையா அல்லது அது எப்படி அந்த மணமுள்ள பொருளை உருவாக்குகிறது எனத் தெரியவில்லை. ஒரு கம்பத்தில் அந்தப் புனுகுப் பூனை தன்னைத் தேய்க்கும்போது அந்தச் சவ்வாதைக் கம்பத்தில் அங்கேயே விட்டுவிட, சவ்வாது கம்பத்தில் இருந்து சேகரிக்கப்படுகிறது என்று அவர்கள் கூறுகிறார்கள்.

காட்டு நாய்களில் நரி போன்ற தோற்றம் கொண்ட நாய் ஒன்று உள்ளது. உள்ளூர் மக்கள் இதை நரி என்றும் போர்த்துக்கீசிய அடிபா என்றும் அழைக்கின்றனர். இரவில் அது குறிப்பிட்ட மணி நேரத்தில் ஊளையிடும் என்றும், ஒவ்வோர் ஆறாவது மணி நேரத்திற்கும் ஊளையிடும் என்றும் என்னிடம் கூறப்பட்டது. என்னைப் பொறுத்தவரை நான் இரவில் அடிக்கடி பயணம் செய்திருக்கிறேன். எல்லா நேரங்களிலும் அது ஊளையிடுவதைக் கேட்டேன்.

பாம்புகளைப் பொறுத்தவரை நம்மிடையே அவை பெருமளவில் உள்ளன; சில மிகவும் நச்சுத்தன்மை வாய்ந்தவை. அவற்றால் கடிபட்ட ஒருவர், அவர் எடுத்துவைக்கும் எட்டாவது அடியில் இறந்து விடுவார். அதனால் அது எட்டு-அடி நாகம் என்று அழைக்கப்படுகிறது. மற்றொரு பாம்பு உள்ளது. போர்த்துக்கீசியர்கள் அதை கோப்ரா டி கேபல்லோ என்று அழைக்கின்றனர். சில ஐரோப்பியர்கள் நம்புவது போல் தொப்பியுடன்கூடிய பாம்பு என்று பொருளல்ல. ஆனால், முகப்பு மூடி கொண்ட பாம்பு அது. கோபம் வரும்போது அப்பாம்பு உடலில் பாதியை உயர்த்தி, வாலால் மட்டும் ஊர்ந்து செல்வதால், இது இவ்வாறு அழைக்கப்படுகிறது. பின்னர் கழுத்து ஒரு முகப்பு மூடி போல விரிவடைகிறது. அதில் மூன்று கருப்புக் கறைகள் தோன்றும். இது உள்ளூர் மக்களின் கருத்துப்படி அழகாகத் தோன்றும். இதன் காரணமாக, இது அழகான அல்லது நல்லபாம்பு என்று அழைக்கப்படுகிறது. ஏனெனில், அவர்கள் பயன்படுத்தும் தமிழ்ச் சொல்லான அழகானது, நல்லது என்று பொருளாகும். மற்றொரு கடிதத்தில் நான் உங்களிடம் பேசும்போது, இந்திய மதத்தில் இந்தப்

பாம்பின் மீது புறச் சமயத்தினர் வைத்திருக்கும் மூட நம்பிக்கையை மதிப்போடு நான் குறிப்பிடுகிறேன். அவர்கள் அந்த நல்ல பாம்பைக் கொல்ல நேர்ந்தால், அவர் ஒரு தெய்வக் கேடான செயலைச் செய்ததாக நினைப்பர்.

மற்ற பூச்சிகளின் இடையே செடிப்பேன்கள் என்பது இரவில் பளபளக்கும். அவை அடிக்கடி ஈரமான இடங்களுக்குச் செல்லும். மேலும் பல இடங்களில் இரவில் இருட்டாக இருக்கும்போது, அந்த ஈக்கள் சிறிய பறக்கும் விண்மீன்களைப் பார்ப்பது போல மிகவும் இனிமையான காட்சியாக இருக்கும்.

எறும்புகளில் பல வகைகள் உள்ளன. இப்பகுதியில் உள்ள மக்கள் வெள்ளை எறும்புகளுடன் போராட வேண்டியிருந்தது. ஒவ்வோர் ஆண்டும் கட்டடங்கள் கிட்டத்தட்ட முழுமையாகப் புதுப்பிக்கப்படவேண்டிய அளவுக்கு அழிவுக்குள்ளானது. தமிழர்கள் இந்தப் பூச்சியைக் கறையான் என்று அழைக்கிறார்கள். வேறு சில எறும்புகளைப் போலவே இது நிலத்திற்குள் புற்று கட்டி, முட்டையின் உள்ளே இருப்பது போல் வாழ்கிறது. இந்தத் தீங்குதரும் பூச்சியில் இரு வகைகள் உள்ளன. ஒன்று, பெரியது மற்றும் அது வயல்களில் வசிக்கிறது. மேலும் நம் தேவாலயங்களுக்கும் வீடுகளுக்கும் குறைவான தீங்கினை விளைவிக்கக்கூடியது. இந்த வகையானது வயல்களில் காணப்படுகிறது. ஓர் ஆளின் உயரத்தைவிட அதிகமான மணற்குன்றுகள், அதன் உள்ளே முறுக்குப் பாதைகள் ஓடுகின்றன.

இந்தத் தீங்கு தரும் பூச்சியில் இரண்டாம் வகை வீட்டுக்குரியது என்று சொல்லலாம். வீடுகளுக்கு மிகவும் தீங்கு தரும் பூச்சியிது. பொதுவான எறும்புகளிடமிருந்து பல்லிகள், தவளைகள் மற்றும் பிற பூச்சிகளிடமிருந்தும் தன்னைக் காத்துக்கொள்ள அது எங்கு சென்றாலும், முதலில் நிலத்தை உயர்த்துகிறது. அதனுடன் அது ஒரு திரவத்தைக் கலந்து அதனுடன் ஒரு சிறிய நிலவறை வழியை உருவாக்குகிறது. எப்படி என்று எனக்குத் தெரியவில்லை. இவ்வாறு பாதுகாக்கப்பட்டு, அதன் தன் உணவு தேடும் நடவடிக்கையில் ஈடுபட்டு, கூரைகளில் தறி, பனை ஓலைகளையும் தண்டுகளையும் மட்டும் பற்களால் கொத்துகிறது. கூரைகள் மூடப்பட்டிருக்கும். ஆனால், காடே இதனால் ஒரு அச்சந்தருகிற பேரழிவை ஏற்படுத்துகிறது. இந்த வகைத் தீங்கு தரும் பூச்சி கிட்டத்தட்ட எல்லாப் பகுதிகளிலும் பரவியுள்ளது. கிறித்தவர்களும், ஊழியர்களும் தரையில் படுத்திருக்கும்போதெல்லாம் அது அவற்றினுக்குக் கீழே உள்ள துணிகளையோ, இலைகளையோ அல்லது பாய்களையோ சாப்பிடுகிறது.

ஆய்வடங்கல்

Primary Sources
I. Manuscripts
DENMARK
1. *Nationalmuseet, Copenhagen*
   DU 451; DU 452
   Fuglsang Collection no. D.1717
2. *Zoological Museum, University of Copenhagen*
   Fabricius Collection at Kiel, Specimen Astacus, 1793, Scylla Tranquebaria, 1798

FRANCE
3. *Muséum Nationale de L'Histoire Naturelle, Paris*
   Georges-Louis-Leclerc de Buffon, Catalogue
   Jean Baptiste-Leschenault de la Tour, Catalogue

GERMANY
4. *Archiv der Franckeschen Stiftungen, Halle*
   M2 B1:5; M2B1:5d; M2B1:6, Berichte aus Zoologie und Botanik
   M2 E27:18, Tagebuch von Christoph Samuel John, 12 December 1803 – 31 December 1804
5. *Franckesche Stiftungen, Halle*
   Kunst-und Naturalienkammer: R-Nr.0599
6. *Museum fur Naturkunde der Humboldt-Universitat zu Berlin*
   Uranoscopus lebeckii, Kolorierte Zeichung, 1787, Historische Bild-und Schriftgutsammlungen: GNF Christoph Samuel John
   Anthias Johnii, Bl. Fischpraparat, 1792, Tranquebar, Ex.coll. Bloch, ZMB.336
   Mesoprion Johnii, Bl. Fischpraparat, ZMB 8957
7. *Staatliche Museer zu Berlin*
   Kupferistchkabinett

INDIA
8. *Saraswati Mahal Library, Thanjavur*
   Modi Bundles, 31C/ 44-1-11; 105C/45-1; 123C/17-9; 160C/9
9. *Tamilnadu State Archives, Chennai*
   Commercial Department
   Dispatches from England to the President and Council of Fort St. George, 10 May 1788

அய்ரோப்பியர்களின் விலங்கு அறிவியல் ஆராய்ச்சியும்
மருத்துவ - விலங்கியல் வளர்ச்சியும் (1639-1857) / 233

Letters to the Board of Revenue

Letter of Andrew Berry dated 26 August 1795 to Lord Hobart, the Governor and Council of Fort St. George

Madras Presidency: Board of Revenue Proceedings, vol. 251

Public Consultations, 187A/42, Extract from the minute dated 22 July 1789

Letter of James Anderson dated 6 January 1789 to Archibald Campbell

Surgeon General's Records, vol. 3

Tanjore District Records, vol. no. 3417, 3418, 3419, 3429, 3452, 3479, 3483, 3487A, 3492, 3503, 3535, 3539, 4353, 4429B, 4432, 4436, 4438, 4455

Tirunelveli Collectorate Records

Vol. 3565, 3582, 4696, 4708

10. *Madurai Province Jesuit Archives, Shenbaganur*

Letter of Fr. Louis Noel de Bourzes in French written from Madurai dated 21 September 1713 to Countess de Soude in France

UNITED KINGDOM

11. *Bodleian Library, University of Oxford*

John Johnson Collection, 1702-1714

12. *British Library, London*

Additional Manuscripts, 4448, 5266, OR.49

MSS Eur. E80-82, Eudelin de Jonville, Quelques notions sur l'Isle de Ceylan

Natural History Drawings of the India Office Collections

7/1001-25; 7/1029; 7/1031; 7/1032; 7/1033; 7/1034; 7/1036; 7/1039; 7/1087-94; 7/1094; 7/1095; 7/1096-97; 7/1100, 7/1101; 7/1102-03; 7/1104-1114; 7/1111; 7/1112; 7/1115, 7/1330

Oriental and India Office Collection

E/4/873, Madras Dispatches, Letter dated 21 July 1787

MSS Eur.85

P/174/13; P/339/123

The Board of Control, Board's Collection, 1796–1858, The East India Company Records, F/4/95, File 1933; F/4/154 File 2690; F/4/862, File 22786; F/4/946, File 26558

Western Manuscripts Collections, Sloane MS 2346, 3321, 3332, 3333, 3348, 3916, 4020, 4045, 4066

13. *British Museum, London*

Vier Zeichnungen auf Glimmer, 1913.2-8.0109-0112.

456. e. 11 (9)

14. *Natural History Museum, London*

Zoology Library, MSS JOHN, Additional Observations on Snakes by the Reverend Dr. John

Patrick Russell, Indian Serpents, 1837, Accession no. 37.9.26.36, Colubridae 83C

Patrick Russell, 47 numbered 1–60, Water colour drawings of Reptiles: an important collection of water colour drawings of reptiles, some being original, Company School drawings for Patrick Russell's book on Indian snakes, etc. sold at Sotheby's, Catalogue of printed books, Tuesday, 22 November 1977, Lot 325, Accompanied by memo regarding the sale by P.J.P. Whitehead and A.F. Stimson, Zoology Department, Zoology, 96Ao TR; 96Ao Tr (drawings)

Z MSS IND (ii) no. 29, Venomous Serpents Received from the Asiatic Society of Bengal, undated

Z Mss IND (ii) no. 32, Serpents: Honourable Company's Collection: Thomas Cantor, 1838

Z Mss IND (ii) no. 55, Jars of snakes, lizards and a snake-lizard preserved in spirits, War collection from Tipu Sultan, Cir. 1800

II. Printed Documents, Contemporary Chronicles, Tracts and Accounts

DANISH

I. K. Daldorf, 'Uddrag af Hr. Daldorfs Dagbog Paaen Reise fra Kiobenhavn til Tranquebar fidst o Aaret 1790 og forst I Aaret 1791', *Skrivter af Naturhistorie Selskaber*, 2 (2), 1793, pp. 147-173.

ENGLISH

Anonymous, 'Memoir of the Life and Writings of Patrick Russell, M.D. F.R.S.,' in Patrick Russell, *A Continuation of an Account of Indian Serpent; Containing Descriptions and Figures, from Specimens and Drawings, Transmitted from Various Parts of India*, W. Bulmer & Co. Shakespeare Press, London, 1801.

Anonymous, 'Jerdon's Illustrations of Indian Ornithology', *Calcutta Journal of Natural History*, 1844, vol. IV (16), pp. 534-536.

Boag, William, 'On the Poison of Serpents' in *Asiatic Researches Comprising History and Antiquities, the Arts, Sciences and literature of Asia*, 20 vols., 1788-1839, see vol. VI, 1809, pp. 103–126.

Boyle, Robert, 'General Heads for a Natural History of a Countrey, Great or Small', *Philosophical Transactions*, vol. 1, 1665, pp. 1-22.

Brunto, T. Lauder and J. Fayrer, 'On the Nature and Physiological Action of the Poison of Naja Tripudians and Other Indian Venomous Snakes– Part II', *Proceedings of the Royal Society of London*, 1873–74, vol. 22, pp. 68–133.

Campbell, Colonel Walter., *My Indian Journal*, Edinburgh, MDCCCLXIV.

Clive General and James Parsons, 'Some Account of the Animal Sent from the East Indies, by General Clive, to His Royal Highness the Duke of Cumberland, Which is now in the Tower of London: In a Letter from James Parsons, M. D. F. R. S. to the Rev. Thomas Birch, D. D. Secretary to the Royal Society', *Philosophical Transactions*, vol. 51 (1759-1760), pp. 648-652.

Dance, S.P., 'Report on the Linnaean Shell Collection', *Proceedings of Linnaean Society London*, vol. 176 (1), 1967, pp. 1- 34.

Donovan, E., *An epitome of the natural history insects of islands in the Indian seas: Comprising upwards of two hundred and fifty figures and descriptions the most singular and beautiful species, selected chiefly from those recently discovered, and which have not appeared in the works of any preceding author. The figures are accurately drawn, engraved and coloured, from specimens of the insects; the descriptions are arranged according to the system of Linnaeus; with references to the writings of Fabricius, and other systematic authors by E. Donovan, Author of the natural history of the insects of China*, London, 1800.

Elliot, Walter, 'Description of a New Species of Naga or Cobra Capello', *Madras Journal of Literature and Science*, 1840, pp. 39-41.

Foulkes, T., 'Biographical Memoir of Dr Rottler', *Madras Journal of Literature and Science*, New Series, 1861, pp. 1-17.

Hampe, 'An Account of a New Species of the Manis, or Scaly Lizard, extracted from the German Relations of the Danish Royal Missionaries in the East Indies, of the year 1765, published at Halle in Saxony, by Dr. Hampe, F. R. S', *Philosophical Transactions: Giving some account of the present undertakings, Studies, and Labours of the ingenious, in many considerable parts of the world*, vol. LX, 1771, pp. 36-38.

Jerdon, Thomas Caverhill, *Catalogue of the birds of the peninsula of India arranged according to the modern system of classification: with brief notes on their habits and geographical distribution, and descriptions of new, doubtful and imperfectly described species*, 1st ed. Madras, J.B. Pharaoh, 1839.

_____, 'Catalogue of the birds of the peninsula of India arranged according to the modern system of classification, with brief notes on their habits and geographical distribution, and descriptions of new, doubtful and imperfectly described species', *Madras Journal of Literature and Science*, 1839, vol. 10 (24), pp. 60-91.

_____, 'Catalogue of the birds of the peninsula of India arranged according to the modern system of classification, with brief notes on their habits and geographical distribution, and descriptions of new, doubtful and imperfectly described species' *Madras Journal of Literature and Science*, 1839, vol. 10 (25), pp. 234-269.

_____, 'Catalogue of the birds of the peninsula of India arranged according to the modern system of classification, with brief notes on their habits and geographical distribution, and descriptions of new, doubtful and imperfectly described species', *Madras Journal of Literature and Science*, 1840, vol. 11 (26), pp. 1-38.

_____, 'Catalogue of the birds of the peninsula of India arranged according to the modern system of classification, with brief notes on their habits and geographical distribution, and descriptions of new, doubtful and imperfectly described specie', *Madras Journal of Literature and Science*, 1840. vol. 11 (27), pp. 207-239.

_____, 'Catalogue of the birds of the peninsula of India arranged according to the modern system of classification, with brief notes on their habits and geographical distribution, and descriptions of new, doubtful and imperfectly described species', *Madras Journal of Literature and Science*, 1840, vol. 12 (28), pp. 1-15.

_____, 'Catalogue of the birds of the peninsula of India arranged according to the modern system of classification, with brief notes on their habits and geographical distribution, and descriptions of new, doubtful and imperfectly described species', *Madras Journal of Literature and Science*, 1840, vol. 12 (29), pp. 193-227.

_____, *Illustrations of Indian Ornithology*, 1st ed. Madras, J. B. Pharaoh, Vol. I of IV vols, 1843.

_____, 'Supplement to the catalogue of birds of the peninsula of Indi', *Madras Journal of Literature and Science*, 1844, vol. XIII (30), pp. 156–174.

_____, 'Second Supplement to the Catalogue of the birds of Southern India', *Madras Journal of Literature and Science*, 1845, vol. XIII (31), pp. 116-144.

_____, *Illustrations of Indian Ornithology* containing 50 figures of new, unfigured and interesting birds, chiefly from the South of India, Church Street, Vepery, India, R. W. Thorpe, Christian Knowledge Society's Press, Vol. II of IV vols, 1845.

_____, *Illustrations of Indian Ornithology*, Church Street, Vepery, India, Reuben Twigg, Christian Knowledge Society's Press, Vol. III of IV vols, 1846.

_____, *Illustrations of Indian Ornithology: Containing fifty figures of new, unfigured and interesting species of birds chiefly from the South of India*, printed by P.R. Hunt, American Mission Press, Madras, vol. IV of IV vols, 1847.

_____, 'On the Fresh Water Fishes of Southern India', *Madras Journal of Literature and Science*, vol. XV (1), 1848, pp. 139-149.

_____, 'On the Fresh Water Fishes of Southern India', *Madras Journal of Literature and Science*, vol. XV (2), 1848, pp. 302-346.

_____, 'Ichthyological Gleanings in Madras', *Madras Journal of Literature and Science*, vol. XVII, 1851, pp. 128-151.

_____, 'Catalogue of Reptiles Inhabiting Peninsular India', *Journal of the Asiatic Society of Bengal*, vol. XXII, 1853, pp. 462-479.

_____, 'Catalogue of Reptiles Inhabiting Peninsular India', *Journal of the Asiatic Society of Bengal*, vol. XXII, 1853, pp. 522-534.

அய்ரோப்பியர்களின் விலங்கு அறிவியல் ஆராய்ச்சியும்
மருத்துவ - விலங்கியல் வளர்ச்சியும் (1639-1857) / 237

_____, *The birds of India being a natural history of all the birds known to inhabit continental India: with descriptions of the species, genera, families, tribes, and orders, and a brief notice of such families as are not found in India, making it a manual of ornithology specially adapted for India*, 1st ed. Calcutta: Published by the author at the Military Orphan Press, 1862.

_____, *The Birds of India: Being a natural history of all the birds known to inhabit continental India: with descriptions of the species, genera, families, tribes, and orders, and a brief notice of such families as are not found in India, making it a manual of ornithology specially adapted for India*, 1st ed. Calcutta, Published by the author, Printed by the Military Orphan Press, 1863.

_____, *The Birds of India: Being a natural history of all the birds known to inhabit continental India; with descriptions of the species, genera, families, tribes, and orders, and a brief notice of such families as are not found in India, making it a manual of ornithology specially adapted for India*, 1st ed. vol. II-Part II of 2 vols, Published by the author, Printed by George Wyman and Co, Calcutta, 1864.

_____, 'On Pristolepis Marginatus', *Annual Magazine of Natural History*, (3) 16, 1865, p. 298.

_____, *The Mammals of India, Natural History of all the Animals Known to Inhabit Continental India*, London, MDCCCLXXIV.

Latham, John, *A General Synopsis of Birds*, London, MDCCLXXXI.

Leach, W.E., *The Zoological Miscellany, Being Descriptions of New or Interesting Animals*, London, MDCCCXVII.

Linne, Sir Charles, *A General System of Nature: through the three kingdoms of animals, vegetables and minerals systematically divided into their several classes, orders genera, species and varieties*, Swansea, 1800.

_____, *A General System of Nature: through the three kingdoms of animals, vegetables and minerals systematically divided into their several classes, orders genera, species and varieties, vol. II, Animal Kingdom, Insects, Part I*, Swansea, 1806.

Lister, Martin, Part of a Letter from Fort St. George, in the East-Indies, Giving an Account of the Long Worm which is Troublesome to the Inhabitants of Those Parts, Communicated by Dr. Martin Lister, Fellow of College of Physicians and Royal Society, *Philosophical Transactions of the Royal Society of London*, 1683-1775, vol. 19 (1695-1697), pp. 417-8.

Mackenzie, William, 'An Account of Venomous Snakes on the Coast of Madras', in *Asiatic Researches Comprising History and Antiquities, the Arts, Sciences and literature of Asia*, vol. 13, 1820, pp. 329-336.

Petiver, James, 'An Account of a Book: Musei Petiveriani Centuria Prima', *Philosophical Transactions*, vol. 19, 1697, p. 399.

_____, 'An Account of Mr Sam. Brown His Sixth Book of East India Plants, with Their Names, Vertues, Description, Etc. To These Are Added

Some Animals, Etc.', *Philosophical Transactions*, 1702-1703, vol. 23, pp. 1055-65.

_____, 'Brief Directions for the Easie Making, and Preserving Collections of All Natural Curiosities', *Monthly Miscellany or Memoirs for the Curious*, no. 3, London, 1709.

Roxburgh, William, 'An Account of the Pearl-Fishery in the Gulph of Manar, in March and April 1797—by Henry J. Le Beck, Esq. communicated by Doctor Roxburgh', *Asiatick Researches*, Calcutta, vol. V, pp. 393-411.

Russell, Patrick, *An Account of Indian Serpents Collected on the Coast of Coromandel: Containing Descriptions and Drawings of Each Species; Together with Experiments and Remarks on their Several Poison*, London, W. Bulmer & Co., Shakespeare Press, 1796.

_____, *Descriptions and Figures of Two Hundred Fishes; Collected at Vizagapatam on the Coast of Coromandel, Presented to the Honourable the Court of Directors of the East India Company*, London, 2 vols., 1803.

Strickland, H.E., 'Bibliographical Notices: Illustrations of Indian Ornithology by T.C. Jerdon', *Annual Magazine of Natural History*, 1845, vol. (1) 15, pp. 274-275.

Woodward, John, *Brief Instructions for Making Observations in All Parts of the World as Also, for Collecting, Preserving, and Sending over Natural Things*, London, 1696.

FRENCH

Boddaert, Pieter, *Table des Planches Enlumineez d'Histoire Naturelle de M. D'Aubenton*, Utrecht, MDCCLXXXIII.

Choiseul, Claude du., *Nouvelle methode sure, courte et facile pour le traitement de personnes attaques par de la rage*, Paris, 1756.

Cuvier, Georges., *Le Regne animal ditribue d' après son organization pour servir de base a l'historie naturelle des animaux et introduction a l'anatomie compare*, 4 vols, Paris, 1817.

_____, & Achille Valenciennes, *Histoire Naturelle des Poissons*, 22 vols, Paris, 1828-1848.

_____, *The Animal Kingdom, Arranged after Its Organization, Forming a Natural History of Animals and an Introduction to Comparative Anatomy*, Williams S. Orr, London, 1840.

Flax, M. Legoux de, *Essai Historique Geographique et Politque sur l' Indoustan avec le Tableaux de Son Commerce*, Paris, 1807.

Le Comte, Louis, *Nouveau Mémoires Sur L'état Présent De La Chine*, Paris, tome II, 1696.

_____, *Memoirs and Observations: Topographical, physical, mathematical, mechanical, natural and ecclesiastical made in a late journey through the empire of China and published in several letters, by Louis Le Comte, Translated from the Paris edition and illustrated with figures*, London, 1697.

அய்ரோப்பியர்களின் விலங்கு அறிவியல் ஆராய்ச்சியும்
மருத்துவ - விலங்கியல் வளர்ச்சியும் (1639-1857) / 239

Martineau, Alfred, ed., *Memoires de François Martin: Fondateur de Pondichéry, 1665-1694*, 3 vols., Paris, 1932-4.

GERMAN

Bloch, Marcus Elieser, *Allgemeine Naturgeschichte der Auslandischen Fische*, Den Konigl Akademischen Kunsthandlern J. Morino & Comp, Berlin, 1793.

_____, *Allgemeine Naturgeschichte der Auslandischen Fische*, Berlin, 1795.

Francke, Gotthilf August, ed., *Der Königl. Dänischen Missionarien aus Ost-Indien eingesandter ausführlichen Berichten, Von dem Werck ihrs Ams unter den Heyden, angerichteten Schulen und Gemeinen, ereigneten Hindernissen und schweren Umstanden; Beschaffenheit des Malabarischen Heydenthums, gepflogenen brieflicher Correspondentz und mundlchen Unterredungen mit selbigen heyden*, Teil 1–9, (Continuationen 1–108) Waiserihaus, Halle, 1710–1772.

Herbst, Johann Friedrich Wilhelm., *Versuch einer Naturgeschichte der Krabben und Krebse nebst einer systematischen Beschreibung ihrer verschiedenen Arten*, vol. 1 (1782-1790), vol. 2 (1791-1796), vol. 3 (1799-1804).

Jeyaraj Daniel and Richard Fox Young, *Hindu–Christian Epistolary Self–Discourses: 'Malabarian Correspondence' between German Pietist Missionaries and South Indian Hindus (1712–1714)*, Harrassowitz Verlag, Wiesbaden, 2013.

John, C.S., 'Einige Nachrichten von Trankenbar auf der Kuste Koromandel: Aus einem Briete von dem Missionarius Hrn John an Hrn Doktor Bloch in Berlin', *Berlinische Monatsschrift*, vol. 20, 1792, pp. 585-96.

_____, 'Beschreibung einiger Affen aus im nordlichen Bengalen, vom missionaries John zu Trankenbar', *Neue Scriften Gesellschaft Naturforschender Freunde zu Berlin*, 1: pp. 211-218.

_____, 'Beschreibung und Abbildung des Uranoscopus Lebeckii', *Der Gesellschaft Naturforschender Freunde zu Berlin Neue Schriften*, vol. III. 1801, pp. 283-287.

Knapp, Georg Christian et al., eds., *Neuere Geschichte der Evangelischen Missions-Anstalten zu Bekehrung der Heiden in Ostindien aus den eigenhändigen Aufsätzen und Briefen der Missionarien erausgegeben*, Waisenhaus, Teil 1–8 (Stück 1–95), Waiserihaus, Halle, 1770–8/95.

Lichtenstein, I.H.M., Die Gattung Leucosia: als Probe einer neuer Bearbeitung der Krabben und Krebse, *Magasin der Gesellschaft Naturforschender Freunde zu Berlin*, 7 (2), 1816, pp. 135-144;

Martini Friedrich & J. H. Chemnitz, *Neues Systematisches Concylie-Cabinet*, Nurenberg, 11 vols., 1769-1795.

Widemann, Vidua., *Ausser Europaischez Weiflugelige Insekten Zuseiter Theil Schulz*, Hamm, 1830.

ITALIAN

Borghesi, Giovanni, *Lettera Scritta da Pondischeri a 10 di febbraio 1704 dal dottore Giovanni Borghesi medico della missione sepedita alla China dalla santita di N.S. Papa Clemente XI nella quale si contengono, oltre a un pieno raconto del viaggio da Roma fino alle coste dell' Indie oriental, Anatomische, Botanische, naturali e d' altri generi e trasportata del Manuscritto Latin in Lingua Toscana di Gio Mario de' Crescembeni custode d'Arcadia, e Accademico Affrordita,* Roma, MDCCV.

LATIN

Aldrouando, Ulysse., *Ornithologiae hoc est de Avibus Historiae Libri XII,* Bologna, MDLIXCIX.

_____, *De Animalibus Insectis Libri Septem, cum Singulorum Iconibus as Vivum Expressis,* Bologna, MDCII.

Fabricii, Johann Christian, *Systema entomologiae, sistens insectorum classes, ordines, genera, species, adjectis, synonymis, locis, descriptionibus, observationibus,* Hafniae, MDCCLXXV.

_____, *Species Insectorum Exhibientes Erorum Differentias Specificas Synoynma Auctorum, Loca Natalia, Metamorphosin Adjectis Observationibus Descriptionibus,* MDCCLXXXI.

_____, *Entomologia Systematica emendate et aucta secundum classes, ordines, genera, species, adjectis, synonimis, locis, observationibus, descriptionibus,* Hafniae, MDCCXCIII.

_____, *Supplementum Entomologiae Systematicae,* Hafniae, MDCCXCVIII.

_____, *Systema Antilabrum Secundus Ordines Genere Species,* Brusvigae, MDCCCV.

Fischer, J.B., *Synopsis Mammalium Cotta,* Stuttgart, MDCCCXXIX.

Forskal, Petrus, *Descriptiones animalium, avium, amphihiorum. insectorum vermium quae in itenere orientali observavit,* Hafniae, MDCCLV.

Gmelin, Johann Friedrich, *Systema Naturae, per Regna Tria Naturae Secundum Classes, Ordines, Genera, Species, cum Characteribus, Differentiis, Synonymis, Locis,* 13th edition, Tome 1, Pars I, Lyon/Leipzig, MDCCLXXXVIII

_____, *Systema Naturae, per Regna Tria Naturae Secundum Classes, Ordines, Genera, Species, cum Characteribus, Differentiis, Synonymis, Locis,* 13th edition, Tome 1, Pars II, Lyon/ Leipzig, MDCCLXXXIX.

Gronow, Laurence Theodor, 'Animalium Rariorum Fasciculus Pisces', *Acta Helvetica, Physico-Mathematico-Anatamico-Botanico-Medica,* Basile, MDCCLXXII, pp. 43-52.

Jonston, J., *Historiae naturalis,* Libri I – VII , Lesnae – Frankofurti, MDCL-MDCLIII.

Latham, John, *Index ornithologicus, sive systema ornithologiæ; complectens avium divisionem in classes, ordines, genera, species, ipsarumque varietates: adjectis synonymis, locis, descriptionibus & c. Studie et opera,* London, MDCCXC.

_____, *Supplementum Indicis ornithologici sive Systematis ornithologiae,* London, MDCCCII.

Linnaeus, Carl., *Systema Naturae per Regna Tria Naturae Secundum Classes, Ordines, Genera, Species cum characteribus, differentiis, synonymis, locis,* Tome 1, Stockholm, MDCCLXVI1.

Petiver, Jacobus, *Gazophylacii Naturae & Artis: Decas Prima*, Londini, MDCCII.

Raii, Joannis, *Synopsis Methodica Avium & Piscium, opus posthumum quod vivus recensuit & perfecit ipse insignissimus Author: in quo multas species in ipsius ornithologia & Ichthyologia desideratas adjecit: Methodumque suam Piscium Naturae magis convenientem reddidit cum appendice & Iconibus*, Londini, Impenis Gulielmi Innys, ad Insignia principis in coementerio D. Pauli, MDCCXIII. London.

Schneider, J.G., M. E. Blochii, *Systema Ichtyologiae iconibus CX illustratum*, Bibliopolio Sanderiano, Berolini, MDCCCI.

TAMIL

Aganaanuru, eds. N. M. Venkatasamy Nattar and R. Venkatachalam Pillai, 3rd edn., South India Saiva Siddhanta Pathippu Kazhagam, Madras, 1957.

Ayingurunuru, ed. U.V. Swaminatha Aiyar, 6th edn., Madras, 1980.

Kurinchi paatu (of Kapilar), ed. M. S. Purnalingam Pillai, Madras reprint, 1994.

Kurunthogai, ed. U.V. Swaminatha Aiyar, 4th edn., South India Saiva Siddhanta Pathippu Kazhagam, Tirunelveli, 1978.

Maduraikanchi, ed. U.V. Swaminatha Aiyar, in *Pathupaatu*, Madras, 1974.

Malaipadukadaaam (of Perumkausiganar), in *Pathupaatu*, Tamil University, Thanjavur, 1985.

Nattrinai, ed. A. Narayana Samy Aiyar, South India Saiva Siddhanta Pathippu Kazhagam, Tirunelveli, 1976.

Nedunalvaadai, ed. U.V. Swaminatha Aiyar, in *Pathupaatu*, Madras, 1974.

Pathirtupathu, ed. Avvai Durai Samy Pillai, 2nd edn., South India Saiva Siddhanta Pathippu Kazhagam, Tirunelveli, 1955.

Pattinapaalai, ed., U. V. Swaminatha Aiyar, in *Pathupaatu*, Madras 1918.

Puranaanuru, ed. U.V. Swaminatha Aiyar, Madras, 1971.

III. Epigraphical Sources

Epigraphia Indica, vol. I to XXXII, Calcutta/ Delhi, 1892-1978.

South Indian Inscriptions, Publications of the Archaeological Survey of India, vol. I to XXVI, New Delhi, 1890-1990.

IV. Travelogues

Carre, Abbe, *Voyages des Indes Orientales*, Paris, 1906.

Crooke, William, ed., *A New Account of East Indies and Persia, 1672-1681*, London, 1909, repr. Delhi, 1992.

Hamilton, Alexander, *A New Account of the East Indies*, London, 1930.

Sonnerat, Pierre, *Voyages aux Indes Orientales et a la Chine*, Paris, MDCCLXXXII.

_____, *A Voyage to the East Indies and China*, 2 vols., trs. Francis Magnus, Calcutta, 1788–89.

Tavernier, Jean-Baptiste, *Travels in India by Jean-Baptiste Tavernier*, ed., Ball, repr. Delhi, 2000.

Temple, R.C., ed., *The Life of Icelander Jon Olafsson Traveller to India*, London, 1931.

V. Secondary Sources
Articles and Books

Ali, Salim, *Bird Study in India: Its History and its Importance*, Indian Council for Cultural Relations, New Delhi, 1979.

Brigittee, Hoppe, 'Vonder Naturgeschchite zuden Naturwissenschafterndie Danisch-Halleschen Missionare als Naturfurschen in Indien em 18 bis 19 Jahrhundert' in Heike Liebau, Andreas Nehring and Brigitte Klosterberg, eds. *Mission und Forschung: Translokale Wissenproduktion Zwischen Indien und Europe im 18,und.19 Jahrhundert*, Halle, 2010, pp. 141-166.

_____, 'Eine Fischsammelung aus Tranquebar die Berliner Gesellschaft Naturschender Freunde und deren Mitgliel Marcus Eliser Bloch', in Heike Liebau, Andreas Nehring and Brigitte Klosterberg, eds. *Mission und Forschung: Translokale Wissenproduktion Zwischen Indien und Europe im 18,und.19 Jahrhundert*, Halle, 2010, pp. 167-180.

Fenger, J. Ferd, *History of the Tranquebar Mission: Worked out from the Original Papers*, tr. Emil Francke, Tranquebar, 1863.

Guerrini, Anita, *Courtiers' Anatomists: Animals and Humans in Louis XIV's Paris*, Chicago, 2015.

Guha, R., ed., *Nature's Spokesman: M. Krishnan and Indian Wildlife*, 1st edn., New Delhi, 2000.

Hirth F. and W. W. Rockhill, *Chau-ju-Kua: His Work on the Chinese and Arab Trade in the Twelfth and Thirteenth Centuries Entitled Chu-Fan-chi*, St. Petersburg, 1912.

Horsfield M. Thomas & Frederic Moore, *A Catalogue of the Birds in the Museum of the Honourable East-India Company*, WM. H. Allen & Co., London, 1854.

Jones, P.M., 'Image, Word, and Medicine in the Middle Ages', in *Visualizing Medieval Medicine and Natural History, 1200-1550*, eds., J. A. Givens, K. M. Reeds and A. Touwaide, London, 2006, pp. 25-50.

Lehmann, Arno, 'Hallesche Mediziner und Medizinen am Anfang Deutesch-Indischer Beziehungen' in *Mathematische–Naturwisssenchaftliche Reihe*, vol. 5 (2) 1955, pp. 11-32.

Louis, P.C.A., *Essay on Clinical Instruction*, Paris, 1834, tr. P. Martin, London; repr. 1910.

_____, *Researches on the Effects of Bloodletting*, Paris, 1836, tr. C.G. Putnam, Boston, 1918.

Macgregor, Arthur, 'European Enlightenment in India: An Episode of Anglo-German Collaboration in the Natural Sciences on the Coromandel

Coast, Late 1700 and Early 1800s', in ed., Arthur Macgregor, *Naturalists in the Field: Collecting, Recording and Preserving the Natural World from the Fifteenth to the Twenty-First Century*, Leiden, 2018, pp. 365-392.

Mohanavelu, C.S., *German Tamilology: German Contributions to Tamil Language, Literature and Culture during the Period 1706-1945*, Saiva Siddhanta Pathippu Kazhagam, Madras, 1993.

Muthusamy, A. Thirumalai, *Sanga Ilakkiyathil Vilangugazhlum Paravaigazhlum*, Chennai, 1959.

Nair, Savithri Preetha, *Raja Serfoji II: Science, Medicine and Enlightenment in Tanjore*, New Delhi, 2012.

Paepke, Hans-Joachim, *Bloch's Fish Collection in the Museum für Naturkunde der Humboldt Universität zu Berlin – An Illustrated Catalog and Historical Account*, Liechtenstein, A.R.G. Gantner Verlag KG, 1999.

Pennant, Thomas, *Indian Zoology*, Second edition, London, MDCCXC.

Perfetti, Stefano, *Aristotle's Zoology and its Renaissance Commentators, 1521-1601*, Leuven, Leuven University Press, 2000.

Pieters, F. F. J. M., 'The menagerie of 'the white elephant' in Amsterdam: With some notes on other 17th and 18th century menageries in The Netherlands' eds., H. V. Lothar Dittrich, D. V. Engelhardt & A. RiekeMüller, *Die Kulturgeschichte des Zoos*, Berlin, 2002, pp. 47-66.

Pinon, Laurent, 'Conrad Gessner and the Historical Depth of Renaissance Natural History', in *Historia: Empiricism and Erudition in Early Modern Europe*, eds., Gianna Pomata and Nancy Siraisi, Cambridge Massachusetts and London, 2005, pp. 241-67

Raman, Anantanarayanan, 'Patrick Russell and Natural History of the Coromandel', *Journal of the Bombay Natural History Society*, 107 (2), 2010, pp 116–121.

Samy, P.L., *Sanga Ilakkiyathil Vilangina Vizhlakkam*, Tirunelveli, 1970.

_____, *Sanga Noolgazhlil Sila Uyirinangal*, Chennai, 1993.

Sawyer, Roy, T., 'The Trade in Medicinal Leeches in the Southern Indian Ocean in the Nineteenth Century', *Medical History*, vol. 43 (2), 1999, pp. 241–5.

Stephen, S. Jeyaseela., *The Coromandel Coast and its Hinterland: Economy, Society and Political System, 1500-1600*, Delhi, 1997.

_____, *Expanding Portuguese Empire and the Tamil Economy, Sixteenth-Eighteenth Centuries*, Delhi, 2009.

_____, *A Meeting of the Minds: European and Tamil Encounters in Modern Sciences, 1507-1857*, Delhi, 2016.

Stresemenn, E., 'On the Birds Collected by Pierre Poivre in Canton, Manila, India and Madagascar, 1751-56', *IBIS*, vol. 94, issue 3, pp. 499-523.

Subramanian, P., Venkataramaiyaa and Vivekananda Gopal, *Thanjai Maraattiyar Modi Aavana Thamizhaakamum Kurippuraiyum* (Modi Records of the Mahratta Rulers of Tanjore in Tamil Translation), 3 vols, Tamil University, Tanjore, 1989.

Tandon, A. Moquin, *Monographie de la Famille des Hirudirees*, Paris, 1846.

Venkataramaiyaa, K.M., *Thanjai Marattiya Mannarkaala Arasiyalum Samudhaaya Vaazhkaiyum* (Administration and Social Life under the Maratha Rulers of Tanjore), Tamil University, Thanjavur, 1984.

Welch, Stuart Cary, *Indian Drawings and Painted Sketches 16th through 19th Centuries*, The Asia Society, New York, 1976.

Willughby, Francis, *The Ornithology*, London, Printed by A.C. for John Martyn, 1678.

ஆசிரியர் குறிப்பு

எஸ்.ஜெயசீல ஸ்டீபன் இந்திய - ஐரோப்பியவியல் ஆராய்ச்சி நிறுவனத்தின் மேனாள் இயக்குநர். இவர் தூரக்கிழக்கு நாடுகளுக்கான பிரெஞ்சு ஆய்வு நிறுவனத்தின் ஆராய்ச்சியாளர் (1994-1999). டாட்டா நடுவண் ஆவணக்காப்பகத்தின் மூத்த ஆலோசகர் (1999-2000). விசுவபாரதி பல்கலைக்கழகத்தின் கடல்சார் வரலாற்றுத் துறைப் பேராசிரியர் (2001-2013) மற்றும் துறைத்தலைவர் (2001-2004). அமெரிக்காவில் உள்ள நெபுராஸ்கா மற்றும் கனெக்டிகட் பல்கலைக் கழகங்களில் (1996, 2004) பணியாற்றியுள்ளார். இவர் பல நூல்களின் ஆசிரியர். இவரது படைப்புகள் டேனிஷ், ஜெர்மன், சீன மொழிகள் மற்றும் தமிழில் மொழிபெயர்க்கப்பட்டுள்ளன. பல ஆராய்ச்சி விருதுகளைப் பெற்றவர். இவரது நூல் 1999ஆம் ஆண்டு தமிழக அரசின் பரிசு பெற்றது.

வரைந்த படங்கள்
மற்றும்
வண்ண ஓவியங்கள்

சென்னைப்பட்டினத்தில் எட்வர்ட் பக்லி பார்த்த பறவைகள், 1701 (பிரித்தானிய நூலகம், இலண்டன்)

சென்னைப்பட்டினத்தில் எட்வர்ட் பக்லி பார்த்த பறவைகள், 1701 (பிரித்தானிய நூலகம், இலண்டன்)

சென்னைப்பட்டின பறவைகள் (பிரித்தானிய நூலகம், இலண்டன்)

ஆந்தை, குன்னூர், 1847, தாமஸ் கேவர்ஹில் ஜெர்டன்

சிவப்புஆந்தை, சென்னை, 1847, தாமஸ் கேவர்ஹில் ஜெர்டன்

சின்னவல்லூறு, குன்னூர், 1847, தாமஸ் கேவர்ஹில் ஜெர்டன்

கருங்குயில், கோயம்புத்தூர், 1847, தாமஸ் கேவர்ஹில் ஜெர்டன்

மாங்குயில், செங்குயில், நீலகிரி, 1847, தாமஸ் கேவர்ஹில் ஜெர்டன்

கிளி, நீலகிரி, 1847, தாமஸ் கேவர்ஹில் ஜெர்டன்

கானாங்கோழி, சென்னை, 1847, தாமஸ் கேவர்ஹில் ஜெர்டன்

நீர்க்கோழி, நீலகிரி, 1847, தாமஸ் கேவர்ஹில் ஜெர்டன்

260 / தமிழகத்தில் மனிதர்கள் மற்றும் விலங்கினங்களுடனான தொடர்பு:

பூங்கொத்தி, நீலகிரி, 1847, தாமஸ் கேவர்ஹில் ஜெர்டன்

மரங்கொத்தி, சென்னை, 1847, தாமஸ் கேவர்ஹில் ஜெர்டன்

மீன்கொத்தி 1847, தாமஸ் கேவர்ஹில் ஜெர்டன்

வால்கொண்டத்தி, 1847, தாமஸ் கேவர்ஹில் ஜெர்டன்

வல்லூறு, 1847, தாமஸ் கேவர்ஹில் ஜெர்டன்

அய்ரோப்பியர்களின் விலங்கு அறிவியல் ஆராய்ச்சியும் மருத்துவ - விலங்கியல் வளர்ச்சியும் (1639-1857) / 265

தவிட்டுக் குருவி, 1847, தாமஸ் கேவர்ஹில் ஜெர்டன்

Scarabaeus spinifex, சென்னை, ஜோஹன் கிறிஸ்டியன் பெப்ரீசியஸ்

Scarabaeus koenigii, தரங்கம்பாடி, ஜோஹன் ஜெரார்டு கோயினிக்

Buprestis sterniconis, சென்னை, ஜோஹன் ஜெரார்டு கோயினிக்

Buprestis aenea, சென்னை, ஜோஹன் கிறிஸ்டியன் பெப்ரீசியஸ்

Fulgrava festiva, சென்னை, ஜோஹன் கிறிஸ்டியன் பெப்ரீசியஸ்

Cimex uniguttatus, சென்னை, ஜோஹன் ஜெரார்டு கோயினிக்

Papilio idaeus, சென்னை, ஜோஹன் ஜெரார்டு கோயினிக்

Chrysis fasciata, தரங்கம்பாடி, ஜோஹன் ஜெரார்டு கோயினிக்

Chrysis splendid, தரங்கம்பாடி, ஜோஹன் ஜெரார்டு கோயினிக்

Chrysis oculta, தரங்கம்பாடி, ஜோஹன் ஜெரார்டு கோயினிக்

Vespa cincta, தரங்கம்பாடி, ஜோஹன் ஜெரார்டு கோயினிக்

Vespa petiolata, சென்னை, ஜோஹன் கிறிஸ்டியன் பெப்ரீசியஸ்

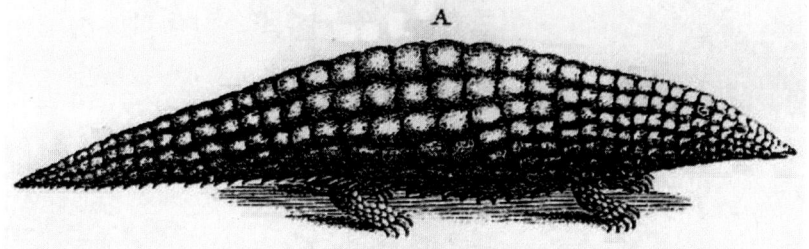

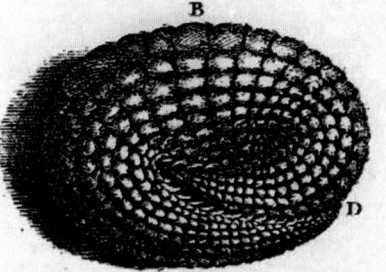

அழுங்கு, தரங்கம்பாடி, 1768

கண்ணாடிவிரியன், 1797
(இயற்கை வரலாற்று அருங்காட்சியகம், இலண்டன்)

Bungarus semifaciantus, 1837
(இயற்கை வரலாற்று அருங்காட்சியகம், இலண்டன்)

கடல்பாம்பு, தரங்கம்பாடி
(தேசிய அருங்காட்சியகம், கோபன்ஹேகன்)

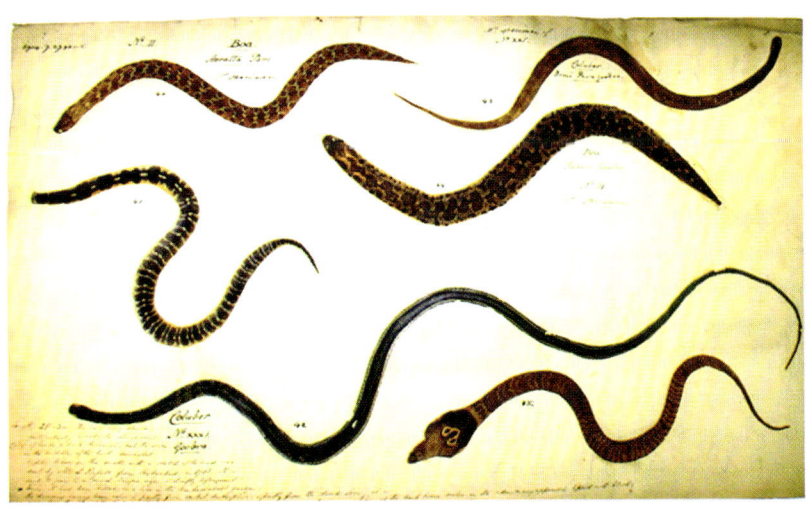

பாம்பு தோல்கள்
(இயற்கை வரலாற்று அருங்காட்சியகம், இலண்டன்)

கீச்சினான், தரங்கம்பாடி,
Anthias johnii, 1792 (தேசிய நூலகம், பாரிசு)

வரிப்பாறை, தரங்கம்பாடி,
Scomber ruber, 1793 (தேசிய நூலகம், பாரிசு)

விரால், தரங்கம்பாடி,
Ophicephalus striatus, 1793 (தேசிய நூலகம், பாரிசு)

கெண்டை, தரங்கம்பாடி,
Esox Malabricus, 1794 (தேசிய நூலகம், பாரிசு)

வெள்ளைவாவா, சென்னை,
Stromateus Argentes, 1795 (தேசிய நூலகம், பாரிசு)

சங்குமூஞ்சி, சென்னை,
Cyrinus cirrhosus, 1795 (தேசிய நூலகம், பாரிசு)

கடல் ஆமை, புதுச்சேரி, 1674

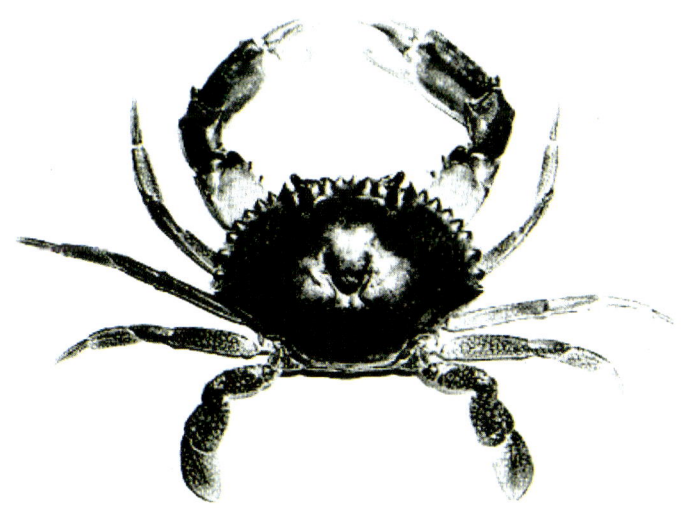

நண்டு, தரங்கம்பாடி, 1798
(கோபன்ஹேகன் பல்கலைக்கழக விலங்கியல் அருங்காட்சியகம்)

முத்துச்சிப்பி, இராமநாதபுரம், 1800
(பிரித்தானிய நூலகம், இலண்டன்)

பவளப்பாறை, இராமநாதபுரம், 1800
(பிரித்தானிய நூலகம், இலண்டன்)